Unreal Engine虚幻引擎数字设计丛书

Unreal Engine 5 互动开发

物联网 | 虚拟人 | 直播 | 全景展示 | 音效控制实战

蔡山 ◎ 著

清華大學出版社
北 京

内 容 简 介

本书从虚实互动的角度详细介绍如何通过外部软硬件来控制 Unreal Engine 5（简称 UE5）的内容呈现，以及如何使用 UE5 来控制外部软硬件设备。利用各类技术手段高效便捷地完成与 UE5 的虚实互动，让互动作品变得更加炫酷出彩，是本书的核心内容。第 1 章介绍这些技术原理；第 2 章介绍 UE5 借助 Arduino 连接物联网硬件的方法；为了让 UE5 与外部设备之间的互动更加生动而富有吸引力，第 3 章介绍如何在 UE5 中使用必备的数学知识；第 4 章讲解利用 Live Link 技术让 UE5 获取精确的外部设备空间位置数据流，来实现更高级的互动；第 5 章讲解 UE5 利用 NDI 技术助力 OBS 实现互动直播的技巧；第 6 章和第 7 章涉及全景互动和音频互动，属于进阶内容，UE5 的全景技术可以让全景展示的构建效率倍增，而出色的音频互动则可以让视听效果相得益彰。

本书适合对虚实结合数字互动技术感兴趣的读者阅读，包括展览展会设计领域的从业人员、展览展示专业的学生、文创行业和影视行业中的虚拟制片人员、直播业务的工作人员，以及想在业务中引入创意互动来为现场吸引流量的极客。本书也适合计划投身数字孪生开发和大数据可视化开发者阅读。

图书在版编目 (CIP) 数据

Unreal Engine 5 互动开发：物联网 / 虚拟人 / 直播 / 全景展示 / 音效控制实战 / 蔡山著．—北京：清华大学出版社，2023.8

（Unreal Engine 虚幻引擎数字设计丛书）

ISBN 978-7-302-64254-1

Ⅰ．① U…　Ⅱ．①蔡…　Ⅲ．①虚拟现实—程序设计　Ⅳ．① TP391.98

中国国家版本馆 CIP 数据核字 (2023) 第 138305 号

责任编辑：王中英
封面设计：杨玉兰
版式设计：方加青
责任校对：胡伟民
责任印制：沈　露

出版发行：清华大学出版社

网　　址：http://www.tup.com.cn，http://www.wqbook.com
地　　址：北京清华大学学研大厦 A 座　　**邮　　编：**100084
社 总 机：010-83470000　　**邮　　购：**010-62786544
投稿与读者服务：010-62776969，c-service@tup.tsinghua.edu.cn
质 量 反 馈：010-62772015，zhiliang@tup.tsinghua.edu.cn

印 装 者：三河市铭诚印务有限公司
经　　销：全国新华书店
开　　本：188mm×260mm　　**印　　张：**17.5　　**字　　数：**415 千字
版　　次：2023 年 10 月第 1 版　　**印　　次：**2023 年 10 月第 1 次印刷
定　　价：109.00 元

产品编号：102319-01

前言

在讲“互动开发”前，我们先聊聊大众更能直观感受的“数字互动”。关于“数字互动”这个话题的讨论，其实从互联网时代开启的那天起就已经不绝于耳了。那时网友们在论坛里互相留言、评论、点赞，朋友间相互发送电子邮件嘘寒问暖，这些便是数字互动的雏形。紧随而至出现了移动互联网，数字互动从 PC 延伸到了手机等移动设备上，于是走在路上的人们便可以拿出手机与坐在办公桌前的亲友通信。这样的互动让人与人之间建立起了一种连接，但这类互动却不是实时发生的。例如，发送邮件后可能过了半小时才收到回信，评论留言可能在 5 分钟之后才得到回复，电子订单提交一天后可能才通知商家发货。那么，数字互动该如何定义呢？

“数字互动”的含义

本书中讲到的“数字互动”对用户更具吸引力，应具备实时交互性、软硬件互通性和虚实互动性。

- 实时交互性要求被连接的双方可以在同一瞬间完成信号的发送与接收，并能够立即做出交互动作上的反馈。[①]
- 更为大众所青睐、更加新颖的数字互动形式是发生在不同设备上的软件或硬件之间的交互，这就是所说的软硬件互通性，具体而言就是指分布在两台设备甚至多台设备上的软件或硬件的通信互控。例如，用手机来控制计算机屏幕中的数字视听效果的变化，同时对计算机屏幕的触控也可以影响手机设备的运行。
- 数字互动最后需要满足的一个特性就是虚实互动性，即虚拟的数字画面内容（包括视听效果）与外部真实存在的软硬件之间发生的互动，并且是在人的操控下触发的数字互动。

数字互动的应用场景

在 2001 年网络游戏的热潮下，人们感受到了联机游戏、手柄游戏、激光射击游戏等数字互动形式带来的愉悦体验，体感游戏、VR 游戏更是把数字互动带向了一波高潮。伴随着时代的发展，早期的消费互联网、娱乐互联网正在逐步拓展到金融、零售、产业、工业、

---

① 基于这个角度来看，读者可能会觉得使用鼠标和键盘就是实时互动，因为当用户敲击键盘或移动鼠标时，屏幕上的字母或光标就会立即发生变化。没错，键盘、鼠标对屏幕画面的控制的确是实时的，但是屏幕画面却不能反过来操控鼠标和键盘，这就没有真正满足互动（interactive）的定义。况且键盘、鼠标已被定义为传统的输入设备，已经被人们认为是计算机本体的一部分。

企业协同、AIoT、智能家庭、智能汽车等各方面。互动技术的运用不再局限于游戏娱乐中，而是开始逐渐侧重于设备之间的连接互动，尤其是存在行业跨度的软硬件设备之间。将虚拟数字内容的变化与外部软硬件的功能融为一体，能带给用户前所未有的沉浸式体验。在大型晚会活动现场，这类互动技术已经开始崭露头角，现场的超级大屏幕与现场炫酷的光电设备交相呼应，对现场人群气氛的推动起到了至关重要的作用。

在2016年，说唱歌手幼稚冈比诺以他的“灯塔”演唱会震惊了观众。该演唱会在巨大的穹顶会场中进行，自始至终都有未来派的影像和动画投影环绕在观众和艺人周围。为了配合这种科技体验，演唱会推出了周边产品，包括一个360°视频和一款VR伴侣应用。由于演唱会大获成功，因此幼稚冈比诺决定在2018年11月再举办一次，这一回他使用了一套采用虚幻引擎的全交互式实时系统（如图1所示），创造了定制灯光、烟雾、激光表演和实时投影到穹顶会场内部的迷人视觉体验，不仅让歌迷如痴如醉，还在2019年2月赢得了著名的VES特别会场项目杰出视觉效果奖。

图1

时下，各类大型展会上已经可以看到不同形式的数字互动崭露头角，现场的参观者可以利用现场的器械设备或随身的手机来控制展厅大屏幕里的视听效果，这给参与者和周边的围观者都留下了深刻的印象。

如今的电影制片行业也开始大量使用虚实互动解决方案进行虚拟制片，如拍片过程中使用大屏幕里的虚拟背景作为演员的后置背景（如图2所示）。工作人员或导演都可以远程遥控背景画面的切换以及色调明暗的变换，这些方案给影视制片行业带来了工作流程变革和效率提升。

图2

在当下火热的直播行业里，主办方可以通过遥控 OBS Studio 直播软件实现摄影机位的自动切换，可以把主播与逼真的虚拟美景融合，还能让虚拟环境（包括前景和背景）随时按照主办方的意图与主播互动起来，从而打造出高端的富有吸引力的直播栏目（如图 3 所示）。数字互动开发的应用场景正变得越来越丰富，所涉及的行业也日趋多元化。

图 3

互动开发涉及的技术

笔者将实现数字互动效果的开发过程称为互动开发。为了发掘更新颖的互动形式，各类技术都被尝试着运用到了互动开发上。在物联网技术的推动下，互动开发可以更加便捷地利用 Web 前端技术、各类通信协议，将各类硬件设备联系起来。用于互动开发的工具和开发语言不一而足。例如，通过 Arduino IDE 工具用 C 语言进行物联网硬件相关的开发，使用 Visual Studio 基于 C++ 语言进行 Unreal Engine 5（后文简称 UE5）开发，使用 Python、JavaScript、PHP、ASP.NET 等语言进行 Web 互动开发。在有些互动开发项目中，这些技术甚至可能被整合起来一起使用。针对不同的数字互动方案，需要灵活选择合适的开发工具与开发语言，没有某一个工具是可以满足所有的互动创意的。

本书主要介绍外部软硬件与 UE5 数字视听内容的互动，毕竟这类互动在国外很多知名的大型现场活动中都有不俗的表现与口碑。虚幻引擎 UE5 具备强大的实时三维渲染能力，可将画面投射到各类屏幕（如穹顶屏幕、球面屏），并且其 MetaSound 系统对音频有很好的控制力，这些都将屏幕设备上呈现的视听效果推向了一个全新的高度。如果再结合各类性能丰富的智能传感器硬件，让大屏幕中的数字内容与现实空间里的器械设备互动起来，就能带给体验者一种普通浏览器无法相比的感受。

本书选择让 UE5 借助 Arduino 来连接各类装置，从而实现互动。Arduino IDE 和 UE5 都可以很稳定地在 Windows、macOS、Linux 三大主流操作系统上运行，本书以 Windows 10 为例讲解各章细节，大部分章节都采用了当下（笔者写作时）最新的 UE5 版本创建 UE 项目。具体来讲，本书涉及的软硬件技术如下。

1. UE5 技术

①本书使用 UE5 来呈现互动开发最终实现的视觉效果和听觉效果，UE5 在其中主要起到了展现互动开发结果的作用，同时也扮演了互动控制界面的角色。这就需要读者理解相关的通信协议，以及如何使用插件与外部进行通信。本书会重点介绍 UE5 支持的多种通信协议，包括 HTTP、UDP、DMX、OSC、MIDI 等。

②详细讲解使用 UE5 插件与外部软硬件通信的方法。UE5 的插件有很多，有些是用 C++ 开发的，有些是用 Java 开发的，还有的是基于 Node.js 开发的。本书讲解的插件都是笔者经过反复实践、深入测试后选择出来的，这些插件均具有很高的可用性和易用性，同

时这些插件都能应用于当下最新的UE5版本中。笔者把这些插件推荐给读者，期望这些工具能帮助读者在实现自己的互动创意之路上走得步履轻快！

③书中与UE5相关的内容离不开蓝图设计的初级知识，所以也会介绍UE5蓝图设计的内容。

2. 物联网开发环境、前端知识

本书涉及的物联网部分均采用Arduino IED开发，所以会涉及C/C++编写的初级知识，笔者在代码中都作了详细的中文注释，便于读者理解代码含义。

为了能与Web通信交互，书中涉及一些Web前端的知识，包括AJAX、HTML和PHP。

当然，本书适合对这些领域具备基础开发知识的读者阅读和学习。具备较强开发能力的读者，也可以将本书作为一本开发知识笔记或者备忘录，方便随时查阅相关的知识点。

3. 硬件选择

在硬件设备上，笔者选择了三种Arduino开发板。用Arduino进行开发简单易上手，使得开发者能够更关注创意的实现，更快地完成自己的项目部署，大大降低学习的成本，缩短开发周期。越来越多的软件开发者使用Arduino进入硬件、物联网等开发领域，大学中的自动化、软件甚至艺术专业，也纷纷开展了Arduino相关课程。

具体来说，笔者选择了物联网业内耳熟能详的Arduino UNO板、Arduino ESP8266板和Arduino ESP32板，因为它们都是非常适合入门且功能齐全、物美价廉的电子开发板，均能通过各种各样的传感器来感知环境，包括通过控制灯光、电动机和其他的装置来反馈、影响环境。UNO板是最廉价、最易于入门学习的开发板，而ESP8266在UNO板的基础上增加了Wi-Fi功能，ESP32板则进一步增加了触摸引脚以及蓝牙功能，并大大增强了运算能力。

4. 直播软件OBS Studio

电子商务已经与我们的生活息息相关，而如今的电商基本离不开直播，还有很多商务需求也非常倚重直播能力。在直播中加入虚实互动（不是指看直播的用户触摸手机屏上的图标来点赞或连麦、刷礼物那样的互动），让直播工作人员可以实时遥控直播画面中的人与景，可以营造较为高端的主播与虚拟布景互动的视听效果，为业务增色，为直播带来更大的流量和吸引力。

在直播展示过程中，针对商品本身的展示是核心需求，而利用周围环境作为商品的陪衬、烘托购物氛围则是重要的营销手段。UE5能完美地利用全景展示技术为商品快速构建环绕式三维背景，通过周围环境的光影渲染打造以商品为中心的360°景观。了解了UE5的全景使用技巧，对有兴趣做在线商品展示或是在展会现场进行商品互动展示的读者大有裨益。

为此，本书专门用第5章来讲述如何将互动开发带入到直播领域，以主流直播推流软件OBS Studio结合UE5的互动通信技术，为直播行业带来全新的、高端的解决方案。

读完本书，读者应该可以感受到实时数字互动提供的巨大便利性和参与机会，让生产效率和生活、工作便利性得到的巨大提高，以及对一些行业领域的颠覆性。互动开发技术将会成为一种连接不同行业的能力，实时互动技术的开发将有越来越广阔的市场前景。互动、交互是互联网的精髓，很多高端展示场景（包括直播）都可以借助互动通信、远程通信技术，让虚拟环境、数字内容与现实物体融为一体并互通有无，达到真正的数实共生、虚实互动。

让 UE5 中的三维渲染能力与互动开发技术珠联璧合，可以让互动创意方案变得更具吸引力、更有商业价值。本书侧重在 UE5 中与互动展示、互动通信联系较为密切的部分，让读者可以利用 Arduino 智能硬件与 UE5 互控，可以让全景展示和三维展示都能借助 OBS Studio 直播软件为直播业务助力。具备了本书这些知识后，理解数字孪生、大数据可视化、元宇宙等概念性的技术话题就会容易很多了。

本书各章的内容安排

本书共分为 7 章，从多个角度围绕 UE5 讲述互动开发技术。

第 1 章重点讲解 UE5 与外界远程通信的技术基础，也就是 UE5 与外界的通信桥梁，包括 WebSocket、Remote Control API、OSC、DMX 和 MIDI 等技术。人们可以根据自己实际的交互场景灵活选择这些通信技术，从而让外部的移动设备（如平板电脑、手机或计算机）上的软件与 UE5 进行通信，让远程操控 UE5 的需求得以轻松满足。

数字交互是双向的，外部软硬件可以遥控 UE5 中的内容，而 UE5 中的虚拟物件也是可以遥控现实中的硬件对象的，包括真实的风扇、电动机、继电器、灯具、音响等。所以第 2 章讲解如何利用串口连接或 UDP，让智能硬件可以直接与 UE5 通信，还有 MQTT 技术可以成为 UE5 与物联网之间的桥梁，让 UE5 可以方便地与外部硬件交流，从而实现对外部硬件的控制。

如果要让互动变得富有吸引力，就需要逻辑合理且有趣味性，这些离不开数学计算，否则互动会变得没有真实性甚至逻辑错乱，最终导致用户失去兴趣。因此第 3 章选取互动开发中一些比较重要的几何知识，讲解如何将它们应用到 UE5 的具体操作中。

UE5 支持连接先进的外部跟踪设备（tracker），如 HTC 头盔和 OCULUS 穿戴设备，通过它们来准确地获知外部设备在现实世界空间里的位置变化、角度变化等信息，这种跟踪数据或者动画数据的传递依托的是什么技术呢？第 4 章给出答案，那就是 Live Link Data 技术。

第 5 章谈及如火如荼的直播业务，让直播变得更加高质量，通过虚拟互动让直播变得更加高端，笔者可以借助 UE5 的互动能力以及 OBS Studio 的互动技术打造属于自己的更富吸引力的直播画面。本章重点突显的是软件之间的融合，让多种软件融合后发挥更大的业务推动力。

如果把全景展示引入直播业务，直播背景或产品展示的背景都将变得更加生动华丽。当下很多展示场景都需要全景展示，让用户全方位观察整体空间，如果还能让用户远程控制全景的切换或与全景中的某些道具互动，那将更能调动用户的参与热情。第 6 章就详细介绍 UE5 如何构建互动全景的方案，包括全景制作与直播软件的联动技术。

UE5 的虚拟数字内容应该包括视觉和音效，所以第 7 章讲解 UE5 如何使用 MetaSound 系统播放声音、让音效也能与外界进行互动的技术细节。

本书围绕 UE5，并加入了 Arduino 硬件以及 OBS Studio 直播工具的技术，为大家诠释当下各类常见互动方式的技术实现原理和思路，借此希望能对读者朋友们有所助益，重点是能为大家点燃灵感，有助于激发更多的有关创意互动的思路。

如何使用本书

学习本书知识，读者需要具备 UE 基础以及一些 Web 前端的基础知识，因为本书没有赘述 UE5 的下载安装、Node.js 下载安装等过程，也没有细说如何编辑一个 HTML 网页的基础知识。

如果读者对 UE5 还处于非常陌生的阶段，建议先阅读第 3 章，因为 UE5 的互动离不开数学，第 3 章的知识可以帮助你先一步了解一些 UE5 的基础常识。如果读者已经具备一定的 UE 基础和 Web 开发能力，则可以按照本书的编排循序阅读。

本书提及一些 Arduino 板和传感器，如果读者想加以实践，则需要自行购置相关电子器件。这些部件的价格都相当便宜，如 UNO 板的价格低于 60 元，而电动舵机、超声波传感器等电子器件大多是几十元的价格。如果你完全没有接触过这些电子器件，则需要在实践之前先上网搜索学习资料来了解一些 Arduino 板的基础知识。例如，如何将其连接至计算机、如何读取各类传感器的数据以及基础的 C/C++ 编程知识。正常情况下，学习这些周边的基础知识可能会花费一周的时间，整体难度不会太大。本书的各个实践案例都从基础部分入手，如果你拥有一颗崇尚互动的心，真切地想让你周遭的软件和硬件能彼此“握手”互动起来，那么本书一定是值得你细细品读的！

本书所有章节都有对应的项目文件源代码，并附带了下载链接（请扫描封底“本书资源”二维码下载），所有的实践案例都有对应的视频讲解，并提供了视频二维码。我们也建立了 QQ 群（账号：742541372），方便有疑问的读者后续深入交流。

读者对象

本书面向的读者对象主要是对虚实结合的数字互动技术感兴趣的朋友，包括展览展会设计领域的从业人员、展览展示专业的学生、文创行业和影视行业从事虚拟制片的相关人员、涉及直播业务的工作人员，以及在业务中想引入创意互动展示来为现场吸引流量的极客。本书也可以作为计划投身数字孪生开发、大数据可视化开发领域的计算机专业学生的基础读物。

另外，由于本书涉及 Web 前端的基础知识和 Arduino 开发的基础知识，所以比较适合已具备一定的基础编程能力的读者。

蔡山
2023 年 8 月

目录

第1章　从外部控制UE5界面

起初，与UE远程通信的想法只是某些UE设计人员在工作时，为了实现能在几个不同代码版本间快速地来回切换而想到的点子，于是他们开始在UE中引入插件，通过使用插件的方式让UE可以接收基于HTTP、DMX、OSC、UDP等协议的数据。慢慢地，人们发现，这种做法不仅可以给开发、比对设计等工作需求带来一定的便利，还可以成为终端用户与虚拟数字内容进行交互的途径。例如，UE5作品完成设计后投放在大屏幕上观看，此时如果觉得屏幕上内容色调有点灰暗或者场景中的某些物件位置需要挪动少许，以前工作人员都需要从大屏幕前跑到计算机前完成修改调整的操作，再返回到大屏幕前再次观看调整的结果。如果能利用手机或平板直接遥控UE5的界面操作，工作效率会显著提高。如果可以利用UE5所在计算机之外的其他设备与UE5互动，将可以实现很多有趣味的创意互动。

要想实现从外部控制UE5，就需要外部的软硬件能与UE5进行通信，这就要使用相关的通信协议。不同类型的软硬件所使用的通信协议各有不同，如灯光器材设备通常使用DMX协议，而音乐器材设备则多使用MIDI协议。掌握了如何在UE5中使用各类不同的数据通信协议，会让今后的互动创意之路变得更加广阔而自由。

用手机来遥控UE5的场景看起来最为常见和易用。本章首先从这个场景入手，为读者介绍SocketIOClient这款插件的具体使用方法。利用这个插件可以让手机通过网页与UE5实时通信，部署起来相对容易，而且不仅可以实现一对一的通信，也能实现一对多的通信。而Remote Control API则是为了方便用户遥控UE5而特意提供的一套API接口，利用这些接口可以很容易地访问UE5中各类对象的属性信息并通知它们执行各类动作指令。只不过调用Remote Control API需要用户自己编写网页程序并调试代码，而且还需要搭建Web服务器，技术门槛会略高一些。

除了利用Web页面来遥控UE5，还可以使用一些专业软件来远程控制UE5。例如，控制灯光器材的控台软件grandMA、dot2 onPC等都可以基于DMX通信协议，对UE5中的虚拟灯光系统进行非常细密的远程控制。DMX通信协议支持的数据量更大、数据变化更灵活，所以对DMX通信协议的学习可以进一步拓宽读者对远程控制的认识。DMX不仅可以用于灯光秀的操作，也可以用于控制UE5中的其他互动流程。TouchOSC软件是基于OSC通信协议进而与UE5通信的，它能够提供非常易于定制的操作界面供用户使用，在触摸屏设备上可以非常丝滑地使用TouchOSC进行对UE5的控制，使用TouchOSC可以大大提高设计控制界面的效率。而REAPER软件是通过MIDI通信协议与UE5通信的，MIDI是音乐器材里得到广泛支持的一种通信协议，学习MIDI后可以使用各类MIDI控制器来操控UE5，让UE5可以与各类电子乐器充分融合。

掌握了第 1 章的知识，读者就具备了使用既有的专业软件远程控制 UE5 的能力，并且能够自行定制开发用于遥控 UE5 的操作界面了。

本章重点

- 在 UE5 中使用 Socket.IO 实现服务器与客户端之间的通信
- 利用 Remote Control API 发送 HTTP 请求直接访问 UE5 对象
- 专业软件借助不同的通信协议，如 DMX、OSC、MIDI 等与 UE5 通信

1.1 借助 SocketIO 实现用移动端网页控制 UE5

1.1.1 安装SocketIOClient插件并设置WebSocket

WebSocket 是 HTML5 新增的一种通信协议，其特点是服务端可以主动向客户端推送信息，客户端也可以主动向服务端发送信息，是真正的双向平等对话，属于 Web 服务器推送技术的一种。

Socket.IO 是 Web 前端技术人员熟知的实现 WebSocket 功能的一种 JS 框架，它支持及时、双向、基于事件的交流，可以在不同平台、浏览器、设备上工作，性能可靠而且速度稳定。

如果能让 UE5 借助 Socket.IO 的力量，就可以轻松实现利用移动设备远程控制 UE5 的画面内容，这会让 UE5 项目变得更加有趣、更加便捷。在虚拟制片工作现场，当导演看到由 UE5 投射到演员身后大屏上的虚拟背景需要调整时，他只需轻点手机就可以对大屏画面的各个细节任意调整，还可以依据剧情的发展随时遥控大屏里的物体，让它们配合剧情运动起来，这无疑为导演们从事虚拟制片提供了全新的思路。

让 UE5 借助 Socket.IO 还能构建更多有意思的互动场景，如在 UE5 程序界面上单击虚拟物品，随即真实空间里的某些硬件设备就出现了相应的反应和变化，也就是说可以通过操作 UE5 向其他设备发送信号。

最近更新的 SocketIOClient 插件支持 UE5，让开发人员可以很轻松地把基于 Node.js 的 Socket.IO 框架与 UE5 衔接起来，实现实时的数据交换，为 UE5 插上了远程互动的翅膀。下面讲解一下具体的做法，一步一步地让 UE5 基于 SocketIOClient 插件与 Web 页面实现通信。

首先，打开 UE5 程序（本项目采用 UE5.1 版本），建立一个 GAMES 模板下的 Blank（空白）蓝图项目，取名为 SocketIODEMO，如图 1-1 所示。

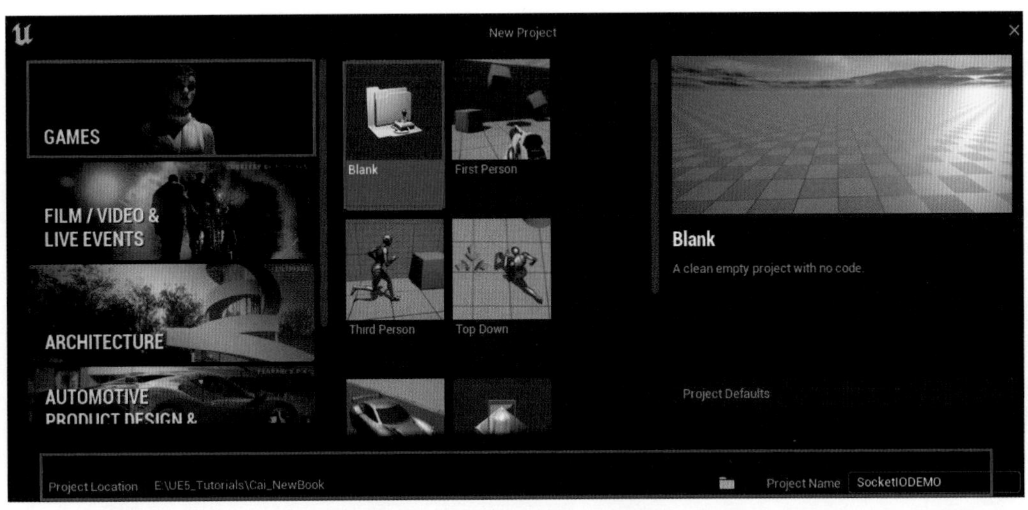

图 1-1　UE5 创建空白新项目

接下来从 Github 网站上找到关于 SocketIOClient 插件的网页，下载插件，如图 1-2 所示。

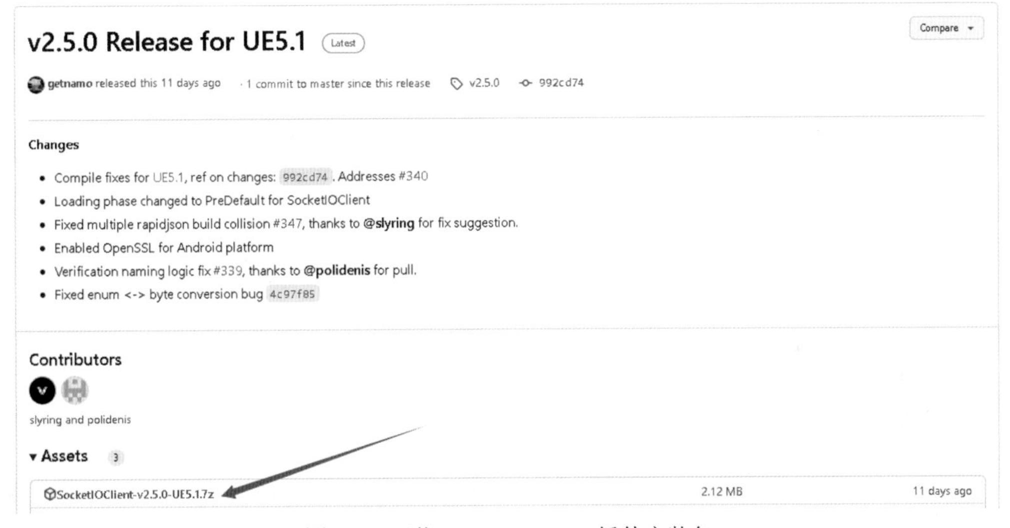

图 1-2　下载 SocketIOClient 插件安装包

这时需要在刚才新建的 UE5 项目文件夹里手动建立一个名为 Plugins 的文件夹，把图 1-2 中这个插件压缩包下载后，解压到 Plugins 文件夹里，结果如图 1-3 所示。

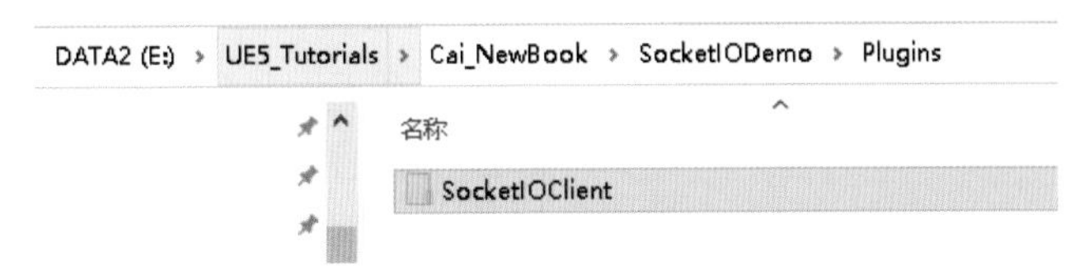

图 1-3　SocketIOClient 插件解压到 Plugins 路径

在 UE5 的主菜单栏依次选择 Edit → Plugins 命令，会看到如图 1-4 所示的界面，找到名为 Socket.IO Client 的插件，在前面的复选框中打勾。

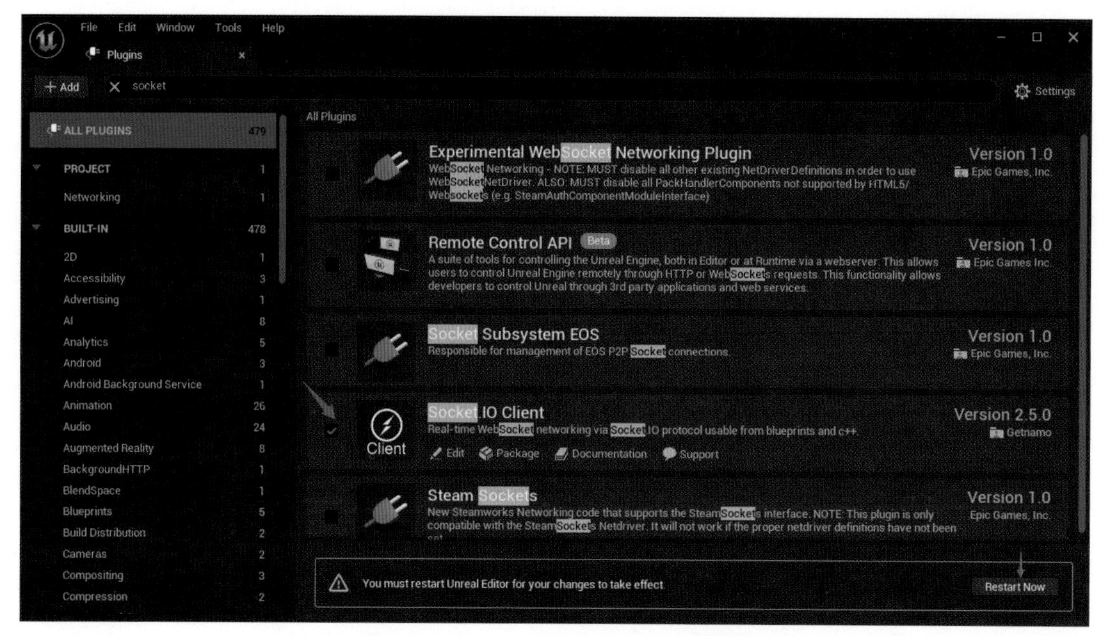

图 1-4　UE5 启用 SocketIOClient 插件

然后单击 Restart Now 按钮，重启 UE5 项目。接下来在 UE5 的 Content Browser 中新建一个 Actor 对象，取名为 SocketActor，双击这个 SocketActor，打开它，在它的 Components（组件面板）里单击“Add”按钮，添加一个 SocketIOClient 对象，如图 1-5 所示。

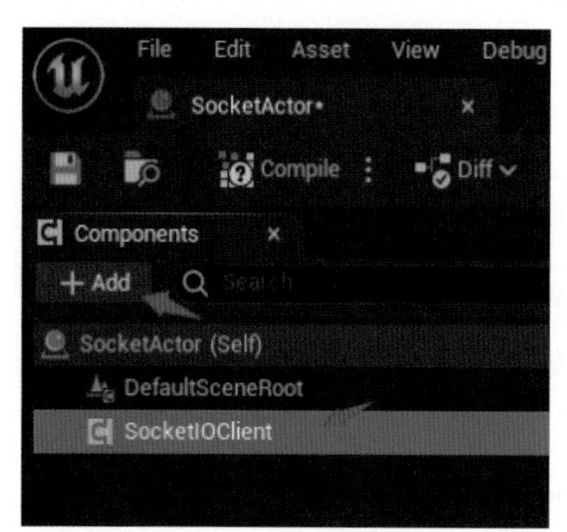

图 1-5　蓝图中加入 SocketIOClient 组件

在这个 SocketIOClient 对象的 Details（细节面板）里，单击 Events 左侧的下拉按钮，在下拉列表里选择 On Connected 事件，单击其右侧的加号按钮，如图 1-6 所示。

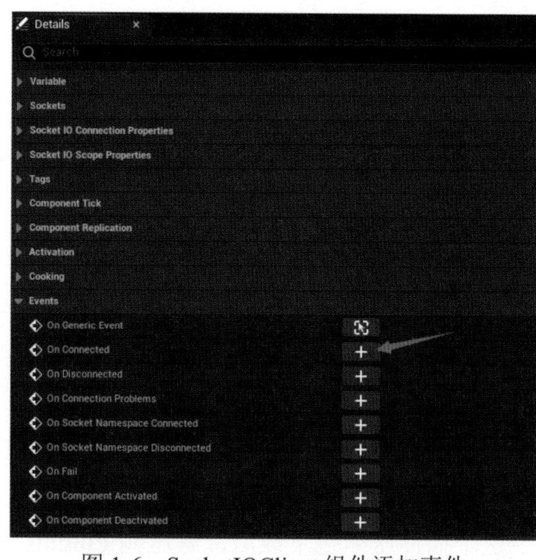

图 1-6　SocketIOClient 组件添加事件

在 Event Graph 里可以简单地添加以下蓝图内容，意思是在 SocketIOClient 对象连接服务器成功后打印输出 connected! 字样，如图 1-7 所示。

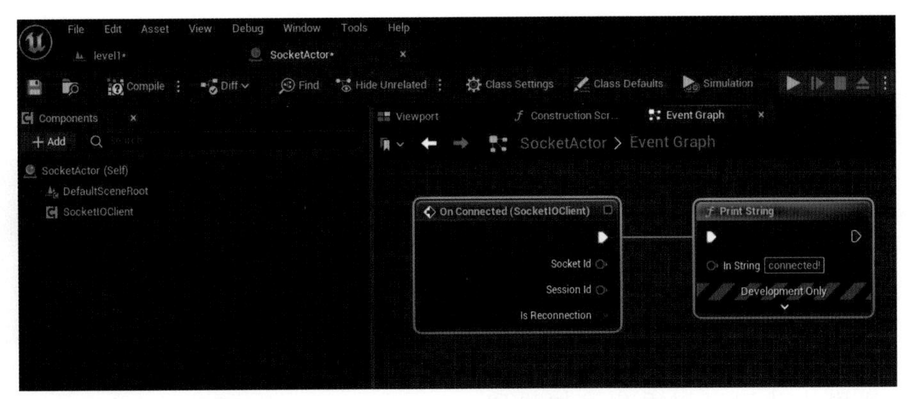

图 1-7　SocketIOClient 组件蓝图打印连接信息

修改蓝图后单击 Compile 按钮，编译并保存蓝图。

接下来需要进一步构建基于 Node.js 的本地 Socket 服务器。Node.js 是一种可以让 JavaScript 运行在服务器端的程序。如果计算机上还没有安装 Node.js，请从 Node.js 官网选择下载与自己计算机系统相匹配的安装包执行安装。笔者所用的计算机为 Windows 10 操作系统，安装完毕 Node.js 后，笔者在计算机的 E:\UE5_Tutorials\Cai_NewBook\SocketIODemo\SocketIO_server 路径下部署 Socket.IO。部署的方法是通过 CMD 命令行进入 SocketIO_server 文件夹，运行 npm install socket.io 指令，安装 Socket.IO 组件，具体操作如图 1-8 所示。接着通过运行 npm install express 指令安装 Express 组件。

图 1-8　安装 Socket.IO

笔者在 SocketIO_server 文件夹里编写了一个 server.js 文件，可以通过记事本直接编辑这个 JavaScript 脚本文件，其完整的内容如图 1-9 所示。笔者在代码里加入了详细的中文注解，方便读者理解。

```
const app = require('express')();
const http = require('http').Server(app);
const io = require('socket.io')(http);
var util = require('util');

var clients = [];//用于存入客户端数据的数组变量
const chatEvent = "chatMessage";
//服务器端会建立http://localhost:3000/index.html的访问地址
app.get('/', function(req, res){
  res.sendFile(__dirname + '/index.html');
});
io.on('connection', function(socket){//如果有客户端连接服务器
    clients.push(socket.id);//clients数组里存入客户端id
    var clientConnectedMsg = 'User connected ' + util.inspect(socket.id) + ', total: ' + clients.length;
    console.log(clientConnectedMsg);//服务器端打印信息

    socket.on('disconnect', function(){//客户端如果断开连接
     clients.pop(socket.id);
     var clientDisconnectedMsg = 'User disconnected ' + util.inspect(socket.id) + ', total: ' + clients.length;
     io.emit(chatEvent, clientDisconnectedMsg);//服务器端广播事件信息
     console.log(clientDisconnectedMsg);//服务器端打印信息
    })

  //客户端收到chatMessage事件后会让服务器广播chatMessage事件
   socket.on(chatEvent, msg =>{
      const serverMsg = socket.id+ ': ' + msg;
      io.emit(chatEvent, msg); //服务器端广播事件信息
      console.log('multicast: ' + serverMsg);//服务器端打印信息
   });
});
http.listen(3000, function(){//服务器监听3000端口
  console.log('listening on *:3000');//服务器端打印信息
});
function getRandomInRange(min, max) {
  return Math.random() * (max - min) + min;
}
function sendWind() {//sendWind函数
 console.log('Wind sent to user');//服务器端打印信息
 io.emit('new wind', getRandomInRange(0, 360));//服务器端广播new wind事件,附带一个0到360之间的随机数
}
setInterval(sendWind, 3000);//每隔3秒执行sendWind函数
```

图 1-9　server.js 的全部代码和中文注释

在 CMD 命令行中输入 node server.js 来运行这个服务器端脚本文件，如果看到命令行下方出现了 listening on *:3000 的字样，就表示已经开始运行 server.js 里的逻辑代码了，也就是说 Socket 服务器已经运行起来了，如图 1-10 所示。

图 1-10　启动 WebSocket 服务器

1.1.2　使用JavaScript与蓝图通信

上面我们已经看到了运行在本地服务器端的 server.js 文件，这个 JS 脚本文件实现了基础的服务器与客户端之间的通信逻辑，如图 1-11 所示。

```
const app = require('express')();
const http = require('http').Server(app);
const io = require('socket.io')(http);
var util = require('util');

var clients = [];//用于存入客户端数据的数组变量
const chatEvent = "chatMessage";
//服务器端会建立http://localhost:3000/index.html的访问地址
app.get('/', function(req, res){
  res.sendFile(__dirname + '/index.html');
});
io.on('connection', function(socket){//如果有客户端连接服务器
     clients.push(socket.id);//clients数组里存入客户端id
     var clientConnectedMsg = 'User connected ' + util.inspect(socket.id) +
     ', total: ' + clients.length;
     console.log(clientConnectedMsg);//服务器端打印信息

     socket.on('disconnect', function(){//客户端如果断开连接
      clients.pop(socket.id);
      var clientDisconnectedMsg = 'User disconnected ' + util.inspect(socket.
      id) + ', total: ' + clients.length;
      io.emit(chatEvent, clientDisconnectedMsg);//服务器端广播事件信息
      console.log(clientDisconnectedMsg);//服务器端打印信息
     })
```

图 1-11　server.js 局部

从这段脚本代码可以看出，如果服务器发现有用户连接上来，则会在服务器端打印字符信息，信息的内容是：'User connected '+ 客户端 id+', total: '+ 现有客户端数量，接下来利用 UE5 蓝图实际验证一下。先从 Content Browser 里拖曳一个刚创建的 SocketActor，放到视口中来（这里提示一下，本书中所说的视口在其他 UE5 的书籍中还有关卡、舞台、场景等不同称谓，但实际都是同一个含义），如图 1-12 所示。

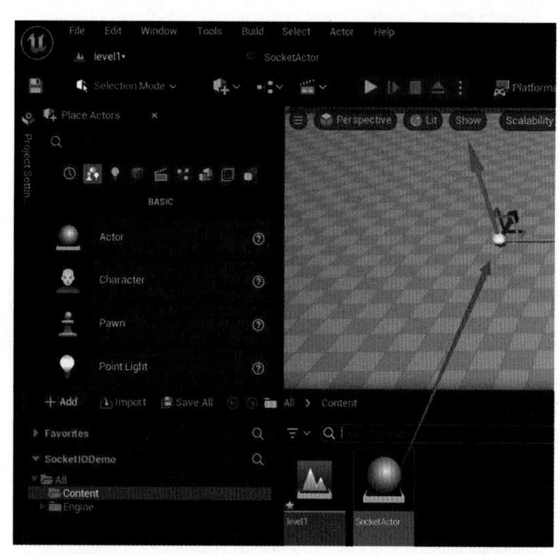

图 1-12　把 SocketActor 对象拖入视口中

运行 UE5，也就是单击绿色的三角形按钮，如图 1-13 所示。

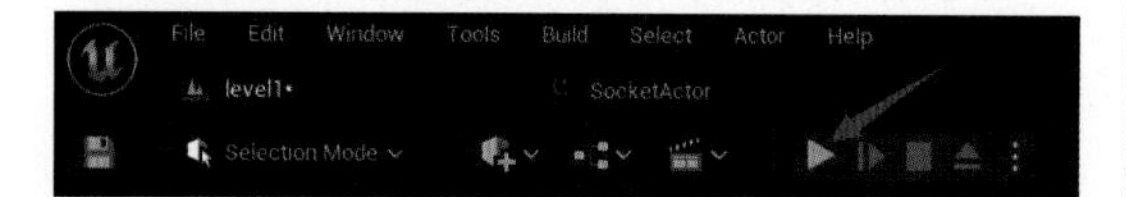

图 1-13　单击绿色三角形按钮运行 UE5

此时会在视口左上角看到一串字符 connected!，这个区域就是 UE5 里输出打印内容（Print String）的地方，如图 1-14 所示。

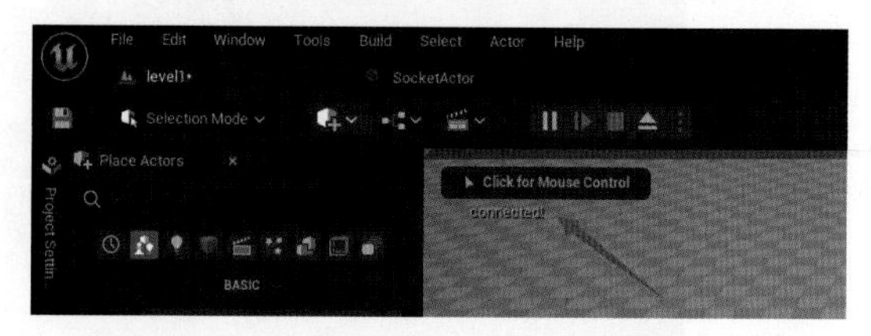

图 1-14　UE5 视口左上角显示打印输出信息

同时，在 CMD 命令行窗口中也可以看到服务器端的反馈，如图 1-15 所示。

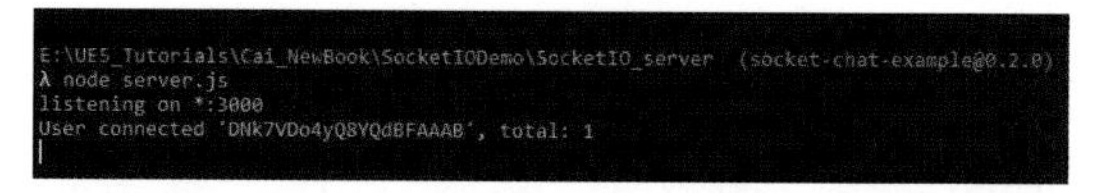

图 1-15　命令行窗口显示服务器端信息

接下来，可以更进一步利用蓝图读取来自服务器的具体信息。通过分析 server.js 文件的最后一行代码 setInterval(sendWind, 3000) 可以明白，服务器每隔 3 秒会向所有客户端广播一次事件名为 new wind 的事件通知，而且通知里还附带了一个 0~360 的随机数信息。

于是，从组件面板里将 SocketIOClient 组件拖入蓝图编辑区域，使用 Bind Event to Generic Event 节点为 SocketIOClient 组件绑定 new wind 事件，如图 1-16 所示。

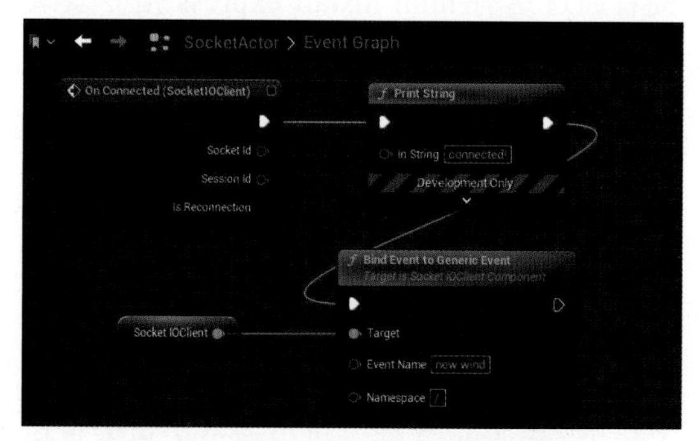

图 1-16　UE5 蓝图绑定服务器事件

然后单击组件 SocketIOClient，在 Details（细节）面板里单击 Events 左侧的下拉按钮，在下拉列表里选择 On Generic Event，

单击其右侧的加号按钮。这时蓝图中会出现 On Generic Event 节点，将这个节点下的 Event Name 节点拖出来，在搜索框中输入 equal，搜索到 Equal Exactly (String)，如图 1-17 所示。

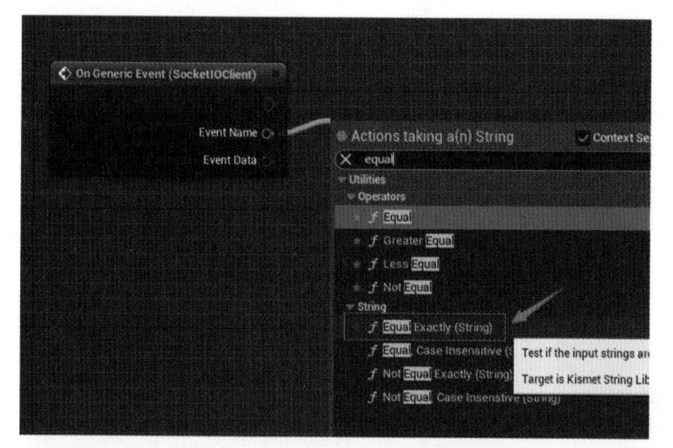

图 1-17　UE5 蓝图判断服务器事件名称

完成的蓝图内容如图 1-18 所示。这样就可以判断服务器发来的事件名称是否是 new wind，如果是，就把 Event Data（事件附带的数据）进行 JSON 编码，并 Print String（打印输出）。

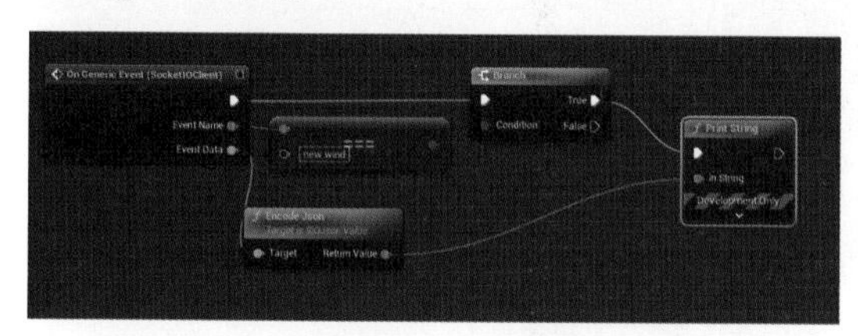

图 1-18　UE5 蓝图打印服务器事件数据

运行 UE5，就可以从视口的左上角区域看到打印输出的随机数了，如 321.742924。

这里也可以使用 Bind Event to Delegate 节点为 SocketIOClient 组件绑定事件，绑定 Event Name（事件名称）为 chatMessage 的事件，在收到 Socket 服务器发来的数据后打印输出事件数据。蓝图内容如图 1-19 所示。

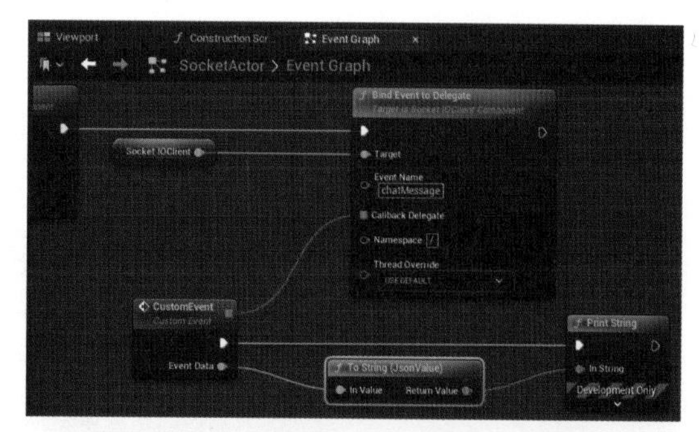

图 1-19　UE5 绑定服务器事件的更多方法

在蓝图区域的空白处右击，从弹窗里搜索 keyboard m，可以找到键盘事件里按 M 键所对应的事件，意思是当用户在 UE5 里按下键盘上的 M 键时所触发的事件，如图 1-20 所示。

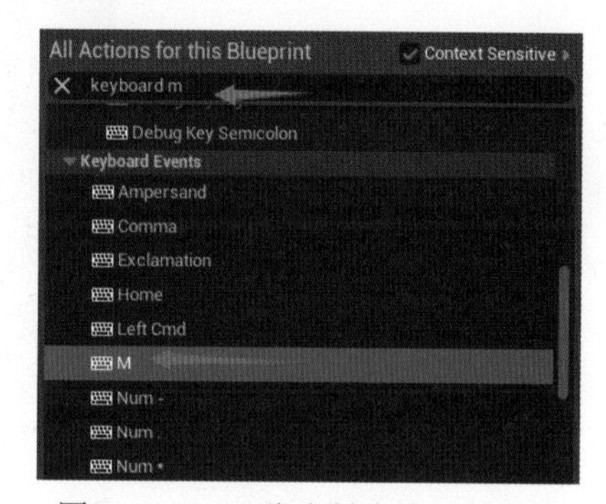

图 1-20　UE5 绑定键盘按键的方法

图 1-21 所呈现的蓝图内容表示在按下 M 键后，会让 SocketIOClient 组件向 Socket 服务器发送名为 chatMessage 的事件，事件里附带的 Message（消息）为 I am ok。

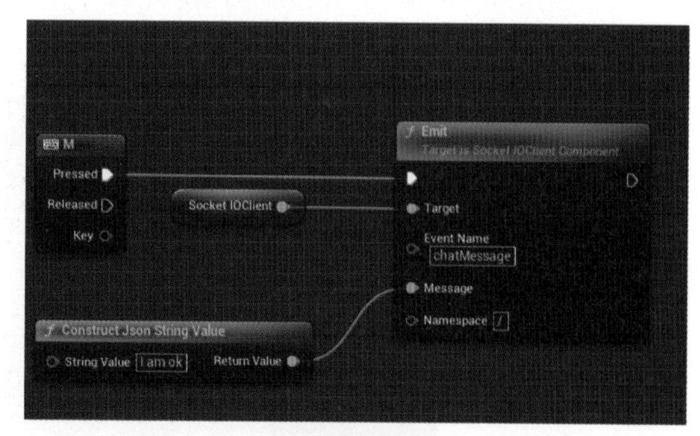

图 1-21　UE5 绑定用户按下 M 键后发送事件到服务器

这里需要注意的是，如果要让 UE5 运

行时可以接收到用户敲击键盘的事件，需要在蓝图里写入如图 1-22 所示的这部分内容，让 Player Controller（玩家控制器）接受用户输入。按下 M 键后 UES 和服务器各自的显示如图 1-23 所示。

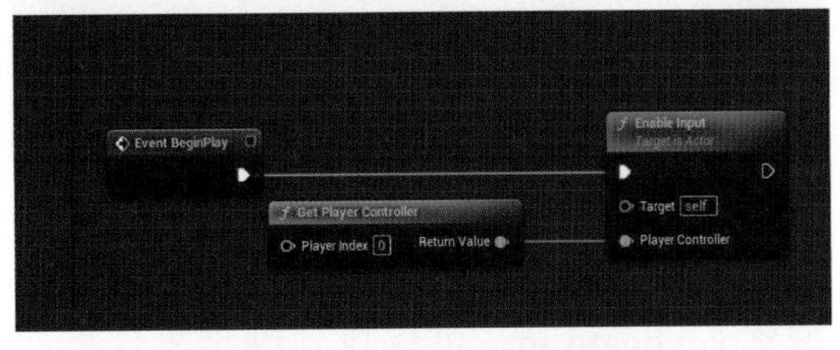

图 1-22　UE5 开启接受键盘输入

> 提示：运行 UE5 后，需要先单击一下视口区域，确保场景获得用户输入的焦点，然后再按 M 键测试才会有效。

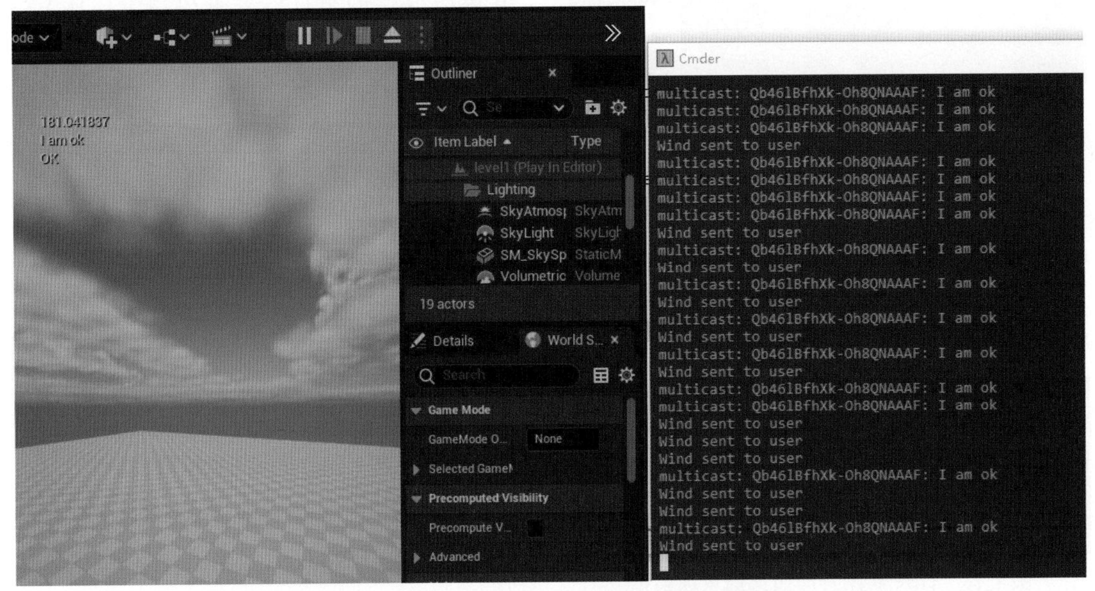

图 1-23　按下 M 键后 UE5 和服务器各自的显示

此时按下 M 键可以向服务器发送一个名为 chatMessage 的事件，并附带字符信息 I am ok。如果要向服务器发送 JSON 格式的数据，可以把蓝图作如图 1-24 所示的修改。

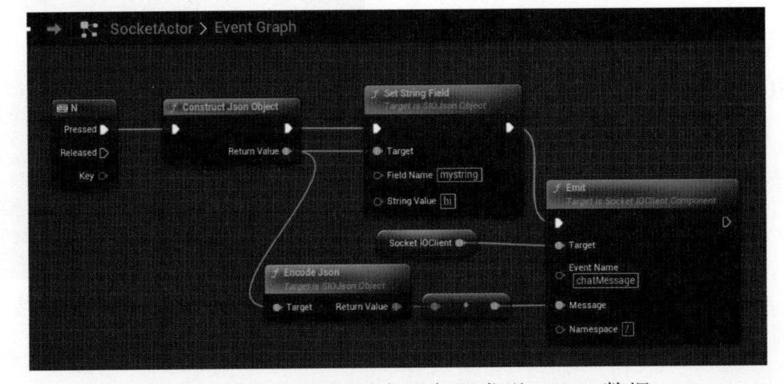

图 1-24　按下 M 键后向服务器发送 JSON 数据

以上蓝图发送了 chatMessage 事件给服务器并附带了一个内容为 {"mystring":"hi"} 的 JSON 格式的数据。按键发送数据后可以观察 UE5 视口的打印输出和 Windows 命令行中的显示，如图 1-25 所示。

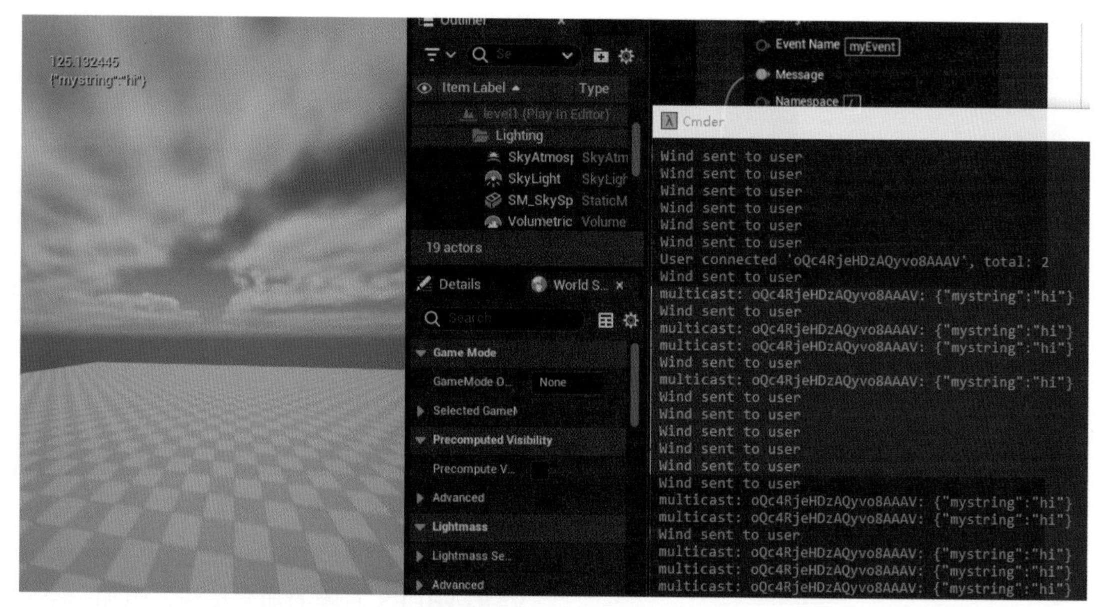

图 1-25　按下 M 键后 UE5 和服务器分别显示 JSON 数据

留意到 server.js 中有下面这样一段 JS 代码，我们可以详细理解一下它的用途。

```
app.get('/', function(req, res){
  res.sendFile(__dirname+'/index.html');
});
```

这段代码的意思是在服务器开启后，用户通过访问服务器 IP 地址（如 3000/index.html 这样的网址就能访问到服务器上的 index.html 网页文件。笔者在文件路径 E:\UE5_Tutorials\Cai_NewBook\SocketIODemo\SocketIO_server 下放置 index.html 文件，该文件详细的代码内容如图 1-26 所示。

```
32        <input type=button value="Action A" Class="btn" id="btnA"/>
33        <input type=button value="Action B" Class="btn" id="btnB"/>
34        <script src="https://cdnjs.cloudflare.com/ajax/libs/socket.io/4.0.0/socket.io.js"
          ></script>
35        <script src="http://code.jquery.com/jquery-1.11.1.js"></script>
36        <script>
37            var socket = io();//连接socket.io服务器
38
39            $('#btnA').on('click', function(msg){//如果点击按钮A
40                socket.emit('chatMessage', 'A');
                  //客户端向服务器发送chatMessage事件并附带字符A信息
41            });
42            $('#btnB').on('click', function(msg){//如果点击按钮B
43                socket.emit('chatMessage', 'B');
                  //客户端向服务器发送chatMessage事件并附带字符B信息
44            });
```

图 1-26　index.html 文件局部内容

该 HTML 文件在页面上摆放了两个按钮（button），通过 JavaScript 为两个按钮绑定了单击事件（on click），单击按钮后会分别向服务器发送字符 A 和字符 B 的数据信息。在计算机上打开 Chrome 浏览器并输入网址 http://127.0.0.1:3000/index.html 便可以访问到该页面。单击页面中名为 Action A 的按钮后，可以看到 UE5 输出了字符 A。如果单击页面中名为 Action B 的按钮，则会看到 UE5 输出字符 B。这样，通过 UE5 外部的浏览器就能够实现向 UE5 发送字符消息了，如图 1-27 所示。

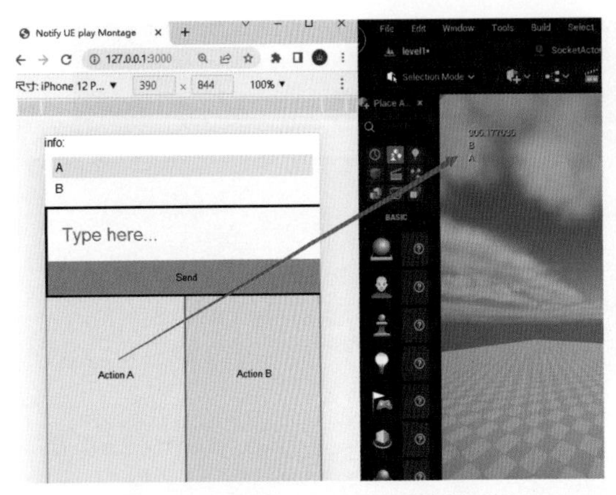

图 1-27　单击 index.htm 页面上的按钮看 UE5 的打印输出

1.1.3　与UE5中的物体进行互动的两种方法

目前，通过外部的浏览器页面与 UE5 通信的功能就已经实践成功了。如果要借助这些外来的数据信息进一步控制 UE5 中的物体对象或其他细节元素，而不仅是打印输出，应该怎么做呢？

接收到外部数据后需要通过蓝图向 UE5 中的对象发送指令，这个过程通常需要在 UE5 中实现对象与对象之间的信息传递。两种常用的在 UE5 对象之间发送消息的机制介绍如下。

1. 使用事件分发器（Event Dispatcher）

首先，笔者演示一下在 UE5 里使用事件分发器来实现不同对象之间传递信息的过程。在 SocketActor 蓝图中添加一个事件分发器用于发送事件信息，取名为 SocketEventDispatcher。如果看不到 My Blueprint 面板，则可以从菜单 Window 中选择 My Blueprint。需要加以区分和注意的是，这个事件分发器与之前提及的 WebSocket 服务器毫无关联，而是 UE5 内部对象之间传递信息的一种机制。添加的方法如图 1-28 所示。

图 1-28　在蓝图中添加事件分发器

接着在 My Blueprint 面板中单击 VARIABLES 右侧的加号按钮，添加一个字符串类型（String）的变量（Variable），取名为 StringFromSocket，用于存储 Socket 服务器发来的字符数据，以便其他 UE5 对象后续读取，如图 1-29 所示。

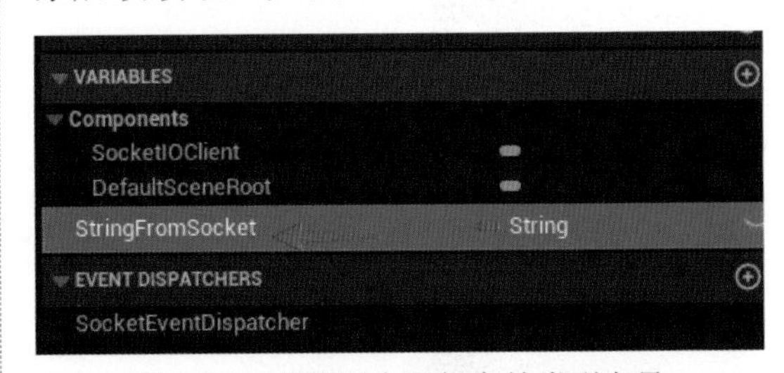

图 1-29　在蓝图中添加字符类型变量

进一步完善蓝图，在接收到 chatMessage 事件后把收到的数据（EventData）写入变量 StringFromSocket 中，同时在 UE5 内部调用（Call）这个名为 SocketEventDispatcher 的事件分发器，如图 1-30 所示。

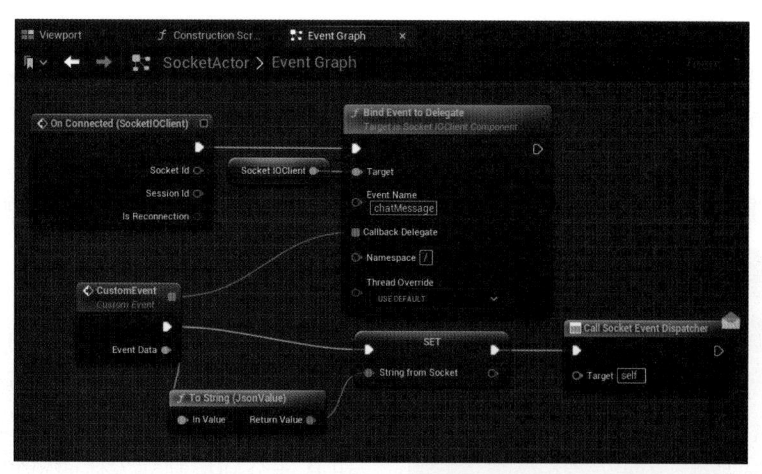

图 1-30　把收到的事件数据写入变量并调用事件分发器

这样就能让 SocketActor 对象在收到服务器通过 chatMessage 事件传来的信息时，将信息存入变量 StringFromSocket 中，然后调用（也就是触发）SocketEventDispatcher 这个 UE5 事件分发器。借助这个事件分发器可以让 SocketActor 通知其他的 UE5 对象。要完成整个过程，需要继续在场景（对场景的称谓有多种，也可以称为视口，或叫作关卡、舞台等）中选中 SocketActor 对象，如图 1-31 所示。

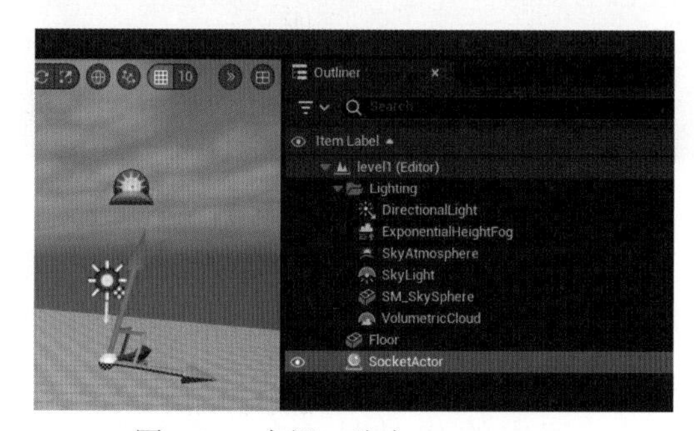

图 1-31　在视口选中 SocketActor

然后单击 Open Level Blueprint，打开关卡蓝图，具体操作如图 1-32 所示。

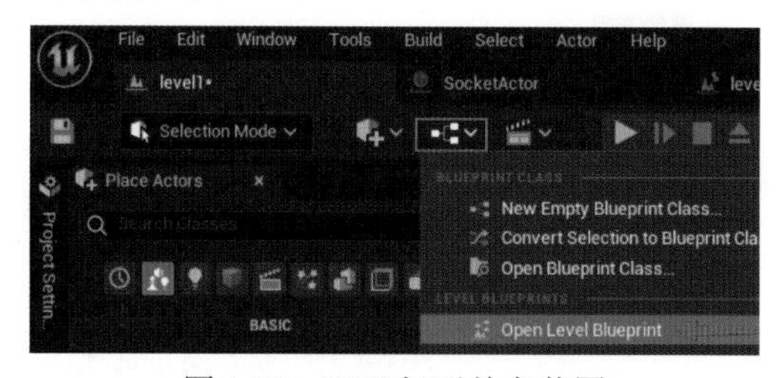

图 1-32　UE5 打开关卡蓝图

在关卡蓝图的空白处右击，可以从弹出菜单中获得对刚才在场景中所选中的 SocketActor 对象的引用，如图 1-33 所示。

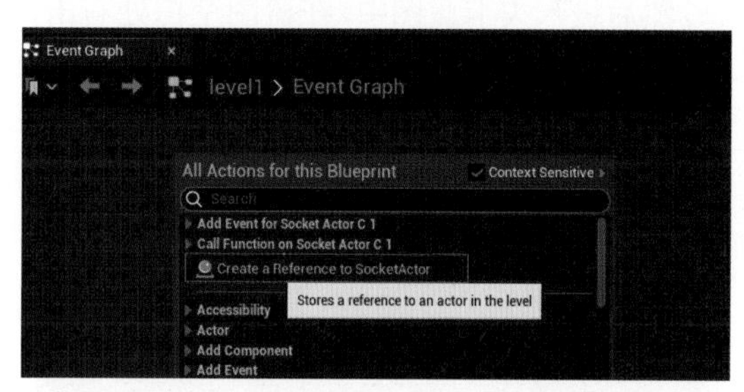

图 1-33　关卡蓝图中获取对所选对象的引用

如果看不到 UE5 主界面上的 Place Actors 面板，可以依次选择 UE5 顶部菜单命令 Window → Place Actors，然后在 Place Actors 面板里找到 Cube 拖曳到视口里，这样就在场景中添加了一个立方体。拖曳的具体操作如图 1-34 所示。

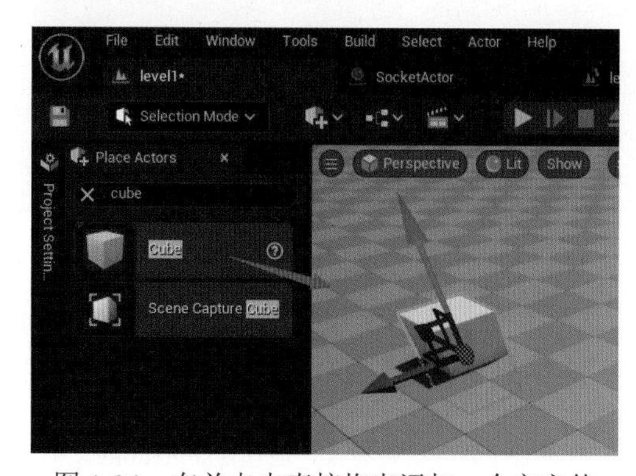

图 1-34　在关卡中直接拖曳添加一个立方体

选中场景中的立方体，在它的 Details（细节）面板里设置它的 Mobility（移动性）为 Movable（可移动的），这样才能在后期通过程序来移动它，否则它是固定的、无法移动的。设置方法如图 1-35 所示。

图 1-35　设置立方体可移动

让场景中的立方体继续处于被选中的状态，然后进入关卡蓝图中，在蓝图空白处右击，可以获得对立方体的引用，如图 1-36 所示。

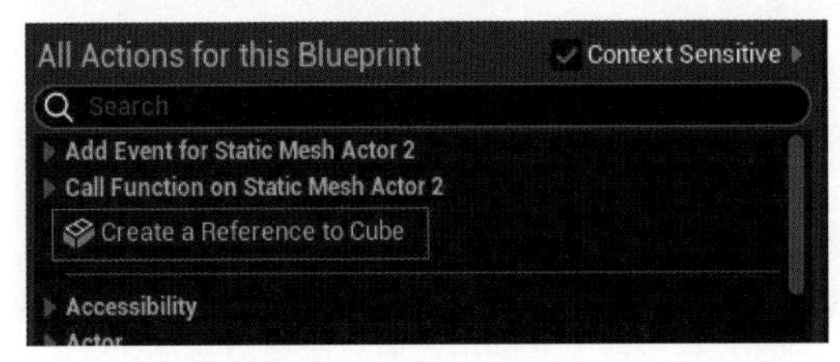

图 1-36　在关卡蓝图里右击获取对立方体的引用

接下来可以把关卡蓝图中的节点内容设置为如图 1-37 所示的样子[①]。

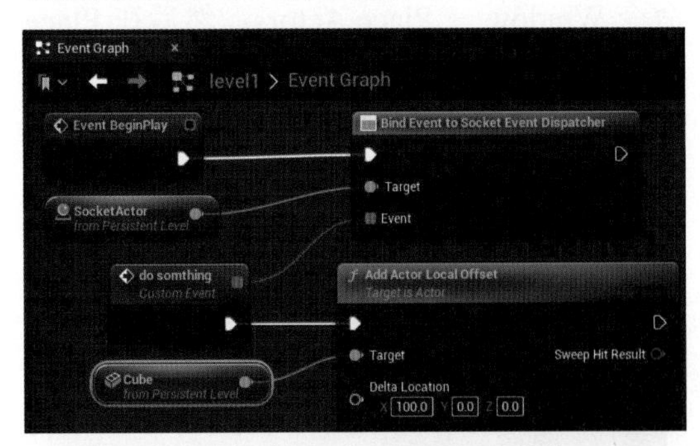

图 1-37　设置关卡蓝图绑定事件

蓝图内容的含义是当关卡开始运行时，会把 SocketActor 与 SocketEventDispatcher 事件分发器绑定，一旦事件分发器被调用，就会执行自定义的事件 dosomething。也就是说如果 SocketActor 内部发起 SocketEvent Dispatcher 事件时，就会执行这里的 dosomething 事件，而 dosomething 事件所做的事情是让立方体相对其现有位置为 X 轴坐标增加 100 个单位。

如果此时单击浏览器页面上的按钮 A 或按钮 B，那么立方体都会沿着 X 轴的方向移动 100 个单位的距离。如果希望按钮 A 或按钮 B 能分别控制立方体向不同的方向移动，可以参照图 1-38 中呈现的内容来布置蓝图，用 Switch on String 节点来判断 SocketActor 里的变量 StringfromSocket，是 A 的时候给 X 坐标值加 100，是 B 的时候减 100。

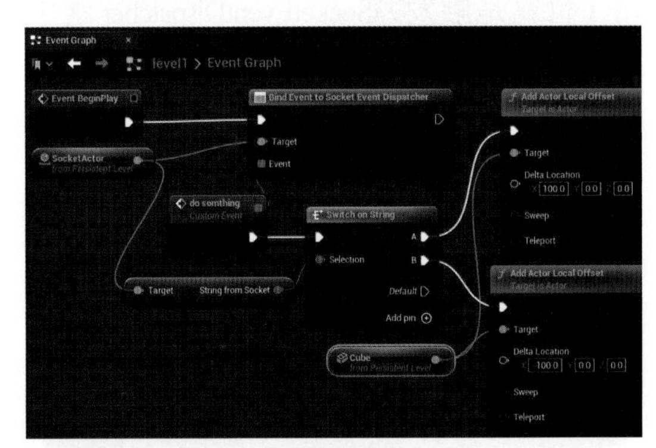

图 1-38　关卡蓝图里对 A 和 B 区分对待

如果需要用手机浏览器访问这个网页页面，则需要确保手机与这台计算机都连了同一个 Wi-Fi，而且要知道这台计算机在局域网内的 IP 地址。在命令行里输入 ipconfig 并按回车键，就能看出本机的局域网内的 IP 地址，显示结果如图 1-39 所示。

图 1-39　在命令行输入 ipconfig 获取本机 IP 地址

① 图中somthing拼写有误，应该是something。但因为是截图，故保留了原始界面的状态。

接下来手机通过浏览器访问网址 http://192.168.3.44:3000 就可以打开页面来操作了。

注意：192.168.3.44 应当替换为读者自己所用计算机的 IP 地址。

2. 利用变量的 Instance Editable 属性

采用另外一种方法也可以让 Socket Actor 对象访问到场景中的其他物体。在 SocketActor 蓝图里建立一个名称为 TargetObject、类型为 Static Mesh Actor（静态网格体对象）的变量，并把它的眼睛图标打开，如图 1-40 所示。

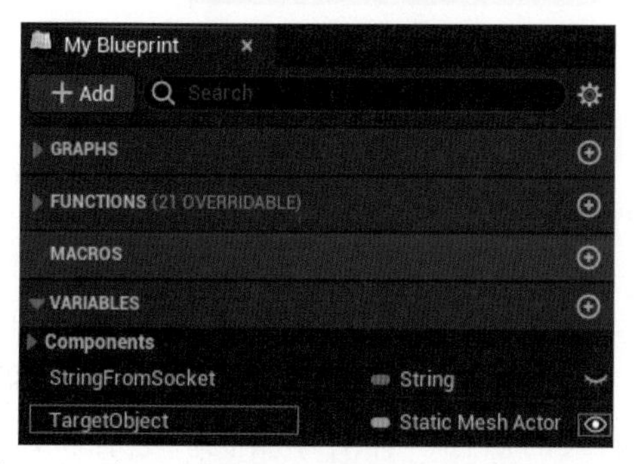

图 1-40　在 SocketActor 里创建 TargetObject 变量

点开这个变量的眼睛图标实际上就是将这个变量的 Instance Editable 属性设为 True 了，也就是这个属性会被打勾，如图 1-41 所示。

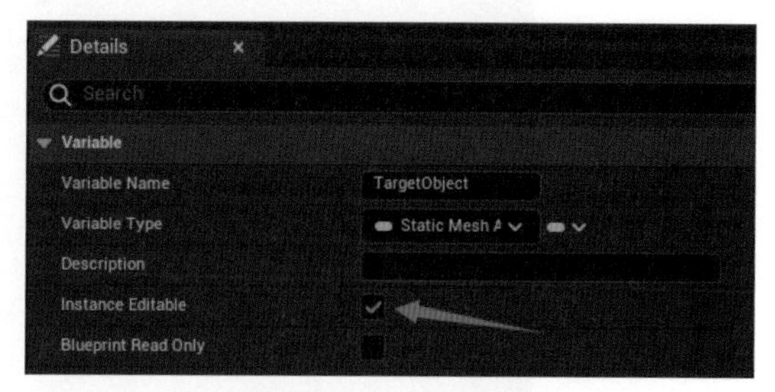

图 1-41　设置 Instance Editable 属性为 True

这样在 SocketActor 对象被放置在视口中（这个过程称为被实例化）后，还可以直接在视口中修改 TargetObject 变量的值。在场景里选中 SocketActor，在它的 Details 面板里找到 TargetObject 属性，在其右侧会看到一个吸管工具图标，单击吸管工具然后点选场景中的立方体，就把变量 TargetObject 指向了舞台中的 Cube（立方体）对象。操作过程如图 1-42 所示。

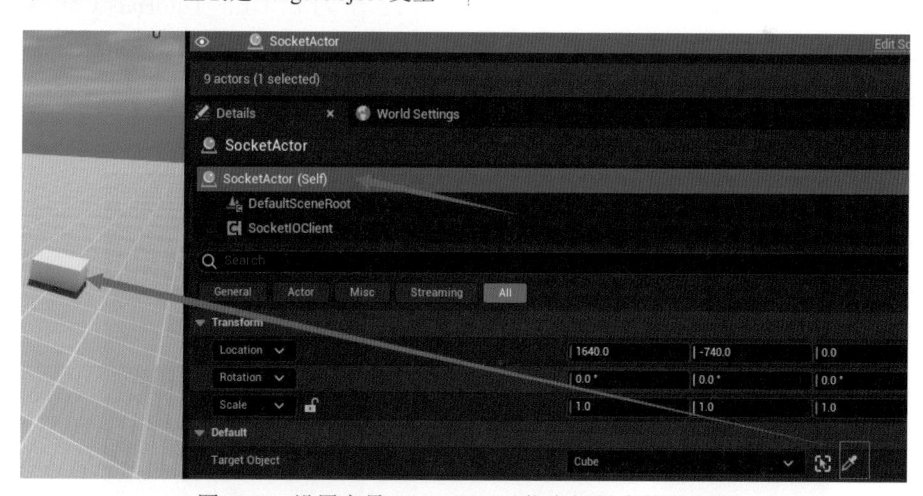

图 1-42　设置变量 TargetObject 指向场景中的立方体

这样，SocketActor 里的蓝图在访问 TargetObject 变量时，就等于访问到了视口中的立方体对象。也就是说，通过这个方法，SocketActor 内的蓝图可以方便地访问 SocketActor 外的任何对象。详细的蓝图内容如图 1-43 所示。

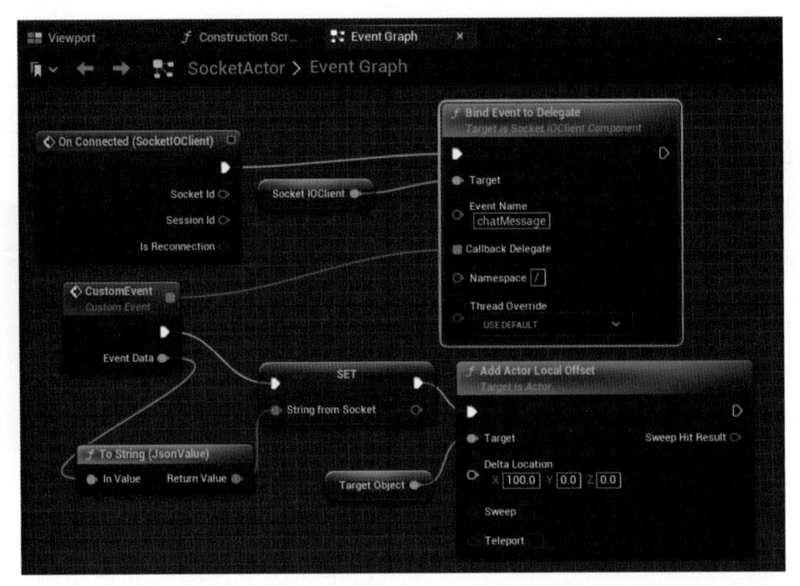

图 1-43　在蓝图里绑定 Socket 事件

此时运行 UE5，预期的效果也同样实现了。

1.1.4　实例：手机遥控点亮UE5屏幕上的烟火

实例的讲解既可以巩固前面所学的基础知识，又可以让我们在已经掌握的基础知识之上有所提升。本书的第一个实例就是利用手机来控制 UE5 中画面内容的变化，具体来说是通过触摸手机上的网页界面来控制 UE5 里焰火的启停。针对本实例，笔者新建了一个 UE5 项目，名为 SocketIODemo_live，项目路径为 E:\UE5_Tutorials\Cai_NewBook\SocketIODemo_live。打开项目文件后，从虚幻商城找到免费的 Realistic Starter VFX Pack 添加到工程里。这个文件包里含有本实例将要用到的焰火粒子系统素材。具体操作如图 1-44 所示。

图 1-44　从虚幻商城下载 Realistic Starter VFX Pack Vol2

这样 UE5 项目的 Content 文件夹里就会出现一个 Realistic_Starter_VFX_Pack_Vol2 文件夹，里面的 Maps 文件夹里有 Overview_Map_Day 关卡文件，打开这个关卡可以看到里面有很多粒子系统的展示，如图 1-45 所示。

图 1-45　Content 文件夹里出现了下载的素材文件夹

双击打开这个关卡，从它的 Outliner（大纲）面板里找到名为 B_Sparks_G 的对象，选中后按 Ctrl+C 组合键复制它。然后新建一个关卡，取名为 level1，在视口里按 Ctrl+V 组合键，将刚复制的 B_Sparks_G 粘贴到 level1 里。这样在 level1 里也就能使用 B_Sparks_G 这个对象了，如图 1-46 所示。

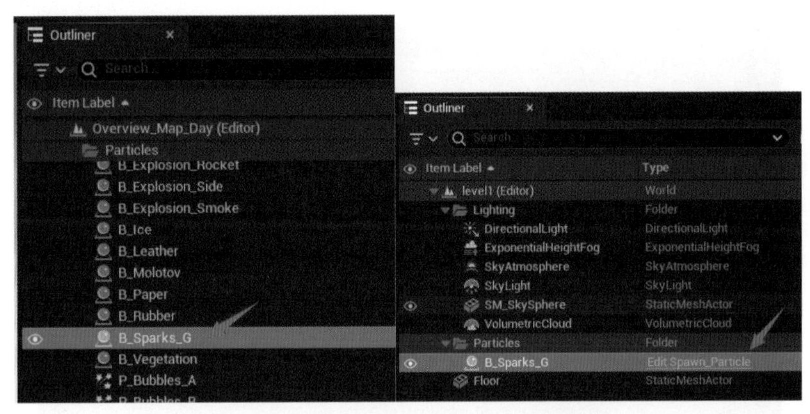

图 1-46　复制对象到 Level1 中然后编辑

接着可以单击 B_Sparks_G 右侧的 Edit Spawn_Particle 来编辑它的蓝图。进入蓝图后，把里面的组件面板中的 VFX 组件复制一份，取名为 VFX1，再添加一个 SocketIOClient 组件。VFX 组件是一个粒子系统组件，复制 VFX 得到的 VFX1，设置其属性如图 1-47 所示，让它实际调用了 P_Sparks_A 粒子系统。这样 Spawn_Particle 里就有两个不同的粒子系统了，如图 1-47 所示。

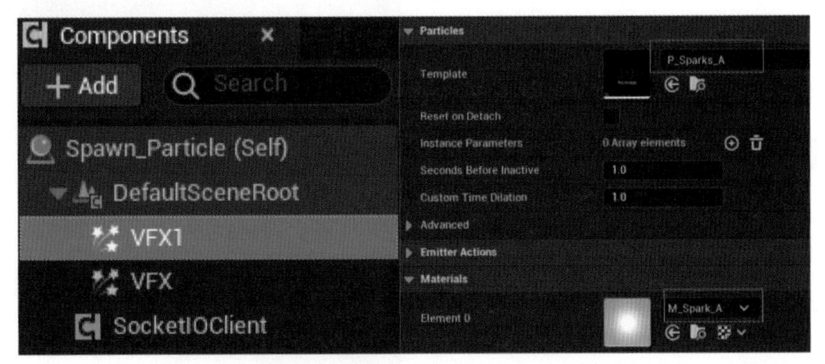

图 1-47　复制 VFX 组件得到 VFX1 后修改属性

值得注意的是，SocketIOClient 组件的细节面板里 Address and Port 属性默认就是

http://localhost:3000，如果 Socket 服务器的部署不在本地计算机上，就需要把 localhost 改为服务器 IP 地址。修改的位置如图 1-48 所示。

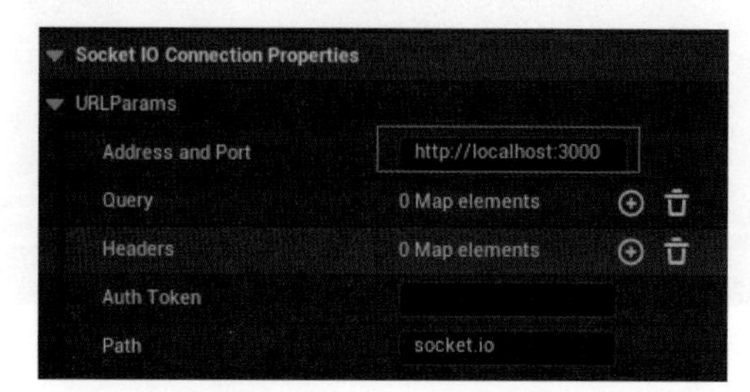

图 1-48　设置 SocketIOClient 组件的地址和端口属性

关于 Socket 服务器的设置还是和上一节的讲述完全一样，在这里的 Spawn_Particle 蓝图中，可以将蓝图节点进行如图 1-49 所示的布置，从而实现单击网页上的不同按钮便可以控制 UE5 运行不同粒子系统的功能。

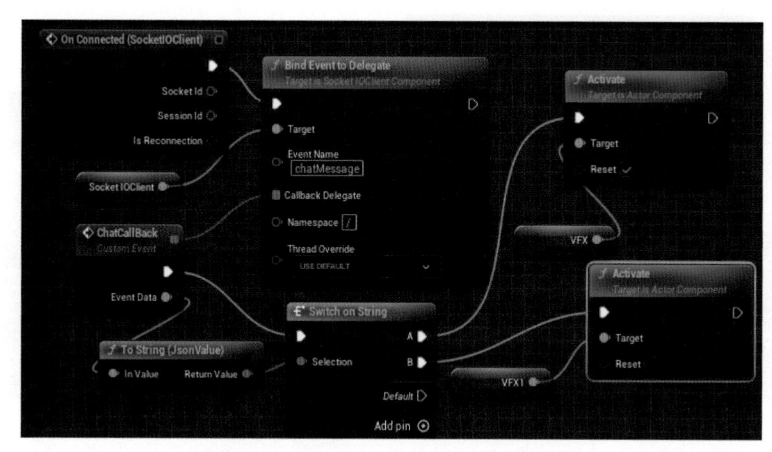

图 1-49　Spawn_Particle 的蓝图内容

这样，当通过浏览器访问 http://localhost:3000 并单击页面上的第一个按钮时，UE5 会播放一个烟花爆炸风格的粒子特效。如果单击网页上的第二个按钮，则会播放另外一个 VFX1 对应的龙卷风类型的粒子特效，如图 1-50 所示。

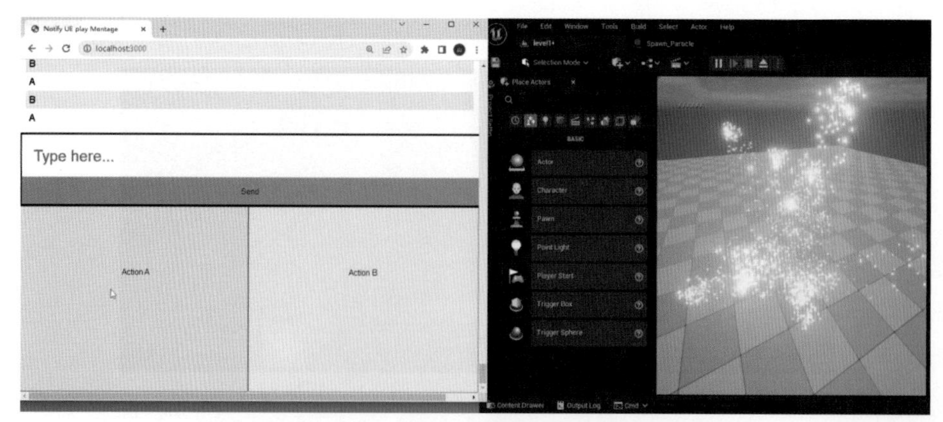

图 1-50　单击 ActionA 按钮激发烟花爆炸粒子特效

用手机打开网址 http://192.168.3.44:3000（注意实践时要将IP地址替换为自己计算机的局域网IP），在手机上用手指触击按钮A可以播放烟火粒子，而触击按钮B则可以激发龙卷风粒子特效，如图1-51所示。

图1-51　手机上触击不同按钮遥控UE5播放不同粒子特效

本实例详细的操作步骤可以通过扫描下方二维码来观看。

1.2　用Remote Control API远程控制UE5界面

1.2.1　初步认识Insomnia调试指令

大家对HTTP Request（HTTP请求）应该都不陌生，在网页上填写用户名和密码，然后单击提交按钮，其实就是向网站服务器发送了一个HTTP请求，并且这个请求附带了用户填写的数据信息。Web前端工程师在测试自己的页面是否功能健全时，就常常会模拟发送类似这样的HTTP请求到自己开发的页面地址，通过模拟测试工具获得的返回值来判断有无Bug。例如，Postman就是业内知名度很高的一款模拟调试工具。而笔者要给读者介绍的是一款名为Insomnia的相对轻便并且免费、开源、跨平台的调试工具，如图1-52所示。

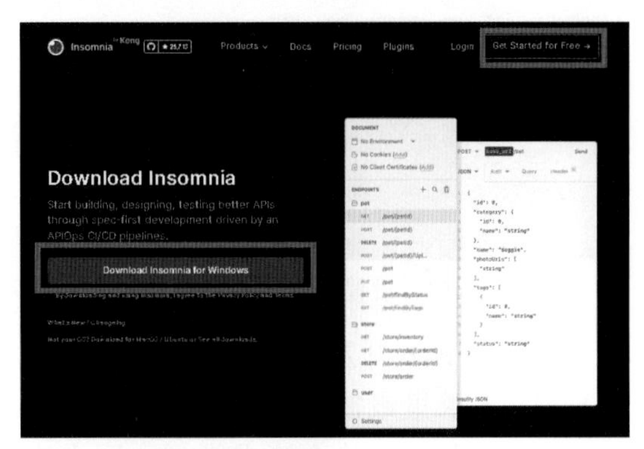

图1-52　免费下载Insomnia

在本节里笔者会基于Insomnia这款调试工具模拟HTTP请求并发送给UE5，通过这种方式来操控UE5场景中的对象，同时获取来自UE5的信息反馈。

从Insomnia官网下载免费版的Windows安装包，安装好程序后打开Insomnia。从程序界面上可以看到一个加号图标，如图1-53所示，单击它可以构建一个HTTP请求。

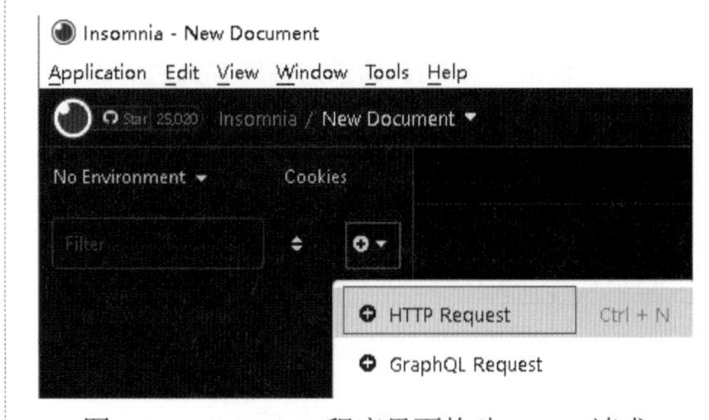

图1-53　Insomnia程序界面构建HTTP请求

1. HTTP请求的详细设置

一个完整的HTTP请求包含请求方式、请求的网址和请求的数据。笔者接下来带着大家使用Insomnia具体设置一下HTTP

请求的请求类型以及请求的数据格式和请求的网址。

通过单击图 1-54 所示的白色下拉箭头可以将 HTTP 请求方式设置为 PUT 类型。

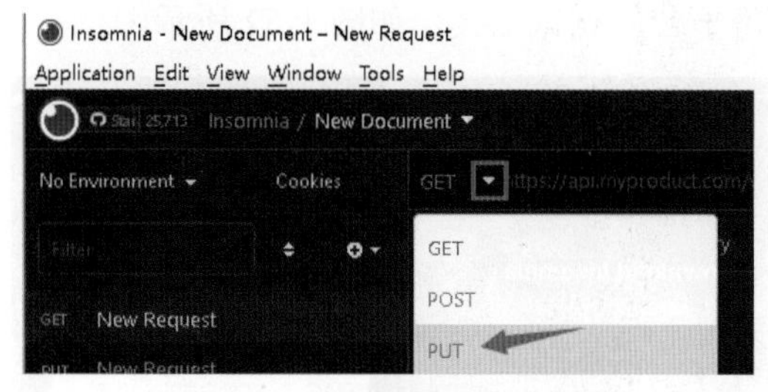

图 1-54　设置请求方式为 PUT

如果对 Web 开发知识有所了解，会知道 HTTP 请求里最常见的请求类型是 GET 和 POST 这两种。关于请求类型，网上有非常多的介绍资料。本节着重就 PUT 这种请求方式为读者作一个简要的介绍。PUT 请求是一个幂等的 HTTP 请求方式。幂等指的是发出同样的请求时，被执行一次与连续执行多次的效果是一样的，服务器的状态也是一样的。换句话说就是，幂等方法对数据不应该具有副作用。在正确实现的条件下，GET、PUT 和 DELETE 等方法都是幂等的，而 POST 方法不是幂等的，具体详见表 1-1。

表 1-1　HTTP 请求的多种方式的对比

HTTP 请求方式	请求地址 URL	效用
GET	http://......./tickets	获取 ticket 列表信息
POST	http://......./tickets	新建一条 ticket 记录
PUT	http://......./tickets/1	更新 ticket 编号为 1 的记录
DELETE	http://......./tickets/1	删除 ticekt 编号为 1 的记录

①多次调用 GET /tickets 和第一次调用 GET /tickets 对数据库数据的影响是一致的。

②多次调用 PUT /tickets/1 和第一次调用 PUT /tickets/1 对数据库数据的影响是一致的。

③多次调用 DELETE /tickets/1 和第一次调用 DELETE /tickets/1 对数据库数据的影响是一致的。

④多次调用 POST /tickets 都将产生新的数据（对数据库中的数据的影响是不一致的）。

综上所述，可以认识到，GET、PUT 和 DELETE 方法都是幂等的，而 POST 方法不是幂等的。理解了 PUT，再为 HTTP 请求输入访问的 URL 网址，然后再将 HTTP 请求对服务器所发送数据 Body 的类型设为 JSON 类型。如图 1-55 所示，输入的网址是 http://localhost:30010/remote/object/property。

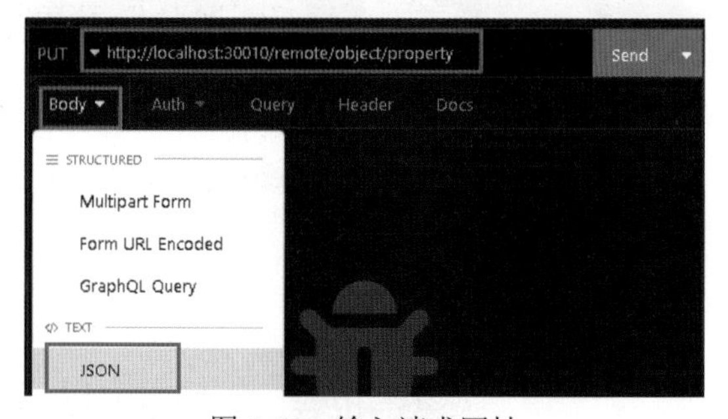

图 1-55　输入请求网址
并设置请求数据格式为 JSON 格式

到这里，就在 Insomnia 软件里设置好了一个 HTTP 请求，就已经做好了向服务器发送数据的准备！只需要单击图 1-55 中右上角的 Send（发送）按钮，即可将 HTTP 请求发送出去。

2. 启动 UE5 内置的 WebControl 服务器

接下来笔者要带大家使用 Insomnia 所发送出来的 HTTP 请求来实际控制 UE5 项目中的对象，同时也包括在 Insomnia 软件里查看 UE5 反馈的数据信息。但实现这些的前提是需要先在 UE5 项目中开启 UE5 内置的 WebControl 服务器。下面先讲一下如何开启这个 WebControl 服务器。笔者新建一个 UE5 项目，取名为 RemoteCtrlAPIDemo，在项目的Plugins菜单里需要开启Remote Control API插件(插件打勾后需要重启UE5项目)，如图 1-56 所示。

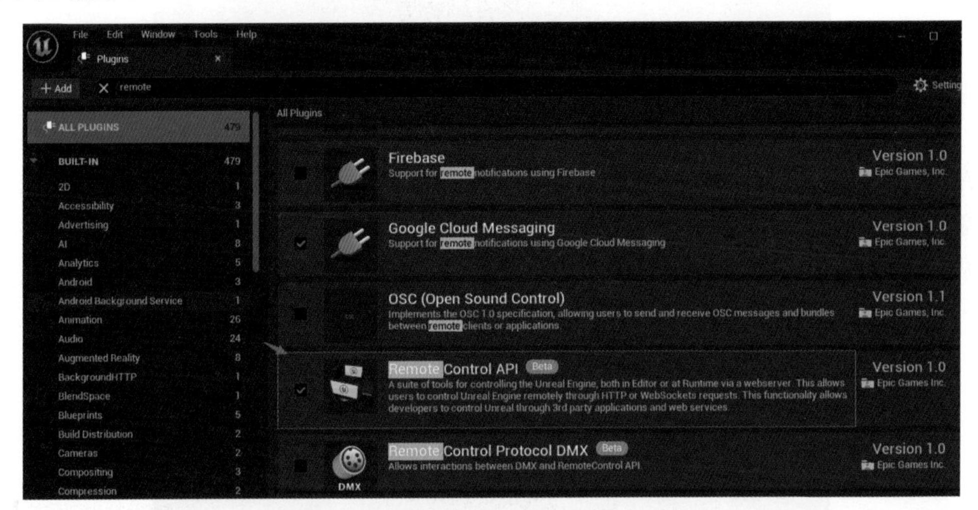

图 1-56　开启 Remote Control API 插件

在 UE5 的 Project settings（项目设置）里可以看到 Plugins 下 Remote Control 项的相关设置，默认设置为 Remote Control HTTP Sever 会监听本机端口 30010，也就是说访问 http:// 本机 IP:30010 的 HTTP 请求都会被 UE5 内置服务器接收到（这里看到的 30000 端口将在 1.2.3 节里出现），如图 1-57 所示。

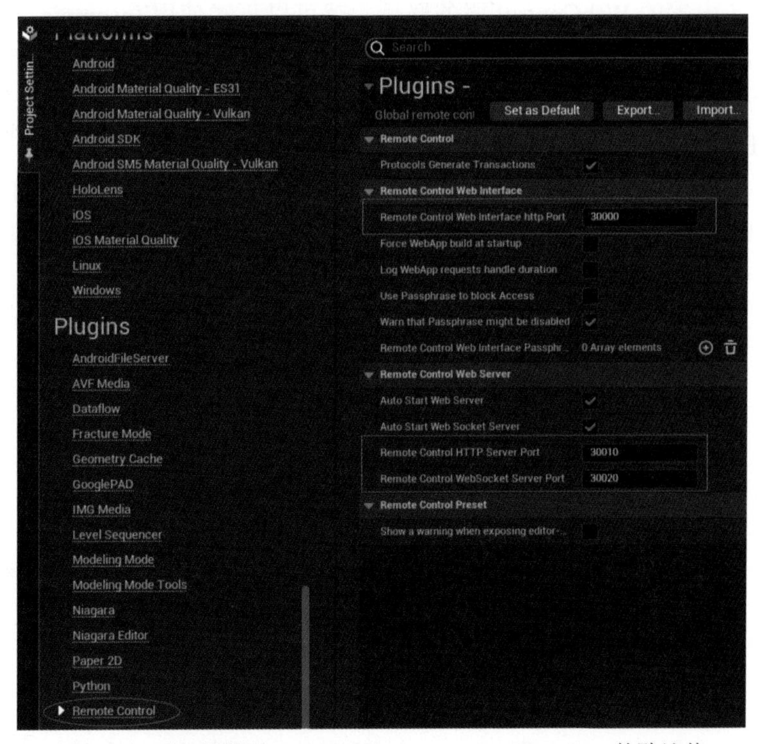

图 1-57　项目设置里 Remote Control HTTP Server Port 的默认值

在 UE5 的界面底部能看到如图 1-58 所示的 Cmd 输入框，如果在这个输入框里输入 WebControl.StartServer，然后按回车键就可以启动 UE5 内置的 WebControl 服务器了。

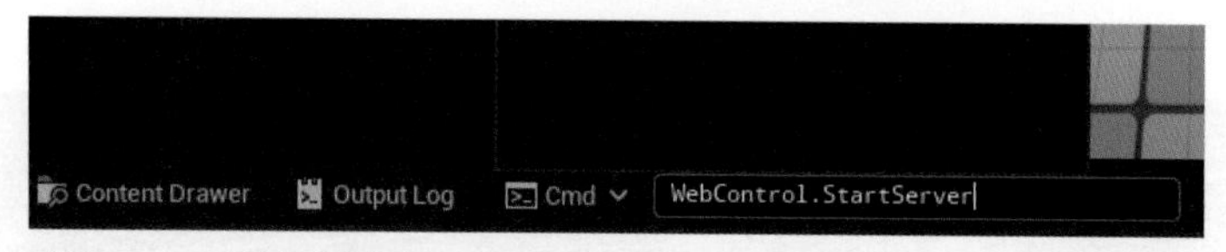

图 1-58　项目设置里 Remote Control HTTP Server Port 的默认值

在 UE5 顶部的 Window 菜单里勾选 Output Log，就能在 UE5 底部看到 Output Log 标签，单击此标签能看到 UE5 的所有 Log 信息记录。如果输入如图 1-58 所示的指令并按回车键后，能看到 Output Log 里显示出 Cmd:WebControl.StartServer 字样，就表示 UE5 内部的 WebControl 服务器启动成功了，如图 1-59 所示。

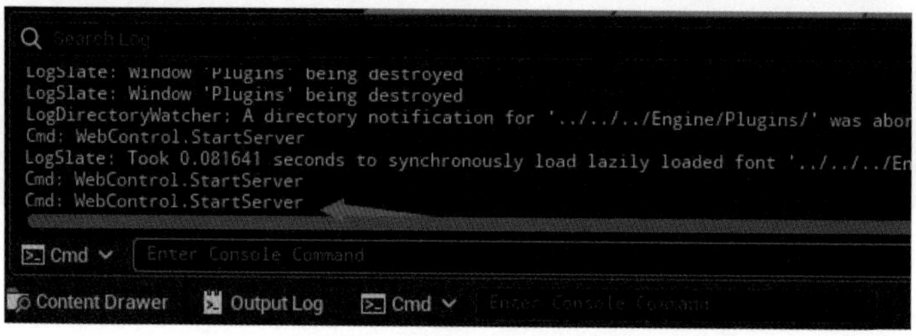

图 1-59　UE5 查看 Output Log 的输出

3. 使用 HTTP 请求访问和修改 UE5 对象属性

启动了 UE5 内置的 WebControl 服务器后，就可以正式使用 Insomnia 发送 HTTP 请求给 UE5，以访问 UE5 对象的属性或修改 UE5 对象的属性了。在本节里笔者带大家详细实践一下具体的做法。

笔者在 UE5 视口中放置一个立方体对象，然后从大纲面板（Outliner）里选中这个立方体（Cube）并右击它。从弹出的右键菜单里选择 Copy path 复制路径，可以获取这个立方体物体在视口中对应的远程控制地址信息。这种类似于网址格式的地址信息是后续通过 HTTP 请求访问 UE5 中物体的入口地址。具体操作如图 1-60 所示。

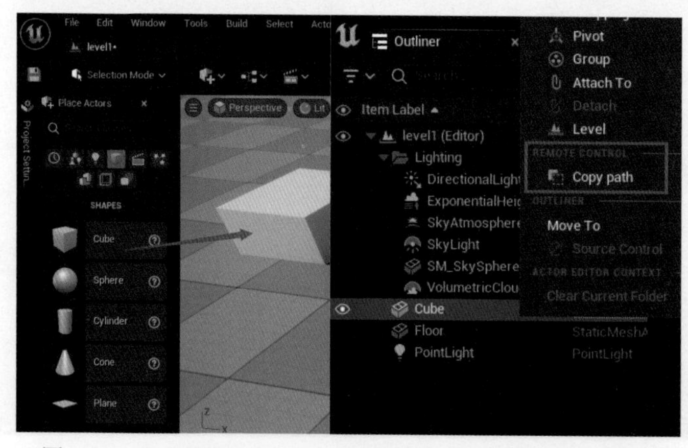

图 1-60　右击选择 Copy path 获取物体的远程控制路径地址

如果把复制到的信息粘贴到记事本里可以看到：/Game/level1.level1:PersistentLevel.StaticMeshActor_0。

这里需要将这个路径信息填写到 Insomnia 的数据区域来构建一个 JSON 格式的数据。

```
{"objectPath":"/Game/level1.level1:PersistentLevel.StaticMeshActor_0" ,
"propertyName":"bHidden"}
```

如图 1-61 所示，HTTP 请求构建完毕后就可以单击 Send 按钮向 UE5 发送请求了。

这时在 Insomnia 程序界面的右侧可以看到 Preview 标签下有信息出现，这就是 UE5 内置服务器反馈回来的信息。如果没有报错，并且是 200 OK 状态，就表示请求处理成功了。

图 1-61　构建 JSON 格式的请求数据

图 1-61 里所构建的 HTTP 请求的含义是针对 UE5 中的立方体，将它的 Hidden 属性设置为隐藏。请求发送完毕后在 UE5 里可以查看视口中立方体的细节面板信息，会发现 Actor Hidden In Game 属性被打勾。这正是 HTTP 请求发送到 UE5 服务器后被正确处理的结果，如图 1-62 所示。

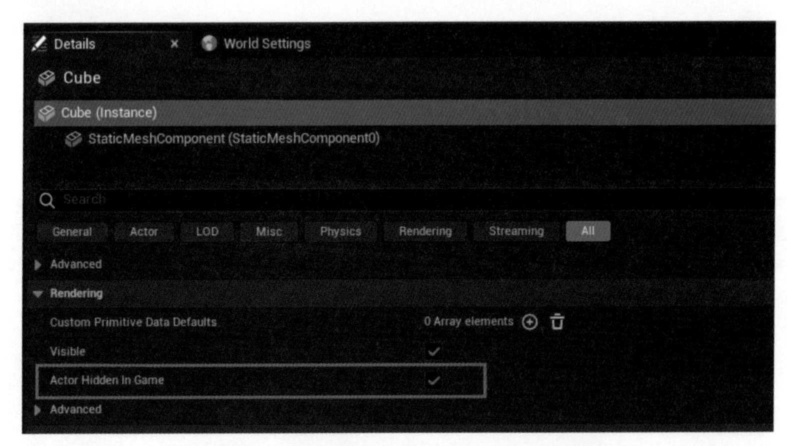

图 1-62　通过 HTTP 请求将立方体隐藏了

如果修改在 Insomnia 里的请求信息，去掉请求数据中的"propertyName":"bHidden"部分，那么发送的请求就是查询立方体各项属性的请求，收到的反馈数据将是立方体的各项属性信息。如图 1-63 右侧所示，可以看到查询结果里的各项属性数据。

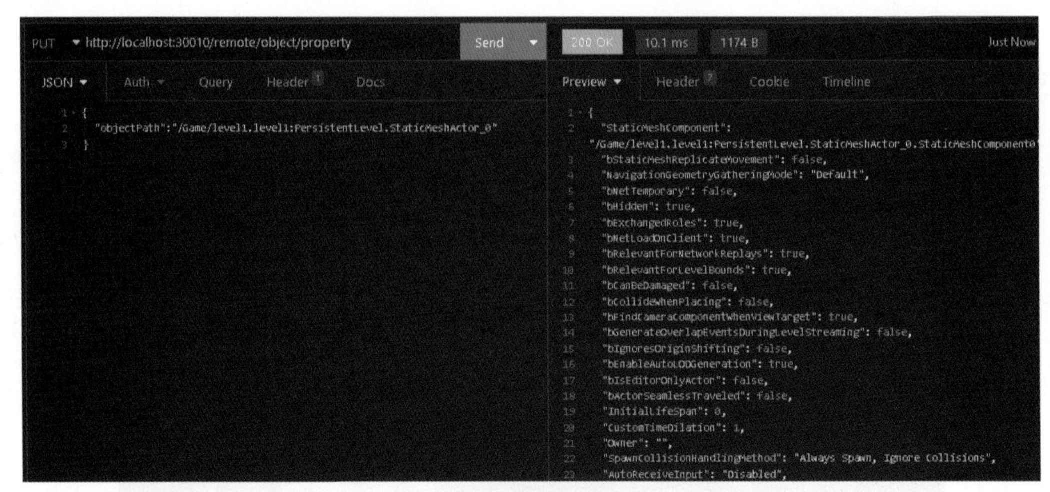

图 1-63　通过 HTTP 请求查询立方体属性信息

如果把请求的网址修改为 http://localhost:30010/Remote/object/call，同时将发送的数据按图 1-64 所示进行修改，就可以实现通过发送 HTTP 请求获取立方体对象的位置坐标。

图 1-64　通过 HTTP 请求获得物体位置信息

请求发送完毕后，确实能看到 Insomnia 右侧反馈的信息与立方体在详情面板中的 Location 信息完全一致，如图 1-65 所示。

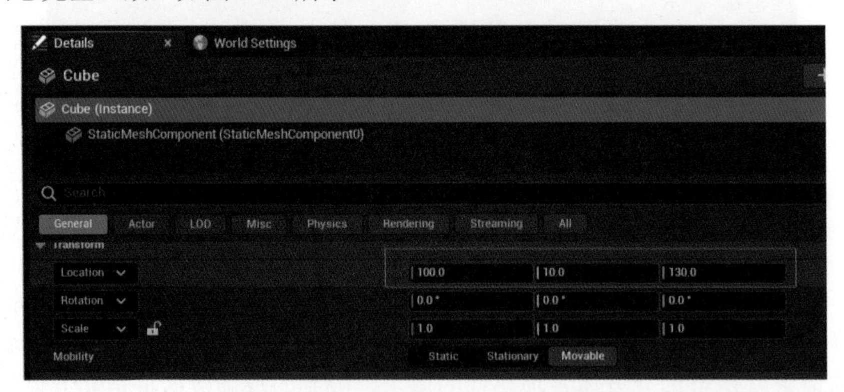

图 1-65　对比 HTTP 请求的反馈信息与 UE5 物体的 Location 数据

接下来可以尝试通过发送 HTTP 请求来修改 UE5 中物体的位置，可以如图 1-66 所示发送 HTTP 请求。

图 1-66　发送 HTTP 请求修改 UE5 物体的 Location 数据

如果想修改物体的朝向角度，也就是旋转物体，可以如图 1-67 所示发送 HTTP 请求数据。具体代码展示如下：

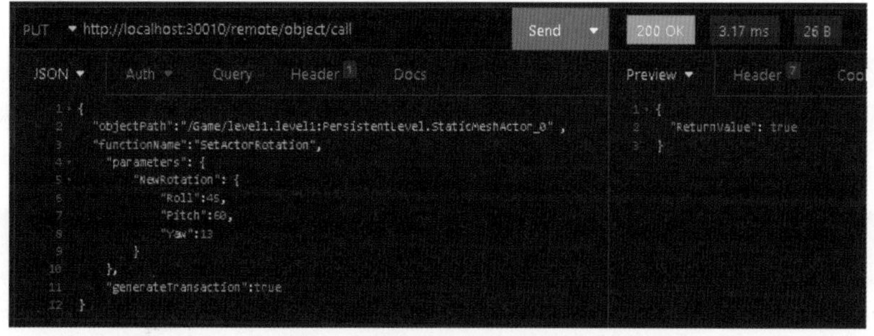

图 1-67　发送 HTTP 请求修改 UE5 物体的 Rotation 数据

```
{
    "objectPath":"/Game/level1.level1:PersistentLevel.StaticMeshActor_0" ,
    "functionName":"SetActorRotation",
    "parameters": { "NewRotation": { "Roll":0, "Pitch":0, "Yaw":0 } },
    "generateTransaction":true
}
```

所发数据的最后 "generateTransaction":true 这句的作用是使这次所请求的操作可以在 UE 里支持撤销，等同于支持 Ctrl+Z 组合键，也就是如图 1-68 所示的操作，当用户想取消本次的修改时，可以单击 Undo 来实现。

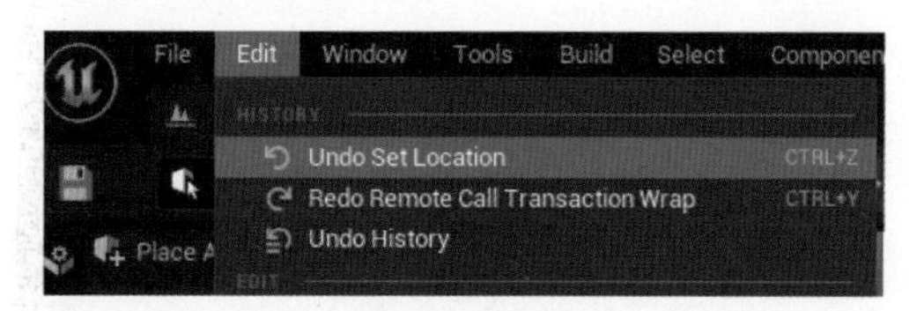

图 1-68　UE5 里的撤销上一步操作

同样地，发送完 HTTP 请求后可以在 UE5 中检查立方体的 Rotation 信息，可以看到 Rotation 属性确实被改变了，如图 1-69 所示。

图 1-69　查看 UE5 里立方体的 Rotation 信息

4. 使用 HTTP 请求来调用 UE5 项目中的函数

使用HTTP请求不仅可以访问、修改UE5中对象的属性，还可以直接调用UE5中的函数。大家知道，UE5 中的函数可以顺畅地访问 UE5 的各类细节，而能调用 UE5 中的函数也就意味着可以实现函数所能实现的一切功能。本小节里，笔者带大家具体操作一下如何通过 HTTP 请求来调用 UE5 中存在的函数。

笔者先选中上一节中提到的立方体，通过单击其细节面板里的转化为蓝图按钮将立方体从一个静态网格体对象修改为一个蓝图对象。这个转化为蓝图按钮的所在位置如图 1-70 所示。

图 1-70　单击“转化为蓝图”按钮

从弹出的窗口里，将父类选择为 StaticMeshActor，并将蓝图取名为 Cube_BluePrint。然后单击 Select 按钮，如图 1-71 所示。

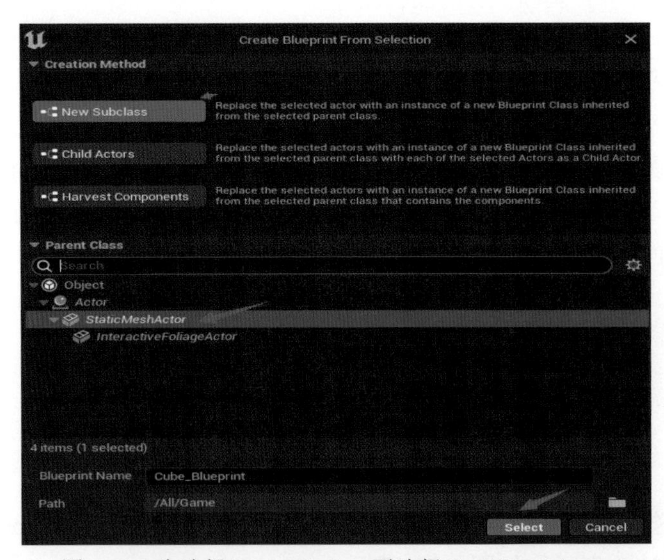

图 1-71　先选择 New Subclass 再选择 StaticMeshActor

在 Content browser 中双击打开这个新建的 Cube_Blueprint 对象，在它的 My Blueprint 面板里增加一个 Function（函数），取名为 Test，如图 1-72 所示。

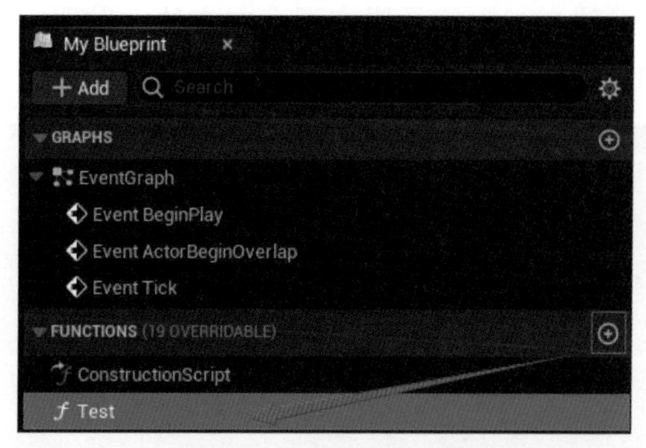

图 1-72　在 My Blueprint 面板里单击加号图标添加函数

双击这个 Test 函数，如图 1-73 所示，设置 Test 函数里的内容，这样调用 Test 函数时就可以调整立方体的世界位置坐标为：x 为 100, y 为 100, z 为 100。注意，原先场景中的立方体现在已经成为 Cube_Blueprint 里的一个静态网格体组件，在组件面板中可以看到它，将它拖入右侧蓝图编辑区域即可加以使用，如图 1-73 所示。

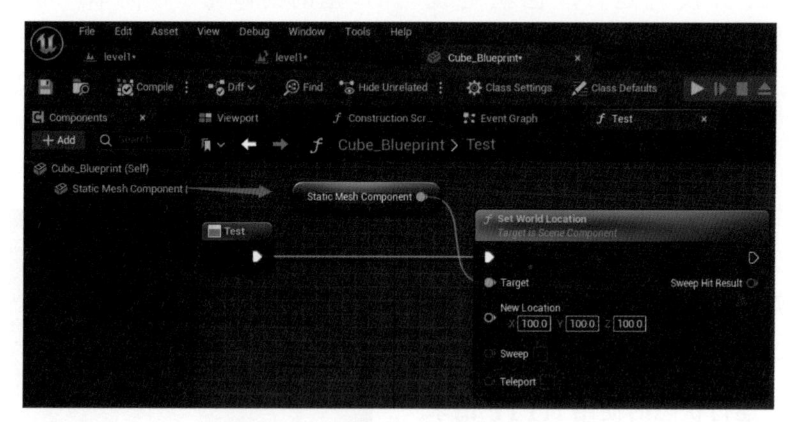

图 1-73　函数 Test 里的蓝图内容

可以继续使用 Insomnia 程序发送 PUT 类型的指令来调用这个蓝图里的函数 Test，配置发送数据，如图 1-74 所示。

图 1-74　使用 Insomnia 发送 HTTP 请求调用蓝图里的函数

当然 HTTP 请求所需要发送数据里的 objectPath 后的路径地址也需要重新右击 Copy path 来获取最新的，因为立方体网格体已经被转换为一个蓝图对象了，所以它对应的远程控制路径也发生变化了。

HTTP 请求发送后，在 UE5 视口里查看 Cube_Blueprint 蓝图里的子对象 static Mesh Component（静态网格体组件），也就是原来那个立方体，发现它的 Location（位置）属性确实变为 100、100、100，如图 1-75 所示。

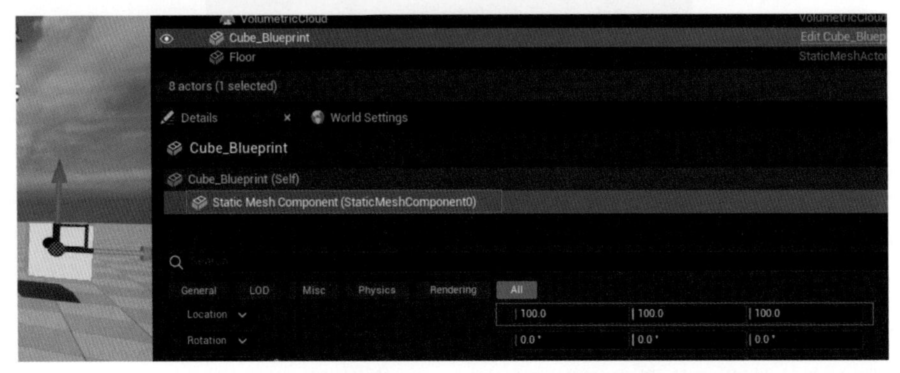

图 1-75　查看 Cube_Blueprint 对象的子对象的 Location 属性

值得注意的是，发送 HTTP 请求并成功执行时，UE5 并没有运行，也就是说即便 UE5 还处于编辑状态，也能够利用 HTTP 请求来改变 UE5 内的设置，这无疑给 UE 设计人员带来了极大的便利。例如，当设计人员有几套将多个物件按不同位置、不同角度摆放到场景中的布景方案时，如果设计人员还希望能够在这几套方案间便捷地来回切换以实现直观的视觉比对，这个功能就能大显身手了！

5. UE5 在运行状态时使用 HTTP 请求

UE5 在编辑状态时能接收 HTTP 请求并对 HTTP 请求作出实时响应。那么在 UE5 处于运行状态时，同样可以发送 HTTP 请求来改动 UE5 中物体的各个属性。但发送 HTTP 请求时有一些注意事项，本小节具体介绍一下这种情况下发送 HTTP 请求在数据内容上的差异。

其实关键点就在于需要在 UE5 运行后再获取物体对应的路径地址，操作方法同样是在视口中选中物体后再右击选择 Copy path 进行获取。但是在 UE5 运行时，视口中看不见鼠标指针，如何用鼠标点选视口里的物体呢？很简单，可以在键盘上按 Shift+F1 组合键，这样就能显示鼠标指针了。然后如图 1-76 所示，单击脱离玩家控制器切换按钮进入模拟状态，就能在 UE5 运行过程中点选视口中的物体了。

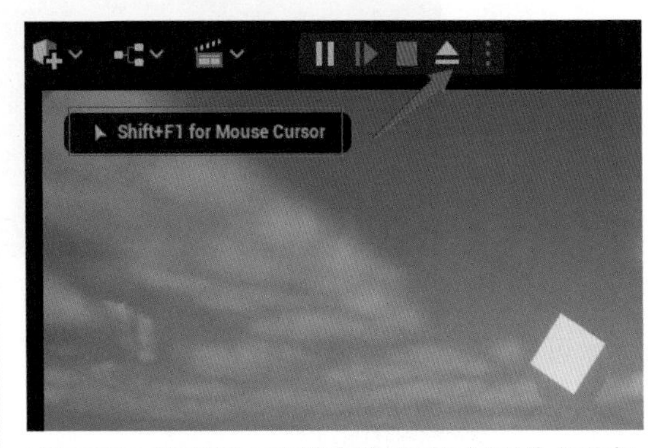

图 1-76　按 Shift+F1 组合键显示鼠标再单击脱离控制器按钮

选中视口中的 Cube_Blueprint 后，可以从大纲面板里看到对应的条目，右击选择 Copy path。也可以直接在视口中选中物体后右击选择 Copy path。

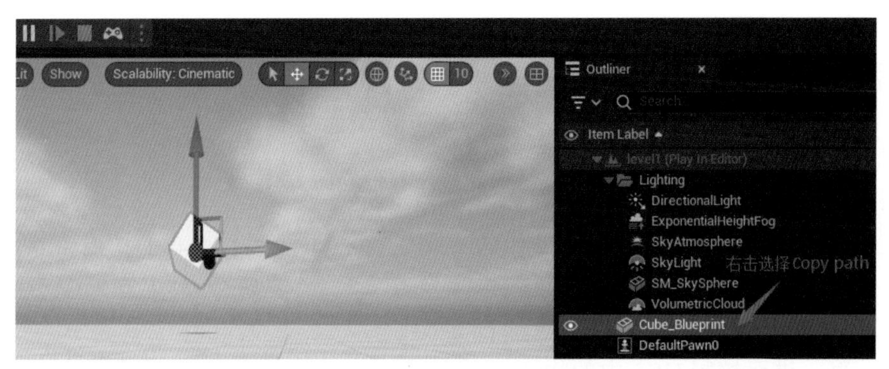

图 1-77　在 Outliner（大纲）面板里选中物体然后右击选择 Copy path

此时得到的路径是 /Game/UEDPIE_0_level1.level1:PersistentLevel.Cube_Blueprint_C_0，它与编辑状态时获得的路径信息 /Game/level1.level1:PersistentLevel.Cube_Blueprint_C_0 还是有所不同的。脱离玩家控制器切换按钮单击后会变为附加玩家控制器按钮，再次单击会让 UE5 处于正常运行状态，鼠标指针会再度消失。通过这个过程，读者可以了解到这个切换按钮的用法，如图 1-78 所示。

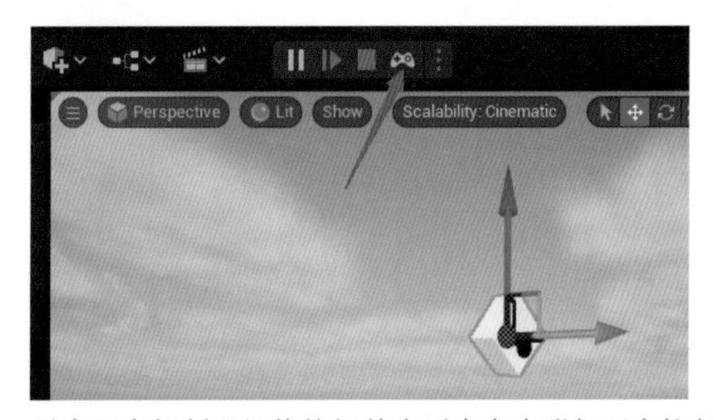

图 1-78　脱离玩家控制器切换按钮单击后会变为附加玩家控制器按钮

将新获取到的路径信息粘贴到 HTTP 请求的发送数据里，然后发送请求，这样在运行 UE5 时也能够通过 HTTP 请求来控制 UE5 视口里的物体，如图 1-79 所示。

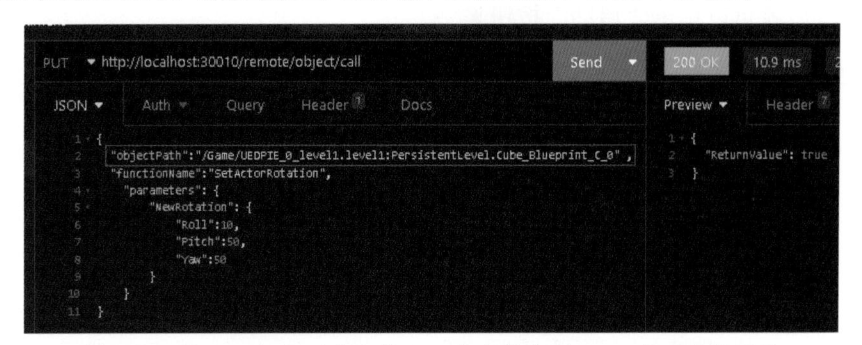

图 1-79　将 UE5 运行时获取的 path 信息粘贴到 HTTP 请求的数据里

Insomnia 工具是一个构建 HTTP 请求的调试工具，本节通过详细的操作步骤让读者了解如何设置 HTTP 请求的数据格式和数据内容、如何填写 HTTP 请求的网址以及如何查看请求是否正确地被 UE5 接收和处理。

1.2.2 采用AJAX+PHP自定义页面发送指令

毕竟 Insomnia 只是一个调试工具，如果能够自己定制网页界面来发送 HTTP 请求指令，那么操作起来肯定会变得更加高效顺畅。下面笔者就在自己的局域网内搭建一个本机 Web 服务器，让手机能打开自己设计的网页，进而控制 UE5 中的物体。

1. 在自己的局域网内搭建一个本机 Web 服务器

首先，从 phpstudy 官方网站下载与自己计算机系统对应的安装包，然后安装 phpstudy。安装好以后，打开 phpstudy，配置一下 Apache 服务器的网站目录，地址为 D:/phpstudy_pro/WWW，如图 1-80 所示。这样本地计算机的这个 WWW 就成为了本地服务器的根目录。

图 1-80 配置本机 Apache 服务器的网站目录路径

设置好以后就可以单击“启动”按钮来启动本机的 Apache 服务器，如图 1-81 所示。

图 1-81 启动本机 Apache 服务器

2. 生成 AJAX+PHP 自定义页面

在网站目录 D:/phpstudy_pro/WWW 下建立一个文件夹 UE5_RemoteControl，并在该文件夹中放入 index.html 和 post.php 两个文件（UE5_RemoteControl 文件夹里的源代码在本书源代码 RemoteCtrlAPIDemo 项目文件夹中也能找到），如图 1-82 所示。

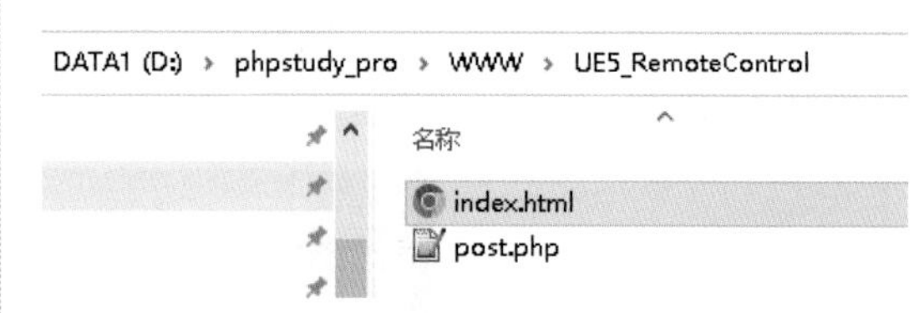

图 1-82 文件夹里有 index.html 和 post.php 两个文件

post.php 文件的全部代码内容如图 1-83 所示。Apache 服务器默认支持 PHP 语言，在 post.php 中使用 PHP 的 curl 拓展来构建一个 HTTP 请求，设置请求的数据内容和发送方式，并实际执行请求发送，最后输出请求收到的反馈。

```
server.js   index.html   post.php
1  <?php
2  //如果接口返回的数据为json，这里需要先定义数据类型为json
3  header("Content-type:application/json;charset=utf-8");
4  $url = "http://127.0.0.1:30010/remote/object/call";
5  $data=array('objectPath'=>
   "/Game/level1.level1:PersistentLevel.Cube_Blueprint_C_0",'functionName'=>
   'SetActorRotation','parameters'=>array('NewRotation'=>array('Roll'=>25,'Pitch'
   =>2,'Yaw'=>10)));
6  $json_data =json_encode($data);
7   $ch = curl_init();
8   curl_setopt($ch,CURLOPT_URL,$url);
9   curl_setopt($ch,CURLOPT_CUSTOMREQUEST,"PUT"); //以PUT的方式发送数据
10  curl_setopt($ch,CURLOPT_POSTFIELDS,$json_data);
11  curl_setopt($ch,CURLOPT_HTTPHEADER,array('Content-Type: application/json',
    'Content-Length: ' . strlen($json_data)));
12  curl_setopt($ch,CURLOPT_RETURNTRANSFER,true);
13  $respond = curl_exec($ch);
14  curl_close($ch);
15  print_r($respond);
```

图 1-83 post.php 文件的全部代码内容

如果在计算机上通过浏览器输入网址 http://localhost/UE5_RemoteControl/post.php 来访问网页，网页上会立即显示 UE5 反馈的信息，该信息为一个 JSON 格式的数据 {"ReturnValue":true}，如图 1-84 所示。

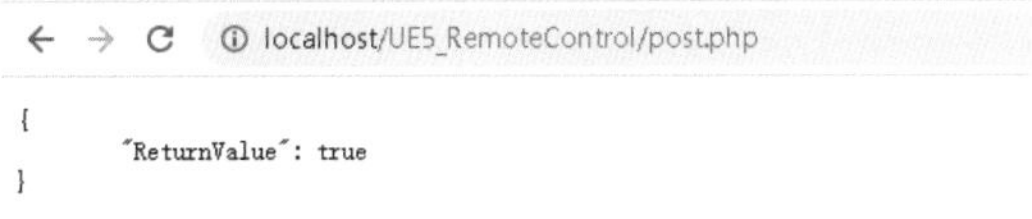

```
← → C  ⓘ localhost/UE5_RemoteControl/post.php

{
        "ReturnValue": true
}
```

图 1-84　post.php 被调用执行后打印输出了 UE5 服务器的反馈信息

这时可以看到 UE5 中 Cube_Blueprint 蓝图对象的旋转角度确实改变了。通过浏览器直接调用的这个 PHP 程序只是最终用户界面背后的后端程序。需要定制的操作界面网页实际上是 index.html 这个前端页面。index.html 和 post.php 都可以直接用记事本打开进行编辑。

3. 通过 AJAX+PHP 自定义页面向 UE5 发送指令

接下来，可以开始定制 index.html 前端页面。在页面上放置一个 ID 为 btnA 的按钮，通过编写 JavaScript 脚本代码为这个按钮添加一个单击功能，让它被单击后能将 JSON 数据发送给 post.php。在 index.html 页中引入 jquery.js 文件，jquery 是一个 JavaScript 框架，可以让用户编写 JS 脚本的效率大大提高。发送请求的过程就是使用 jquery 框架中的 ajax 组件以 POST 的方式向 post.php 提交变量 data1 中的数据，在收到服务器反馈后，以 alert 弹窗的方式显示反馈信息中的 ReturnValue 键值，如图 1-85 所示。

```
14      <input type=button value="Action A" Class="btn" id="btnA" />
15      <input type=button value="Action B" Class="btn" id="btnB" />
16      <script src="https://cdn.bootcdn.net/ajax/libs/jquery/3.6.0/jquery.js"></script>
17          <script>
18          var data1={//用变量data1存放要提交的JSON数据
19          "objectPath":"/Game/level1.level1:PersistentLevel.Cube_Blueprint_C_0" ,
20                      "functionName":"SetActorRotation",
21                      "parameters": {
22                          "NewRotation": {
23                              "Roll":"10",
24                              "Pitch":"20",
25                              "Yaw":"50"
26                          }
27                      }
28              }
29              $('#btnA').on('click', function(msg){//按钮A点击后执行
30                      jQuery.ajax({ //采用jQuery的ajax组件
31                          type: "POST", //以POST的方式发送数据
32                          url: "post.php", //发送数据给post.php
33                          data: JSON.stringify(data1) , //发送的数据是data1
34                          success: function(r) {
35                             console.log(r)
36                             alert(r.ReturnValue)//提交成功后显示反馈数据中的ReturnValue
37                          },
38                          error(err) {
39                              console.log('请求失败', err);
40                            }
41                      });
42              });
43          </script>
```

图 1-85　index.html 里使用 js 脚本向 post.php 提交数据的核心代码

此时 post.php 为了能灵活接收 index.html 发来的 JSON 数据，也需要作相应的修改，具体代码如图 1-86 所示。

```
<?php
//如果需要PHP返回的数据格式为json格式，则需要在header里如下定义
header("Content-type:application/json;charset=utf-8");
$url = "http://127.0.0.1:30010/remote/object/call";
$input_data = (file_get_contents('php://input'));
$json_data = ($input_data);
 $ch = curl_init(); //使用curl拓展来构建请求
 curl_setopt($ch,CURLOPT_URL,$url); //设置请求的网址为上面的$url变量
 curl_setopt($ch,CURLOPT_CUSTOMREQUEST,"PUT"); //以PUT的方式发送数据
 curl_setopt($ch,CURLOPT_POSTFIELDS,$json_data); //设置请求的数据内容为$json_data
 curl_setopt($ch,CURLOPT_HTTPHEADER,array('Content-Type: application/json',
 'Content-Length: ' . strlen($json_data)));
 //设置了请求的数据格式为json
 curl_setopt($ch,CURLOPT_RETURNTRANSFER,true);
 $respond = curl_exec($ch); //发送请求，并将反馈存入$respond变量里
 curl_close($ch);//关闭curl拓展
 print_r($respond);//打印输出反馈
```

图 1-86　post.php 修改后的全部代码内容

这样，通过手机浏览器访问页面 http://192.168.3.44/UE5_RemoteControl/index.html，然后单击页面上的按钮 A，就实现了使用自己设计的网页通知 UE5 中的物体改变属性了！本节讲解的这个流程是利用 HTML 网页请求 PHP 后端程序，由 PHP 向 UE5 内置服务器发送数据，实现远程控制，这个简易的流程介绍主要是希望能起到抛砖引玉的作用，让读者可以在自己的项目中根据项目实际情况定制自己所需的控制界面，从而完美高效地解决远程控制问题。

1.2.3　使用Remote Control Web Interface

如果觉得自己制作开发页面比较麻烦，那么可以认识一下 Remote Control Web Interface 这个 UE5 插件。它能为用户提供一套非常方便的 UI 界面，让用户轻松地借助网页上的控件来操控 UE5 中的对象细节，满足大部分需要远程控制的场景。首先需要在 UE5 项目的 Plugins 菜单里勾选 Remote Control Web Interface 插件并重启 UE5 项目，如图 1-87 所示。

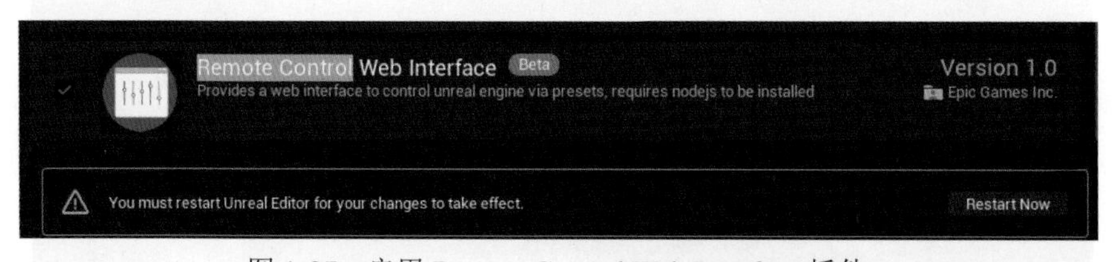

图 1-87　启用 Remote Control Web Interface 插件

需要注意的是，用户需要确保自己的计算机上已经安装了 Node.js，没有的话可以直接从 Node.js 官网下载 Windows 版安装程序，然后双击运行安装即可。在 UE5 的 Content Browser 里的空白处右击，从弹出菜单的 Remote Control 里选择创建一个 Remote Control Preset（远程控制预设），取名为 NewRemoteControlPreset，如图 1-88 所示。

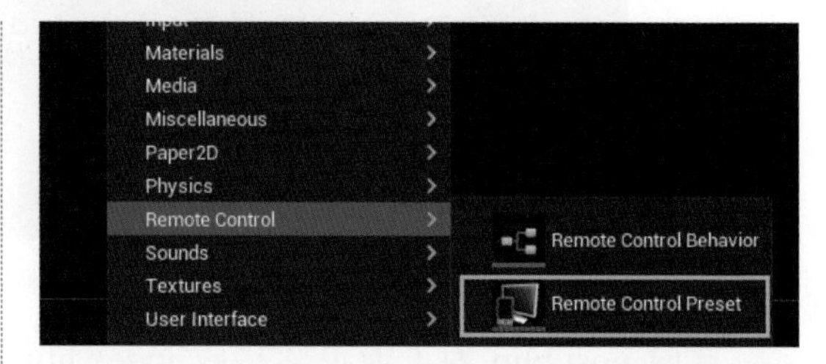

图 1-88　创建一个 Remote Control Preset

双击新建的 NewRemoteControlPreset 对象，会弹出 Remote Control（远程控制）窗

口，在窗口左侧有 Expose 面板和 Details 面板，如图 1-89 所示。

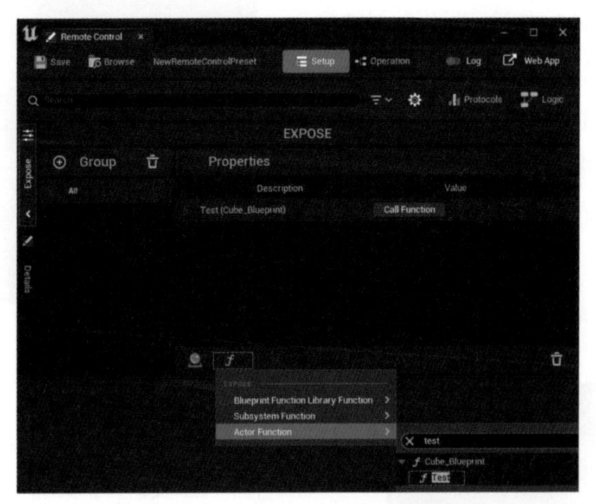

图 1-89　Remote Control 窗口

在 Remote Control 窗口左侧的 Expose 面板中，单击底部的 f_{Test} 按钮可以加入某个 Actor 蓝图里的函数。例如，在上一节中的 Cube_Blueprint 蓝图里所建立的 Test 函数，如图 1-89 中的红框标示所示。

接下来单击右上角的 WebApp 图标，如图 1-90 所示。UE5 会打开浏览器，呈现一个用于自定义构建 UI 界面的网页，可以单击其中的 Build Your Own UI 按钮进一步构建用户自己想要的界面，如图 1-91 所示。

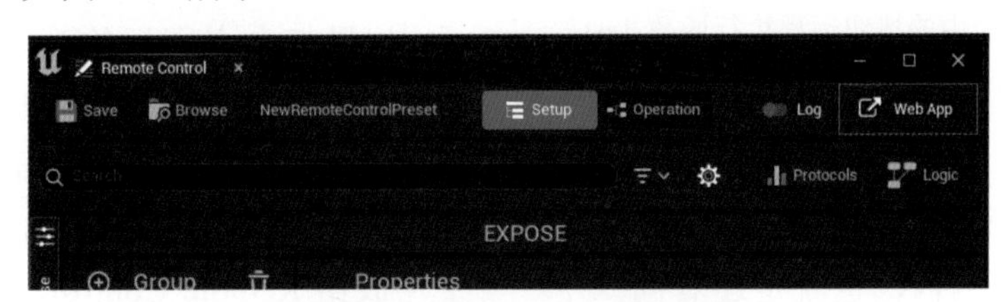

图 1-90　在 Remote Control 窗口里单击 Web App 按钮

图 1-91　UE5 内置的 Web App 可用于自定义遥控界面

然后可以从左侧的 Properties 标签下找到 Test 条目，把它拖动到右边的区域中，右边区域就是用户最终可以使用的网页界面。具体操作如图 1-92 所示。

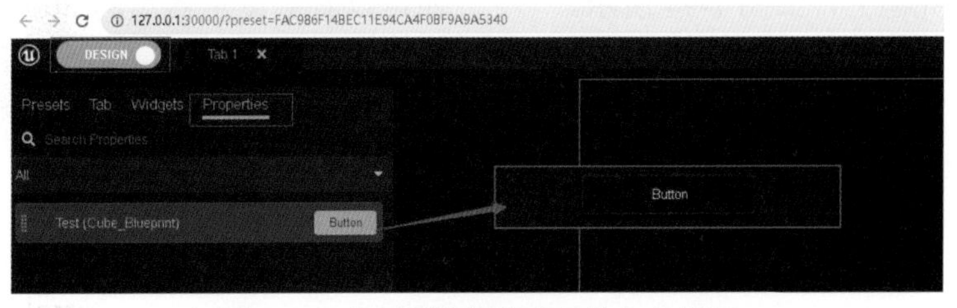

图 1-92　将需要控制的条目拖入编辑区

此时就可以在计算机浏览器地址栏里输入 http://127.0.0.1:30000 来访问这个控制界面了。单击页面中的 Test 按钮就能执行 Cube_Blueprint 对象中 Test 函数内所设定的蓝图内容，实现了把网格体放置到了 x、y、z 坐标值均为 100 的位置上，如图 1-93 所示。

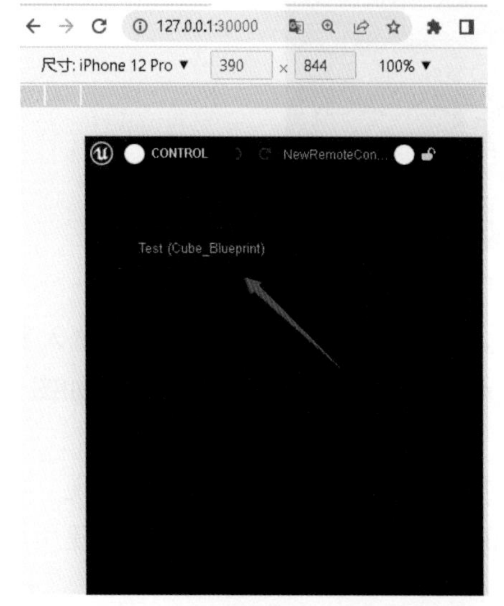

图 1-93　单击页面中的按钮远程执行函数 Test

如果要用手机来操作，当然需要把手机浏览器网址里的 127.0.0.1 换成计算机在局域网内的 IP 地址。且手机和计算机需要在同一个局域网内，也就是连着同一个 Wi-Fi。以上这种方法的一个好处就是不论 UE5 是已经处于运行状态还是尚在编辑状态，都可以用这个网页界面操控 UE5 视口中的物体。

通过这种方式可以远程调用蓝图中的函数，也可以直接远程控制 UE5 中物体的其他属性。接下来在 UE5 场景中放入一个 Point Light（点光源），如图 1-94 所示。

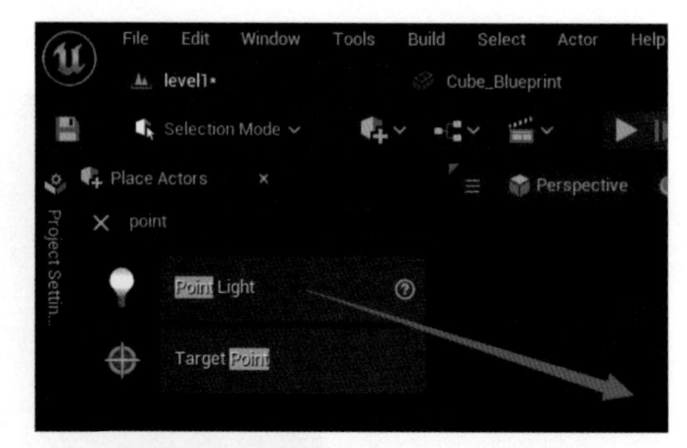

图 1-94　在视口里拖入一个点光源

在确保 Remote Control 窗口处于打开状态的同时，查看 Point Light 的 Details（细节）面板，可以看到它各项属性的右侧都有一个白点图标（三个小白点呈纵向排列），如图 1-95 所示。

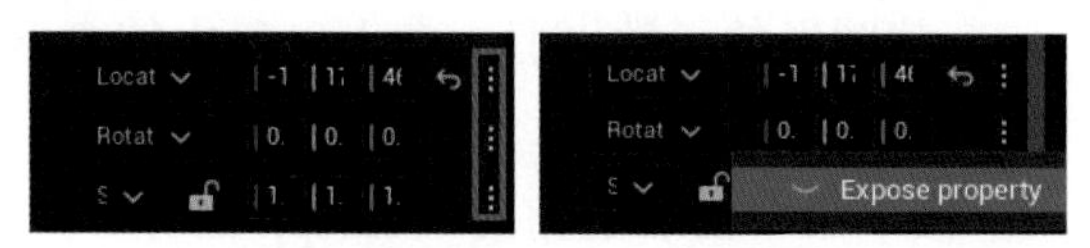

图 1-95　单击属性右侧的白点图标把属性开放给远程控制

如果把白点图标的列宽拉大一些，可以看到它其实就是眼睛图标，这个图标的作用是 Expose property（开放属性）。单击 Expose property 可以把左侧对应的属性开放给 Remote Control，从而实现对该属性的远程控制。如果单击这个点光源的 Intensity（强度）和 Light Color（灯光颜色）两个属性，那么这两个属性就可以在 Remote Control 里被远程控制了，如图 1-96 所示。

此时如果单击 Remote Control 窗口右上角的 Web App 按钮（如图 1-90 所示），便可以看到浏览器里的 Properties 标签下多了这两个被开放的属性，如图 1-97 所示。

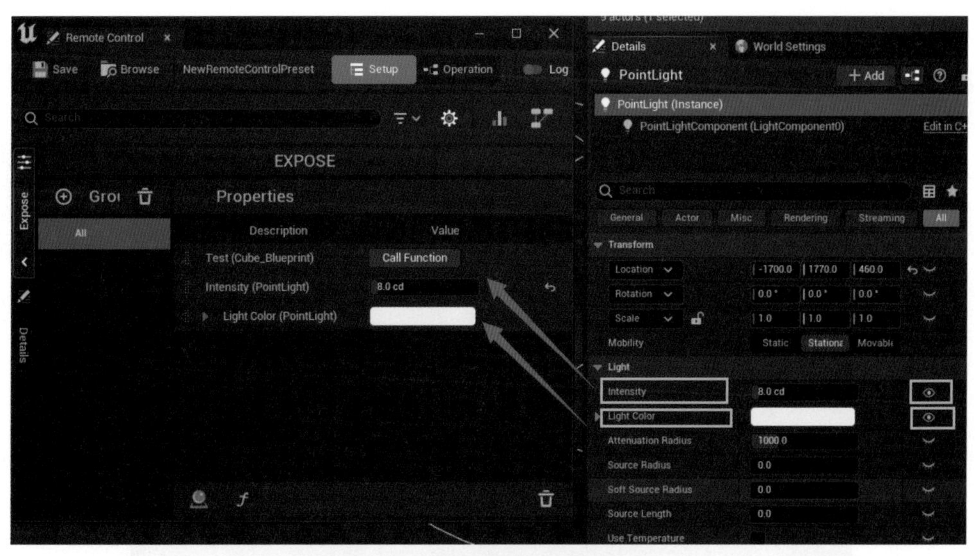

图 1-96　把两个属性开放给远程控制后看到 Remote Control 窗口里的变化

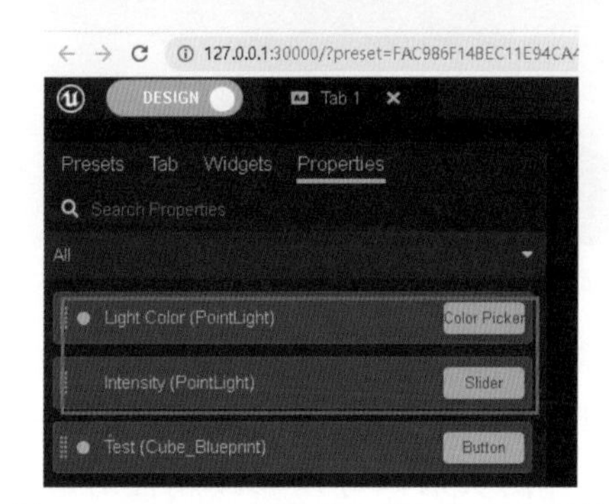

图 1-97　Web App 里也会增加这两个属性

我们可以把这两个条目拖入右侧编辑区域并调整好布局。Web App 里控制属性的组件有多种，如 Color Picker（颜色择取器）、Slider（滑动条）、Dial（表盘）和 Button（按钮）等，如图 1-98 所示。

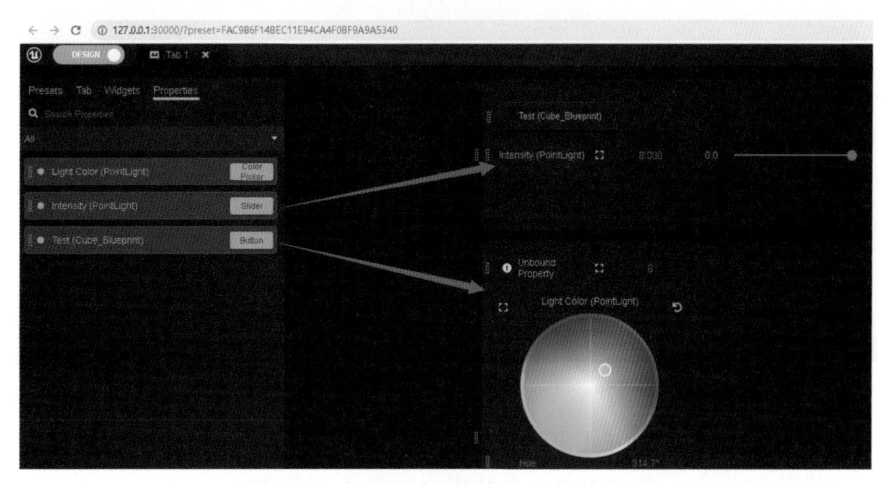

图 1-98　把这两个属性拖入右侧编辑区

此时在手机上通过浏览器打开这个网页，在网页上触摸移动滑块就可以调整 UE5 中灯光的亮度了。而触摸网页上的色盘控件，就能够很方便地改变 UE5 中灯光的颜色，如图 1-99 所示。

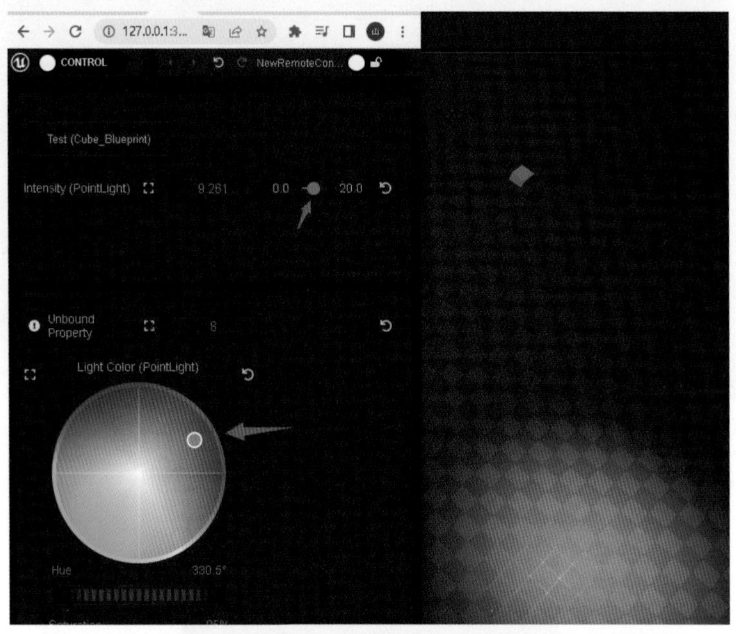

图 1-99　拖动滑块和单击色盘分别可以调整灯光的强度和颜色

注意请确保手机和计算机处于同一个 Wi-Fi 下，而且手机打开的网址里需要把 192.168.3.44 替换为用户自己计算机所在局域网内的 IP 地址。笔者打开的网址是 http://192.168.3.44:30000/。打开网页后，可以修改属性对应的控件类型。例如，可以将 Intensity 属性所对应的控件的类型从 Slider 改为 Dial，如图 1-100 所示。

图 1-100　将 Intensity 属性对应的控件类型从 Slider 改为 Dial

这样就可以用拨动表盘的方式来触摸式控制光源的亮度了。结合手机触摸屏，利用各类控件调节灯光的颜色和亮度，感觉是不是相当顺畅而方便呢？

1.2.4　实例：用iPad切换机位并调焦

本实例将采用 iPad 来遥控 UE5，具体而言是在平板设备上通过对网页的触摸操作来切换 UE5 中的摄像机，并控制调整摄像机的焦距和光圈。

继续使用上一节中用到的 UE5 项目文件 RemoteCtrlAPIDemo，在 Content Browser 里新建一个文件夹 Level_Live，然后在这个文件夹里新建一个基础的关卡 Level2。在关卡 Level2 的场景中添加一个 Cube（立方体）并加入两台摄像机，两台摄像机分别取名 Camera1 和 Camera2，一台平视着立方体，另一台则俯视着立方体，如图 1-101 所示。

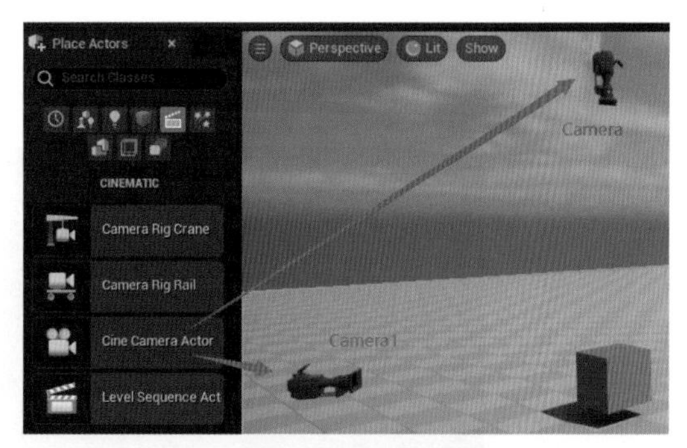

图 1-101　添加两个 Cine Camera Actor

在关卡蓝图中建立两个函数 ViewCamera1 和 ViewCamera2，函数的内容分别是将 Camera1 和 Camera2 设置为当前目标视角。切换镜头视角使用的蓝图节点是 Set View Target with Blend，如图 1-102 所示。

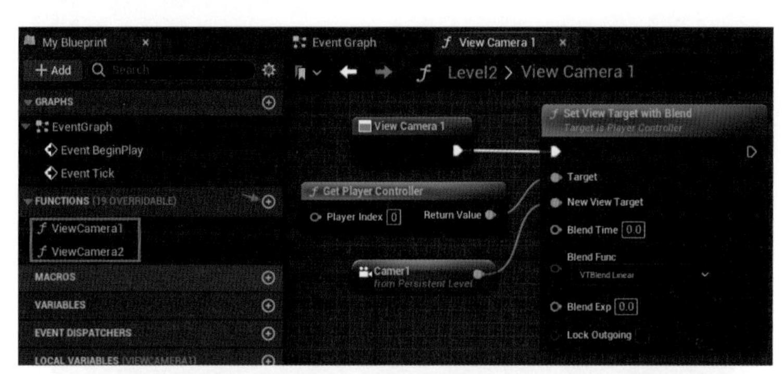

图 1-102　在 Level2 关卡里添加两个函数用于切换机位

在文件夹 Level_Live 里再创建一个 Remote Control Preset（遥控预设），取名为 RC_Preset2，双击打开后可以将 Level2 里两个自定义的函数添加到 Remote Control 里。具体操作如图 1-103 所示。

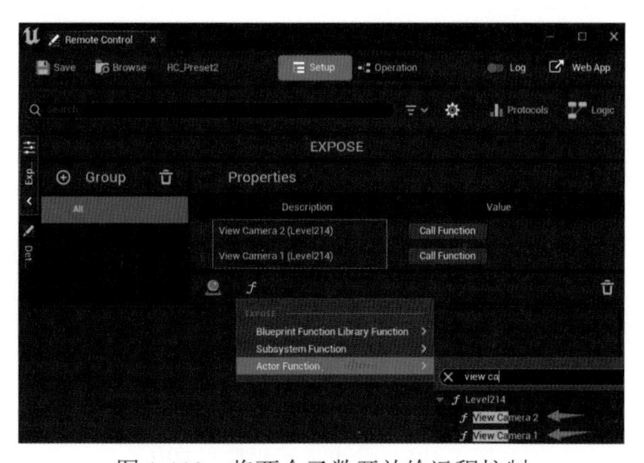

图 1-103　将两个函数开放给远程控制

同时将 Level2 里的 Camera1 选中，从其细节面板里将焦距和光圈这两个属性开放给远程控制，这样在 Remote Control 窗口中就又增加了这两个属性条目，如图 1-104 所示。

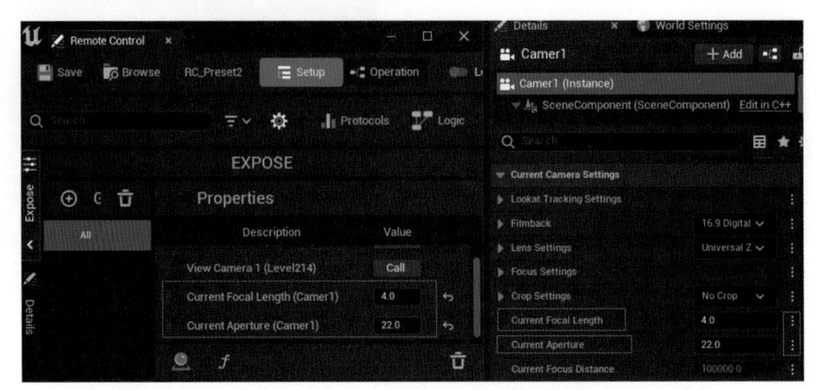

图 1-104　将 Camera1 的焦距和光圈属性开放给远程控制

保存 Remote Control 后打开 Web App，将几个开放给远程控制的属性条目拖到页面区域中，如图 1-105 所示。

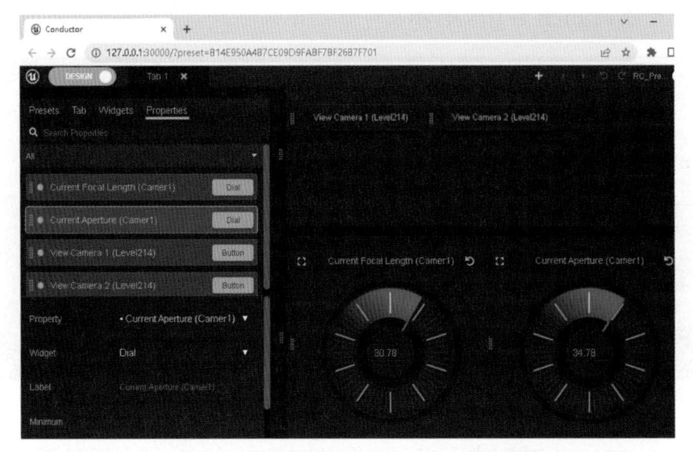

图 1-105　将 4 个条目都拖入 Web App 的右侧页面区域

接下来运行 UE5 的关卡 Level2，然后用 iPad 通过浏览器访问 http://192.168.3.44:30000，这样就可以开始在 iPad 上通过网页来操作切换 UE5 中的摄像机位了，当切换到了 Camera1 时还可以通过网页下方的两个拨盘控件来控制摄像机的焦距和光圈变化，如图 1-106 所示。

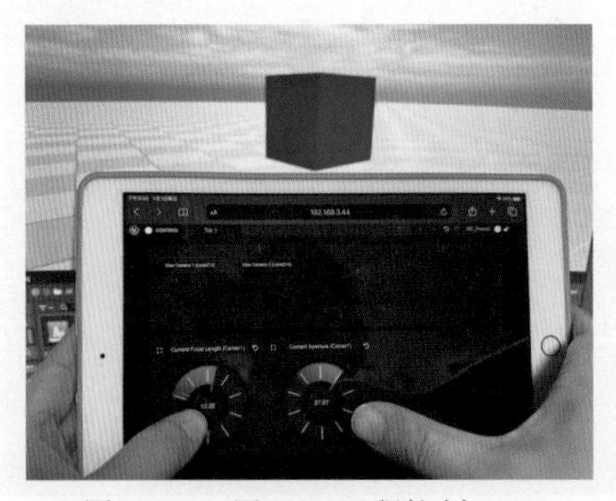

图 1-106　用 iPad 远程控制 UE5

本实例的详细操作步骤可以通过扫描下方二维码来观看。

1.3 DMX 管控 UE5 数字灯光系统

DMX 是 Digital MultipleX 的缩写，意为多路数字传输。DMX512 控制协议是美国舞台灯光协会（USITT ）于 1990 年发布的灯光控制器与灯具设备进行数据传输的工业标准，包括电气特性、数据协议、数据格式等方面的内容。每一个 DMX 控制字节叫作一个指令帧，称作一个控制通道，可以控制灯光设备的一项或几项功能。基于 DMX512 控制协议进行调光控制的灯光系统叫作数字灯光系统。目前，包括电脑灯在内的各种舞台效果灯、调光控制器、控制台、换色器、电动吊杆等各种舞台灯光设备，在全面支持 DMX512 协议的基础上，已全面实现调光控制的数字化，并在此基础上，逐渐趋于计算机化、网络化。因此，对于影视灯光设计与操作人员，理解 DMX512 控制协议的程序结构、控制原理及其应用要点是十分必要的。

最近，在世界各地的举办的各类现场活动中，使用 UE 驱动数字装置为现场增色的案例和需求不断增加。市面上已经出现了越来越多完全依靠 UE 或局部借助 UE 来实现的案例。当 UE 刚刚进入这个市场时，它缺少了某些基础性的可用特性。尽管如此，还是有很多富有创意与激情的人士选择采用 UE 并为之构建了所缺失的插件。利用这些插件，人们可以进一步拓展 UE 带来的可能，实现他们想要的创意目标。

因此，Epic 引入了对 DMX 数据通信的支持，包括 Artnet 和 sACN。Artnet 和 sACN 是允许通过以太网 IP 地址聚合和发送 DMX 数据的网络协议。Artnet 允许通过一根网线发送 32768 个 Universes（数据域）。虽然这是一个较为早期的协议，但它得到了更多设备以及设备的支持。sACN（用于控制网络的流式架构）目前似乎更受欢迎，它允许用户在一根网线上运行 63999 个数据域的 DMX 数据。DMX 在整个行业中用于控制现场活动行业中的各种设备，如照明设备、激光器、烟雾机、机械设备等。

1.3.1 搭建DMX Library配置设备信息

为了能使用 UE5 自带的各类 DMX 灯具素材打开 UE5，从 FILM/VIDEO&LIVE EVENTS 类别里选择 DMX 这个模板来建立新项目。这样，项目中就会内置很多 DMX 灯具可供后续使用，如图 1-107 所示。

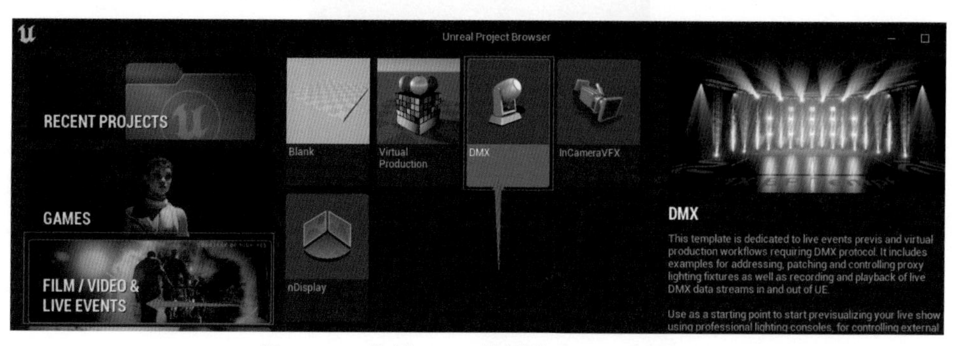

图 1-107 使用 DMX 模板构建 UE5 新项目

在 UE5 的插件设置里，需要把 DMX Engine DMX Fixtures DMX Protocol 等五个插件都进行勾选来启用它们，然后重启 UE5，如图 1-108 所示。

图 1-108　启用 DMX 相关插件

在 Content Browser 里的空白处右击，从弹出菜单里选择 DMX → DMX Library 命令创建一个 DMX Library（DMX 库）对象，将它取名为 NewDMXLibrary。这个库可以用于管理 UE5 项目中用到的各类灯具的具体配置，如图 1-109 所示。

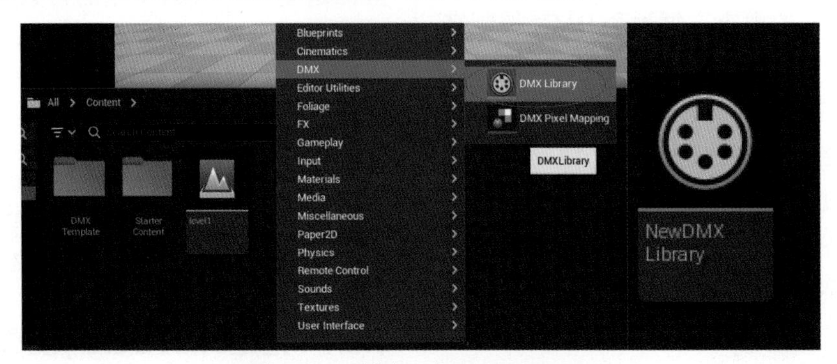

图 1-109　创建一个 DMX Library

双击打开它以后，在 Fixture Types（灯具类型）标签下先添加一个名为 BEAM 的属于 Moving Head（摇头灯）的灯具类型，如图 1-110 所示。

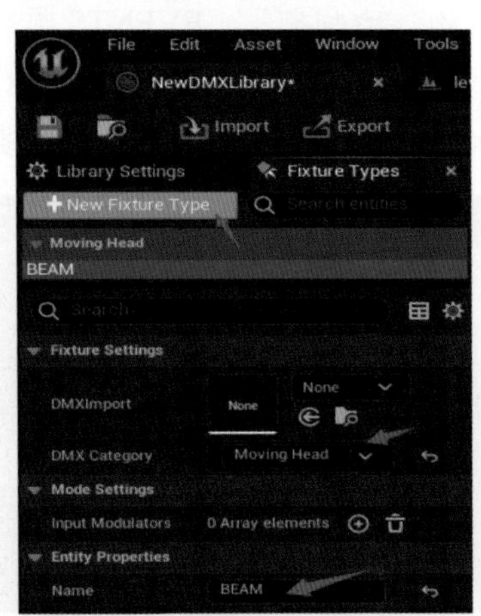

图 1-110　添加灯具类型

然后在右侧为它添加模式，设置信道的数量为 4 个，然后再向右边是设置每个 Channel（信道）的功能，如信道 1 是 Dimmer 功能，对应灯具的开启和关闭，如图 1-111 所示。

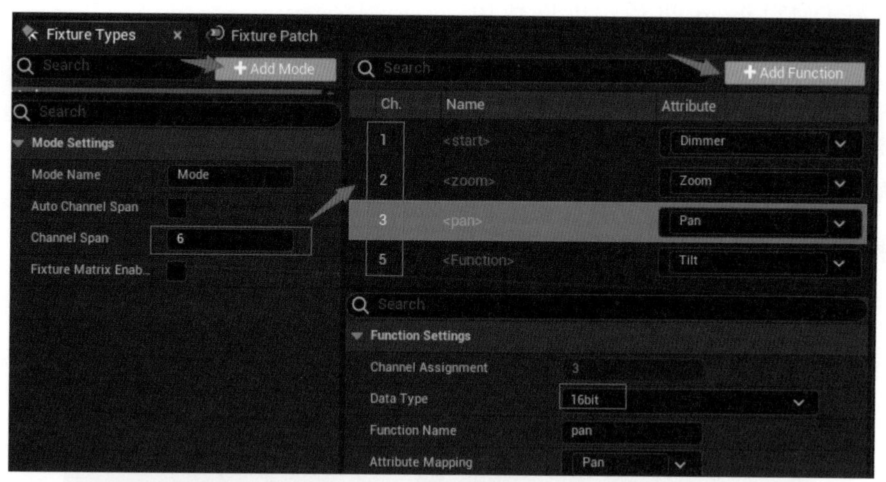

图 1-111　添加灯具类型所对应的模式和各信道的功能

当某个功能的 Data Type 是 16bit 时，通常就会占用两个信道。所以可以看到，在图 1-111 中红框里标识的 1、2、3、5 是不连贯的，其实 3 表示的是 3、4 两个信道，而 5 表示的是 5、6 两个信道。只占一个信道的功能是 8bit 的数据类型。接下来在 Fixture Patch 标签下添加两个具体的灯具，分别命名为 BEAM_1 和 BEAM_2，如图 1-112 所示。

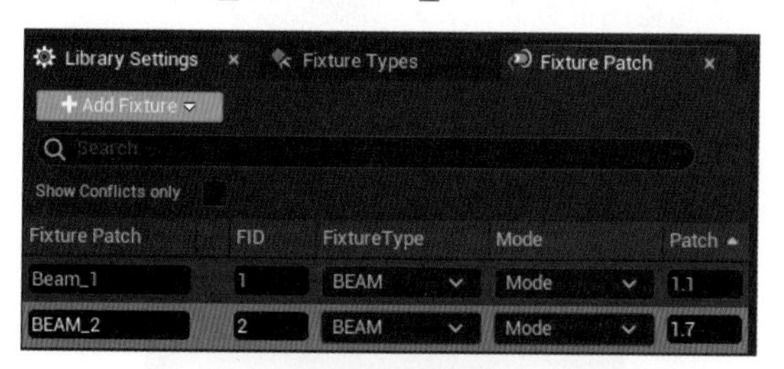

图 1-112　添加两个具体的灯具，都是新建的 BEAM 类型

图 1-112 的最后一列是自动生成的。例如，BEAM_1 的 Patch 内容 1.1 表示它的信道是从第 1 个 Universe 的第 1 个 Channel 开始，由于 Mode 里设置的 BEAM 类型的灯具拥有 6 个信道（#1~#6），所以 BEAM_2 的 Patch 是从第 7 个信道开始，Patch 为 1.7 表示从第 1 个 Universe 的第 7 个信道开始，实际它拥有 #7、#8、#9、#10、#11、#12 这六个信道。每个信道都可以收取 0~255 的数据。Universe 是信号域的意思，每个 Universe 信号域可以包含 512 个 Channel（信道），如图 1-113 所示。

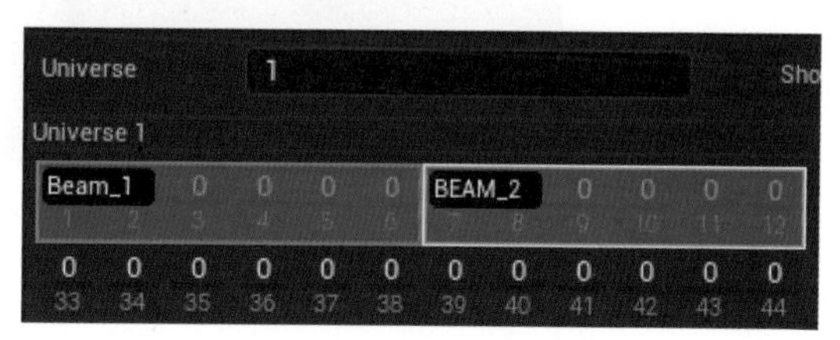

图 1-113　每个灯具具体的信道占用情况包括数据域和信道的编号

以上这些操作在读者初次接触 DMX 时可能会感到不解，实际上这些操作是在为不同的灯具分配不同的信道编号，这样会方便后续往不同的信道发送数据信息时，UE5 可以清楚地知道如何将信息依据信道来源分配给哪个灯具，通知灯具去执行哪个动作，是关灯还是摇摆灯头还是缩小光圈等。不同的灯具具有不同的功能列表。例如，有的灯具类型可以让灯光变色，有的灯具可以 Shutter（频闪），还有的灯具可以实现 Gobo（剪影）等。

1.3.2 用DMX来调控物体的转速

配置好 DMXLibrary 以后，可以使用 DMX 来驱动 UE5 中的一些数据参数，从而营造出动态效果。笔者在本节通过构建一个带参数的材质，使用 DMX 来改变材质参数，从而体现视觉上的动态变化。

1. 构建带参数的材质实现动态效果

在 Content Broswer 里右击空白处，从弹出菜单中选择 Materials → Material 命令可以建立一个材质，取名为 Cylinder_Mat，如图 1-114 所示。

图 1-114 新建材质

双击打开这个材质，进入材质编辑器。设置具体内容如图 1-115 所示。

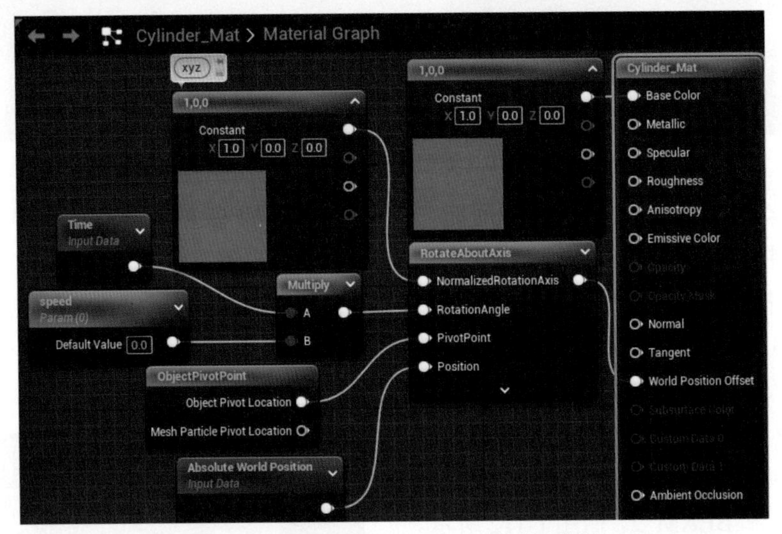

图 1-115 设置材质节点，与蓝图很类似

可以大致理解一下这个材质图，它的左侧有一个叫作 speed 的 param（参数），它使用了 World Postion Offset（世界位置偏移）这个引脚，可以让材质具有动感，让物体可以产生移动起来的感觉（通常草丛或树叶的微动都采用这个做法）。随着 Time（时间）节点值的不断增加，RotateAboutAxis 让 World Postion Offset 旋转起来，转速取决于 speed 参数的大小。RotateAboutAxis 转动的轴心由左上角的 (1,0,0)，指定为 x 轴，如果是 (0,1,0) 就表示为 y 轴，依此类推。PivotPoint 是指旋转点，相当于物体的注册点。

材质就绪后，可以建立一个 Actor 蓝图对象，取名为 Cylinder_Actor，双击打开这个 Actor，在里面添加一个 Cylinder（圆柱体），如图 1-116 所示。

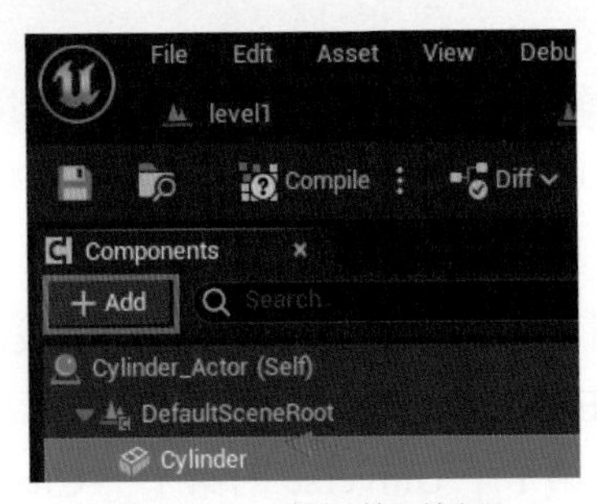

图 1-116 在组件面板里添加 Cylinder 静态网格体组件

选中 Cylinder，在它的 Details 面板里为 Cylinder 设定材质，将材质指定为上面

新建的 Cylinder_Mat，如图 1-117 所示。

图 1-117　设定材质为 Cylinder_Mat

接着在 Cylinder_Actor 的蓝图里写入如图 1-118 所示的内容，这部分蓝图的含义是设置 Cylinder 变量材质里的 speed 参数值为 1。这样，借助这个材质，Cylinder 就能以相应的转速转动起来了。

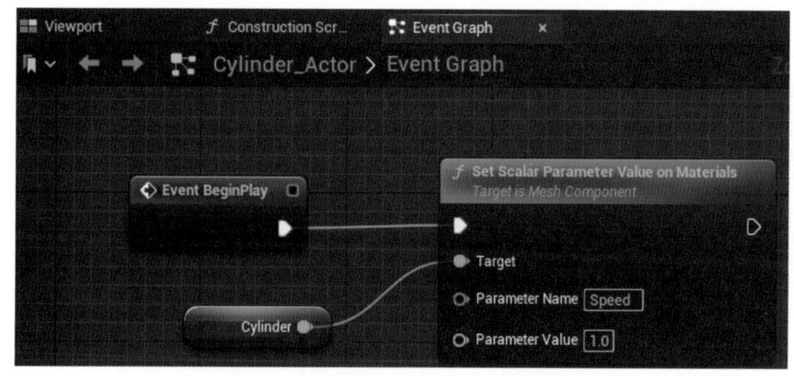

图 1-118　通过蓝图设定材质里的参数值

编译蓝图后，从 Content Browser（内容管理器）里拖曳一个 Cylinder_Actor 放入视口中，如图 1-119 所示。

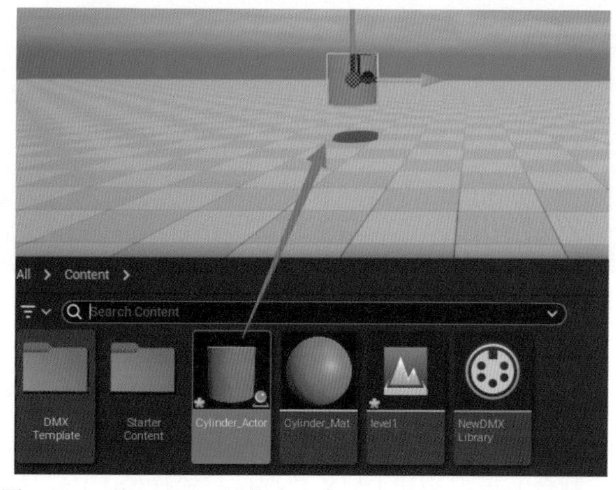

图 1-119　从 Content 里拖曳一个 Cylinder_Actor 放入视口中

运行 UE5，可以看到红色的圆柱 Cylinder 确实转动起来了。接下来要做的就是让它的转动速度由 DMX 数据来驱动！

2. 添加 DMX 组件接收 DMX 数据

保存关卡后，需要在这个 Cylinder 里再加入一个 DMX 组件，在这个 DMX 组件的 Details 面板里设置它的 DMXLibrary 为前面创建的 NewDMXLibrary，并设置 Fixture Patch（灯具装配）为 Beam_1，如图 1-120 所示。

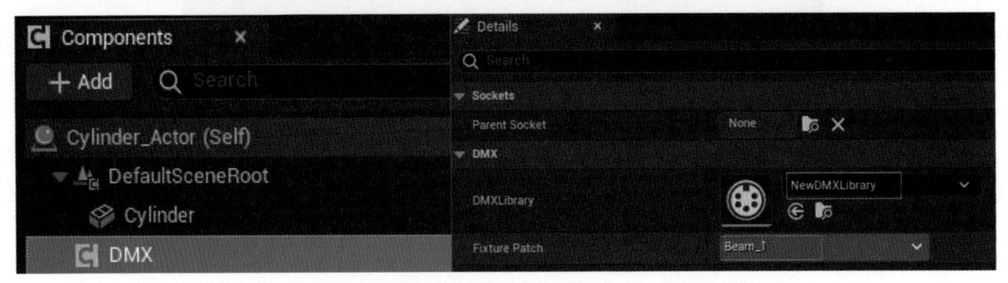

图 1-120　添加 DMX 组件并设置组件对应的具体灯具

保持 DMX 组件处于选中状态，从它的细节面板里单击 On Fixture Patch Received 事件右侧的加号按钮，添加灯具接收 DMX 信号的事件，如图 1-121 所示。

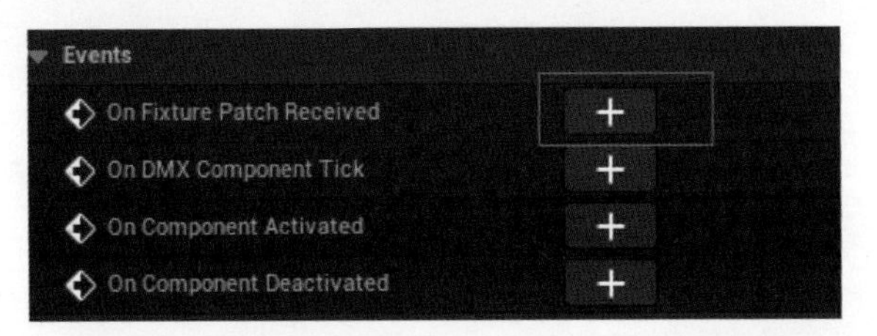

图 1-121　添加 On Fixture Patch Received 事件

这个事件表示灯具在自己所占用的信道上收到 DMX 数据会触发的事件。用户可以在该事件节点下添加蓝图内容，如图 1-122 所示。

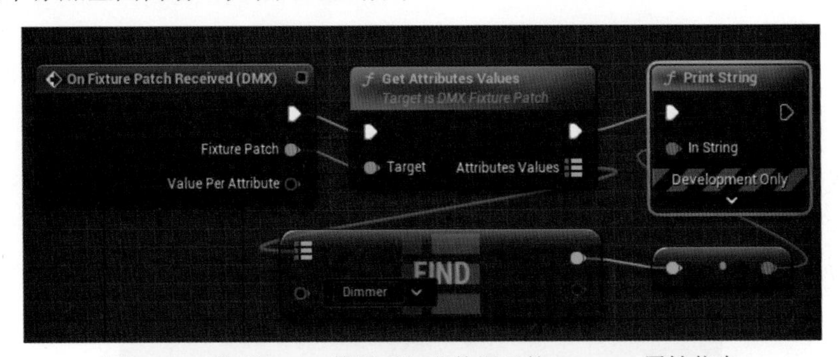

图 1-122　收到 DMX 数据后打印数据里的 Dimmer 属性信息

这部分蓝图内容表示：当灯具收到 DMX 数据时，会从 DMX 数据里找到 Dimmer 属性对应的信息并打印输出。编译蓝图后，运行 UE5，从视口上并不会看到任何打印输出内容，这是因为还没有任何 DMX 信号传送到 UE5 来。为了方便测试，可以先通过 DMX Output Console（DMX 输出控制台）模拟构建 DMX 数据信号输送给 UE5，如图 1-123 所示。

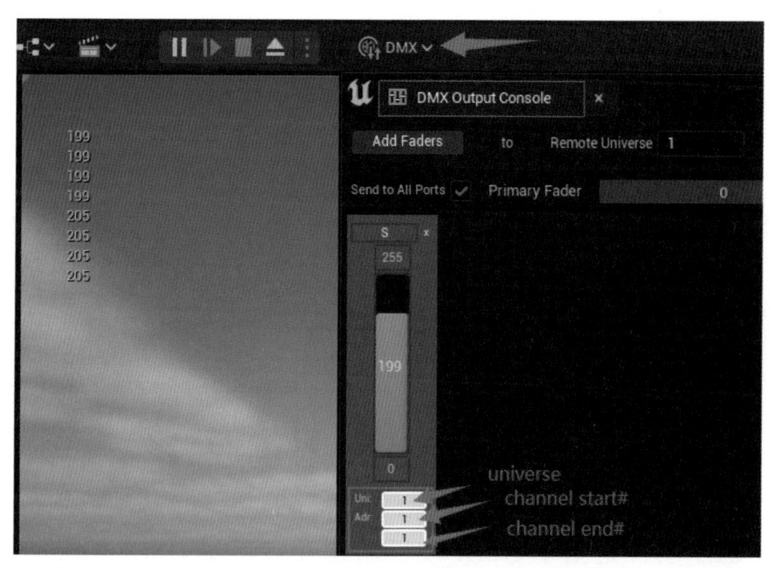

图 1-123　在 DMX Output Console 里单击 Add Faders 添加调节器

单击 Add Faders 按钮就可以添加一个调节器，调节器底部的三个数字输入区分别表示 Universe（数据域）以及起始信道和结束信道，即表示这个调节器是在发送针对哪些信道的信号。用鼠标拖动调节器上蓝色的滑块区域就可以模拟发送 0~255 的数值到指定信道。当看到视口中有数据打印出来时，就表示 DMX 数据被蓝图接收到了，因为从上一节内容可以看到第一个 Universe 里的信道 1~ 信道 6 都被分配给了 Beam_1 这个灯具，而从 Beam_1 所属的灯具类型 BEAM 的设定里可以看到信道 1 对应的是灯具的 Dimmer 属性。

调节器顶部的名称字符是可以自定义改写的，这里改为 Dimmer 比较合适，方便以后查看时能清晰地知道这个调节器是用来控制什么属性的。接下来可以进一步修改蓝图内容，如图 1-124 所示。

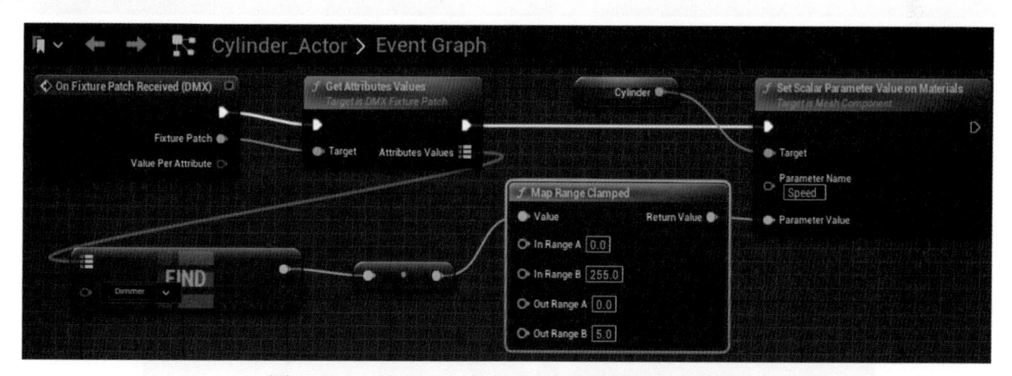

图 1-124　将 DMX 数据与材质参数值关联起来

这样发送来的 Dimmer 属性的数据就被用于控制材质参数 speed 的大小变化了。这里用到了一个 Map Range Clamped 的方法，把收到的 0~255 的数据按比例转化到了 0~5 的数据，这样 speed 值最终就不至于变得太大。

编译后再次运行 UE5 并调节 DMX 输出控制台中的蓝色滑块的值，就可以控制 Cylinder 转动的速度快慢了，如图 1-125 所示。

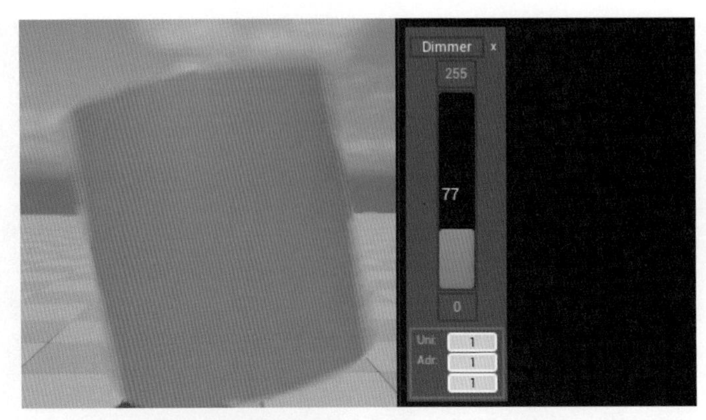

图 1-125　通过 DMX 数据的调节来控制物体转速

3. 使用 DMX 驱动灯具的各项功能

由于这个 UE5 项目是基于 DMX 模板创建并启用了 DMX Fixtures 插件，所以在图 1-126 所示的路径里可以找到很多灯具和器材。如果没有看到这个路径，可以单击 Content Browser 区域右侧的齿轮图标 Settings 然后勾选 Show Engine Content（显示引擎内容）和 Show Plugin Content（显示插件内容）选项。

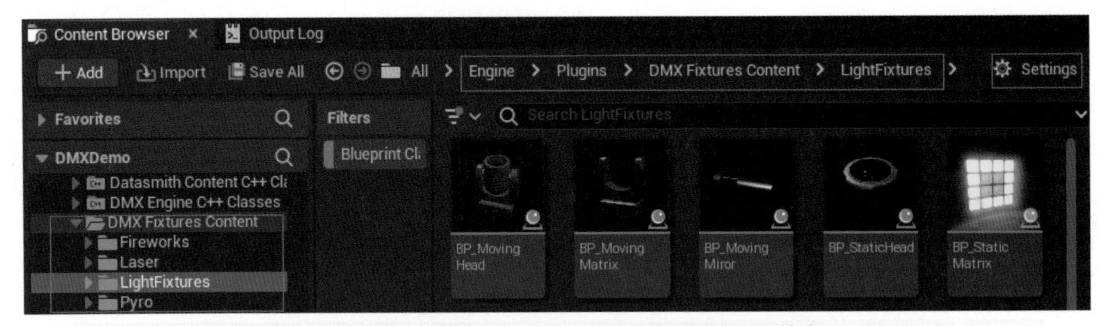

图 1-126　查看插件文件夹里 DMX Fixtures Content 的灯具文件夹 LightFixtures

LightFixtures 文件夹里有多种不同的灯具类型，如图 1-127 所示。

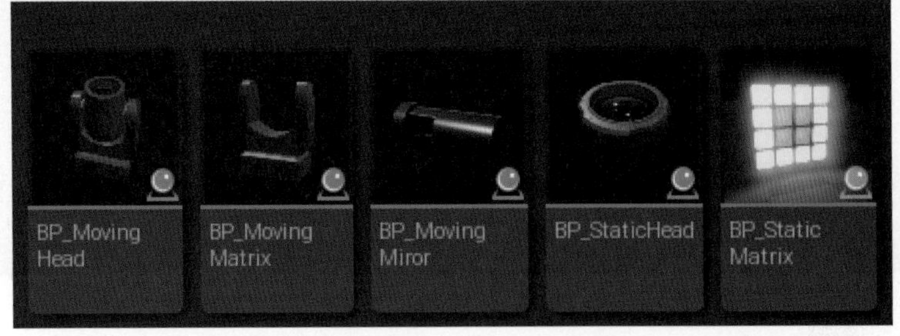

图 1-127　几种比较常见的灯具（摇头灯、矩阵灯、静态头灯）

可以从中拖曳一个 BP_MovingHead 对象放到关卡 Level1 的场景中，设置它的 DMX 库为 NewDMXLibrary，把 Fixture Patch（灯具装配）指定为 BEAM_2 这个灯。基于之前在 NewDMXLibrary 里的设置，BEAM_2 占用了 6 个信道。也就是说 #7、#8、#9、#10、#11、#12 这六个信道里的数据将会影响这个摇头灯，如图 1-128 所示。

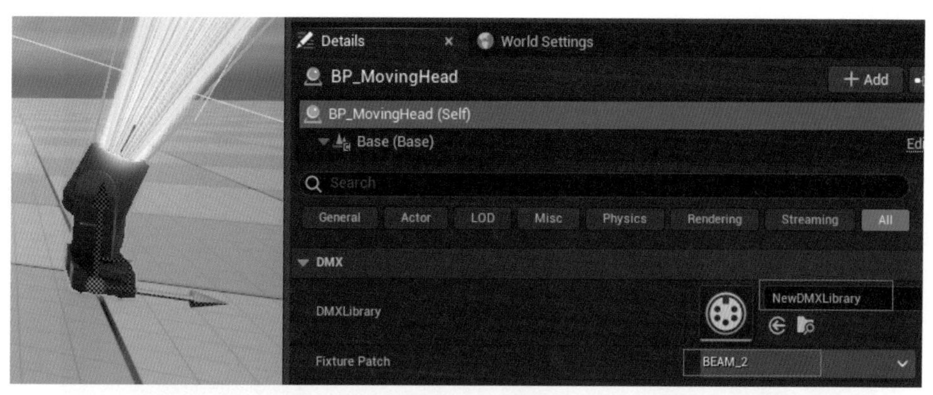

图 1-128　设置摇头灯对象的 DMX 属性，实际是为它分配信道

为了便于观察，可以把场景中的日光 DirectionalLight 调暗一些，并将灯光颜色设定为暗一些的颜色，具体设置如图 1-129 所示。

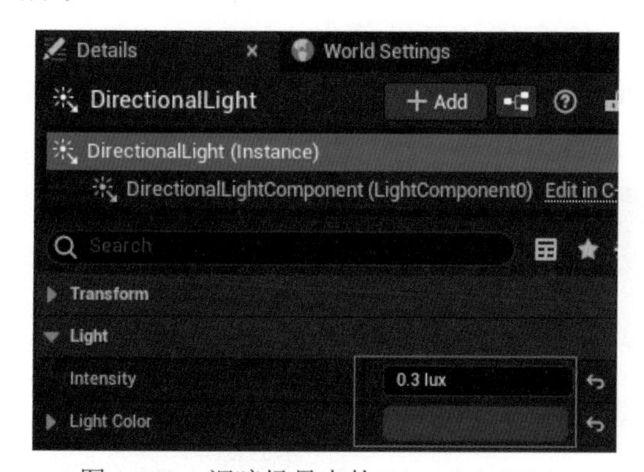

图 1-129　调暗场景中的 DirectionalLight

在 DMX 输出控制台里添加一个调节器，按图 1-130 所示进行设置，这样就可以拖动蓝色滑块来控制灯的开启与熄灭了。因为 7 号信道正是 BEAM_2 这个灯占用的第 1 个信道。也就对应了 BEAM_2 这个灯的 Dimmer 属性。而 Dimmer 属性就是灯的开关功能。

图 1-130　增加一个调节器控制 7 号信道

我们可以回顾之前在 NewDMXLibrary 里设置的各信道对应的属性，理解 7 号信道是 BEAM_2 这个灯的第一个信道，即 Dimmer 属性对应的信道，如图 1-131 所示。

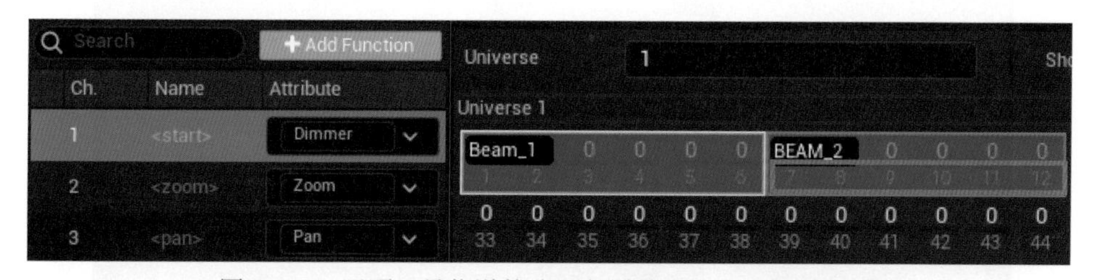

图 1-131　回顾 7 号信道的分配归属是 BEAM_2 这个灯具

依次再增加 3 个调节器，可以分别控制这个摇头灯的其他几个功能。于是可以通过 DMX 信号让这个灯抬头、摆头，以及调节光柱的粗细，如图 1-132 所示。

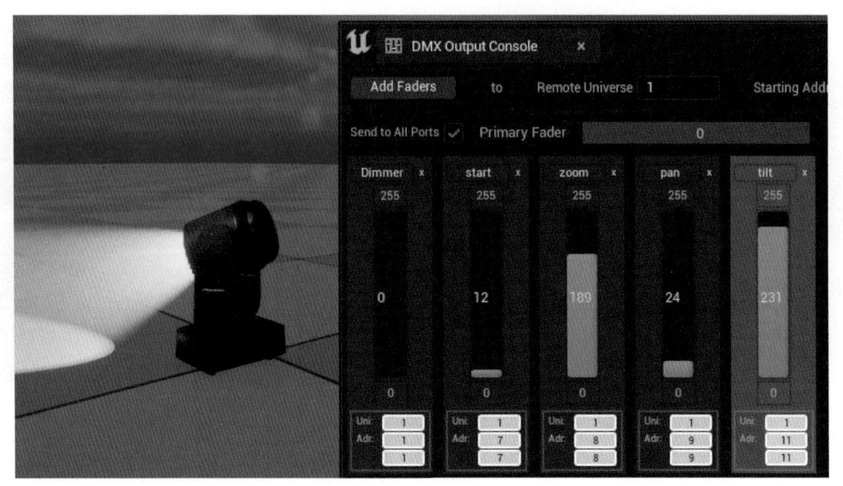

图 1-132　用 DMX 控制 BEAM_2 的四个属性 Dimmer、Zoom、Pan、Tilt

4. 基于 DMX 构建 Sequence 动画

如果想在 UE5 里制作一段动画来表现灯具的变幻，可以单击 Add Level Sequence 来建立 Sequencer 时间轴动画，在 Sequencer 里单击 Track 按钮找到用户建立的 NewDMXLibrary，选中它添加进来，如图 1-133 所示。

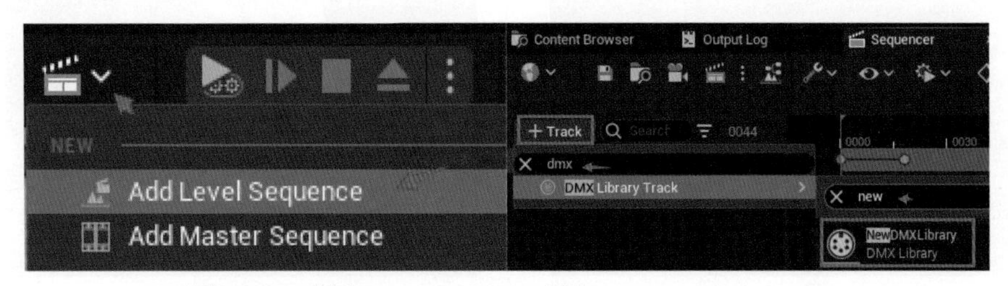

图 1-133　创建 Level Sequence 添加 DMX Library Track

这样在 Sequencer 面板的左侧就可以看到这个 DMX Library 以及它所涉及的各个灯具和每个灯具所包含的各种属性。为这些属性添加对应的关键帧就可以构建一段灯光秀动画，如图 1-134 所示。

图 1-134　在 Sequencer 里为某个灯添加各属性的关键帧动画

5. 使用蓝图发送 DMX 数据

如果想通过蓝图来发送 DMX 数据，也是可以实现的。在关卡蓝图里写入如图 1-135 所示的内容，表示在 1 号信号域里分别向 1 号信道发送数字 5，向 7 号信道发送数字 60，向 11 号信道发送数字 100。

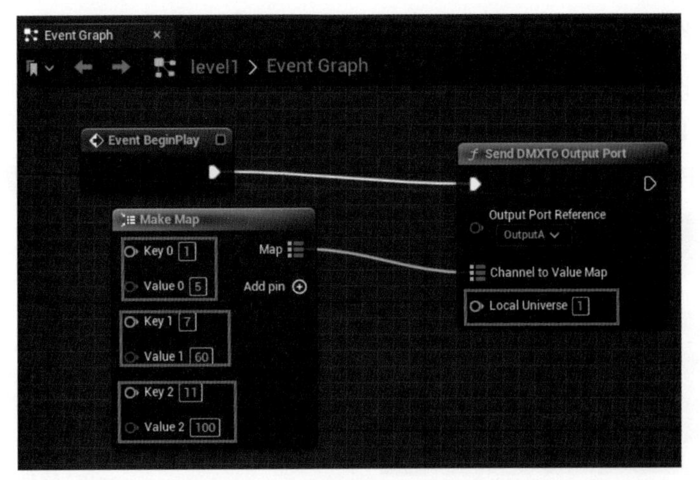

图 1-135　用蓝图发送 DMX 数据，给不同的信道发送不同数值

也可以换个写法，如图 1-136 所示的做法就是直接向指定的灯具发送 DMX 数据，向 BEAM_2 灯具的 Tilt 功能所对应的信道发送数值 200。

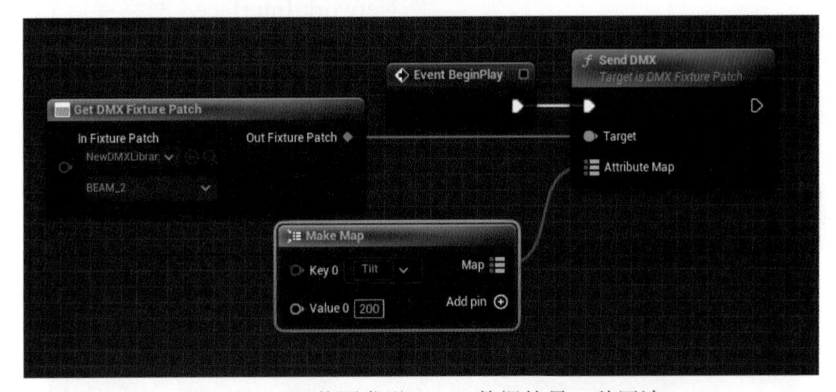

图 1-136　用蓝图发送 DMX 数据的另一种写法

掌握了这些技术细节后，再结合前面的 WebSocket 远程控制技术，也就可以实现远程发送 DMX 数据来遥控虚拟灯具了。

1.3.3　使用外部软件来发送DMX给UE5

数字多路传输（Digital Multiplex，DMX）是广泛用于控制现场灯光、声效、烟花、动画演播等内容的数据通信标准。UE5 拥有了诸多 DMX 插件后，用户可通过更专业的控制台硬件设备来控制现场活动的各种声光效果，并且可以将 UE5 中的虚拟灯光秀与真实的灯光设备联动起来。如图 1-137 所示的是两种控制 DMX 灯具的控制台设备。

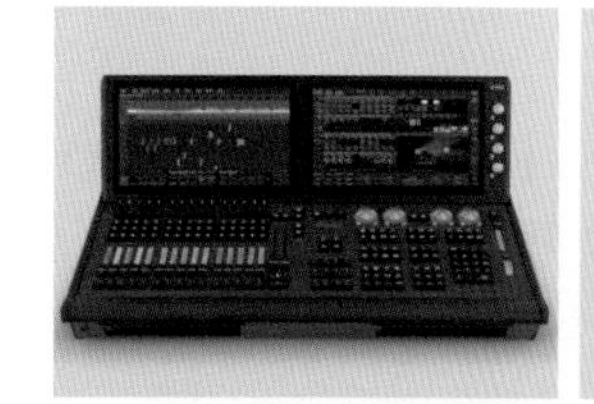
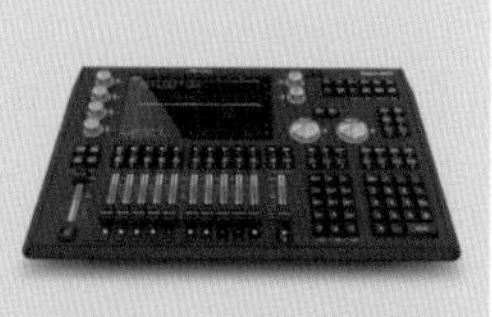

图 1-137　各类 DMX 控制台硬件

控制台硬件设备可以同时控制真实的数字灯光设备和 UE5 里虚拟的灯光设备。请参看图 1-138 中展示的样子。

图 1-138　DMX 控制台硬件

它可以同时控制 UE 虚拟灯具和外部真实灯具，也可以在同一个局域网内的其他计算机上通过控制软件发送 DMX 数据来实现更为复杂的 DMX 数据流控制，从而得到更为精彩的虚拟灯光秀。这样的 DMX 控制台软件有很多，如知名的 grandMA、Resolume Arena 和 WYSIWYG 等。这里笔者推荐使用 MA Lighting 公司出品的 dot2 onPC 这款简单易学的控制软件。

1. 安装和配置 dot2 onPC 软件

首先进入 malighting.com 的官网，通过搜索 dot2 onPC 可以找到相应的下载地址，如图 1-139 所示。

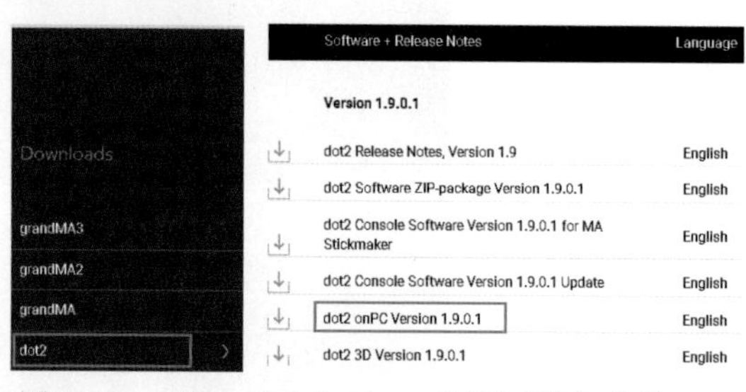

图 1-139　从 malighting.com 官网下载免费的 dot2 onPC 软件

安装好 dot2 onPC 软件后，打开程序，在界面下方单击 Setup 按钮可以依次设置 Network Interface（网络接口）、Sessions（会话）和 Network Protocols（网络协议），从而确保这个软件能与计算机上的 UE5 通信，如图 1-140 所示。

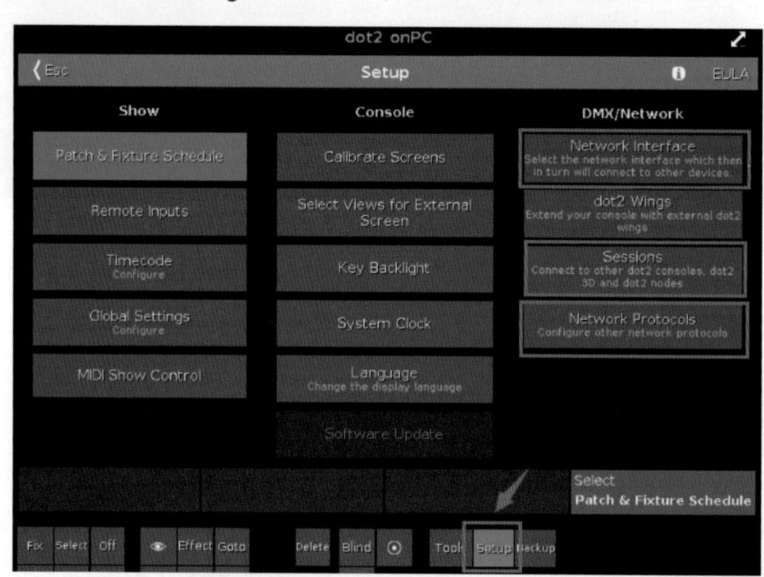

图 1-140　在 dot2 onPC 软件里设置

先单击图 1-140 中右上方红框标示的 Network Interface 后，会要求用户选择一个网络适配器，请选择自己计算机当前所用的网络适配器（俗称网卡）即可。此时，dot2 onPC 会重新启动。

然后单击 Sessions 进行设置，看到如图 1-141 所示的界面。

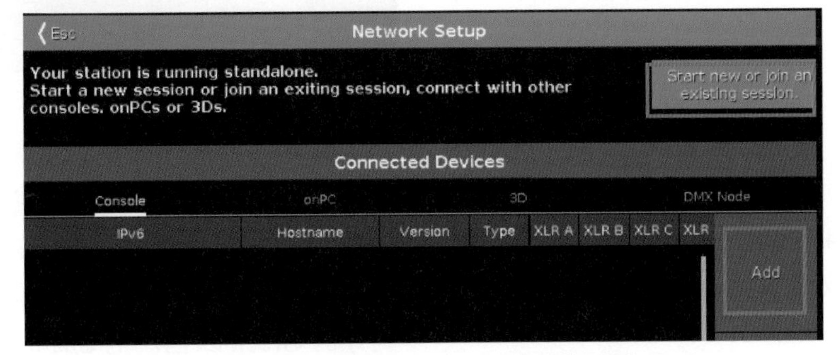

图 1-141　单击 Sessions 后看到的界面

单击右上角的 Start new or join an existing session（开始新会话或加入已有的会话）按钮，然后单击 Add 按钮添加一个已连接的设备（也就是当前计算机）即可，如图 1-142 所示。

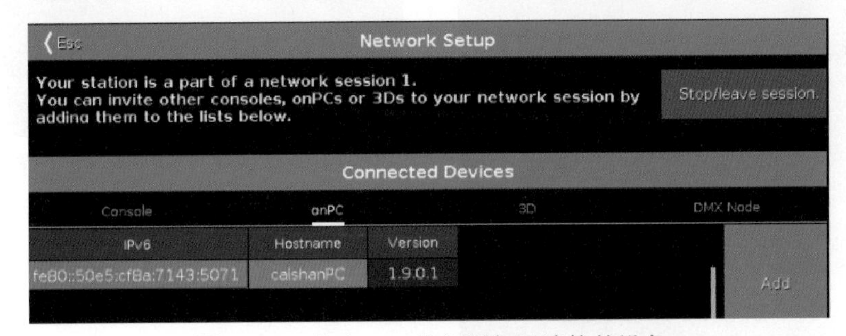

图 1-142　单击 Add 按钮添加已连接的设备

此时单击左上角的 Esc 图标退出当前界面，然后单击 Network Protocols 进入图 1-143 所示的界面。

Esc　Network Protocols Configuration

Art-Net 0.0.0.0

sACN 192.168.3.44

Active	Mode	dot2 Universe	Subnet	Universe
On	OutputBroadcast	1	0	0
On	OutputBroadcast	2	0	1
On	OutputBroadcast	3	0	2
On	OutputBroadcast	4	0	3
On	OutputBroadcast	5	0	4
On	OutputBroadcast	6	0	5
On	OutputBroadcast	7	0	6
On	OutputBroadcast	8	0	7
On	Input	9	0	8

Session Status:

Session 1

图 1-143　单击 Network Protocols 后看到的界面

将图 1-143 所示的三个绿色勾都打上后，就可以让软件向 UE5 发送 DMX 数据了。

2. 在 UE5 中配置灯具接收外部 DMX 数据

要让 UE5 能收到 dot2 onPC 发来的 DMX 信息，还需要在 UE5 的“Project Settings”（项目设置）里搜索找到 DMX，按照如图 1-144 所示进行设置，尤其是要将输入端的协议名设为 sACN 协议，对应的网卡地址改为 0.0.0.0。

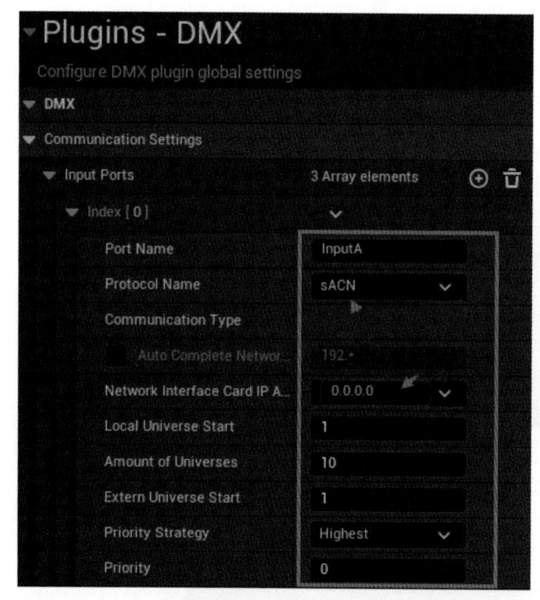

图 1-144　在 UE5 项目设置里将 DMX 输入端的协议名设为 sACN 协议

这样就可以让 dot2 onPC 与 UE5 开始 DMX 通信了。接着在 UE5 里新建一个文件夹 DMX_dot2，在文件夹中新建一个 DMXLibrary 文件，取名为 DMXLib_dot2，打开它后新建了一个灯具类型，取名为 LEDpar，如图 1-145 所示。

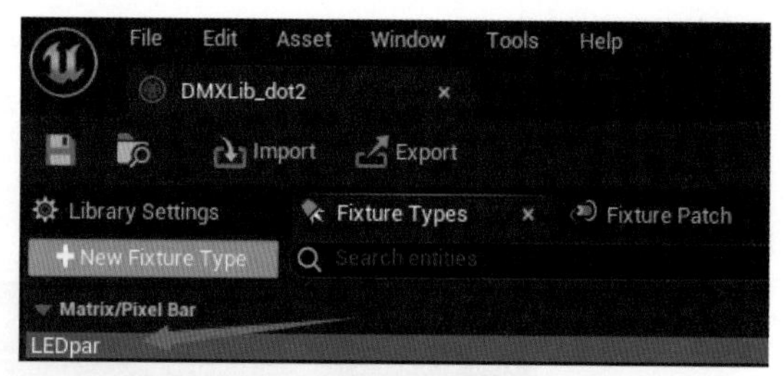

图 1-145　新建灯具类型 LEDpar

接着给它添加 4 个功能属性并配置对应的信道，将 2、3、4 信道分别对应灯光颜色的 RGB，也就是把 Channel 2 设置为控制灯的 Red 颜色，把 Channel 3 设置为控制灯的 Green 颜色，把 Channel 4 设置为控制灯的 Blue 颜色，如图 1-146 所示。

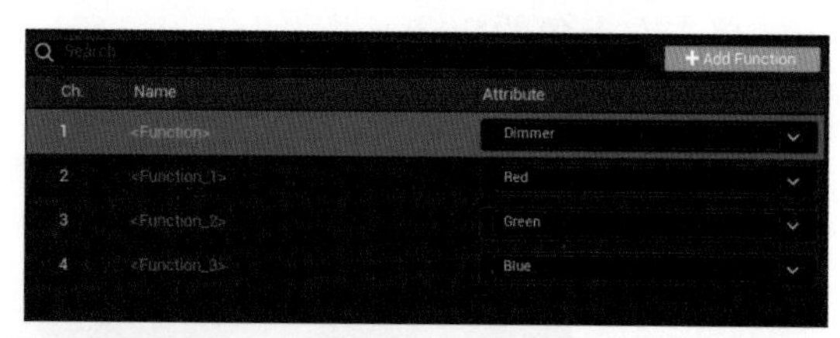

图 1-146　添加 4 个功能属性并配置了对应的信道

然后在“Fixture Patch”（灯具装配）标签里创建 10 个 LEDpar 类型的灯具，如图 1-147 所示。

Fixture Patch	FID	FixtureType	Mode	Patch
LEDpar_1	1	LEDpar	Mode	1.1
LEDpar_2	2	LEDpar	Mode	1.5
LEDpar_3	3	LEDpar	Mode	1.9
LEDpar_4	4	LEDpar	Mode	1.13
LEDpar_5	5	LEDpar	Mode	1.17
LEDpar_6	6	LEDpar	Mode	1.21
LEDpar_7	7	LEDpar	Mode	1.25
LEDpar_8	8	LEDpar	Mode	1.29
LEDpar_9	9	LEDpar	Mode	1.33
LEDpar_10	10	LEDpar	Mode	1.37

图 1-147　添加了具体的 10 个灯

由于每个灯均占用 4 个通道，所以 10 个灯在 Universe 1 里的信道分布情况如图 1-148 所示。

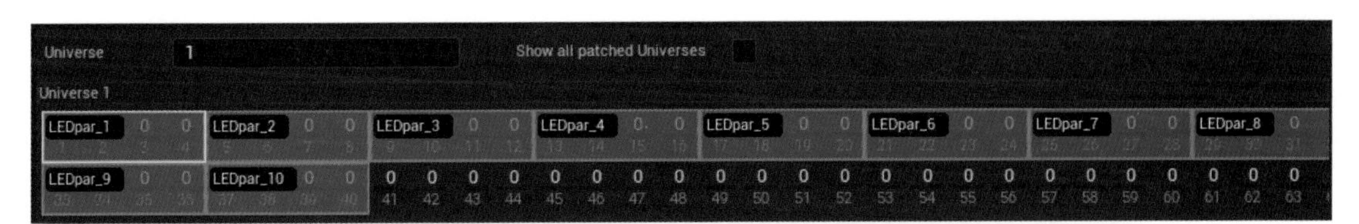

图 1-148　新增的 10 个灯具的信道分配

3. 在 dot2 onPC 中设置对应灯具

在 UE5 里保存 DMXLib_dot2 后，回到 dot2 onPC 软件里，再次单击 Setup 按钮，接着需要单击 Patch&Fixture Schedule 按钮来设置 dot2 onPC 软件里的灯具信息。当 dot2 onPC 软件中的灯具信道信息与 UE5 中的完全匹配后，就可以利用 dot2 onPC 软件的诸多功能来进行较为复杂的灯具 DMX 管控了。操作步骤如图 1-149 所示。

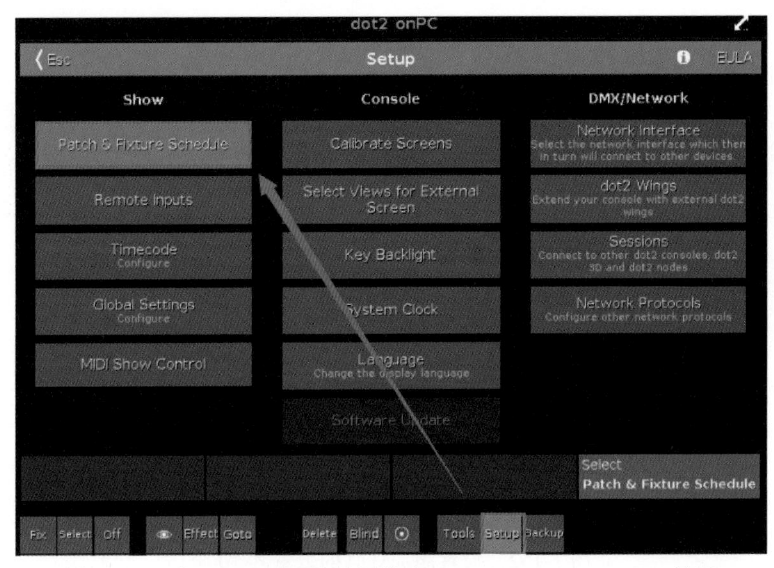

图 1-149　在 dot2 onPC 软件里单击 Patch&Fixture Schedule 按钮

接着单击右上角的 Add New Fixtures 按钮来添加新灯具，然后会弹出如图 1-150 所示的界面，单击 Select other 按钮。

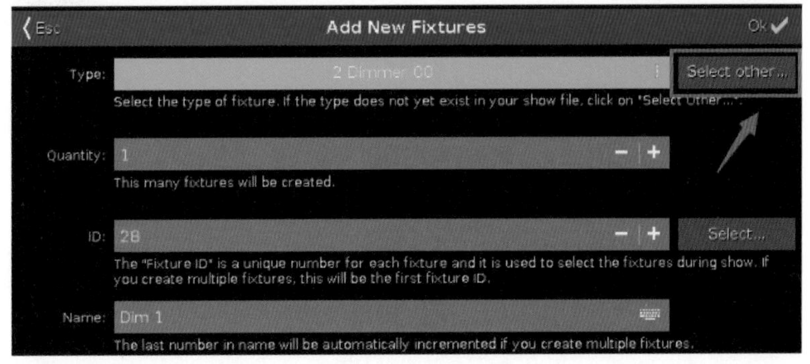

图 1-150　dot2 onPC 软件里添加新灯具的界面

dot2 onPC 软件内置了各大灯具厂商提供的数字灯具配置信息，可以输入 par 搜索到如图 1-151 所示的一款灯具。

dot2 onPC
Esc
Ok
par
Manufacturer
Device Name
Mode
A & O Lighting
2 items
Acme
15 items
Aeson
LED Par64 IP65
2 items
4 channel
DMX Footprint: 4
Instances: 1
6 channel
DMX Footprint: 6
Instances: 1

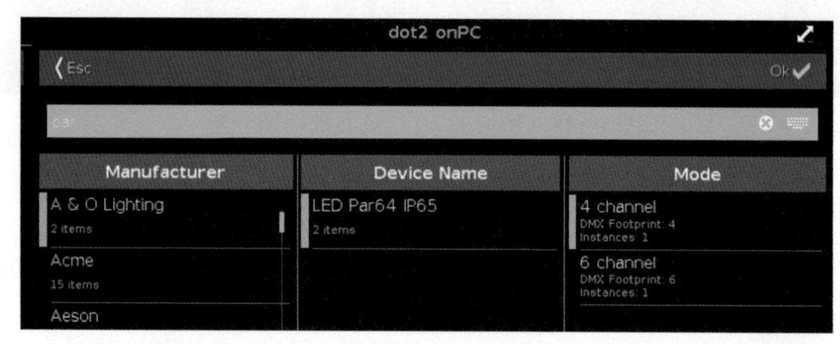

图 1-151　输入 par 搜索到 A&O lighting 制造商的 LED Par64 IP65 灯具

单击右上角的 OK 按钮，在弹出的窗口里 Quantity（数量）后面的输入框中输入 10，表示增加 10 个这样的灯，下方的 Patch 默认为 1.001 表示从 Universe（数据域） #1 的 1 号信道开始，如图 1-152 所示。

Esc
Add New Fixtures
Ok
Type:
18 LED Par64 IP65 4 channel
Select other...
Select the type of fixture. If the type does not yet exist in your show file, click on "Select Other...".
Quantity:
10
This many fixtures will be created.
ID:
28
Select...
The "Fixture ID" is a unique number for each fixture and it is used to select the fixtures during show. If you create multiple fixtures, this will be the first fixture ID.
Name:
P64IP654 1
The last number in name will be automatically incremented if you create multiple fixtures.
Patch:
1.001
Offset:
1
Select...
The new fixture will be patched at this address. If you create multiple fixtures, this will be the patch address for the first fixture.

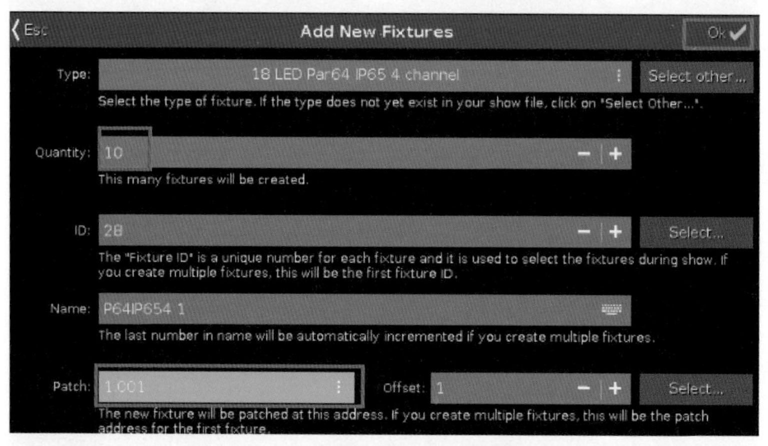

图 1-152　设置添加灯具的数量为 10 个

再次单击右上角的 OK 按钮，就可以看到 10 个灯的数据已经配置好了，其中数据列 Patch 显示了每个灯的起始信道，如图 1-153 所示。

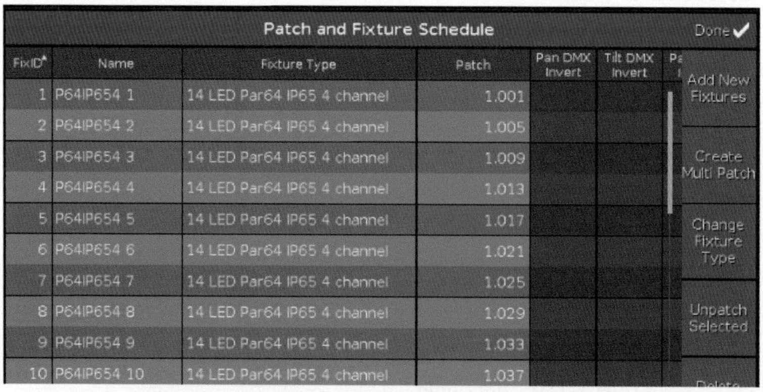

Patch and Fixture Schedule
Done
FixID
Name
Fixture Type
Patch
Pan DMX Invert
Tilt DMX Invert
1 P64IP654 1 14 LED Par64 IP65 4 channel 1.001
2 P64IP654 2 14 LED Par64 IP65 4 channel 1.005
3 P64IP654 3 14 LED Par64 IP65 4 channel 1.009
4 P64IP654 4 14 LED Par64 IP65 4 channel 1.013
5 P64IP654 5 14 LED Par64 IP65 4 channel 1.017
6 P64IP654 6 14 LED Par64 IP65 4 channel 1.021
7 P64IP654 7 14 LED Par64 IP65 4 channel 1.025
8 P64IP654 8 14 LED Par64 IP65 4 channel 1.029
9 P64IP654 9 14 LED Par64 IP65 4 channel 1.033
10 P64IP654 10 14 LED Par64 IP65 4 channel 1.037
Add New Fixtures
Create Multi Patch
Change Fixture Type
Unpatch Selected

图 1-153　显示了 10 个新增的灯具的信息明细表

单击右上角的Done按钮，然后再单击出现的Apply All Changes按钮应用所作的修改，如图1-154所示。

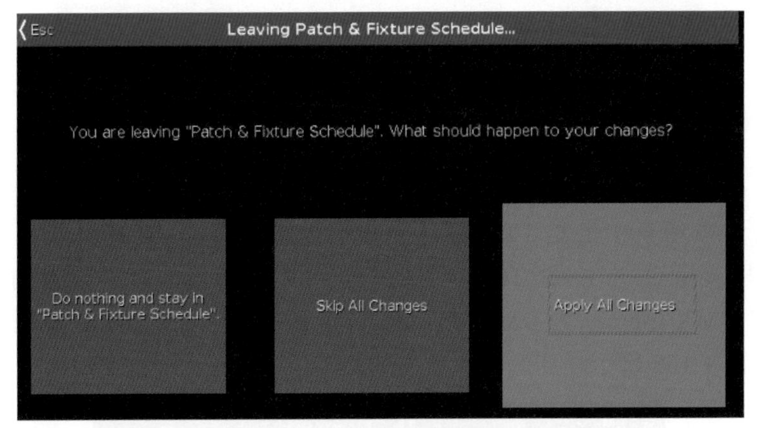

图1-154　单击Apply all Changes按钮应用所有的修改

于是就可以看到有10个图标出现在了软件的左侧画面中，它们就表示这10个具体的灯，如图1-155所示。

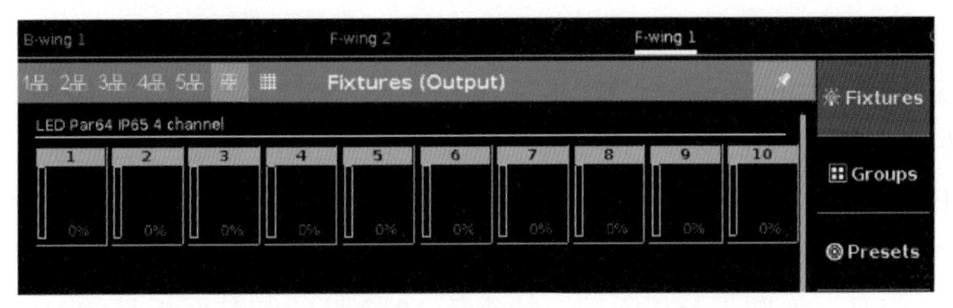

图1-155　出现10个图标表示10个LED灯

这时候在UE5的菜单栏上打开DMX信道监视器（DMX Channel Monitor），可以看到10个灯的3个颜色信道（分别代表R、G、B）都已经有了默认值255。而且每个灯的第一个信道的初始值都是0，即表示灯是关闭的，如图1-156所示。

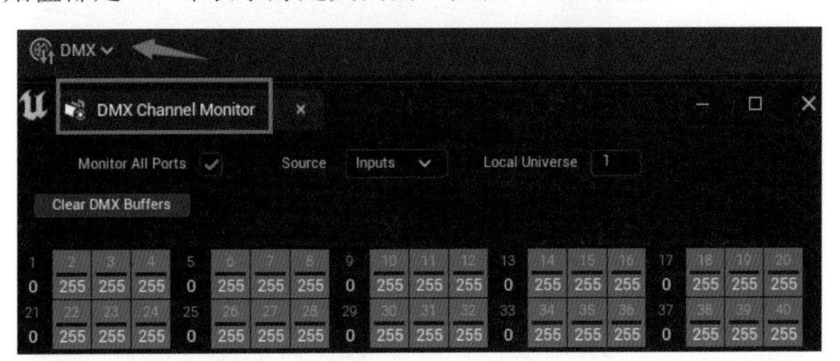

图1-156　DMX信道监视器能显示dot2 onPC软件发来的各信道的默认值

4. 在UE5中布置灯光秀场景

为了能在UE5场景中看到具体的10个灯，可以新建关卡，取名为level_dot2。从UE5的灯具素材文件夹中拖曳10个BP_StaticHead（静态头灯）放入关卡场景中，如图1-157所示。

图 1-157　在关卡里摆放 10 个静态头灯

可以同时选中场景中的这 10 个灯，为它们批量配置 DMX 库并设定对应的灯具。从 DMX 菜单里选择 Open Patch Tool，这是一个可以批量修改灯具设置的工具。在弹出的窗口里设定 DMX Library 为 DMXLib_dot2，将 Fixture Patch（灯具装配）属性指定为 LEDpar_1，如图 1-158 所示。

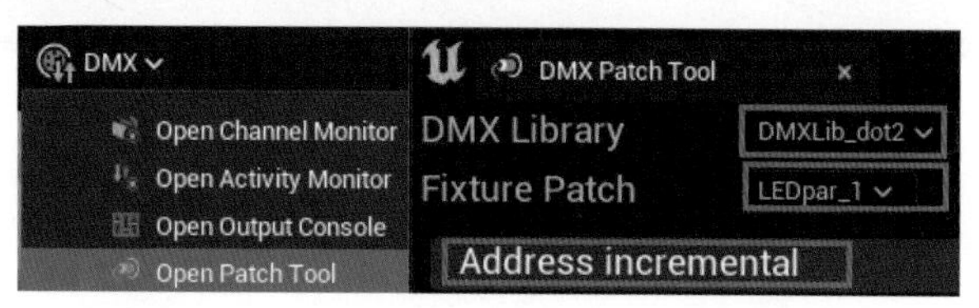

图 1-158　使用 Open Patch Tool 批量配置灯具

然后单击 Address incremental 按钮完成修改，这样这 10 个灯都会采用 DMXLib_dot2 这个文件作为它们的 DMX Library，而它们的 Fixture Patch 属性会分别自动对应上 LEDpar_1、LEDpar_2、LEDpar_3……依次类推。

批量处理完毕后，可以抽检查看一下，场景中的每个灯的细节面板里确实都已经配置好了相应的灯具信息，如图 1-159 所示，抽查第 10 个灯的细节面板里的 DMX 设置。

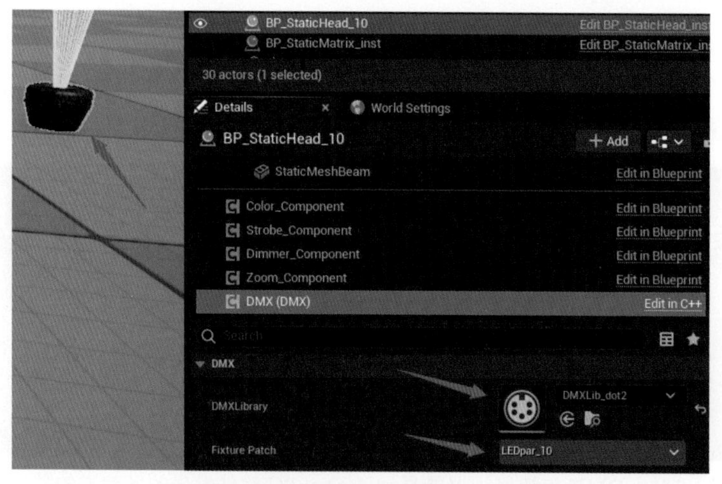

图 1-159　批量修改完毕后检查其中的某一个灯的 DMX 设置

5. 使用 dot2 onPC 操控 UE5 中的灯具

回到 dot2 onPC 软件里，用鼠标左键框选 10 个灯具图标，在右侧单击 Dimmer，然后再单击出现的 Open 按钮即可让这十个灯对应的第一个信道的值都变为 255，如图 1-160 所示。

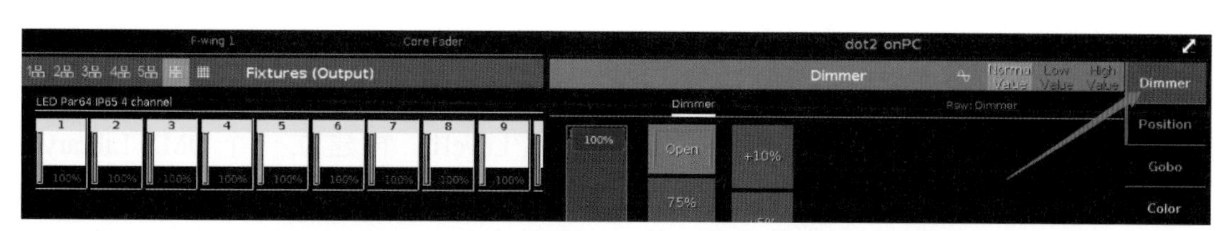

图 1-160　框选 10 个灯然后单击 Dimmer 项里的 Open 按钮

如果切换到 UE5 关卡里，也会看到场景中这 10 个灯确实都亮了，而且亮度还挺高，如图 1-161 所示。

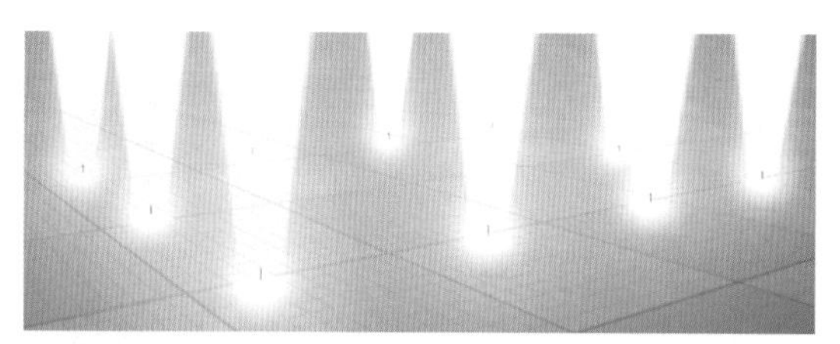

图 1-161　UE5 场景中的 10 个灯都亮了且第一个信道的值均变为 255

我们可以在 dot2 onPC 软件里拖动如图 1-162 所示的最左侧的柱状滑块，从而很方便地调节灯的亮度，也可以单击 Close 按钮来熄灭灯具。

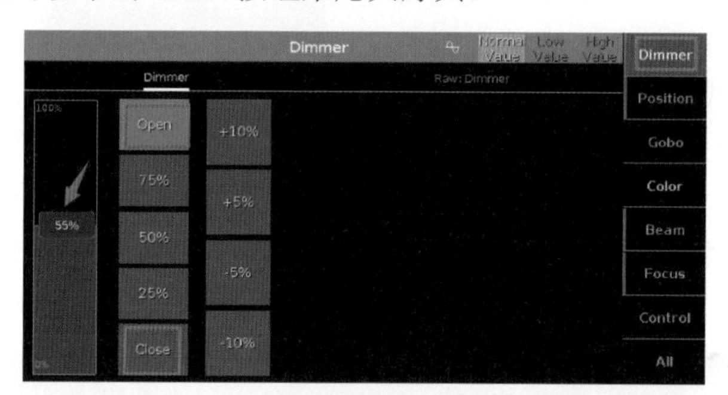

图 1-162　在 Dimmer 标签下单击 Open 和 Close 按钮来开关灯

还可以只选中某一个灯的图标，单独对其进行类似的调控。可以留意到右侧白色高亮的标签除了 Dimmer 外还有 Gobo、Color 等，在 dot2 onPC 软件里不同厂家、不同类型的灯具在右侧能够使用的功能标签不尽相同。通过单击右侧的 Color 按钮则可以很方便地调整对应灯具的颜色，如图 1-163 所示。

图 1-163　单击 Color 标签可以通过颜色选择器改变灯的颜色

通过上述一系列的步骤，我们演示了通过 dot2 onPC 这款外部软件来控制 UE5 灯具的过程，dot2 onPC 有很多内置的 Effect（特效）功能，能为灯具的各类属性设置动画效果，包括频闪动画、摇摆位置动画、颜色变换动画、亮度强弱变化动画等，这样将可以大大提升读者打造灯光秀控制的精彩程度。本节所使用 dot2 onPC 文件已经保存在了 UE5 项目 DMXDemo 的 dot2 文件夹里，文件名为 ue5show.show.gz。

1.3.4 实例：可遥控的数字灯光秀

实例一方面巩固复习前面的知识点，一方面也会加入新的知识点。同时，实例都配有视频讲解，可以避免单靠图文表述可能存在的含糊不清的地方。本节实例是通过在 UE5 所在台式计算机之外的另外一台笔记本上安装 dot2 onPC 软件后来控制台式计算机上的 UE5。

我们需要确保笔记本与台式计算机都连接在同一个 Wi-Fi 下。在台式计算机上，建立一个新的基于 DMX 模板的 UE5 项目 DMXDemo_live，打开后建立一个新的关卡，取名 Level1，再建立一个 DMX Library，取名 DMXLib_Live。在关卡 Level2 里放入了两个 BP_FireWorksLauncher（礼花发射器）、7 个 BP_MovingHead（摇头灯）和 6 个 BP_PyroModule（焰火模块），如图 1-164 所示。

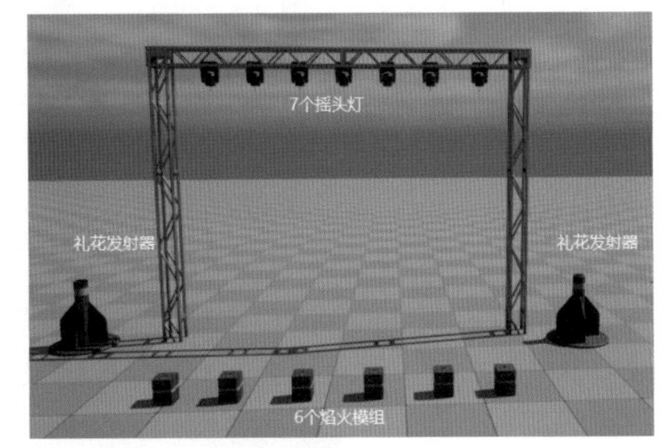

图 1-164　关卡里摆放了三种类型的共计 15 个灯具设备

打开 DMXLib_Live 对象，在里面新建了三种灯具类型，分别是 Sharp、Fireworks 和 pyro，如图 1-165 所示。

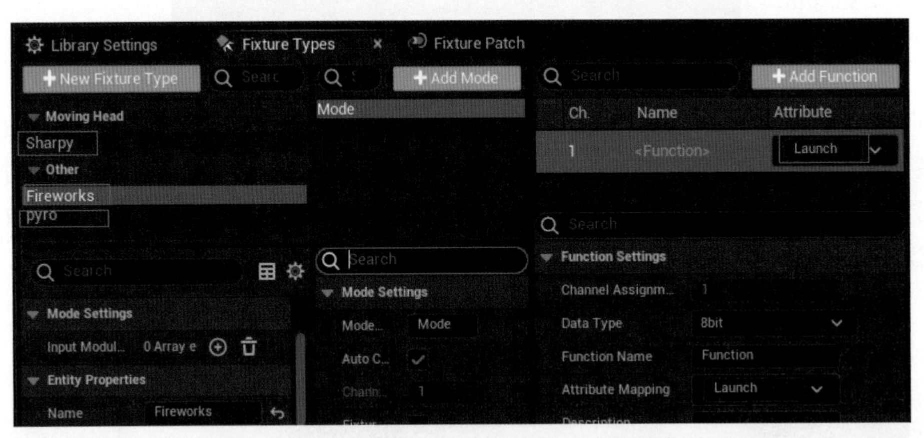

图 1-165　在 DMX Library 里添加 3 个灯具类别

其中 Fireworks 这种类型比较简单，只使用了一个信道，信道对应的属性就是 Launch，也就是发射礼花的功能。而 pyro 类型使用了两个信道，分别是 ModeStartStop 和 Burst，如图 1-166 所示。

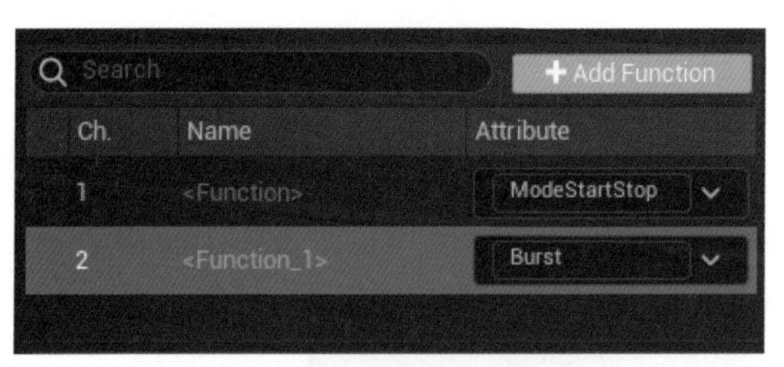

图 1-166 pyro 灯具类型里添加了两个属性 ModeStartStop 和 Burst

而对 Sharpy 这个类型，一共设定了 16 个信道，之所以这么做是因为 Sharpy 这个类型后续会提供给摇头灯使用，通过查看 BP_MovingHead 蓝图的组件面板可以看到，UE5 里的摇头灯有 8 个核心的 DMX 组件，分别对应着它的 8 个核心功能：Pan、Tilt、Color、Gobo、Dimmer、Strobe、Zoom 和 Frost。而 dot2 onPC 软件里有一款供应商的灯具正好涵盖了这八种功能但却总共有 16 个信道。为了让 UE5 里灯具的信道设置与 dot2 onPC 软件里的保持一致，所以在 UE5 里为 Sharpy 灯具类型设置了 16 个信道，只是有些信道直接对应了空值，没有具体属性。具体设置如图 1-167 所示。

图 1-167 Sharpy 类型里添加了 16 个信道

接着在 Fixture Patch（灯具装配）标签下具体地添加这 15 个灯，并将每个灯的信道分配好。最后结果如图 1-168 所示。

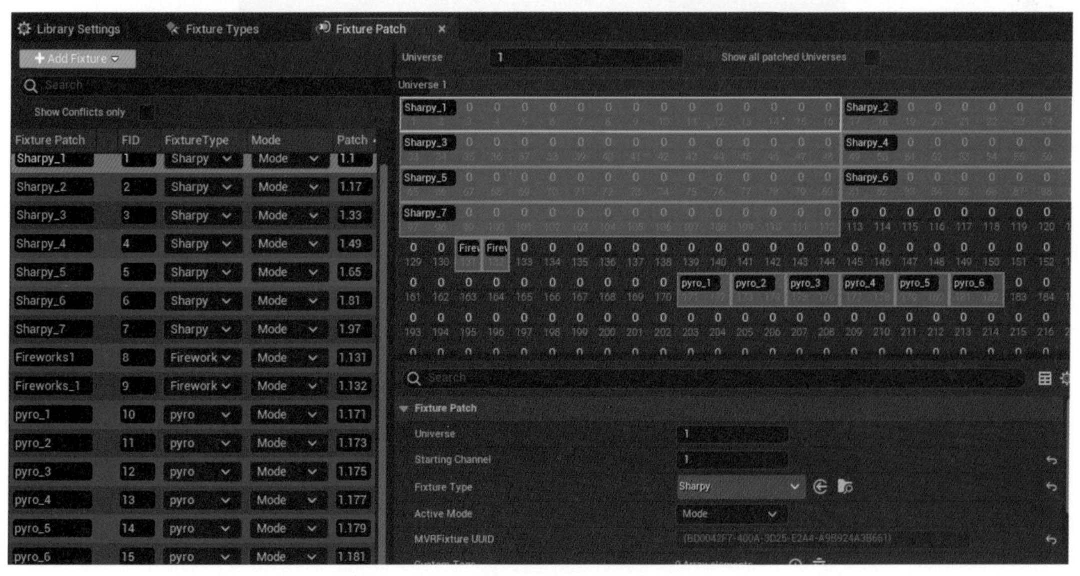

图 1-168 15 个灯具各自的信道分布

在 dot2 onPC 软件里不能像 UE5 那样自定义创建灯具类型，它只能从现有供应商列表里选择实际的灯类。在笔记本电脑上打开 dot2 onPC 软件后，在软件里搜索 sharp，建立 7 个 Sharpy 灯具，因为这款灯的信道配置正好包含了 UE5 摇头灯所拥有的 8 个核心功能，但这种灯在 dot2 onPC 软件里共有 16 个信道，每个信道对应的功能可以从图 1-169 中看到。

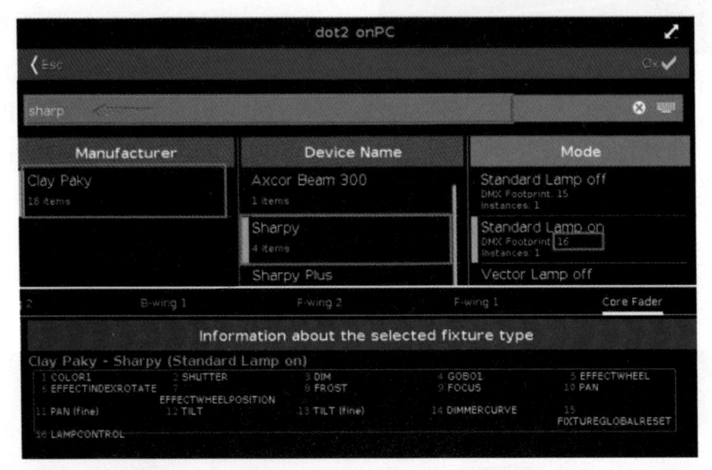

图 1-169　在 dot2 onPC 软件里选择灯具类型

接下来可以建立两个 Punch DayLight 类型的灯，因为 dot2 onPC 软件里的这种灯具只使用一个信道，对应 UE5 中的 Fireworks 类型正好合适，如图 1-170 所示。

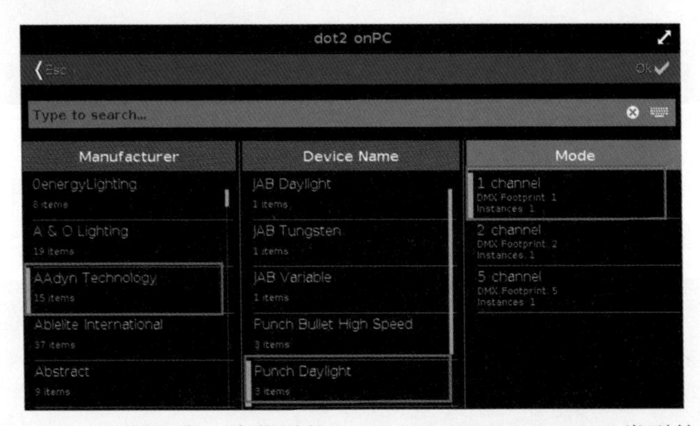

图 1-170　选择只有一个信道的 Punch DayLight 1 channel 类型的灯

最后再建立 6 个 ALS 150 D 18-38 类型的灯，因为 dot2 onPC 软件里的这种类型的灯使用两个信道，正好可对应 UE5 中 pyro 类型的灯具，如图 1-171 所示。

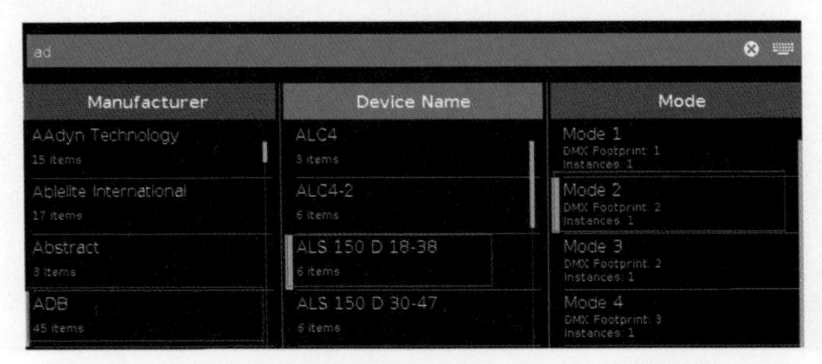

图 1-171　选择 ALS 150 D 18-38 Mode2 类型的灯

在 dot2 onPC 软件里配置好灯具数量和相应的信道后，就可以利用里面的 Effect 施加各类效果给到灯具了，如图 1-172 所示。

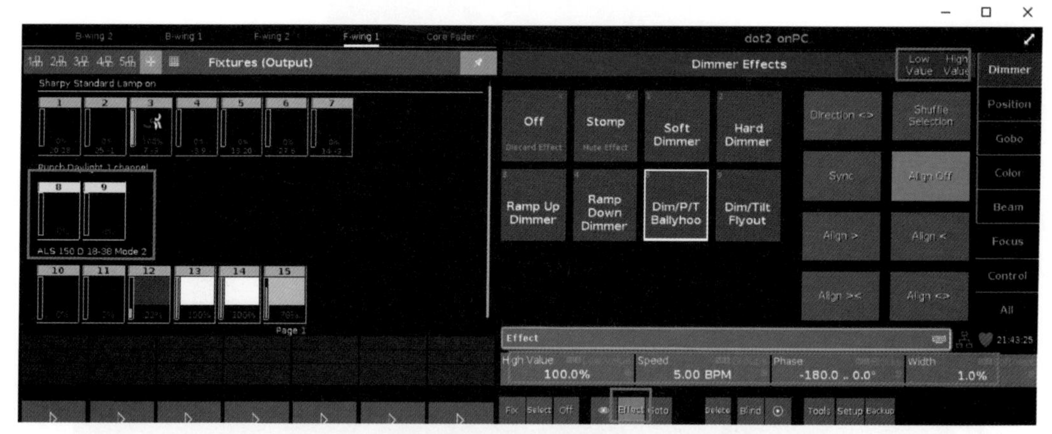

图 1-172 使用 dot2 onPC 软件里的 Effect 特效

每个属性（如 Dimmer、Color 等）对应的 Effect 中都有多个特效，每个特效都有相应的参数可以修改。利用 dot2 onPC 软件里丰富的 Effect 可以让灯具绚丽地舞动起来。灯具表演的过程可以通过 UE5 进行录制，在 UE5 中选择 Window → Cinematics → Take Recorder 命令就可以开始录制，如图 1-173 所示。

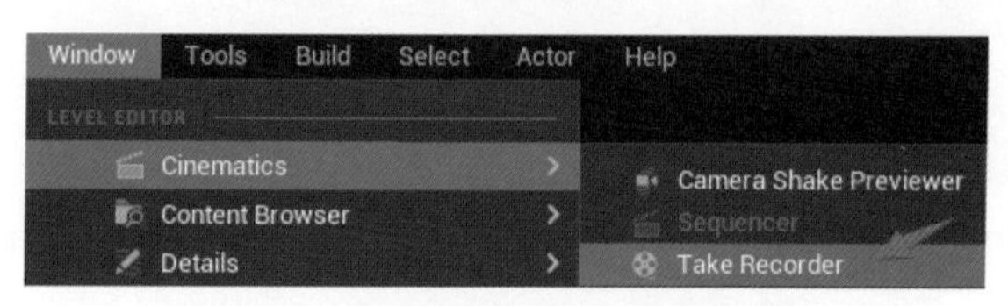

图 1-173 选择 Take Recorder 录制

在弹出的 Take Recorder 窗口中，单击 +Source 按钮添加相应的 DMX 库文件，然后单击 Add all Fixture Patches 按钮把所有的灯具对应添加进来，单击右上角的红色圆形按钮后就可以开始录制了，如图 1-174 所示。

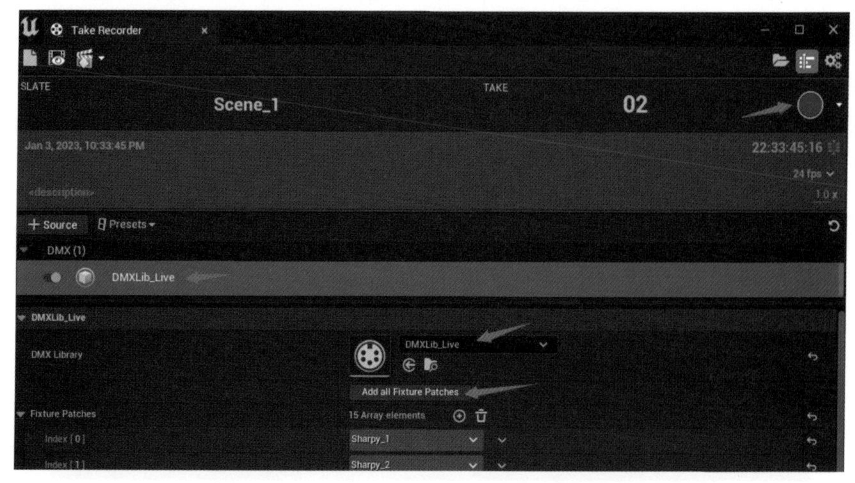

图 1-174 添加 DMX 库和灯具后开始录制

如果要停止或结束录制，可以单击屏幕右下角的 Stop 按钮，如图 1-175 所示。

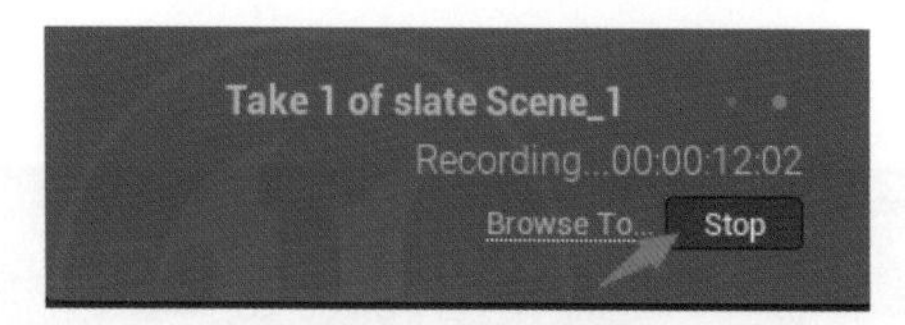

图 1-175　停止录制

录制得到的是一个 Level Sequence 文件，而且里面的关键帧是不可编辑的，如果希望录制得到可以编辑的 Level Sequence 文件，则需要在 Take Recorder 窗口中的右上角单击“显示用户设置”图标，然后从最底部取消对 Auto Lock 项的勾选，如图 1-176 所示。

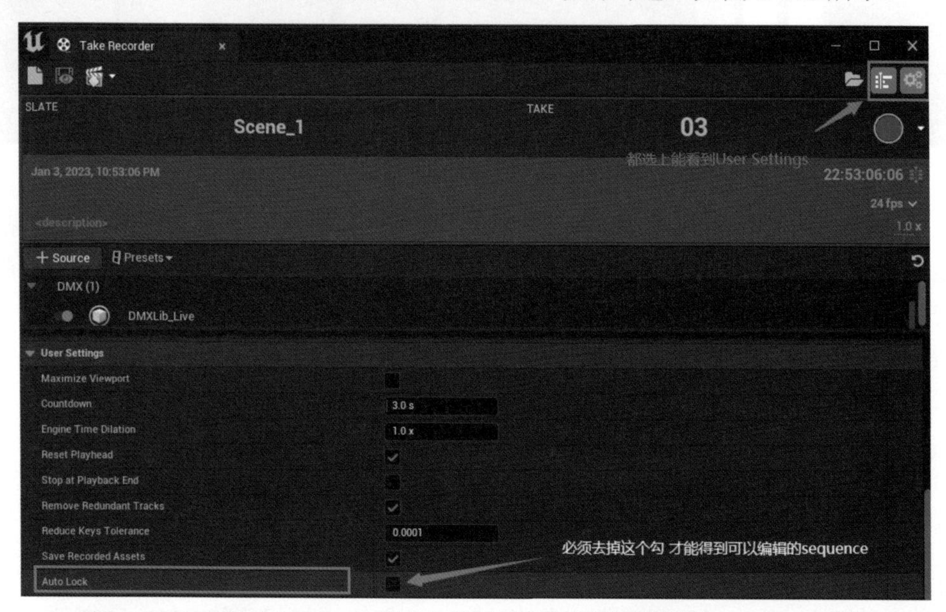

图 1-176　取消对 Auto Lock 项的勾选才能录制得到可编辑的 Sequence 文件

录制完成后可以从 Content 下找到出现的 Cinematics 文件夹，里面有录制好了的 Sequencer 文件，双击打开，可以按空格键或是单击 Sequencer 面板底部的播放按钮来播放整个录制的内容。

但是由于录制的是 DMX 信号相关的动画，在播放时需要将工具栏上的 DMX 工具按钮下的 Receive DMX 项取消勾选，这一点很容易忽视，从而导致无法看到动画。其他情况下，尤其是通过外部软件发送 DMX 信号给 UE5 或是使用 UE5 的 DMX 工具里的 Open Output Console 调试时记得要把 Receive DMX 项先勾选上，如图 1-177 所示。

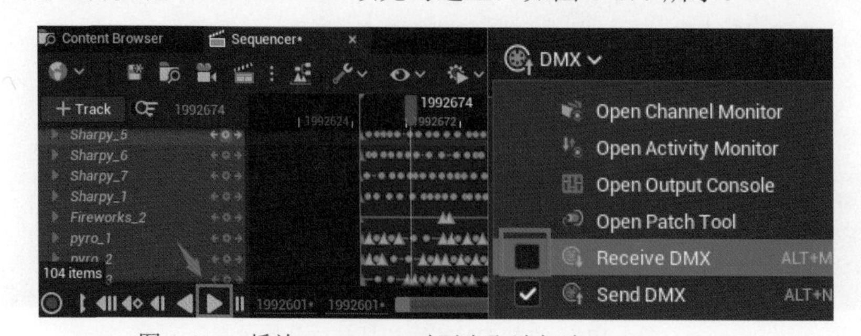

图 1-177　播放 Sequencer 时要先取消勾选 Receive DMX

运行 UE5，再单击播放这个 Sequencer，就可以看到漂亮的灯光焰火秀了。把 dot2 项目文件保存到 U 盘给到笔记本，从笔记本打开 dot2 软件，载入 U 盘里的项目文件，即可实现通过笔记本来遥控灯光秀，如图 1-178 所示。

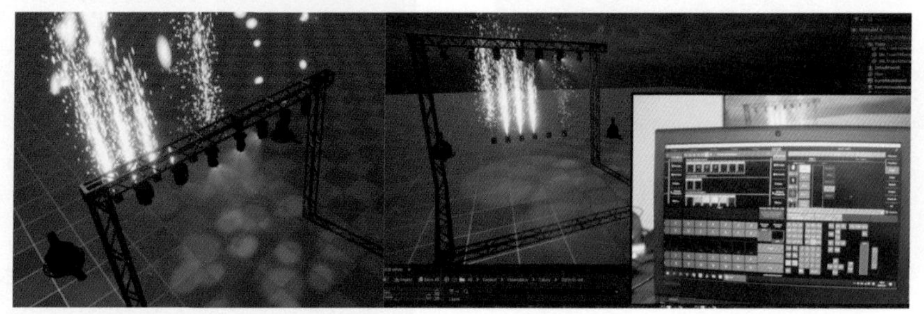

图 1-178　笔记本上载入台式计算机上调试好了的 dot2 项目文件来遥控 UE5

本实例详细的操作步骤可以通过扫描下方二维码来观看。

1.4　用 OSC 来控制 UE5 中的物体

1.4.1　用TouchOSC定制UE5的控制界面

OSC（Open Source Control）是经过现代网络技术优化过的一种用于计算机、声音合成器与其他多媒体设备之间通信的协议，它将现代网络技术的优势带进了电子乐器的世界。OSC 的优势包括互操作性、准确性、灵活性，以及增强的组织和文档化。这个简单而强大的协议提供了实时控制声音和其他媒体处理所需的一切，而且使用起来非常灵活、简单。在 UE5 中已经内置了 OSC 插件，它让数字互动又多了一种数据通信的方式。OSC 所发送的数据由两部分组成，即地址和数据，其中地址是一个类似 aaa/bbb 这样的字符串，而数据是与之对应的具体值。

1. TouchOSC 程序的安装与配置

从 hexler.net 官网可以下载安装 TouchOSC 程序，这套软件在 Windows 和 Mac 计算机以及手机上都可以安装。笔者下载的是 Windows 版本，如图 1-179 所示。

图 1-179　下载 TouchOSC

安装完毕后打开 TouchOSC，为了让它能与 UE5 通信，需要先配置一下它的链接信息。在工具栏上单击链接图标，在弹出的 Connections（连接）窗口里单击 OSC 标签，设置通信协议为 UDP，并设置 Host 地址（也就是 UE5 所在计算机的局域网 IP 地址）和端口号 8000。如果 TouchOSC 与

UE5 安装在同一台计算机上，则在 Host 地址里输入 127.0.0.1 即可，如图 1-180 所示。

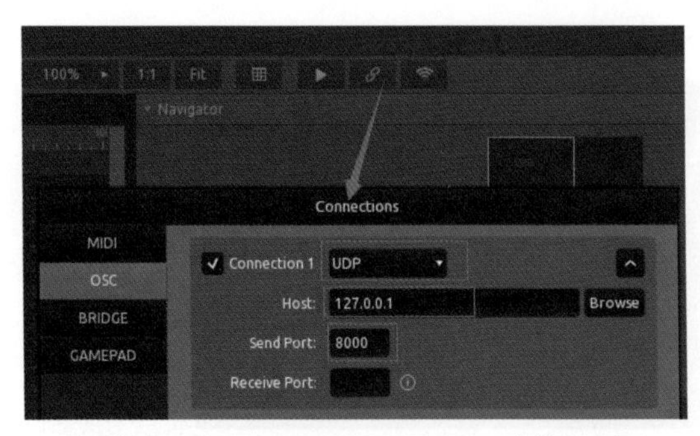

图 1-180　TouchOSC 配置 OSC 连接设置

单击 Done 按钮确认后，在界面的空白处右击，从弹出菜单里选择 BUTTON，建立一个按钮。

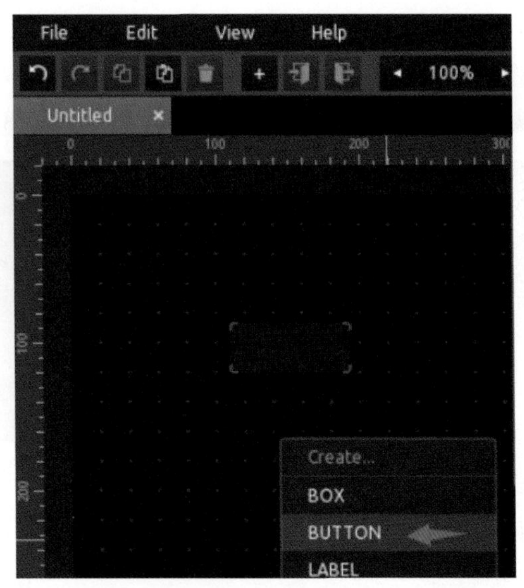

图 1-181　在 TouchOSC 编辑界面创建一个按钮

在右侧的控件属性面板里可以看到这个按钮的 OSC 相关的信息，选中 touch 表示在触摸按钮时会触发，RISE 则强调是在手指脱离触摸的瞬间触发，如图 1-182 所示。TouchOSC 里把触碰事件分为 RISE 和 FALL，分别表示开始接触和脱离接触。ANY 则既包括 RISE 又包括 FALL。如果选择 ANY，那么在单击按钮的过程中会触发两次发送数据的事件。

图 1-182　Trigger 选择 touch 表示触摸时触发，x 表示鼠标触发

而具体发送的数据可以通过单击右侧加号来加入，如图 1-183 中的 name，如果想修改，可以选中 name 直接按键盘上的 Delete 键先删掉它，然后单击加号，选择 CONSTANT（常量），表示添加一个常量。

图 1-183　添加要发送的内容

如图 1-184 所示，在 Address 里就加入

了一个 test 常量，这样发送出去的地址信息就是 /test。而地址下面的 Arguments（参数）表示要发送的数据值。

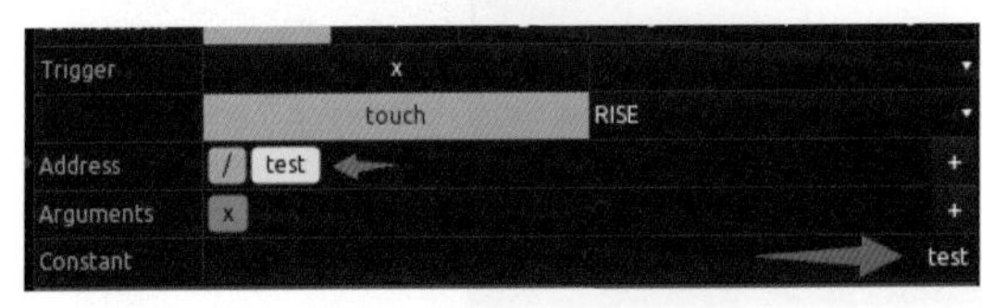

图 1-184　添加具体的常量值

按钮默认的参数 X 的值就是 0。可以选中这个 X 删掉它，还可以通过单击参数右侧的加号按钮加入更多类型的参数，如加入一个字符类型的常量 Hello，如图 1-185 所示。

图 1-185　添加不同类型的参数

2. 使用不同类型的控件

在 TouchOSC 软件的控制界面可以加入更多其他类型的控件，如再添加一种名为 XY 的控件，它的作用是让用户在一个方块区域内触摸时，捕获到手指或鼠标在红色方块内的 X 坐标和 Y 坐标。方块的左下角是（0，0）点，右上角是（1，1）点，这个坐标系统和人们熟知的三维模型设计软件中的 UV 定位方式很相似，如图 1-186 所示。

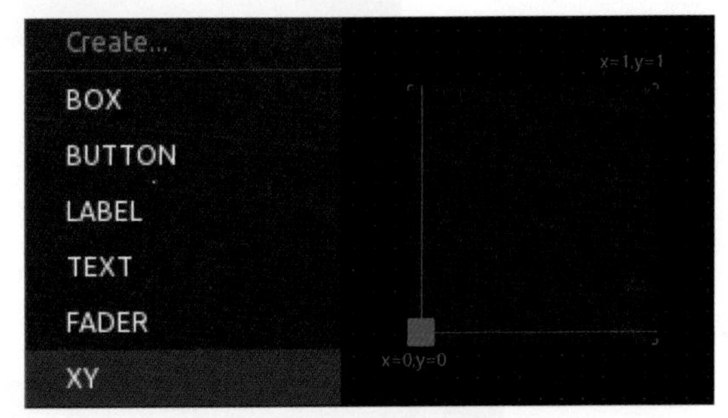

图 1-186　添加 XY 类型的控件

如图 1-187 所示，在右侧的控件属性的 OSC 部分进行设置。红框里的设置表示当用户在方块内拖动鼠标时会连续发送数据，事件的两个 Arguments（参数）x 和 y 分别表示鼠标在方块区域内对应的 x 坐标和 y 坐标。图 1-187 右下角的 0 和 1 表示 x 参数值的范围是 0 到 1。

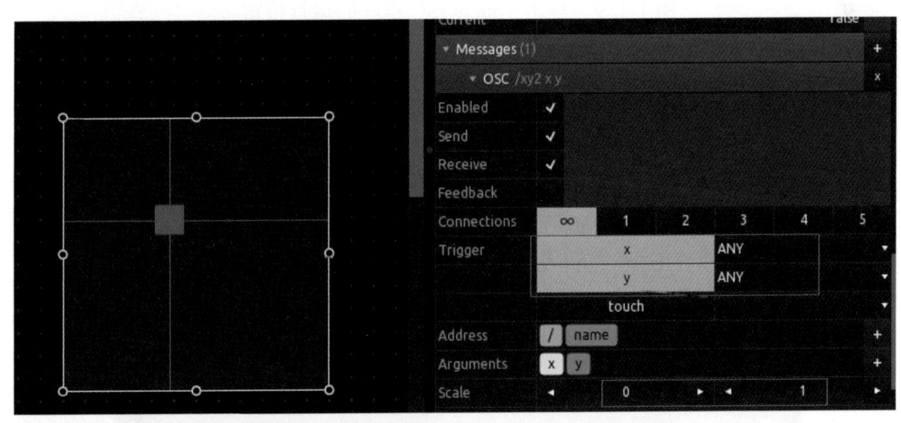

图 1-187　XY 类型的控件的 OSC 属性设置

可以再添加一个 FADER 控件（纵向滑块），这个控件比较常用。对应 OSC 属性设置的细节如图 1-188 所示。

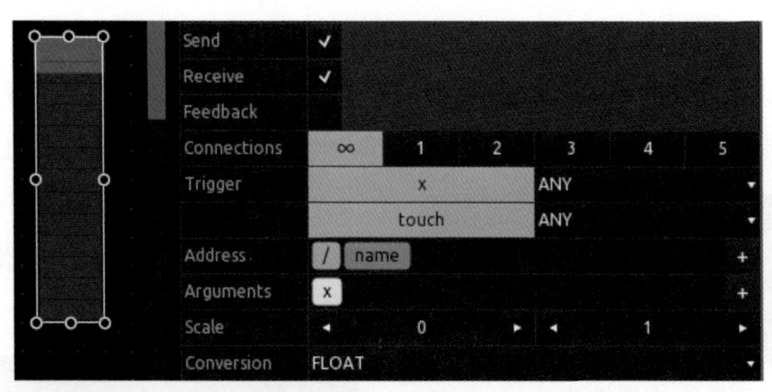

图 1-188　FADER 控件的设置

参数 X 表示滑块滑动到了什么位置，在最底部的值是 0，在最高处的值是 1。

添加完这三个控件后，可以进一步调整好它们的位置布局，然后单击工具栏上的运行按钮（白色三角按钮），就可以让这个 TouchOSC 程序开始与 UE5 连接并发送数据了，如图 1-189 所示。

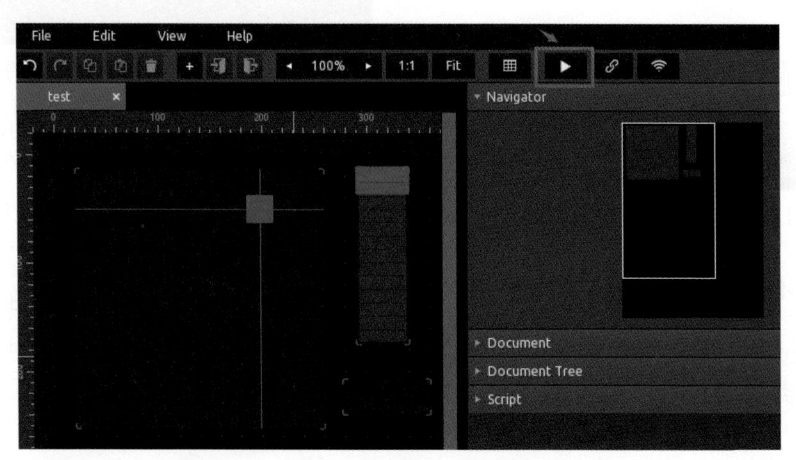

图 1-189　单击 TouchOSC 程序的运行按钮

1.4.2　用蓝图接收OSC信号

在 UE5 中使用蓝图接收并处理 OSC 数据信息，就可以让外部 OSC 软件起到操控 UE5 对象的作用。要想在 UE5 中接收到外部发送过来的 OSC 数据，需要先启用 OSC 插件（本节 UE5 项目源文件在 OSCDemo 文件夹中），如图 1-190 所示。

图 1-190　UE5 启用 OSC 插件

重启 UE5 后，在 OSCDemo 项目里新建了一个关卡，取名 Level1，接着在关卡蓝图里写入如图 1-191 所示的内容。

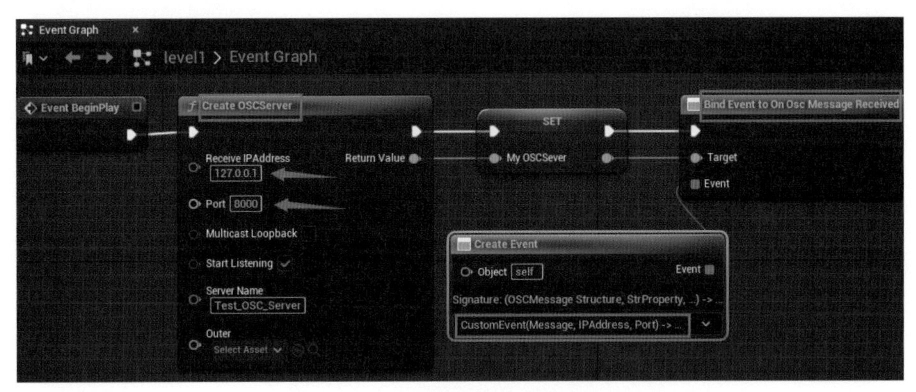

图 1-191　用蓝图创建 OSC 服务器

蓝图内容的意思是在 BeginPlay（关卡运行）时，UE5 会构建一个 OSC 服务器，其 IP 地址为 127.0.0.1，监听端口为 8000，这与刚才在 TouchOSC 中的设置完全吻合。然后把服务器对象存入到了一个名为 MyOSCServer 的变量里，接着为这个服务器对象绑定一个 OSC 信息接收事件。而这个接收事件对应的蓝图内容如图 1-192 所示。

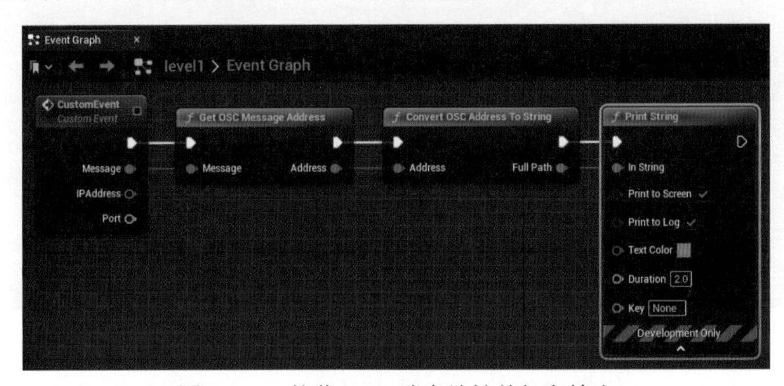

图 1-192　接收 OSC 消息地址并打印输出

这部分蓝图内容的意思是：UE5 在接收到外部的 OSC 数据时，会将接收到的 OSC 事件信息中的消息地址转为字符串格式打印出来。Compile（编译）关卡蓝图并保存，接着运行 UE5。然后在 TouchOSC 运行的界面试试单击各个控件，观察 UE5 视口中的文本输出，如图 1-193 所示（提示：如果要关闭 TouchOSC 运行的 UI 界面，而不是关掉整个 TouchOSC 程序，需要单击图 1-193 中红色箭头所指的右上角的灰色小圆点）。

图 1-193　在 TouchOSC 运行的界面上操作

如果单击 TouchOSC 界面上的矩形按钮，会发现 UE5 视口中能打印输出 /test 字样，这就是 TouchOSC 程序发送过来的地址信息，如图 1-194 所示。

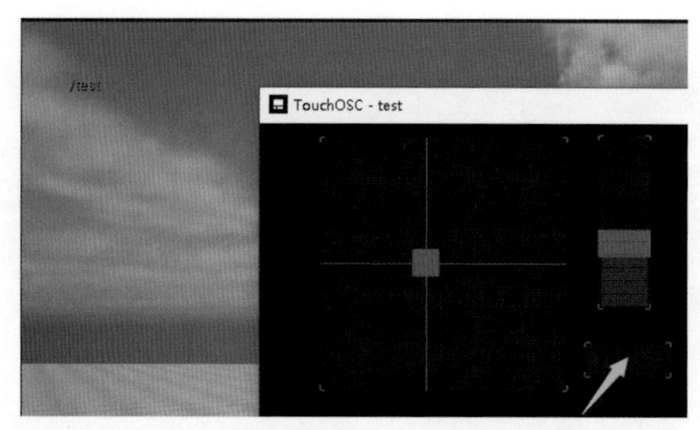

图 1-194　单击按钮会发送 /test 给到 UE5 打印出来

如果在 UE5 中还想获得来自 TouchOSC 界面上的 XY 控件和 FADER 控件的 OSC 数据，则可以进一步完善关卡蓝图，详细内容如图 1-195 所示。

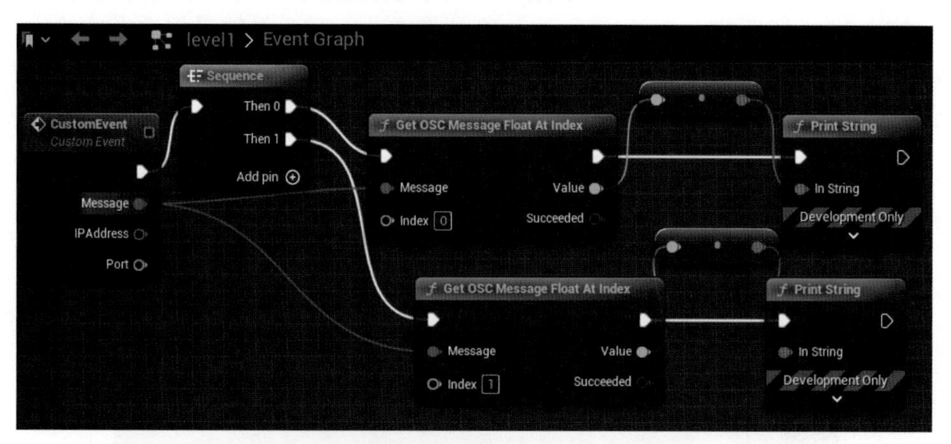

图 1-195　蓝图接收 OSC 消息的多个参数值

这表示将收到的 OSC 信息中的第一个浮点（Float）类型的数据参数和第二个浮点类型的参数分别打印出来。所以这时如果在方块区域内按住鼠标左键并拖曳移动鼠标，那么 UE5 会不断打印出鼠标的坐标位置的 x 和 y 值，两者都是介于 0 到 1 的浮点小数，如图 1-196 所示。

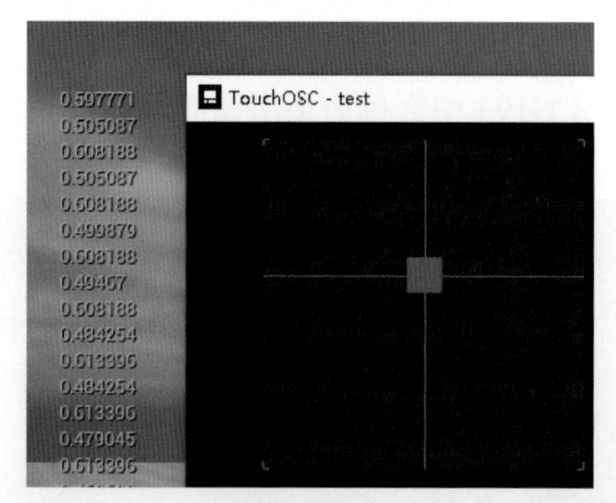

图 1-196　UE5 打印输出 XY 控件的 XY 参数值

1.4.3　实例：用OSC控制UE5的人物动作

本节实例是基于第三人称游戏模板建立的一个 UE5 项目，项目名称为 OSCDemo_live。通过这个项目一起来实践如何利用外部软件发送的 OSC 数据来操控 UE5 中的对象。本实例用到的 TouchOSC 文件 test.tosc 也保存在 OSCDemo_live 文件夹里。选用 Third Person（第三人称）模板的操作如图 1-197 所示。

图 1-197　新建第三人称游戏模板的 UE5 项目

UE5 项目中要记得开启 OSC 插件，重启后把项目中的 BP_ThirdPersonCharacter 蓝图对象复制一份，取名 BP_Robot，如图 1-198 所示。

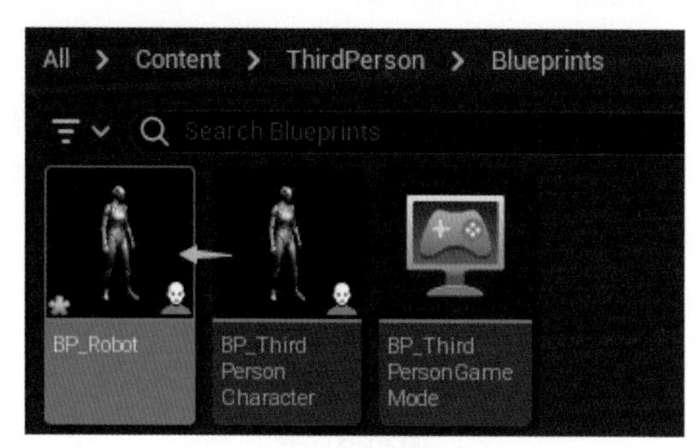

图 1-198　复制蓝图对象

双击打开 BP_Robot 进行编辑，从它的组件面板里选中其中的 Mesh 组件，如图 1-199 所示。

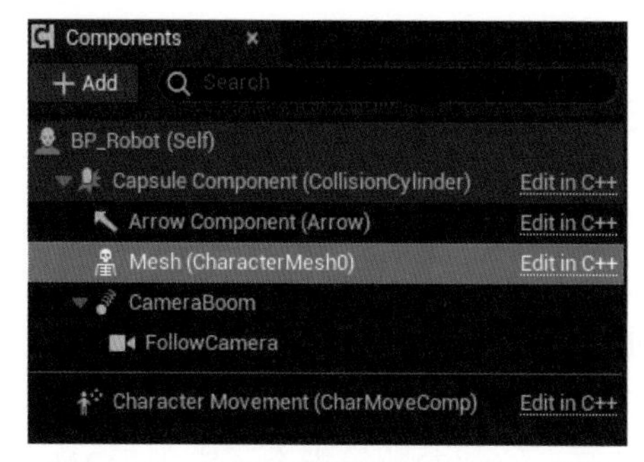

图 1-199　从组件面板里选中 Mesh 组件

从它对应的细节面板里找到 Animation 部分的属性，作如图 1-200 所示的修改。

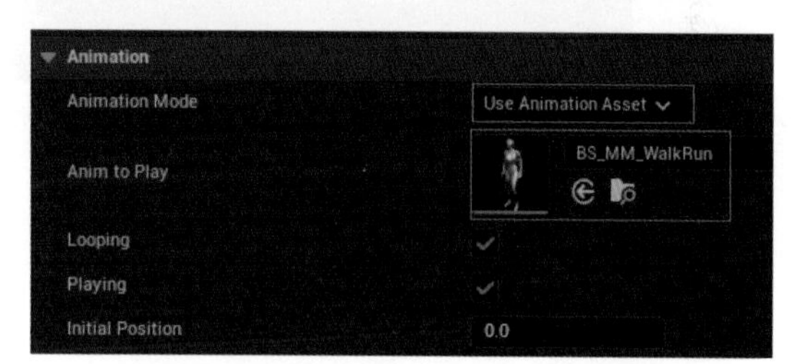

图 1-200　设置 Animation Mode 和 Anim to Play 属性

将这个蓝图编译并保存，然后从 Content Browser 里拖曳一个 BP_Robot 放置到默认关卡中。选中关卡场景中的这个 BP_Robot 对象，然后在关卡蓝图中写入如图 1-201 所示的内容。

在蓝图区域的空白处右击可以获取对场景中 BP_Robot 的引用，使用 Set Play Rate 节点来设置 BP_Robot 对象的 Mesh 组件的 Play Rate（播放速率）属性，也就是动画播放速度。这样，UE5 接收到的 OSC 信息里的值就会影响 Mesh 动画播放速度。蓝图细节参数如图 1-202 所示。

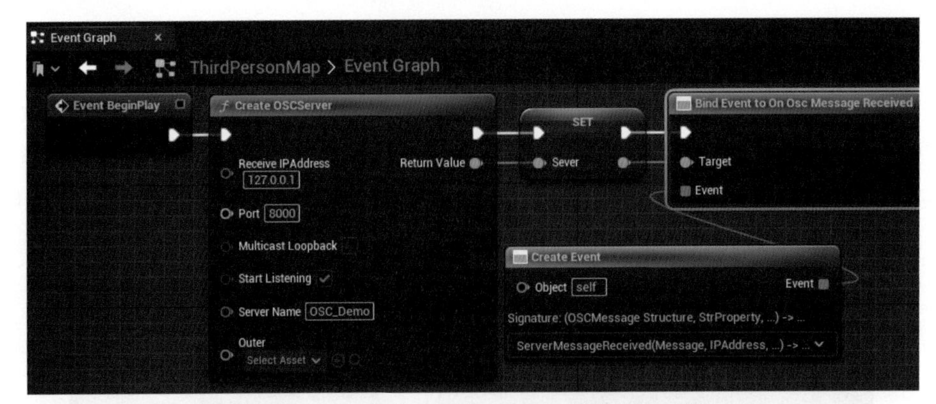

图 1-201　关卡蓝图里绑定 OSC 信息接收事件

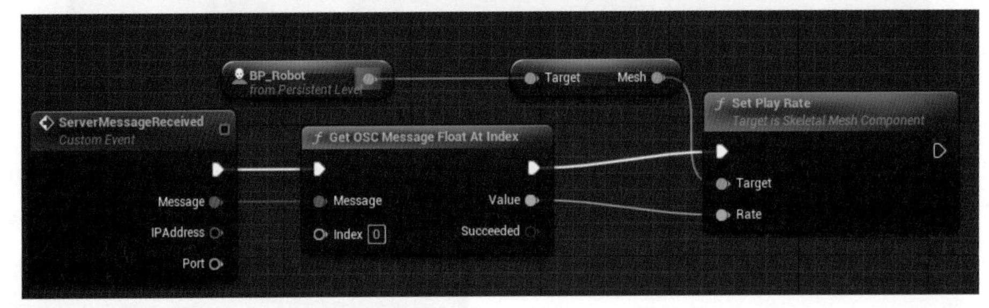

图 1-202　用 OSC 信息参数来设置 Mesh 组件的 Play Rate

编译保存关卡蓝图后，运行关卡。接着双击源代码文件夹里的 test.tosc 文件，启动 TouchOSC 程序界面，再单击 TouchOSC 工具栏上的运行按钮（白色三角按钮），此时 TouchOSC 会连接 UE5 中用蓝图创建的 OSC 服务器，接下来就可以通过拖动 TouchOSC 界面上的 FADER 滑块来控制人物动作的速度快慢，如图 1-203 所示。

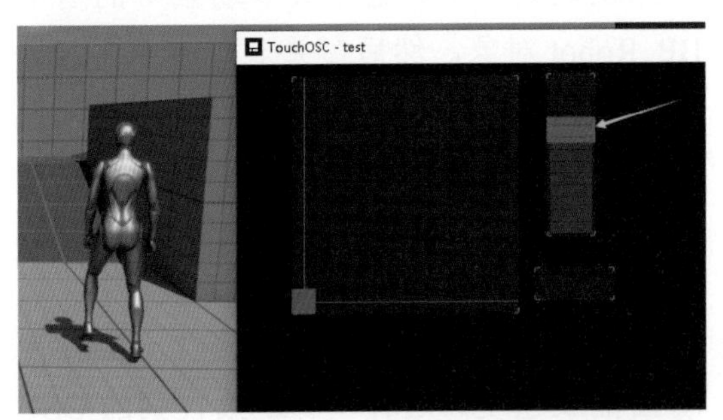

图 1-203　用 FADER 控件控制人物动画速度

由于 TouchOSC 软件界面控件丰富、调整布局和参数设置灵活，而且在 PC 端和移动端上都能安装运行，因此大大提高了远程控制 UE5 时的界面定制效率。

本实例详细的操作步骤可以通过扫描下方二维码来观看，视频教程里含有对更多物体的控制演示。

1.5　在 UE5 中使用 MIDI 乐器数字接口

1.5.1　使用虚拟琴键发送MIDI信号

MIDI（Musical Instrument Digital Interface，乐器数字化接口）是编曲界最广泛的音乐标准格式，可称为“计算机能理解的乐谱”。MIDI 传输的不是声音信号，而是音符、控制参数等指令，它指示 MIDI 设备要做什么以及怎么做，如演奏哪个音符、多大音量等。它们被统一表示成MIDI消息（MIDI Message）。UE5已经拥有很多为MIDI量身定制的插件，借助这些插件，UE5可以通过MIDI信号与外界的诸多电子音乐设备进行通信交互，让视听互动变得简单易行。

目前市面上已经有大量的现代乐器支持接收和输出MIDI信号。而很多音乐编辑软件也能发送MIDI信号，它们被统称为DAW（Digital Audio Workstation，数字音频工作站），是一种用于录音、混音、音频剪辑以及数字音频处理的软件（也有硬件单元，但是不常见）。常见的DAW软件有Ableton Live、Pro Tools、Logic、GarageBand和REAPER等。所有的DAW都是可以录制、编辑、处理以及缩混数字音频的。大部分DAW都带有MIDI功能，可以通过MIDI控制器对音符进行输入、编辑并通过诸如合成器之类的虚拟乐器音进行播放。

在本节中，将以REAPER这款软件为例，为读者们讲解DAW如何发送MIDI信号到UE5以及在UE5中如何查看这些信号。

1. REAPER和loopMIDI的组合运用

首先，需要下载并安装REAPER程序，如图1-204所示。

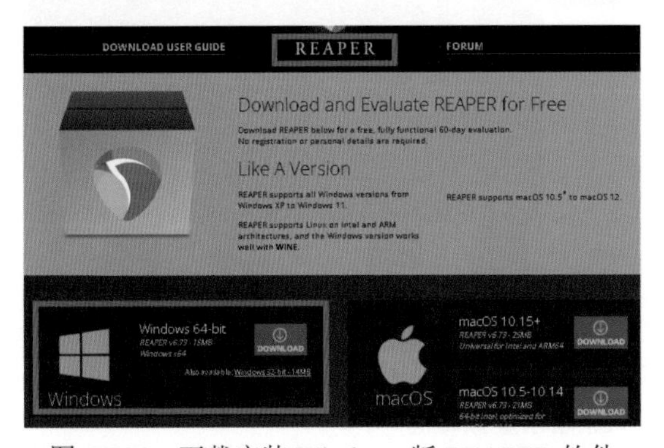

图1-204　下载安装Windows版REAPER软件

然后，还需要下载loopMIDI这款软件，它的作用是成为一个MIDI信号中转站，可以把各类DAW软件里发出的MIDI信号传送给计算机上的其他软件（如UE5），如图1-205所示。

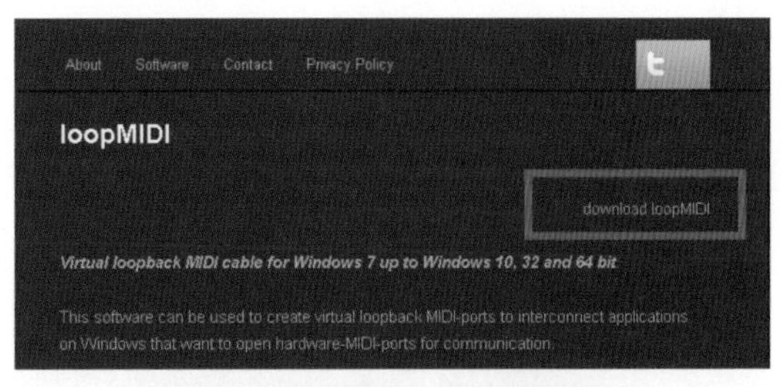

图1-205　下载loopMIDI软件

运行loopMIDI，通过单击左下角的加号按钮添加一个MIDI的信号传输口。

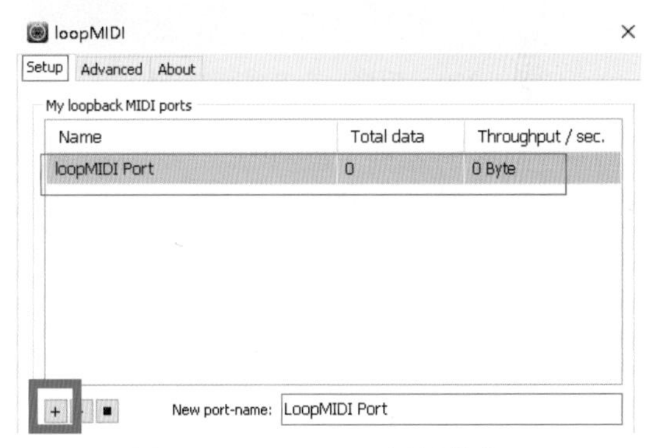

图1-206　loopMIDI运行的窗口

注意：这个窗口不要关闭。接着可以启动REAPER软件，新建一个项目，取名为Virtual_MIDI_Keyboard。从菜单栏里选择View → Virtual MIDI Keyboard命令，如图1-207所示。

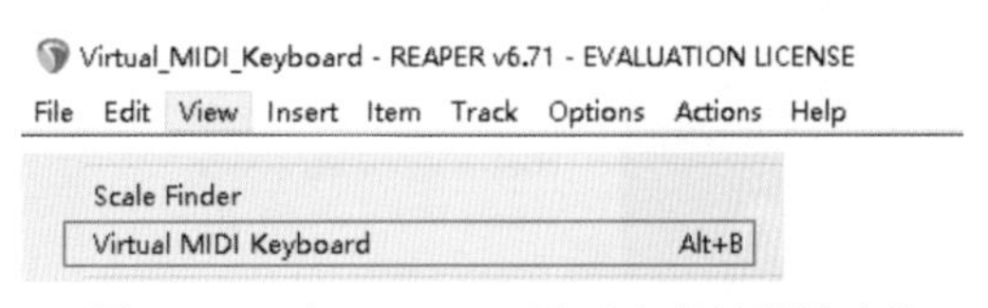

图1-207　在REAPER里开启虚拟琴键功能

于是会弹出一个琴键窗口，右击选择Dock Virtual MIDI keyboard in Docker，如图1-208所示，可以将它固定在软件界面的底部区域。

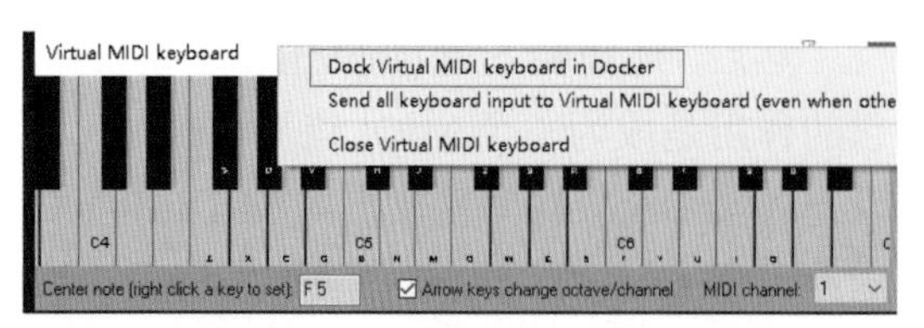

图 1-208　调整虚拟琴键的布局

接着鼠标双击 REAPER 界面左上角空白区域建立一个音轨（Track），如图 1-209 所示。

图 1-209　新建一个音轨（Track）

从主菜单上的 Options → Preferences... 打开偏好设置，将 Device 项相关参数设置为如图 1-210 所示。

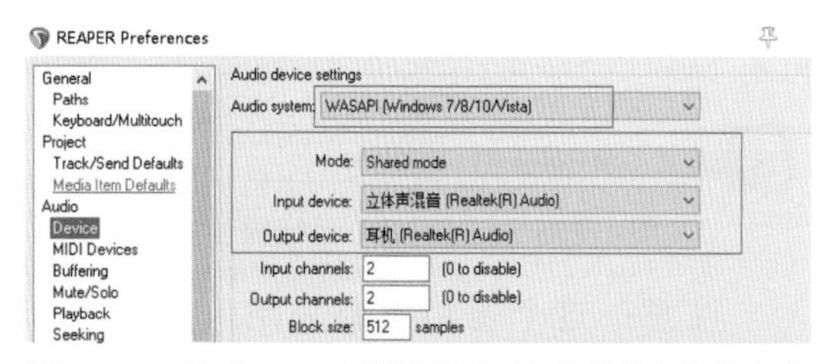

图 1-210　修改 Device 设置让计算机能播放音轨的声音

其中 Output device 需依据计算机实际的音频外放设备来设置，这样就可以让计算机播放出 REAPER 的音轨音效了。之后还需要把 MIDI Devices 中底部的 loopMIDI Port 设置为 Enabled，如图 1-211 所示。

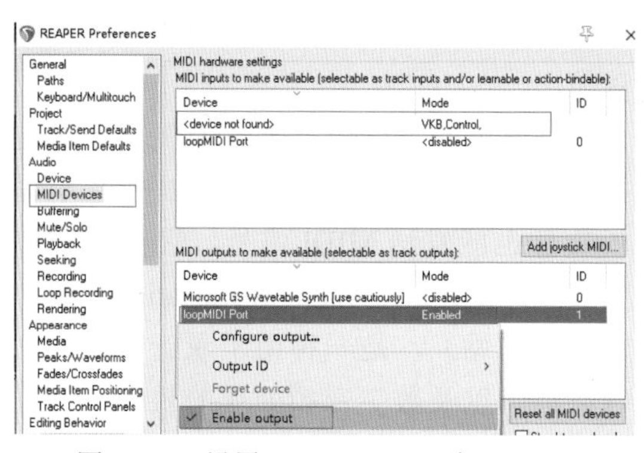

图 1-211　设置 loopMIDI Port 为 Enabled

单击音轨的左侧暗红色圆形按钮，让它变为亮红色，同时单击小喇叭图标让它处于 ON 状态，如图 1-212 所示。

图 1-212　设置音轨为录制模式

在音轨右下方出现的 IN FX 条上右击，指定 Input:MIDI，也即是通过虚拟琴键作为音轨的输入源，如图 1-213 所示。

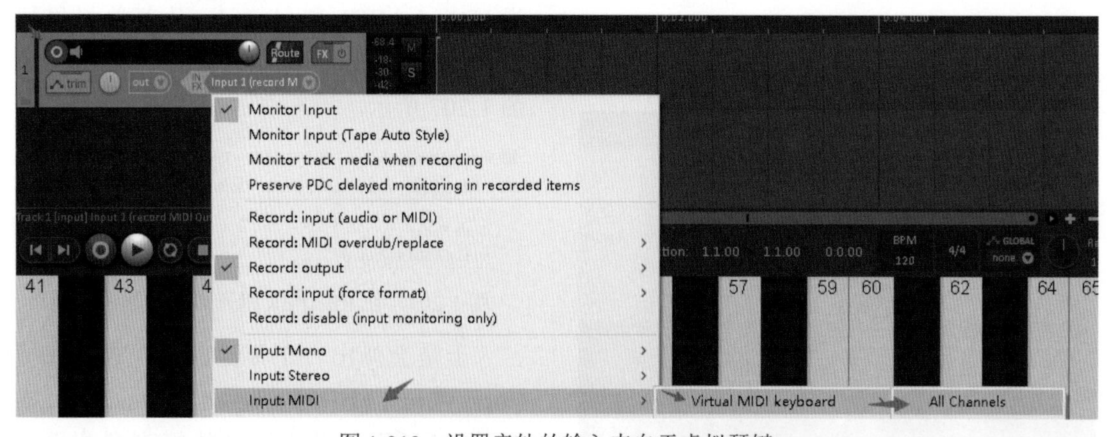

图 1-213　设置音轨的输入来自于虚拟琴键

接着单击音轨上的 Route 按钮，在弹出的窗口里将 MIDI Hardware Output 设置为 loopMIDI Port，如图 1-214 所示。

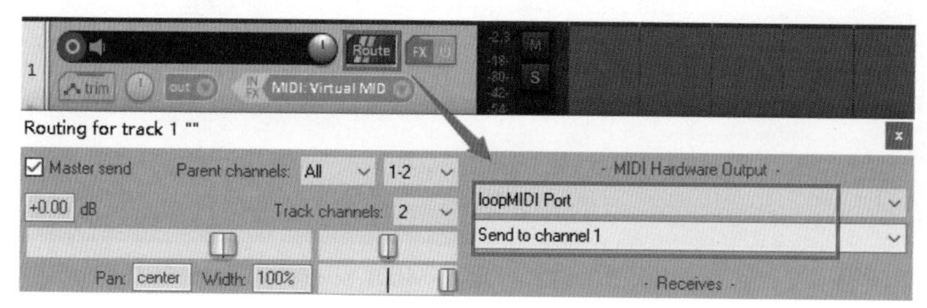

图 1-214 将 MIDI Hardware Output 设置为 loopMIDI Port

这时单击虚拟琴键，可以看到音轨上的指示器以及 loopMIDI 软件上的数据值都会相应地发生变动。这就说明 REAPER 的 MIDI 数据已经发送到 loopMIDI 这个信号中转站了，如图 1-215 所示。

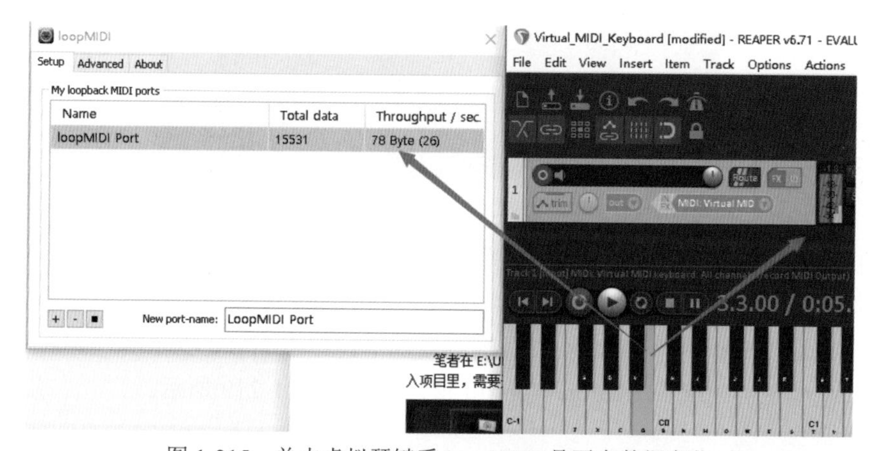

图 1-215 单击虚拟琴键看 loopMIDI 是否有数据变化

2. 在 UE5 中使用 Remote Control Protocol MIDI 插件

接下来，笔者在 E:\UE5_Tutorials\Cai_NewBook 路径下建立一个空白的 UE5 项目，取名为 MIDIDemo。进入项目里，需要开启以下两个插件，如图 1-216 所示。

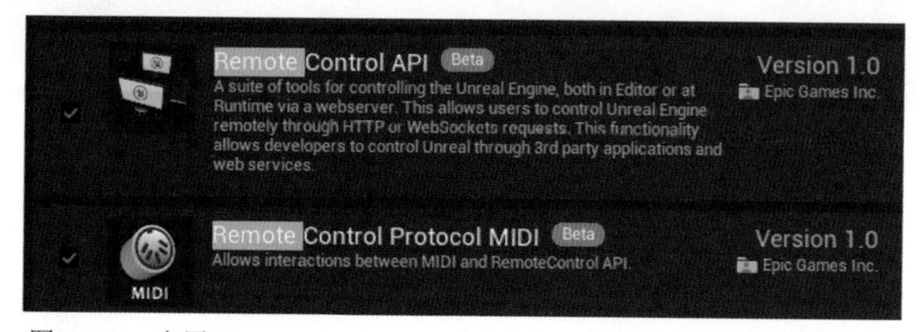

图 1-216 启用 Remote Control API 和 Remote Control Protocol MIDI 插件

重启 UE5 项目后，打开项目设置（Project Settings），搜索 midi，设置 Device Name 为 loopMIDI 软件里新建的那个端口名 loopMIDI Port，如图 1-217 所示。

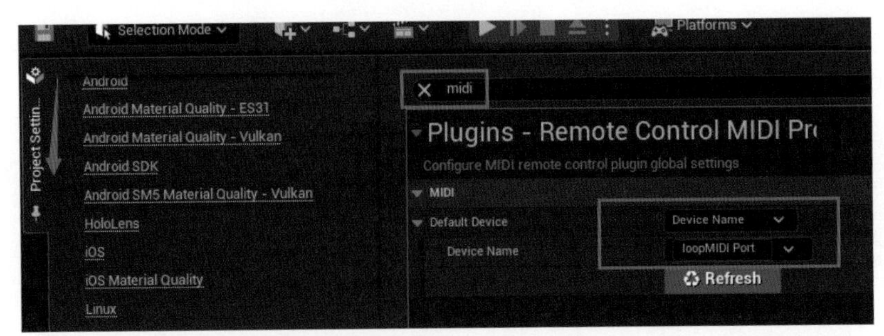

图 1-217　在 UE5 项目设置中设置 MIDI 设备名为 loopMIDI Port

然后，建立一个基础的关卡，取名为Level1，在关卡（也叫场景）中放置一个点光源（Point Light）。选中这个 Point Light，通过其细节面板设置它的 Light Color 为红色。在 Content Browser 中右击创建一个 Remote Control Preset，取名为 MIDI_RemoteControl，如图 1-218 所示。

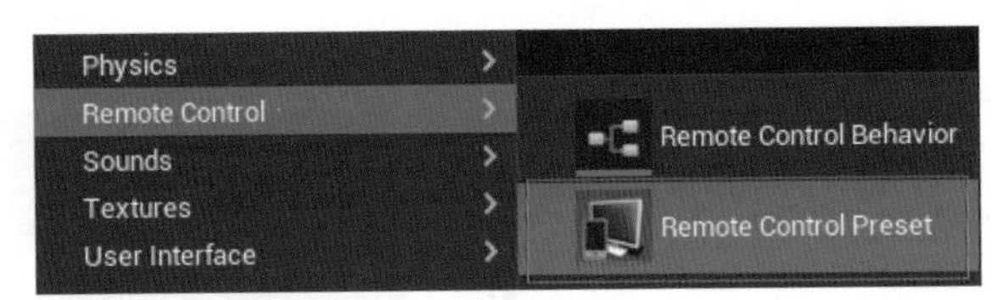

图 1-218　新建一个 Remote Control Preset

双击打开 MIDI_RemoteControl，把弹出的 Remote Control 窗口调小一些，确保场景中的点光源仍处于选中状态。单击它的细节面板中 Intensity 属性最右侧的三个小白点，从弹出的菜单里点选 Unexpose Property 表示将该属性暴露给 Remote Control（远程控制）。单击后 Intensity 属性会出现在 Remote Control 窗口里，如图 1-219 所示。

图 1-219　把 Point Light 的 Intensity 属性开放给远程控制

接下来，单击 Remote Control 窗口顶部右侧的 Log 开关按钮，此时如果再去单击 REAPER 里的虚拟琴键，所发出的 MIDI 信号就会在 Log 区域显示出来。从 Log 里可以看到每条信息都包含诸如事件类型 NoteOn、通道为 Channel 、信息数据 1 为 12、信息数据 2 为 127 等信息。注意：单击白色琴键的不同部位，MessageData2 的返回值是不同的，在白色琴键的底部单击时发出的 MessageData2 值为 127，如图 1-220 所示。

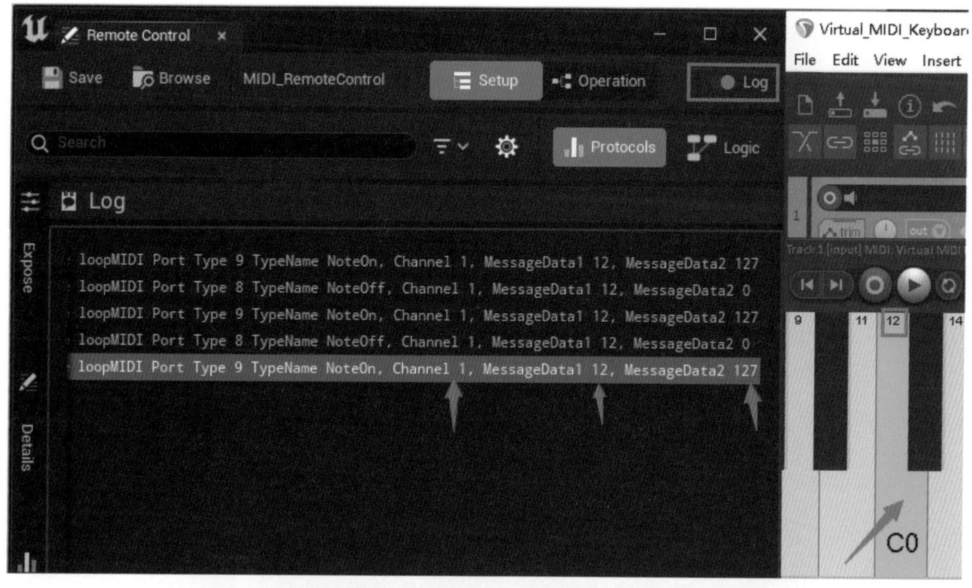

图 1-220　使用 Log 面板查看接收到的 MIDI 信息数据

到这里，就实现了让 UE5 接收音乐编辑软件发送过来的 MIDI 数据！通过对 Log 面板中各行数据的观察，可以很清晰地了解所接收到的数据中的各个参数的名称。

1.5.2　UE5处理MIDI信号的两种方式

既然 UE5 能接收到来自于外部的 MIDI 信号，那么就可以利用 MIDI 信号来控制 UE5。使用接收到的 MIDI 信号来驱动 UE5 中的对象，通常有两种方式：使用 Remote Control Preset 进行属性绑定和使用蓝图调用 MIDI。

1. 使用 Remote Control Preset 进行属性绑定

双击打开在上一节构建的 Remote Control Preset，切换到 Protocols（协议）标签下，点选 Intensity（强度）这个暴露出来的属性，单击 +Add Binding（添加绑定）按钮添加 MIDI 信号绑定，Event Type（事件类型）选择 Note On 表示琴键按下时，Channel 输入框里填写 1 而 Mapped Channel Id 输入框里填写 12，表示会观察 MIDI 信号，当信号的 Channel 为 1 而 MessageData1 为 12 时，就会让 Intensity 这个属性值在底部填写的 Ranges 区间里切换。如图 1-221 所示，当 Input 为 0 时，也就是当信号的 MessageData2 为 0 时，Intensity 这个属性将会变为 0。而当 Input 为 127 时，也就是当信号的 MessageData2 为 127 时，Intensity 的值将会变为 20，如图 1-221 所示。

注意：这里 Input 值为 0 和 127 都是指 MIDI 信号的 MessageData2 属性值。保存后，按下 12 号琴键，会看到 UE5 视口里的点光源开始发光。如果松开 12 号琴键，点光源就会熄灭。这就是一种比较简便的使用 MIDI 控制 UE5 场景物件的方法，如图 1-222 所示。

图 1-221　为 Intensity 属性绑定信息事件和不同信息的对应值

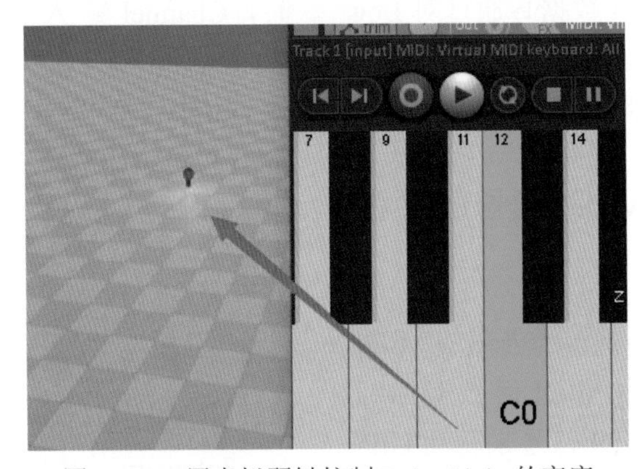

图 1-222　用虚拟琴键控制 Point Light 的亮度

2. 使用蓝图来读取 MIDI 信号

另外一种方法是通过蓝图来读取 MIDI 信号，可以试着在关卡蓝图中写入如图 1-223 所示的内容，通过 Create MIDIDevice Input Controller 节点来连接外部的 MIDI 控制器。

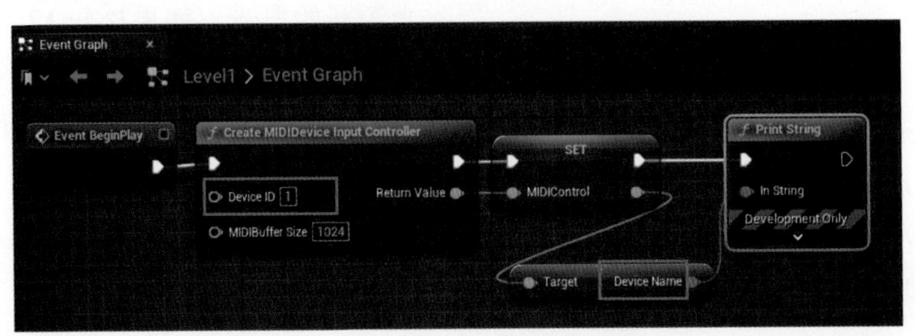

图 1-223　蓝图打印输出 MIDI 设备名称

运行 UE5，可以在视口中看到打印输出，内容是 loopMIDI Port。如果没有看到输出这个 loop MIDI Port，则可以保存 UE5，取消插件里的 Remote Control Protocol MIDI 和 Remote Control API，重新启动 UE5 再尝试。

为了了解更多使用蓝图读取 MIDI 的方法和技巧，可以增加如图 1-224 所示的蓝图节点。

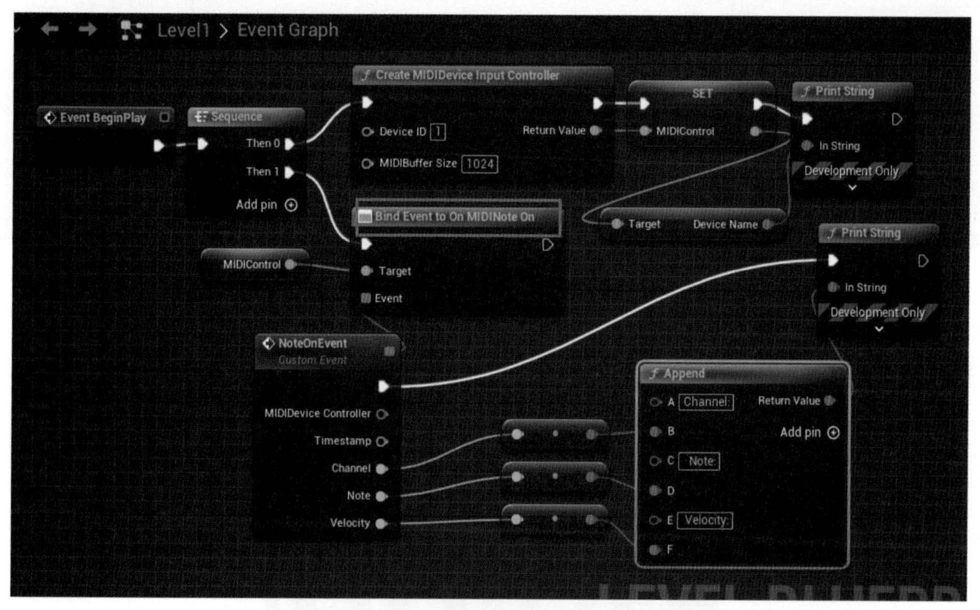

图 1-224　绑定 MIDI 设备的琴键按下事件

其中：MIDIControl 是一个变量，类型为 MIDIDevice Input Controller，用于存储外部的 MIDI 设备，如图 1-225 所示。

图 1-225　MIDIControl 变量的类型

它是在执行 Create MIDIDevice Input Controller 节点时，通过将其引脚 Return Value 拖出来后单击 Promote to variable（提升为变量）自动构建出来的，如图 1-226 所示。

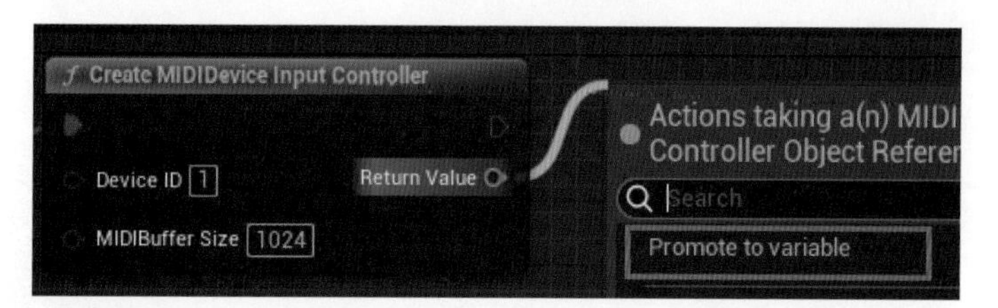

图 1-226　将 Create MIDIDevice Input Controller 的返回值提升为变量

然后，使用了 Bind Event to MIDINote On 节点给 MIDIControl 绑定了琴键按下的事件，当事件发生时，会打印输出事件里所含带的 Channel Note Velocity 等信息，如图 1-227 所示。

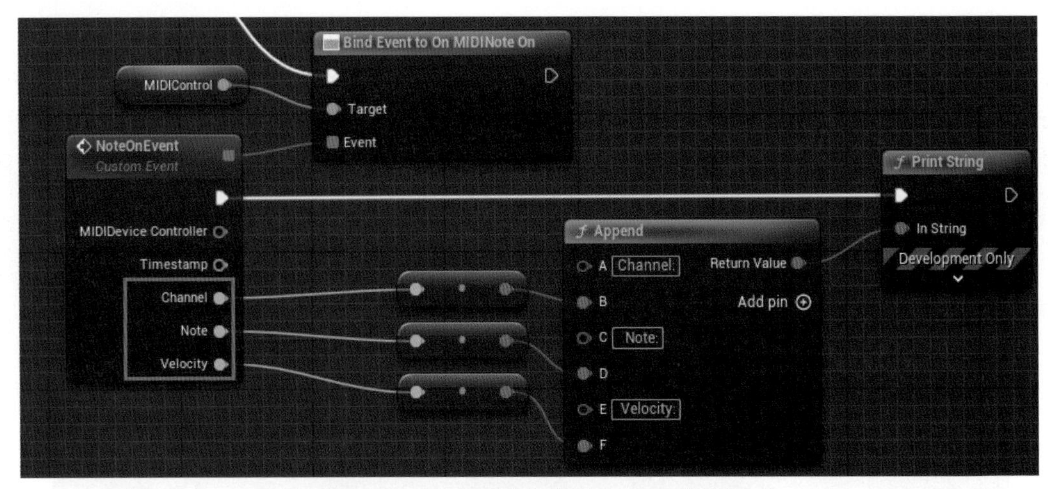

图 1-227　琴键按下时会打印输出 MIDI 数据信息

运行 UE5，按下虚拟琴键上的 12 号键，能看到了 UE5 视口左上角打印输出的三项数据内容，如图 1-228 所示。

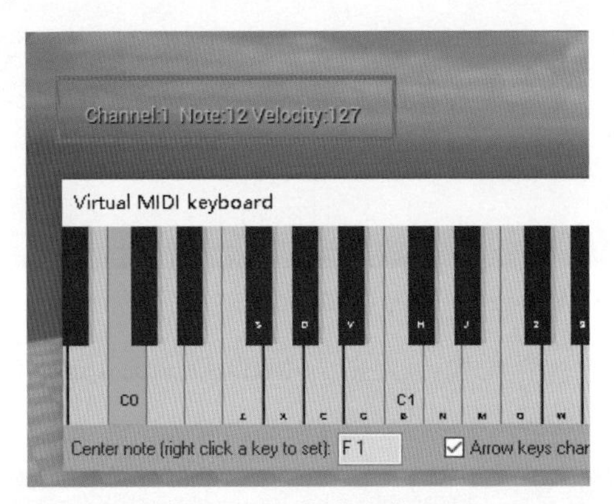

图 1-228　UE5 打印输出 MIDI 信息中的 Channel+Note+Velocity

据此可以明白，事件里收到的Note值其实就是之前在Log中看到的MessageDate1的值，而 Velocity 其实就是之前看到的 MessageDate2 的值。更进一步，可以把松开琴键的事件也绑定上来，如图 1-229 所示。

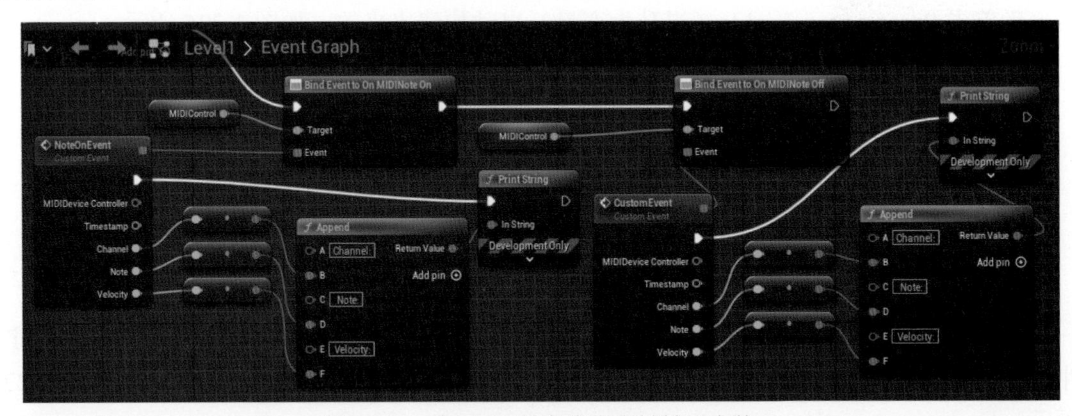

图 1-229　为 MIDI 设备绑定琴键松开事件

采用 Bind Event to MIDINote Off 节点可以为 MIDIControl 绑定松开琴键的事件。编译保存后测试，可以看到在松开 12 号琴键时，MIDI 数据里 Note 值为 12，Velocity 值为 0，如图 1-230 所示。

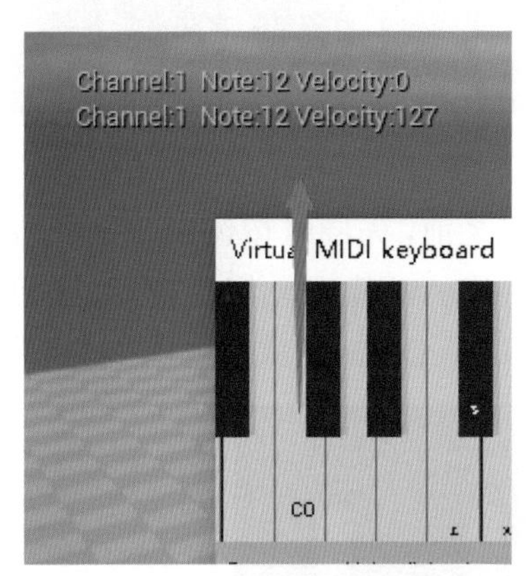

图 1-230 松开琴键时看 UE5 输出的 MIDI 信号数据

基于目前掌握的这些知识，可以进一步使用蓝图来控制灯的开关，如实现在按下琴键后开灯。具体的蓝图内容如图 1-231 所示。

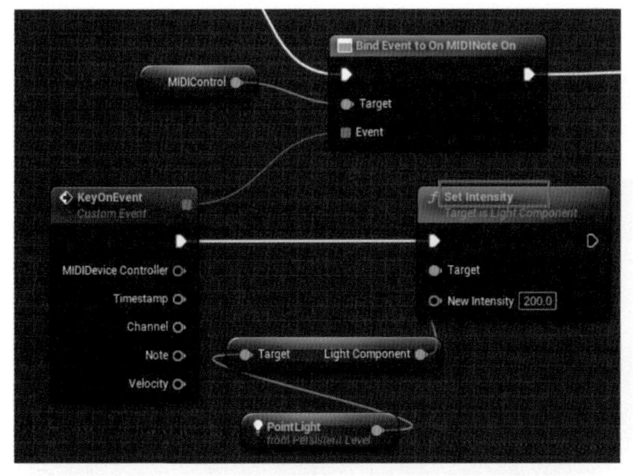

图 1-231 按下琴键后让灯的亮度变为 200

类似地，实现松开琴键后灭灯的蓝图内容如图 1-232 所示。

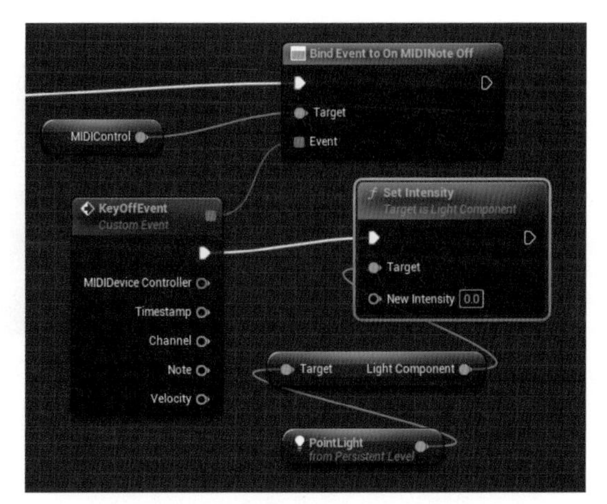

图 1-232 松开琴键后让灯的亮度为 0

编译关卡蓝图后运行 UE5，接着单击虚拟琴键，就可以看到开关灯的互动了，效果如图 1-233 所示。

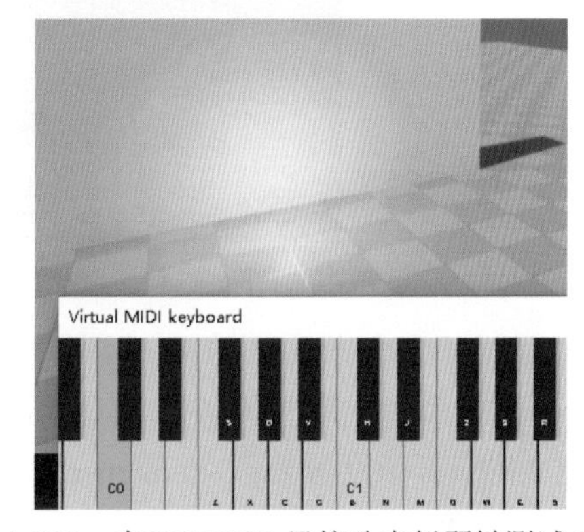

图 1-233 在 REAPER 里按动虚拟琴键测试 UE5

1.5.3 实例：使用nanoKONTROL2操作UE5

MIDI 控制器 nanoKONTROL2 是一款物美价廉的电音控制器，nanoKONTROL2 支持 USB 连接和蓝牙无线连接，可以通过它连接到计算机上直接向 UE5 发送 MIDI 数据，这样就不需要 loopMIDI 软件作为中转桥梁了。nanoKONTROL2 的外观如图 1-234 所示。

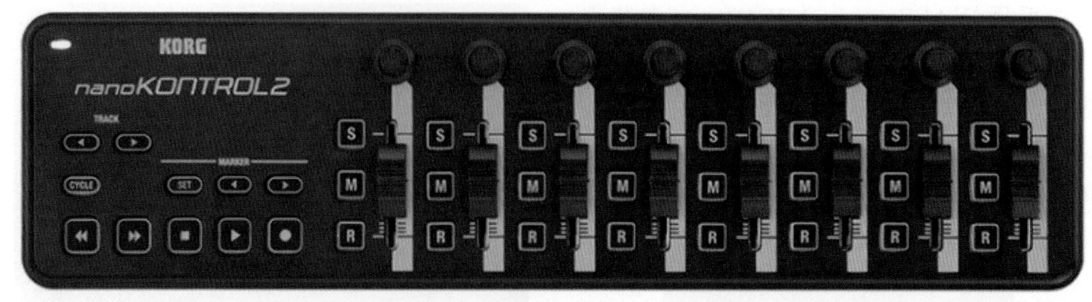

图 1-234　nanoKONTROL2 的整体外观

要用 nanoKONTROL2 来控制 UE5，需要在为它通电之前，先同时按住 SET 键和后退键，然后再插入电源线，当后退键开始闪烁时表示已经进入 DAW 模式，然后就可以松开这两个键了。之后再次使用 nanoKONTROL2 都会默认进入这个 DAW 模式，如图 1-235 所示。

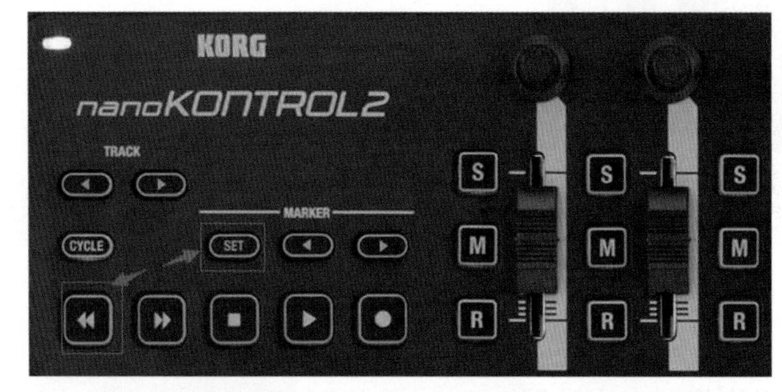

图 1-235　第一次使用时先同时按住 SET 键和后退键然后再插入电源线

继续沿用上一节用到的 UE5 项目文件，此时已经不需要继续使用 loopMIDI 软件。关闭 loopMIDI 软件，运行 UE5，通过如图 1-236 所示的关卡蓝图部分，观察视口里打印输出的 MIDI 控制器的设备名称。Sequence 节点用于把复杂的蓝图内容分成多条执行线依次执行，让蓝图看起来更加整洁清晰。

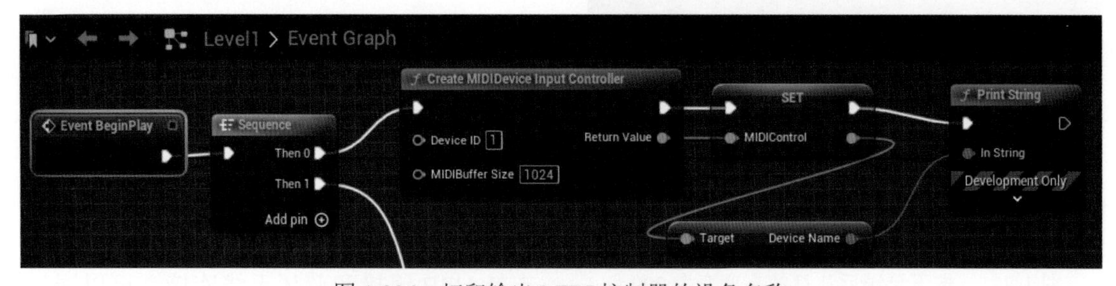

图 1-236　打印输出 MIDI 控制器的设备名称

UE5 会在视口左上角打印输出 MIDI 控制器的设备名称，如果能看到输出 nanoKONTROL2 字样，就说明 nanoKONTROL2 控制器已经成功连接到 UE5 了（如果没有看到的话，建议先连接好控制器硬件，然后再启动 UE5 项目尝试）。而针对 MIDI 控制器按键和松键的事件，则可以用手指尝试按下 nanoKONTROL2 设备上的各个键，通过视口可以相应看到打印输出的 Note 值。通过观察可以知道 nanoKONTROL2 设备上的 CYCLE 键下的五个方块按键所对应的 Note 值从左往右依次是 91、92、93、94 和 95，而这些方块按键所对应的 Channel 值都是 1，如图 1-237 所示。

图 1-237 观察 nanoKONTROL2 设备上各个键按下和松开时打印输出的信息

nanoKONTROL2 控制器上除了按键外还有 8 个推拉键。推拉键在被用户滑动的时候会连续发送 MIDI 值到 UE5。要接收这样的信息值，需添加如图 1-238 所示的蓝图内容。

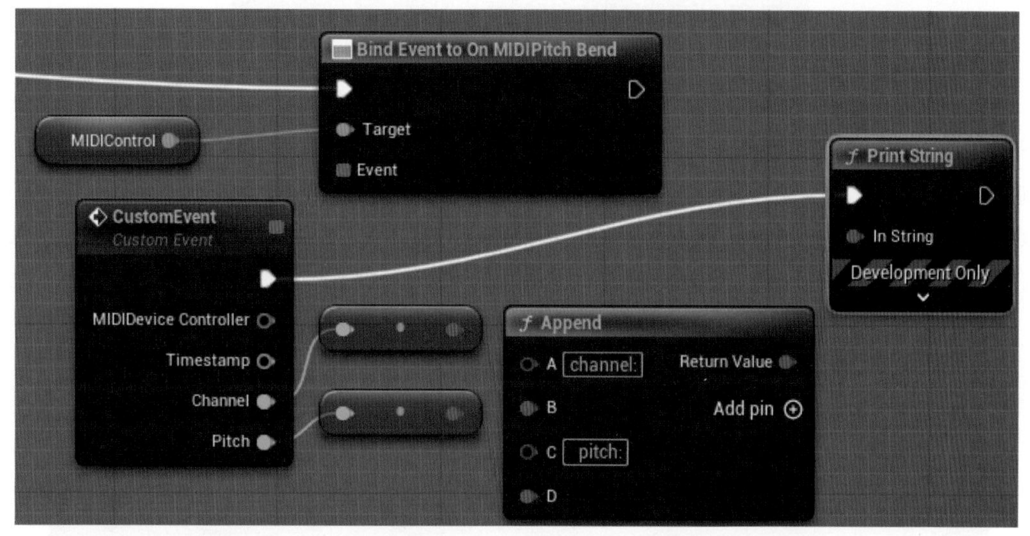

图 1-238 为推拉键绑定 Bend 事件接收相应数据并打印输出

在蓝图中使用 Bind Event to On MIDIPitch Bend 节点为推拉键的推拉事件添加绑定，于是 UE5 就能收到推拉事件发送来的 MIDI 信息了。在 UE5 运行的同时，如果上下滑动 nanoKONTROL2 控制器上的第一个推拉键，UE5 视口上会打印输出这个键对应的 Channel 值和 Pitch 值，如图 1-239 所示。

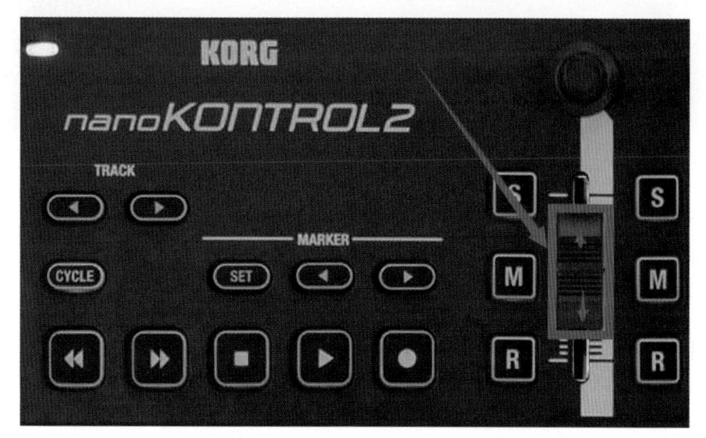

图 1-239 上下滑动 nanoKONTROL2 设备上的推拉键

对照输出值的变化，可以看到当把推拉键拉到最底部时，Pitch 值为 0，而当把它推到最顶部时 Pitch 值变为 16383。每个推拉键对应的 Channel 值都不同，键盘上从左到右的 8 个推拉键的 Channel 值分别为 1~8，如图 1-240 所示。

channel:1 pitch:16383 channel:1 pitch:0
channel:1 pitch:16254 channel:1 pitch:129
channel:1 pitch:16125 channel:1 pitch:258
channel:1 pitch:15996 channel:1 pitch:387
channel:1 pitch:15738 channel:1 pitch:516
channel:1 pitch:15609 channel:1 pitch:645
channel:1 pitch:15480 channel:1 pitch:774

图 1-240　测试输出推拉键的 Channel 和 Pitch 值

接下来，可以使用推拉键对 UE5 中的物体对象进行控制。首先在场景里放入一个球体（Sphere），注意要在球体的细节面板里将 Mobility 属性设为 Movable（可移动的）。然后修改关卡蓝图，利用推拉事件里的 Pitch 值来影响球体的 Z 坐标。采用 Set Actor Location 节点来设置球体的 X、Y、Z 坐标值，在 New Location X 和 New Location Y 里分别输入球体在场景中的 X、Y 坐标值，如图 1-241 所示。

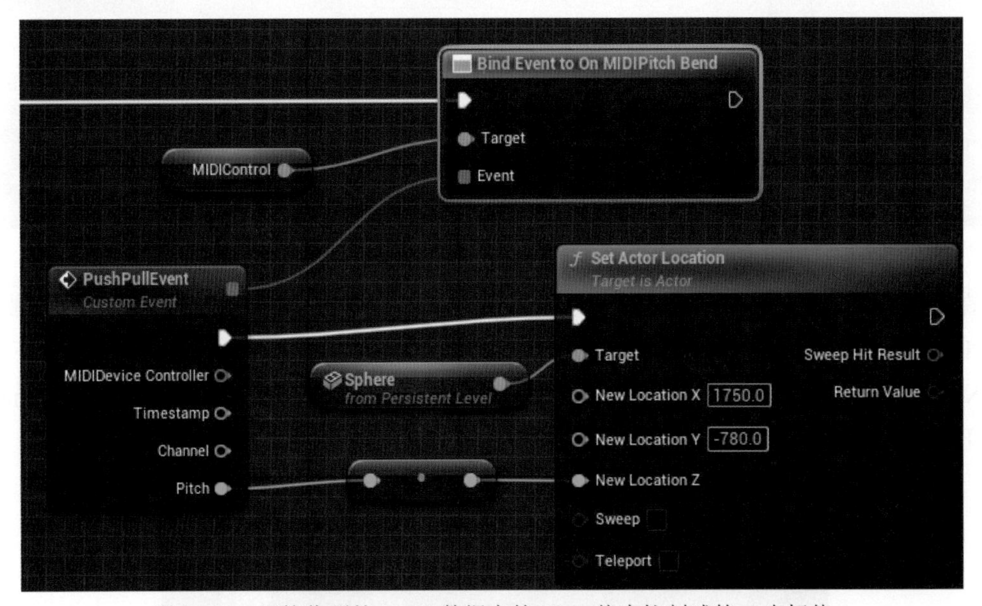

图 1-241　用接收到的 MIDI 数据中的 Pitch 值来控制球的 Z 坐标值

运行 UE5 后，就可以通过滑动 nanoKONTROL2 控制器上的推拉键来控制 UE5 中的球体上下运动了。滑动推拉键可以让球体的 Z 坐标值在 0~16383 变动，如果不希望球体被推得太高，可以利用 Map Range Clamped 节点将 Pitch 值映射在某个合理区间内，从而让球体只能在某个 Z 值范围内上下移动，如图 1-242 所示。

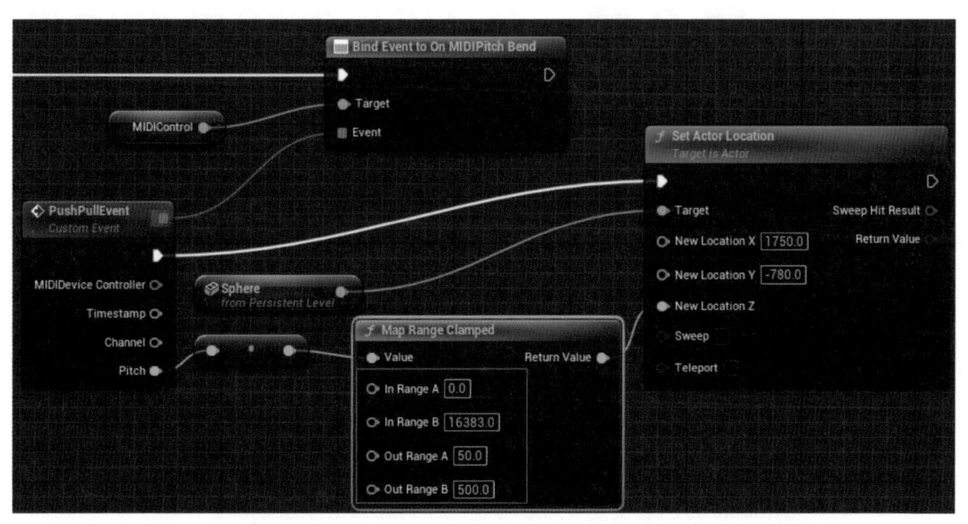

图 1-242 用 Map Range Clamped 节点将 0~16383 映射到 50~500

利用 Map Range Clamped 节点把 Ptich 值映射为 50~500 的对应值，这样球体就可以在一个比较合适的高度区间运动了。也就是说当 Pitch 值为 0 时，球的 Z 值将变为 50，而当 Pitch 值为 16383 时，球的 Z 值将变为 500。当 Pitch 值为 0~16383 的中间值时，Z 值也将变为 50~500 的中间值，这就是 Map Range Clamped 映射的作用。最终互动效果如图 1-243 所示。

图 1-243 滑动 nanoKONTROL2 设备上的推拉键来控制球体的升降

关于本节实例里涉及的详细的操作步骤，可以通过扫描下方二维码来观看，在视频教程里还进一步拓展演示了对更多物体进行控制的方法。

第2章 让UE5连接外部硬件

在第1章中，笔者侧重讲解了外部软件对UE5的控制。而实际上，外部硬件也可以与UE5互连互动。在本章里，笔者将为读者开启一扇让UE5连接物联网的小窗，带着读者领略UE5交互与物联网技术的融合之美。UE5与物联网的亲密接触可以让虚实互动变得更加多元化，可以延伸到更多的行业领域中去。UE5可以远程控制外部的各类硬件，可以让硬件动起来；而外部硬件也可以向UE5发送数据并操控UE5中的视听内容，这样的彼此互通和交互让数字互动变得几乎无所不能。

本章会使用Arduino系列的多种硬件与UE5通信，当用户通过鼠标或键盘操作UE5场景中的虚拟物体时，这些智能芯片也能感知到信息、接收到数据并做出相应的反应，甚至能进一步控制芯片上连接的各类传感器或动力装置。

Arduino是一款便捷灵活、方便上手的开源电子原型平台，包含硬件（各种型号的Arduino板）和软件（Arduino IDE）。本章首先介绍最基础的UNO板与UE5进行有线连接的方法，进而讲解它们之间实现串口通信的具体步骤。而更高阶的ESP8266板和ESP32板，由于具备Wi-Fi功能，所以可以无线连接UE5，实现远程互控。远程互控可以发生在局域网内，也可以是基于外网连接。通过搭建MQTT服务器可以让UE5和Arduino板基于外网实现消息的订阅发布，从而能够彼此通知对方完成相应的指令。UDP则可以让Arduino板基于局域网（内网）与UE5非常便捷地完成通信互动。

通过对本章的学习，读者可以掌握外部硬件有线连接UE5和无线连接UE5的方法，以及分别通过外网和局域网连接UE5的具体实现步骤。另外，读者也会掌握一些传感器与UE5互通数据的技巧。

本章重点

- UE5使用SerialCOM插件与外部硬件进行串口通信
- 以MQTT服务器为桥梁实现外部硬件与UE5的外网通信
- UDP让UE5可以在局域网内与硬件进行通信

2.1 串口通信让智能硬件连接UE5

2.1.1 SerialCOM让UE5具有串口通信能力

Arduino系列的开发板有很多，其中UNO板、ESP8266板和ESP32板都是尤为常见的Arduino板。本节将把UNO板连接到计算机，并在Arduino IDE软件中编写代码，实现UNO板上的内置灯闪烁；接下来还会使用UE5的SerialCOM插件来控制UNO板上内置灯的亮灭，实现通过UE5来控制外部硬件。

1. 把 UNO 板连接到计算机

UNO 板需要烧录代码才能执行相应的逻辑指令，在 Windows 系统上安装好 Arduino IDE 开发软件后，就可以编辑 UNO 板所需的代码。UNO 板可以通过 USB 线与计算机直接连接，连接后就可以将计算机上编写好的代码存入到 UNO 板里（这个过程就被称为烧录代码）。Arduino IDE 开发软件通过 USB 连接线就能与 UNO 板进行串口通信，互相发送各种类型的数据，如图 2-1 所示。

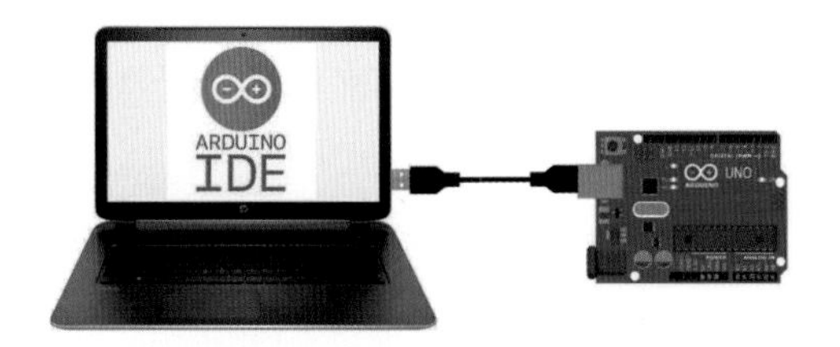

图 2-1　计算机上的 Arduino IDE 软件与 UNO 板进行串口通信

UNO 板与计算机连接后，从计算机的设备管理器里可以看到对应的 COM 端口。如图 2-2 所示的例子，表示 UNO 板已连接到了计算机的 COM3 端口。

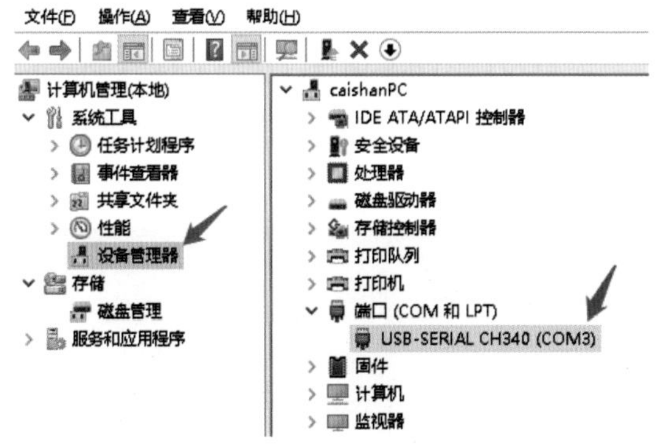

图 2-2　从计算机的设备管理器查看 UNO 板的串口连接端口

2. 在 Arduino IDE 软件中编写代码

打开计算机上安装的 Arduino IDE 开发软件，从工具菜单里可以选择对应的开发板类型和端口号。要确保选择的类型与实际使用的板子类型一致，所选的端口与设备管理器中看到的端口一致，如图 2-3 所示。

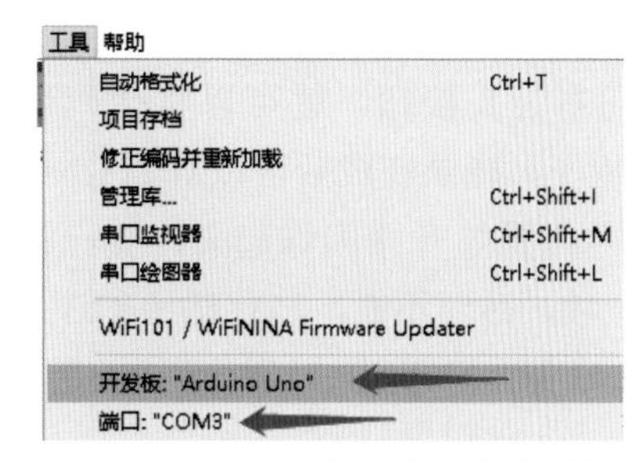

图 2-3　Arduino IDE 开发软件里设置开发板类型和连接端口

然后可以选择 Arduino IDE 中自带的一个示例代码 Blink，将这个例程中的代码存入到 UNO 板里，如图 2-4 所示。

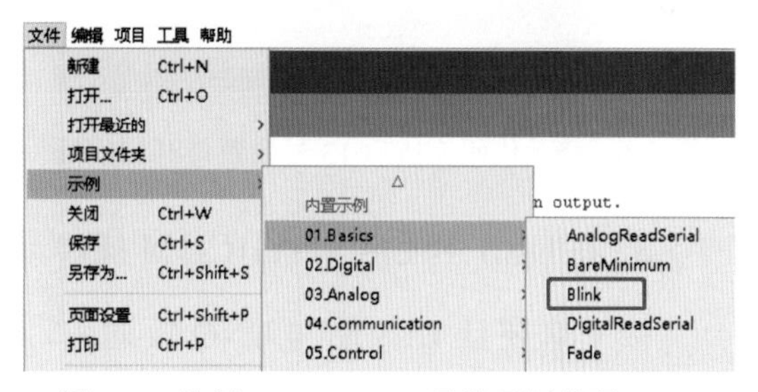

图 2-4　选择 Arduino IDE 里的示例代码 Blink

通过观察这段代码可以了解到，在 Arduino IDE 里进行 UNO 板开发所使用的开发语言为 C/C++。其语法并不复杂，代码结构也较为简单。内置示例 Blink 的代码如图 2-5 所示。

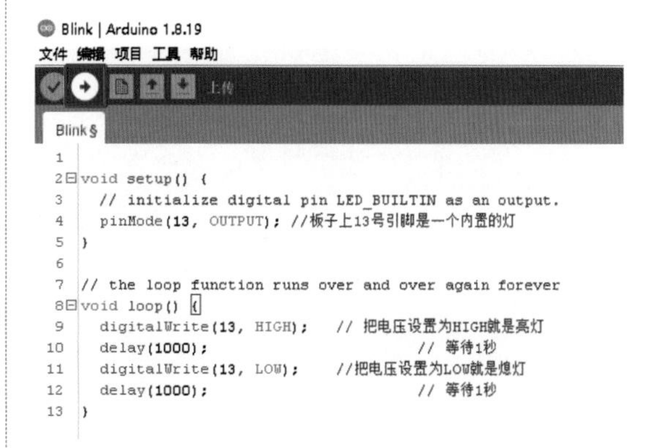


```
1
2 void setup() {
3   // initialize digital pin LED_BUILTIN as an output.
4   pinMode(13, OUTPUT); //板子上13号引脚是一个内置的灯
5 }
6
7 // the loop function runs over and over again forever
8 void loop() {
9   digitalWrite(13, HIGH);   // 把电压设置为HIGH就是亮灯
10  delay(1000);                       // 等待1秒
11  digitalWrite(13, LOW);    //把电压设置为LOW就是熄灯
12  delay(1000);                       // 等待1秒
13 }
```

图 2-5　Arduino IDE 里的示例代码 Blink 的全部代码

代码中比较关键的有两个函数分别是 setup 和 loop，setup 是 UNO 板启动时会自动执行一次的程序指令，而 loop 是会循环不断执行的程序指令。setup 自动执行完成后会自动运行 loop 函数。单击图 2-5 中顶部的向右箭头按钮，就可以将代码烧录进 UNO 板了。烧录完成后可以看到 UNO 板上的 13 号内置灯开始闪烁起来，亮一秒然后熄灭一秒，循环不断，与代码中的逻辑完全一致。13 号内置灯所在位置如图 2-6 所示。

图 2-6　烧录代码完成后 13 号内置灯开始闪烁

3. 在 UE5 中使用 SerialCOM 插件

接下来要让 UE5 能与 UNO 板通信，首先需要从 GitHub 下载 SerialCOM 插件，目前该插件最新（本书写作时）版本为 UE5.1.1，可以下载 SerialCOM v4.5.1.1 Plugin for Unreal Engine 5.1.1 来演示，如图 2-7 所示。

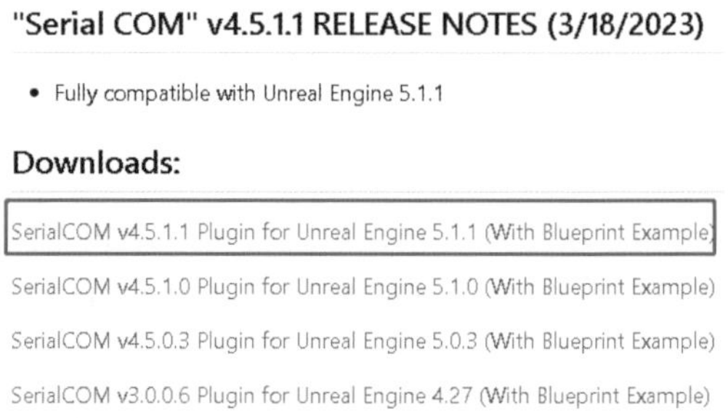

"Serial COM" v4.5.1.1 RELEASE NOTES (3/18/2023)

- Fully compatible with Unreal Engine 5.1.1

Downloads:

SerialCOM v4.5.1.1 Plugin for Unreal Engine 5.1.1 (With Blueprint Example)
SerialCOM v4.5.1.0 Plugin for Unreal Engine 5.1.0 (With Blueprint Example)
SerialCOM v4.5.0.3 Plugin for Unreal Engine 5.0.3 (With Blueprint Example)
SerialCOM v3.0.0.6 Plugin for Unreal Engine 4.27 (With Blueprint Example)

图 2-7　从 GitHub 下载 SerialCOM 插件

可以新建一个 UE5 项目，取名为 SerialComDemo，然后在项目文件夹里手动创建一个名为 Plugins 的文件夹，将下载的 SerialCOM 插件解压缩在这个 Plugins 文件夹里。注意：Plugins 名称的大小写不可有误，如图 2-8 所示。

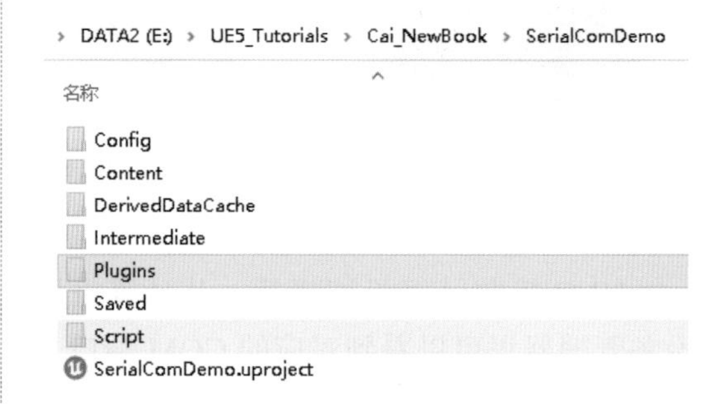

图 2-8　将 SerialCOM 插件解压缩在 UE5 项目的 Plugins 文件夹里

然后打开 UE5 项目，选择 Edit → Plugins 命令找到 Serial COM 插件，勾选并重启 UE5，如图 2-9 所示。

图 2-9　启动 Serial COM 插件

要想在 UE5 里实现连接串口并向串口发送信息，可以在关卡蓝图里写入如图 2-10 所示的节点内容，使用 Open Serial Port 蓝图节点来连接 COM3 端口。

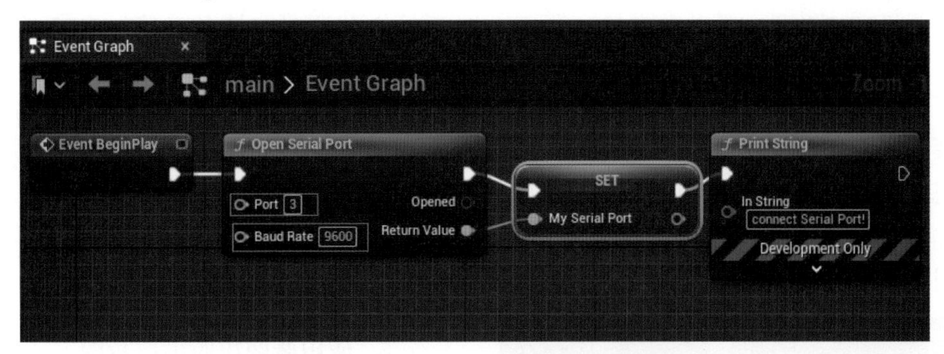

图 2-10　打开端口 COM3 进行串口通信

其中 Port 引脚输入 3 指的就是 COM3 端口，9600 是指与串口通信的波特率。通过 SET 节点把打开的串口存入一个变量 My Serial Port 便于后续其他地方调用。这样编译后运行 UE5 即可实现连接串口。如果希望逻辑更加严谨一些，则可以参照图 2-11 这样来写蓝图，利用 Opened 引脚来判断是否已成功打开串口 COM3，如果成功才设置变量并打印输出。

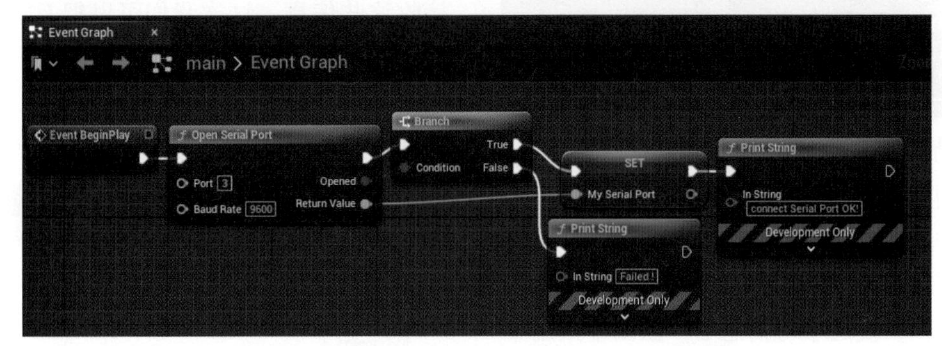

图 2-11　判断串口 COM3 打开成功后再设置变量

这样可以确保串口确实成功连接上了。因为有的时候串口可能被其他硬件设备占用，导致实际连接没有成功。所以为了避免在停止运行 UE5 时 COM 端口却没有被正常释放出来，在蓝图中写入如图 2-12 所示的内容，可以确保在 UE5 结束运行时立即关闭串口端口。这样下次再度运行 UE5 关卡时，才不会出现串口无法连接的问题。

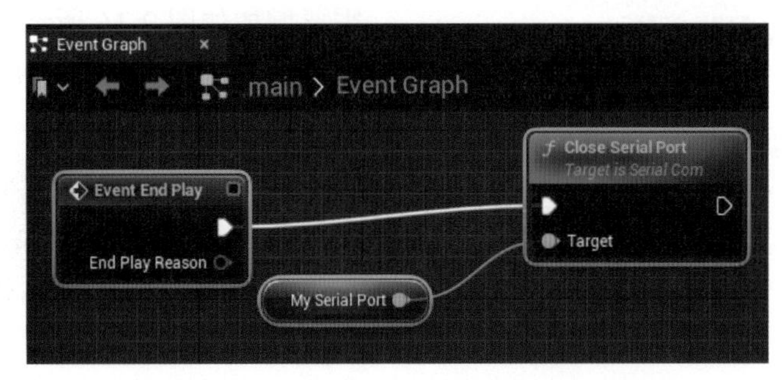

图 2-12　在 UE5 结束运行时会关闭串口连接

如果没有这部分蓝图内容，那么在运行 UE5 建立串口连接后，结束运行关卡，然后再度单击 Play 按钮运行 UE5 时，就会打印出 Failed 字样，表示串口无法连接。这种情况下只能关闭 UE5 项目文件并重启 UE5 程序。

4. 使用蓝图发送串口数据

接下来开始让 UE5 通过蓝图向串口发送信息，这里介绍一下如何利用键盘的按键操作来发送信息，我们可以在蓝图中写入如图 2-13 所示的内容。

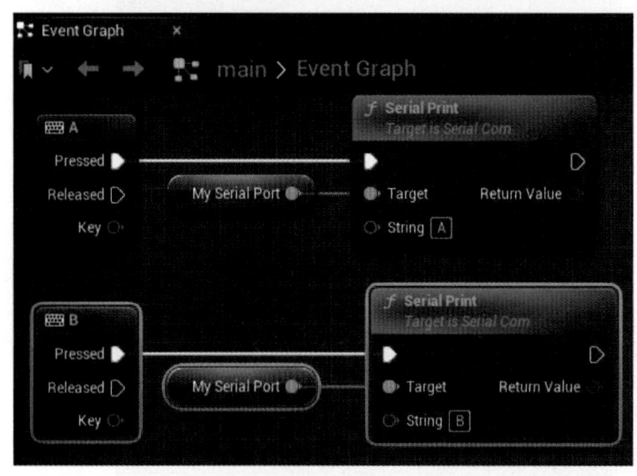

图 2-13　使用 Serial Print 节点向串口发送信息

图 2-13 所呈现的蓝图内容的意思是，当用户在 UE5 中按 A 键时，就会向串口发送字符信息 A，而当用户在 UE5 中按 B 键时，就会向串口发送字符信息 B。蓝图中采用了 Serial COM 插件所提供的 Serial Print 方法向串口发送字符信息。而在 UNO 板上，则是通过如图 2-14 所示的代码来接收信息。

```
Blink_UE5
1  char incoming ; //定义一个字符变量，用于接收来自串口的数据
2  void setup() {
3    //把内置的13号引脚设置为OUTPUT模式，常量LED_BUILTIN也表示13
4    pinMode(13, OUTPUT); //板子上13号引脚是一个内置的灯
5    Serial.begin(9600);//以9600波特率与串口通信
6  }
7  void loop() {
8     if(Serial.available() > 0) //如果串口有发来数据
9    {
10        int InByte = Serial.read(); //以单个字节为单位读取串口发来的数据
11        //变量inByte值实际上ASCII编码，例如字母A的ASCII编码是65
12         incoming=(char)InByte; //inByte转换回字符型
13      if(incoming=='A'){//如果收到的是A
14         digitalWrite(LED_BUILTIN, HIGH); // 把电压设置为HIGH就是亮灯
15      }
16      else if(incoming=='B')//如果收到的是B
17      {
18         digitalWrite(LED_BUILTIN, LOW);  //把电压设置为LOW就是熄灯
19      }
20      //注意Arduino开发里字符用单引号，千万不要用双引号
21    }
22 }
```

图 2-14　UNO 板接收串口信息

把这些代码烧录到 UNO 板后，再度运行 UE5（提示：使用 Arduino IDE 向 UNO 板写入代码时，请务必确保 UE5 是处于编辑状态而不是运行关卡状态，否则可能出现 COM 端口被 UE5 占用导致无法成功烧录代码的情况）。在 UE5 里按 A 键，那么 UNO 板上的 13 号灯就会亮起。而如果按 B 键，灯就会熄灭。啊哈，现在我们终于实现了通过 UE5 来控制外部硬件！

5. 使用蓝图接收串口数据

UE5 可以通过蓝图向外部硬件发送串口信息，而外部硬件同样也可以向 UE5 发送串口信息。笔者接下来演示 UNO 板如何通过串口来发送信息给 UE5 以及 UE5 如何接收这些信息。这次我们可以把 UNO 板里的代码变得非常简单，只是让它每隔 2 秒向串口发送一个字符串“test”。代码内容如图 2-15 所示。

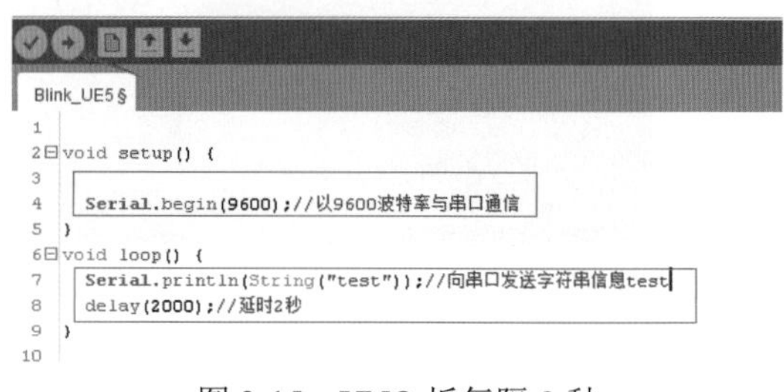

```
Blink_UE5 §
1
2  void setup() {
3
4    Serial.begin(9600);//以9600波特率与串口通信
5  }
6  void loop() {
7    Serial.println(String("test"));//向串口发送字符串信息test
8    delay(2000);//延时2秒
9  }
10
```

图 2-15　UNO 板每隔 2 秒向串口发送一次 test 字符

烧录代码成功后，在 UE5 关卡蓝图里需要增加如图 2-16 所示的蓝图内容。

Event Tick 事件是 UE5 中会循环不断执行的事件，每帧都会调用，这样一旦发现串口有字符串信息就会读取打印出来。注意蓝图里的 GET 节点是获取对象并判断对象是否有效的一个简捷做法，这个做法是通过将变量对象拖入到 Event Graph 后，再右击选择 Convert to Validate Get 得来的，如图 2-17 所示。

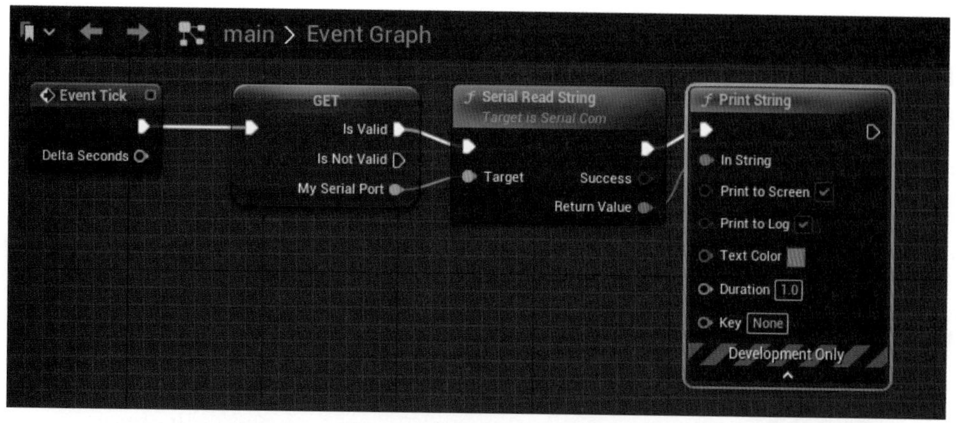

图 2-16 利用 Tick 事件判断是否收到串口信息

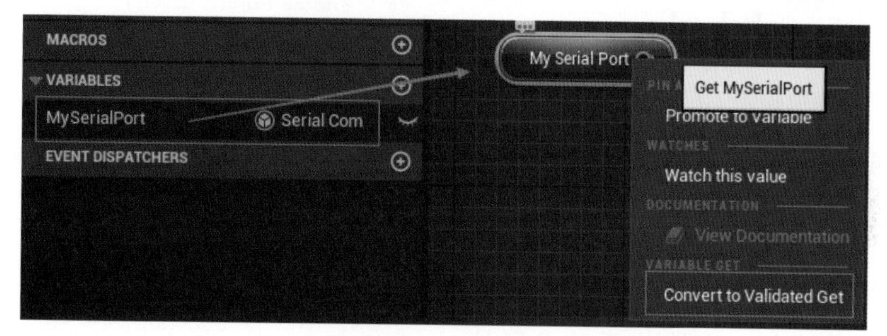

图 2-17 将变量转为 Validate GET 节点的做法

编译保存蓝图后运行关卡，就会看到视口左上角每隔 2 秒能打印串口发来的 test 字样了，如图 2-18 所示。

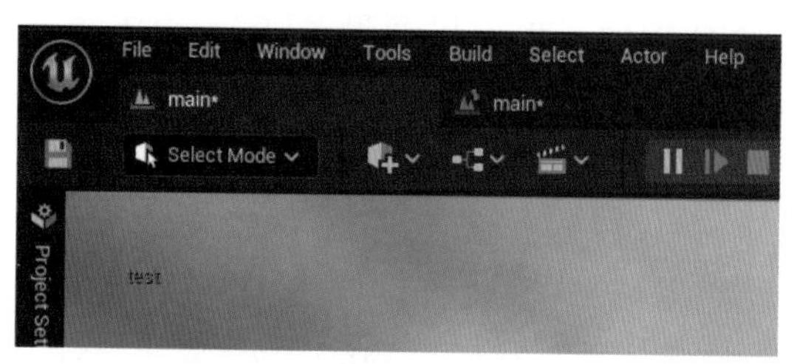

图 2-18 UE5 打印输出了收到的串口信息

这样，UNO 板和 UE5 之间就具备了双向通信的能力，UE5 与外部硬件互动的技术基础已经初具雏形了。

2.1.2 Arduino传感器与UE5互动

Arduino 传感器种类丰富，可谓琳琅满目，如图 2-19 所示。利用不同的传感器可以将外界环境中的各类信息转换为数字信号用于互动开发。例如，温度传感器可以感知外界的温度值，霍尔磁性传感器可以感知附近是否有磁场，心跳传感器可以感知人体的脉搏频率数据……这些数据都可以传送给 UE5。

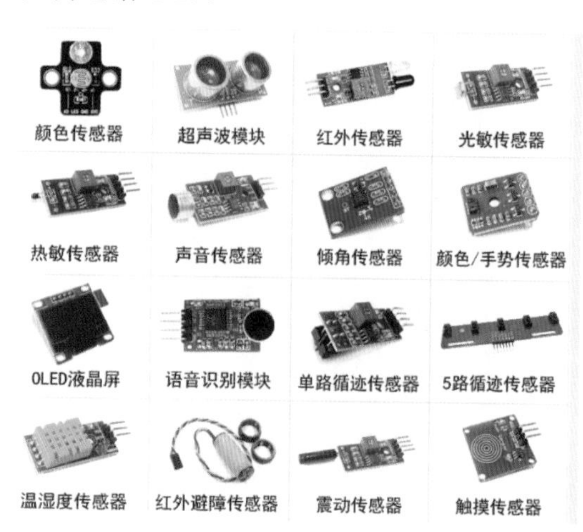

图 2-19 多种支持 Arduino 板的传感器

为了让读者能掌握传感器与 UE5 的通

信细节知识，笔者先选用旋转编码器（Rotary Encoder）进行详细的讲解，实现通过旋转编码器的调节柄，使UE5视口中的圆柱体也相应地转动。这个传感器如图2-20所示。

图2-20　旋转编码器（Rotary Encoder）

旋转编码器是一个角度测量装置，用于精确测量电动机的旋转角度或者用于控制轮子（可以无限旋转）。增量旋转编码器有5只引脚，如图2-20所示。以它和UNO板的连接为例，它的前两只引脚是接地（Ground）和V_{CC}，分别连接到UNO板的GND引脚和5V引脚；编码器的开关（Switch）连接到UNO板的数字引脚D4；另外两只输出引脚Output A和Output B分别连接到UNO板的D2和D3引脚。连接方式如图2-21所示。

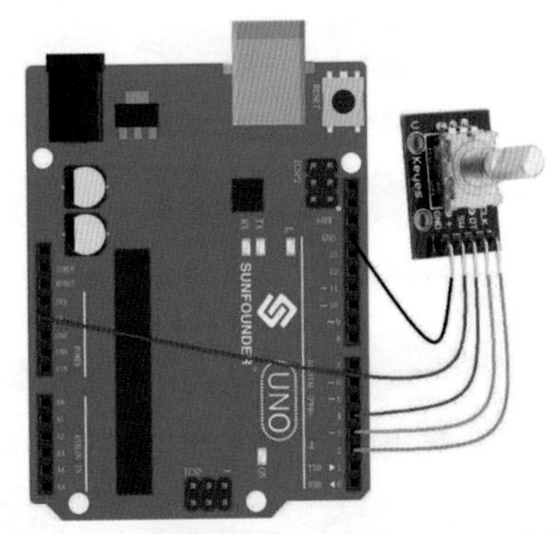

图2-21　旋转编码器的5只引脚与UNO板的连接

旋转编码器的引脚Output A和Output B发送给UNO板的数值只可能是0或是1。当Output A和Output B的值相同时，表示转动了一格；当Output A和Output B的值不同时，表示转动了半格。在UNO板中传入如图2-22所示的代码，这样在转动旋转编码器的转动柄时，旋转编码器相应的数值就会发送给串口了。

RotaryEncoder_UE5 §

```
1  int OuputA  = 2;//2号引脚
2  int OuputB  = 3;//3号引脚
3  int Switch = 4;//4号引脚
4  int Previous_A=0;//变量用于记录OuputA的初始值
5  int direction=0;//计算转动的方向
6  void setup() {
7    Serial.begin(115200);//以115200波特率与串口通信
8    pinMode (OuputA, INPUT);
9    pinMode (OuputB, INPUT);
10   pinMode (Switch, INPUT);
11   Previous_A=digitalRead(OuputA);//记录OuputA的初始值
12 }
13 void loop() {
14   if(digitalRead(OuputA)!=Previous_A){
15     if(digitalRead(OuputB)!=Previous_A){
16      //通过判断OuputA和OuputB的状态来判断转动方向
17       direction=-1;//判定为逆时针
18     }else{
19       direction=1;//判定为顺时针
20     }
21     Serial.println(direction);//向串口输出方向值
22     Previous_A=digitalRead(OuputA);
23   }
24 }
```

图2-22　烧录代码到旋转编码器

注意：这里设定的波特率是115200，提高了信息传输的速率。把代码烧录到UNO板后，也可以通过Arduino IDE右上角的串口监视器来查看输出值的情况，通过单击Arduino IDE右上角的串口监视器图标，即可打开串口监视器窗口来观察旋转编码器串口的输出值，串口监视器使用的波特率需要与代码里setup中设置的一致。此时，转动旋转编码器上的调节柄，就会看到输出值的变化，如图2-23所示。

值得注意的是，在运行UE5去连接串口时，一定要提前关闭这个Arduino IDE中的串口监视器，否则串口被Arduino IDE软件所占用，UE5将无法成功连接串口。同时，在UE5中也需要相应地调整波特率参数值，让该值与Arduino IDE设定的波特率保持一致，如图2-24所示。

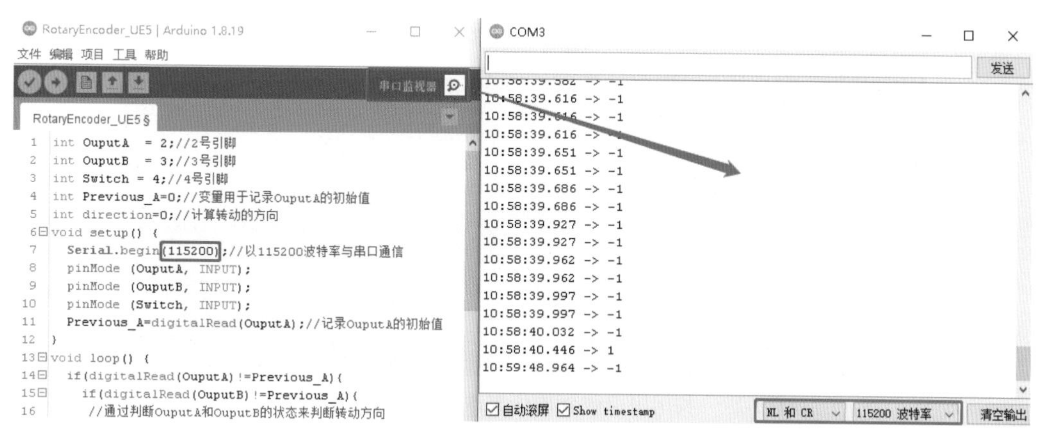

图 2-23　在串口监视器里观察输出值，注意设置串口监视器的波特率

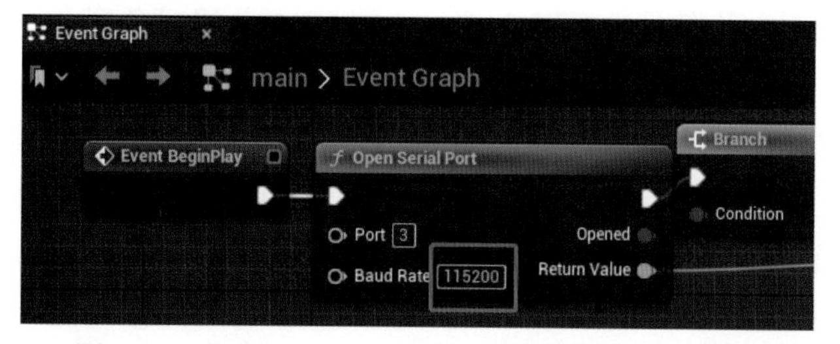

图 2-24　蓝图打开串口连接，设置波特率为 115200

接着在 UE5 关卡视口里放入一个 Cylinder（圆柱体），在细节面板里设置它的 Mobility（可移动性）为 Movable，如图 2-25 所示。

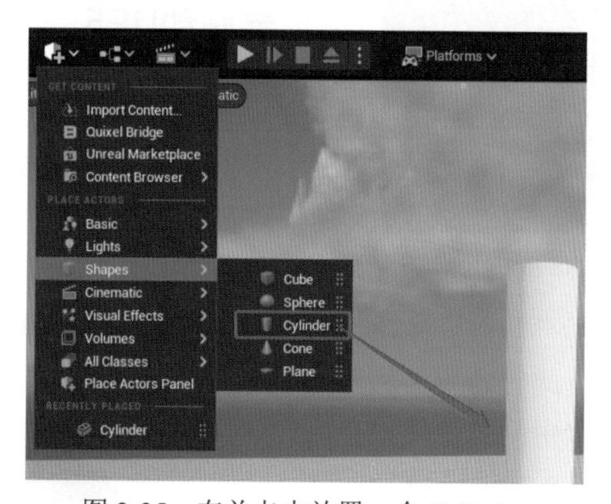

图 2-25　在关卡中放置一个 Cylinder

选中圆柱体，进入关卡蓝图后，在 Shapes 的子菜单中选择 Cylinder，建立对 Cylinder 的引用，如图 2-26 所示。

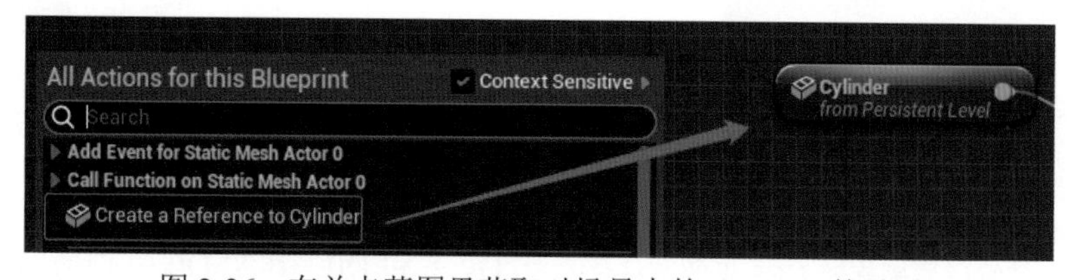

图 2-26　在关卡蓝图里获取对场景中的 Cylinder 的引用

接着，在 Event Tick 事件下添加如图 2-27 所示的蓝图内容，读取串口里的信息。

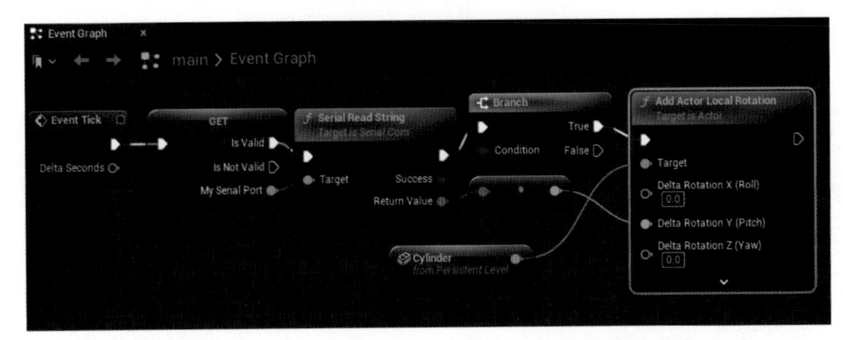

图 2-27　利用串口收到的值来改变圆柱体的旋转角度

注意：在 Add Actor Local Rotation 节点里，对 Delta Rotation 引脚通过右键点选 Split Struct Pin 可以拆开为三只引脚，方便用户单独去控制其中的 X、Y、Z 的值，如图 2-28 所示）。拆分开以后，可以直接将串口收到的值连接到 Delta Rotation Y 引脚上，表示只在 Y 轴上增加旋转角度。

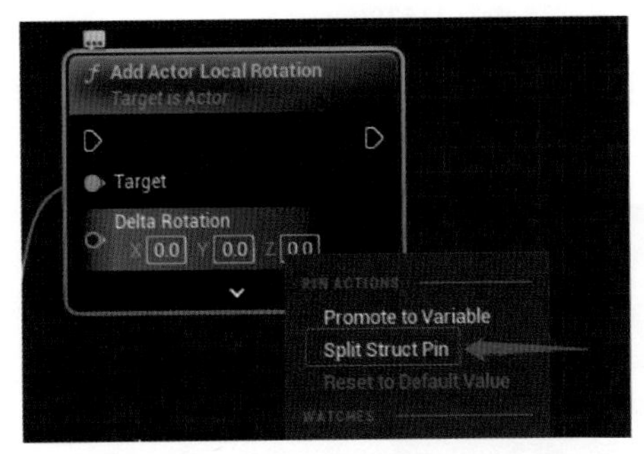

图 2-28　点右键将 Delta Rotation 引脚拆分为三只引脚

编译保存并运行 UE5，此时若转动旋转编码器的调节柄，UE5 视口中的圆柱体也会相应地转动起来，效果如图 2-29 所示。

图 2-29　转动旋转编码器来旋转 UE5 里的圆柱体

这样就可以通过操作外部传感器来控制 UE5 中的对象了。由此看来，智能硬件的所有能力似乎都可以被 UE5 借用了！而 Arduino 板可以连接的智能传感器是多种多样的，这无疑为读者打开了一个广阔的通道，只要拥有想象力就可以让虚实互动的交互方式变得富有趣味性，而且可以做到千姿百态。

2.1.3　实例：Arduino用声音传感器联动UE5

在本节的实例中将采用声音传感器来演示外部硬件与 UE5 的互动。如图 2-30 所示，声音传感器上有一个小型话筒，可以感知外界声音的振幅变化，并能将这种变化以数字信号的方式发送给 Arduino 板，仍以 UNO 板为例。

图 2-30　支持 Arduino 板的声音传感器

声音传感器有 4 只引脚，分别是 A0、G、+ 和 D0。其实 D0 引脚暂时不需要连接，只需要把 A0 引脚接到 UNO 板的 A0 口，把 G 和 + 分别插到 UNO 板的 GND 口和 5V 口即可，如图 2-31 所示。

图 2-31　声音传感器与 UNO 板的连接

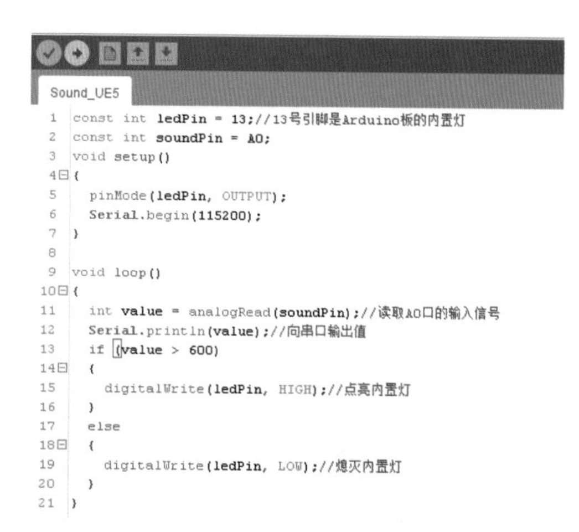

图 2-32　音量值大于 600 就亮灯，否则熄灯

本实例要实现的效果是，让 UNO 板上的 13 号内置灯能依据声音传感器感知到的音量大小决定灯的亮与灭，在 Arduino IDE 中可以设定这个音量的临界值；接下来让 UNO 板与 UE5 连接，当对着声音传感器用力喊话或吹气时，UE5 界面中的球体会弹跳起来，弹跳的高度取决于喊话的音量或吹气的力度。

首先，在 Arduino IDE 软件里写入如图 2-32 所示的代码。代码中已经添加了充分的中文注释，理解起来相对容易。

烧录好代码后，对着声音传感器喊话，就能发现如果嗓门突然提高，A0 口收到的模拟信号值高于 600 时，UNO 板上的内置灯会亮起。而一旦安静下来，A0 口收到的模拟信号值小于 600 时，灯就会熄灭。从串口监视器里可以查看到音量强度的数值变化。

在 UE5 中，在关卡里放置一个球体 Sphere，选中球体后修改其细节面板里的属性，开启 Simulate Physics（物理模拟）并设置它的 Mass（质量）为 150kg，如图 2-33 所示。

图 2-33　开启球体的物理模拟并设置 Mass

这个 Mass 值可以依据自己的感受进行微调。需要注意的是，务必设置它的可移动性为 Movable。打开关卡蓝图，在里面写入如图 2-34 所示的蓝图内容。

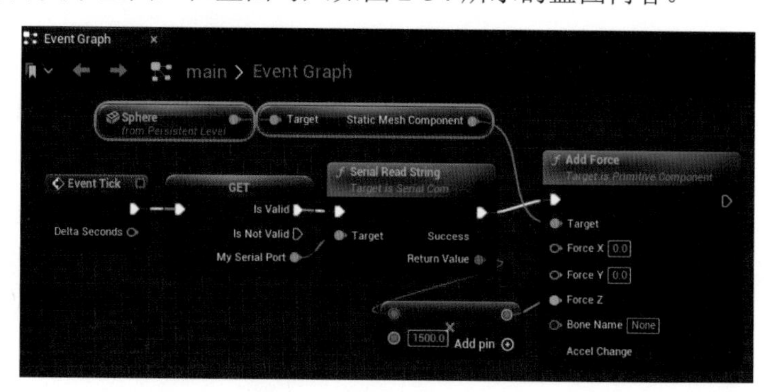

图 2-34　根据串口信息给球体施加一股力量

这部分蓝图内容的含义是：把从串口接收到的音量值扩大1500倍后作为一个Z轴向上的力量施加到球体上。故而，当对着声音传感器用力喊话或吹气时，会看到球体弹跳起来。弹跳的高度取决于喊话的音量或吹气的力度。最终效果如图2-35所示。

图2-35　对着声音传感器用力喊话或吹气让球体弹跳起来

本实例详细的操作步骤可以通过扫描下方二维码来观看。

2.2　MQTT让UE5融入物联网的世界

2.2.1　利用腾讯云轻松搭建MQTT服务器

MQTT（Message Queuing Telemetry Transport，消息队列遥测传输）是一种消息队列协议，它被设计用于轻量级的发布/订阅式消息传输，旨在为低带宽和不稳定网络环境中的物联网设备提供可靠的网络服务。MQTT是专门针对物联网开发的轻量级传输协议。MQTT协议针对低带宽网络以及低计算能力的设备进行了特殊的优化，使其能适应各种物联网应用场景。MQTT协议是轻量、简单、开放和易于实现的，这些特点使它的适用范围非常广，在卫星链路通信传感器、连接物联网的医疗设备、智能家居以及一些小型化设备中都能看到它的身影。

MQTT服务器的作用就是让订阅了MQTT主题的客户端能实时收听到相关的主题消息，如图2-36所示。

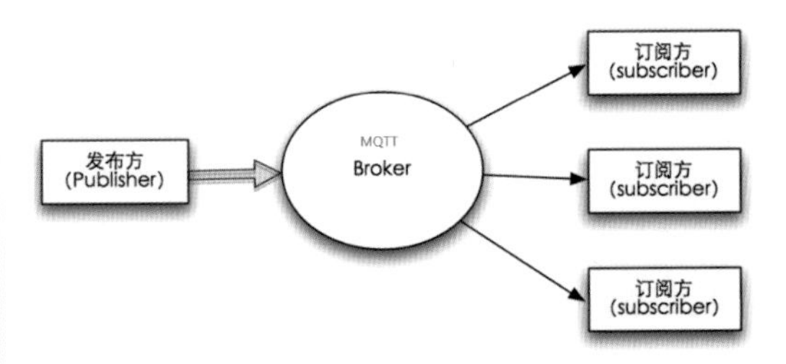

图2-36　MQTT服务器的作用图示

如果有客户端发布了某个主题消息，其他订阅了该主题的客户端都会收听到该消息。

用户可以从EMQX的官网下载Windows版本的EMQX安装包，从而在自己本地计算机上搭建一个MQTT服务器进行学习，如图2-37所示。

图2-37　从EMQX的官网下载Windows版本的EMQX安装包

为了更贴近实战效果，笔者带领读者一步步地使用腾讯云服务器构建一个在公网上可以随时访问的MQTT服务器。EMQX是MQTT服务端的实现工具之一。

在安装好 EMQX 代理服务器后，EMQX 不仅提供了 MQTT 服务功能，还会提供一个管理后台界面 dashboard，让用户可以非常方便地管理 MQTT，包括实现消息的发布与订阅。本节就讲述如何利用腾讯云轻松搭建 MQTT 服务器。

1. 创建腾讯云服务器实例并安装 EMQX

用户可以免费注册腾讯云账号并登录腾讯云，从云产品中选择云服务器，如图 2-38 所示。

图 2-38　从腾讯云网站访问云服务器

然后进入页面右上角的控制台，然后单击“新建实例”按钮，如果是第一次创建服务器可以点选“立即选购”选配云服务器 CVM，如图 2-39 所示。

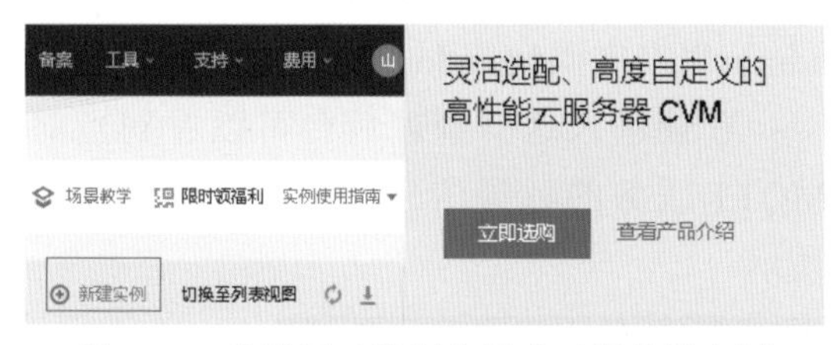

图 2-39　从腾讯云控制台新建云服务器实例

读者可以根据自身需要选配一台自己觉得合适的服务器（如果对硬盘容量要求不高，可以选择 20GB 的通用型 SSD 云硬盘），重点是选择操作系统为 64 位的 CentOS，如图 2-40 所示。

图 2-40　操作系统选择 64 位的 CentOS 公共镜像

服务器配置好以后就得到了一个服务器实例。此时单击腾讯云网站左侧菜单栏里的“实例”项可以看到刚建立的服务器实例的各项信息，包括公网 IP 地址、操作系统、CPU 和内存信息等，如图 2-41 所示。

图 2-41　查看实例相关信息包括公网 IP 地址

在如图 2-42 所示的页面区域中，单击左上方的“登录”按钮来登录云服务器的终端管理界面（可以先单击重置密码来设定一个自己的云服务器终端管理密码）。

图 2-42　单击实例页面上的登录按钮

登录到服务器的终端管理界面以后，输入以下指令来配置 EMQX 源（见图 2-43）：

curl -s https://assets.emqx.com/scripts/install-emqx-rpm.sh | sudo bash

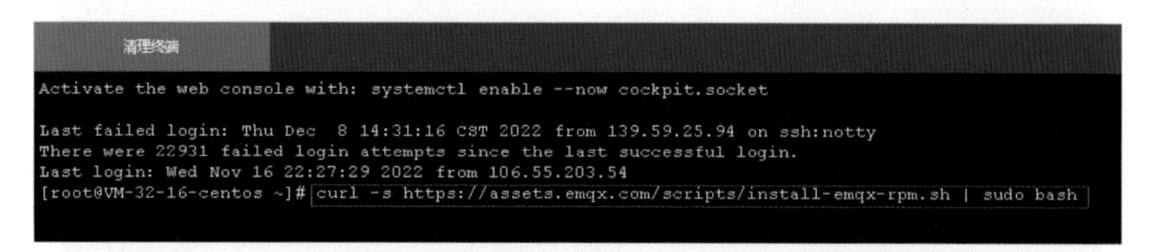

图 2-43　在终端管理界面的命令行输入指令下载 EMQX 安装包

运行完毕后再输入安装 EMQX 的指令：sudo yum install emqx 。

安装 EMQX 完毕后，就可以输入启动 EMQX 的指令 sudo emqx start 了，如图 2-44 所示。

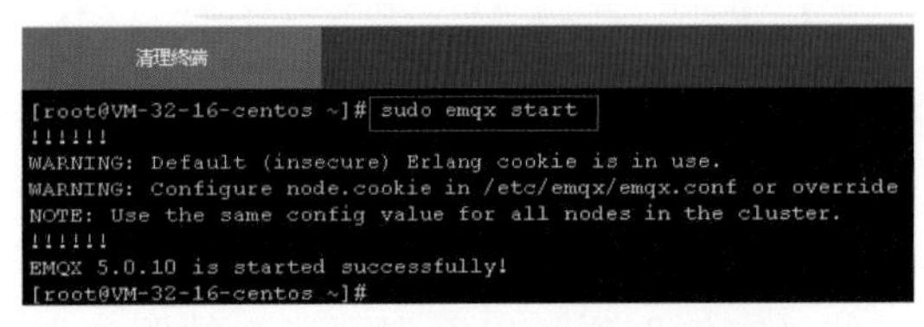

图 2-44　安装 EMQX 后启动 EMQX

当看到命令行显示 EMQX 5.0.10 is started successfully 的字样出现后，就表示 EMQX 启动成功了！

2. 为服务器配置入站规则和登录密码

接下来还需要为这个云服务器的安全组添加入站规则，单击腾讯云网站左侧的“安全组”，然后单击“修改规则”，再单击“入站规则”下的“添加规则”按钮，如图 2-45 所示。

图 2-45　为云服务器配置安全组里的入站规则

入站规则的协议端口需要输入 TCP:18083,8883,1883,8083,8084 这几个端口号。这样 MQTT 服务最终才能被公网上的用户通过云服务器的公网 IP 地址访问到。此时，如果访问 http://43.137.41.184:18083/ 可以打开 EMQX 的管理后台页面（注意这里 43.137.41.184 应该替换为读者自己所创建的服务器的实际公网 IP），如图 2-46 所示。

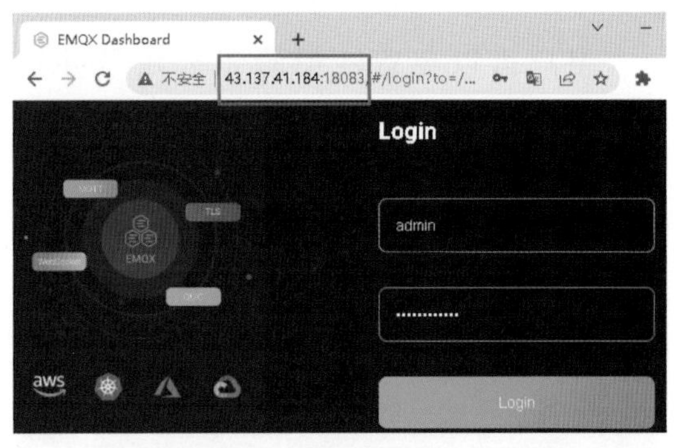

图 2-46　登录 EMQX 的网站管理后台

默认的用户名和密码分别是 admin 和 public。单击 Login 按钮进入后可以自行修改密码。如果读者朋友们想要直接体验测试这个 MQTT 服务器，可以用浏览器访问 http://43.137.41.184:18083/ 后输入用户名 admin 以及密码 hocodo123456 来访问体验。

登录进入这个管理后台可以看到当前 MQTT 服务的各类信息和状态，如图 2-47 所示。

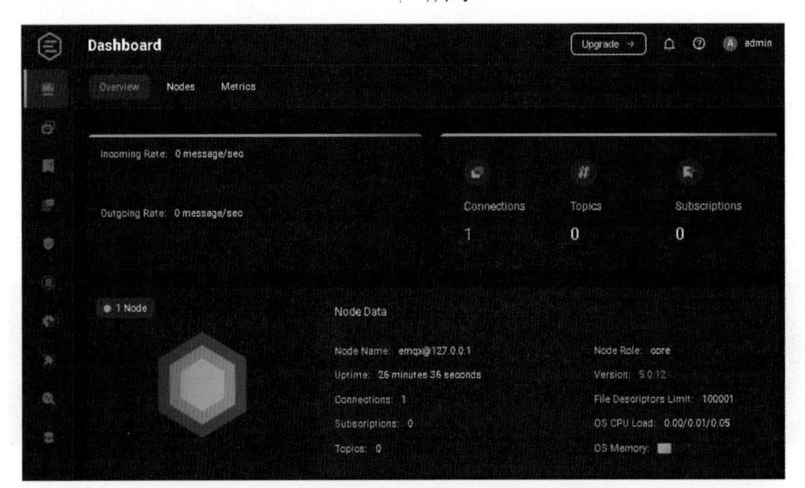

图 2-47　登录后台查看服务器各类数据

2.2.2　UE5蓝图与MQTT服务器通信

搭建好 MQTT 服务器后，可以在 UE5 中使用蓝图与 MQTT 服务器连接并实现通信。本节会详细介绍使用蓝图基于 mqtt-utilities-unreal 插件与 MQTT 服务器进行数据通信的各种细节。

1. mqtt-utilities-unreal 插件的安装与蓝图配置

首先从 GitHub 上找到 mqtt-utilities-unreal 插件所在网址，下载该插件，如图 2-48 所示。

MQTT Utilities plugin for Unreal Engine

MQTT Utilities is a plugin for Unreal Engine intended to expose MQTT client functionality to blueprints.

Check out the Documentation to learn more about the plugin.

Learn more about MQTT and its basic concepts.

Download demo applications for Windows/Mac/Android and try it out. Also, you can download complete demo project made with UE 4.23 and take a look how to use certain plugin features!

This plugin is based on the Eclipse Mosquitto client Libraries for it's base.

图 2-48　下载 mqtt-utilities-unrea 插件

新建一个 UE5 项目，取名为 MQTTDemo，把上述插件放在项目文件夹下的 Plugins 文件夹中。从 Plugins 菜单里选中这个 MQTT Utilites 插件，打勾启用，如图 2-49 所示。

图 2-49　UE5 里启用 MQTT Utilites 插件

重启 UE5 后，在关卡蓝图中写入如图 2-50 所示的内容，使用 Create Mqtt Client 节点创建 MQTT 客户端，使用 Connect 节点连接 MQTT 服务器，服务器地址配置为 49.233.38.197, 服务器端口是 1883，客户端可以自定义名称，这里笔者输入的是 MQTT_User1。图 2-50 中的 AAA 和 BBB 并非服务器的登录账号和密码，而是这个客户端连接时自定义的用户名和密码，方便后续为这个客户端的连接增加安全性。

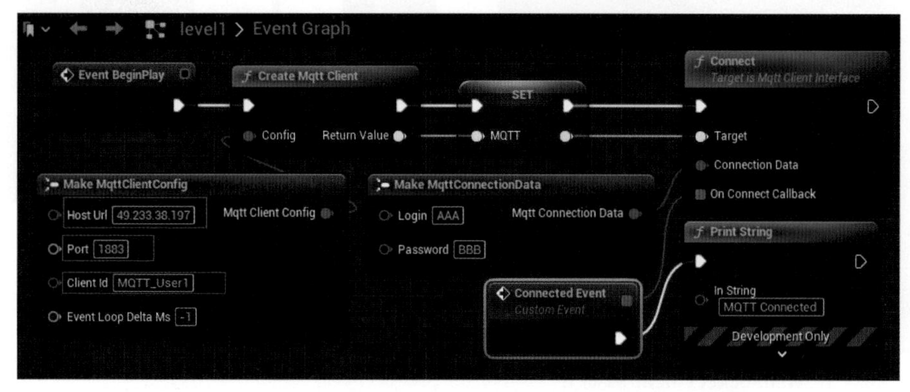

图 2-50　蓝图里创建 MQTT 客户端，连接 MQTT 服务器

接着编译蓝图并保存后运行UE5，会看到UE5打印输出显示连接成功了！此时若去观察EMQX网站后台页面，在Connections标签下也能看到多了一个客户端ID为MQTT_User1的客户端连接进来了。Client ID与Username都与蓝图中设置的一致，如图2-51所示。

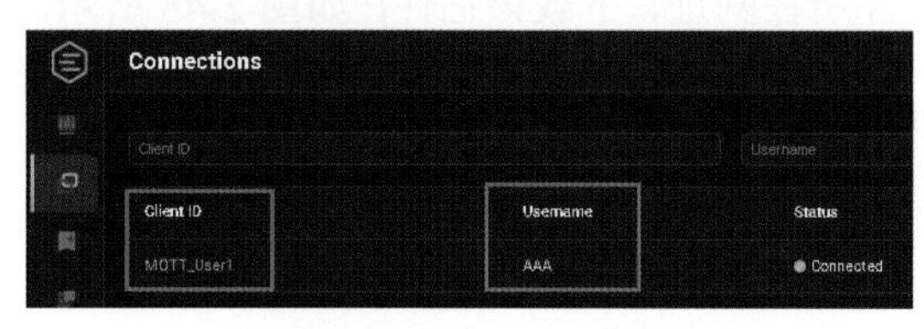

图2-51　EMQX网站后台看到客户端列表里的详细信息

AAA在这里对应的是Username（用户名），而MQTT_User1对应的是客户端ID。到这里，我们就通过UE5蓝图创建了一个客户端连接到了MQTT。

2. 直接在EMQX后台构建Client

在EMQX网站后台也可以直接创建Client（客户端）来连接服务器，这样配合UE5中创建的客户端，就可以让多个客户端连接进来彼此通信，方便测试和学习。在EMQX后台添加一个Client时所需填写的内容如图2-52所示。

图2-52　在WebSocket Client标签下创建新的客户端连接

单击图2-52中的Connect按钮，就会建立一个ID为emqx_PC的客户端。Host里输入的是MQTT服务器的公网IP地址，Port输入的是8083端口。然后再去查看客户端列表，就会发现此时已经有两个客户端连接了。客户端的ID分别如图2-53所示。

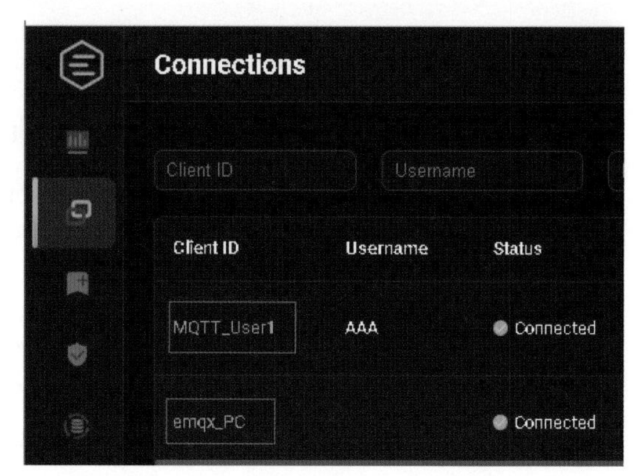

图2-53　在Connections标签下看到连接进来的两个客户端的ID

3. 使用蓝图发布和订阅主题

在刚才创建emqx_PC客户端的网页界面上，单击Subscribe（订阅）按钮。由于订阅的主题是testtopic/#，因此这个操作表示此客户端会订阅所有以testtopic/开头的主题，如果其他某个客户端发布了testtopic/1或是testtopic/2之类的主题，客户端emqx_PC都将收到信息。

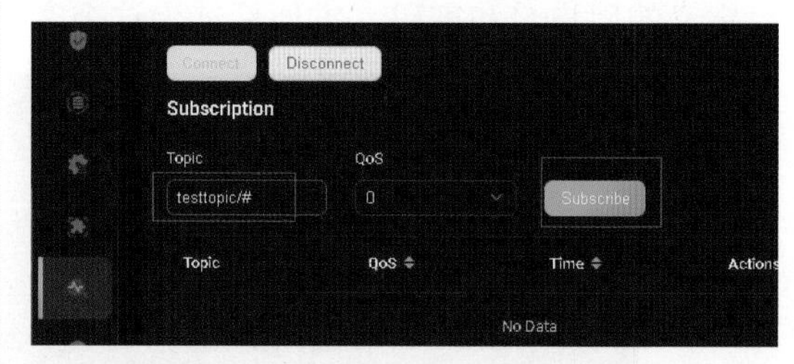

图2-54　单击Subscribe按钮订阅主题

为了印证这一点，可以进一步修改UE5的关卡蓝图，在蓝图里增加一个按P键就发布主题消息的功能。具体的蓝图内容如图2-55所示。

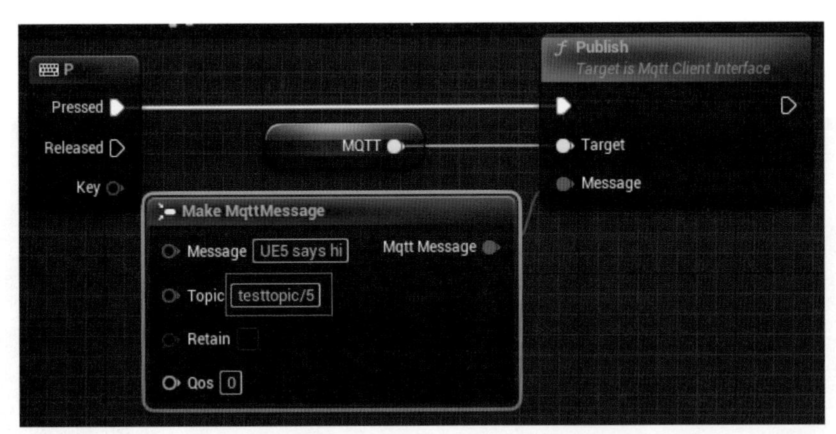

图 2-55　蓝图实现按 P 键能发布主题消息

按下 P 键发布的主题是 testtopic/5，消息内容是 UE5 say hi。编译运行这个关卡蓝图，在视口（先用鼠标单击视口后）按下 P 键两次，然后通过浏览器查看 EMQX 管理后台中 WebSocket Client 页面的底部，如图 2-56 所示。

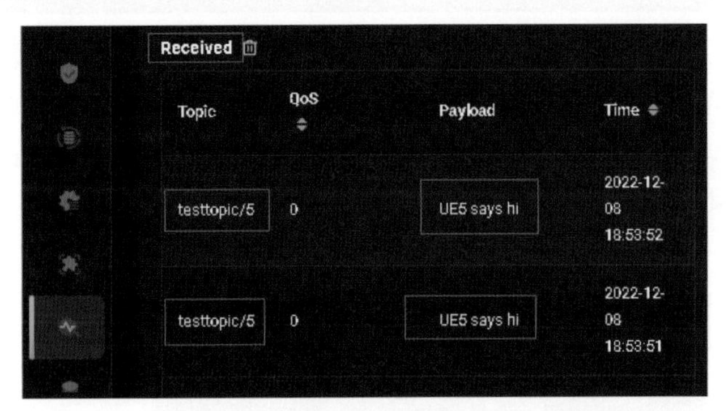

图 2-56　查看收到的来自 UE5 发送的主题消息

我们可以看到，从 UE5 发送的两次主题消息客户端 emqx_PC 都收到了。到此，我们就完整地演示了一个客户端发布主题消息给其他订阅了该主题的客户端的过程。借助 MQTT，多个客户端之间都可以用这种方式建立通信。

那么，UE5 作为一个 MQTT 客户端能否收到其他 MQTT 客户端的消息呢？当然可以，但是需要先订阅消息。客户端只接受自己订阅了的主题消息。在 UE5 关卡蓝图里要实现订阅某一个主题，可以使用 Subscribe 节点，如图 2-57 所示。

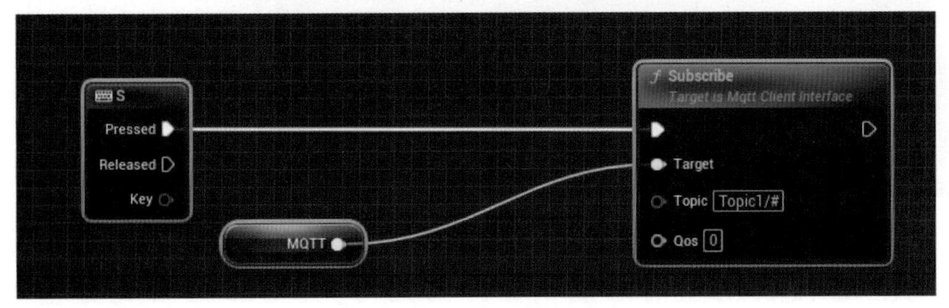

图 2-57　蓝图里订阅主题

这部分蓝图表示在按下 S 键时，UE5 会订阅 Topic1/# 的主题，包括 Topic1/1，Topic1/2 等。

同时为了让 UE5 能收到所订阅的主题的消息，可以在刚开始的 Event Begin Play 事件的最后部分添加如图 2-58 所示的内容。

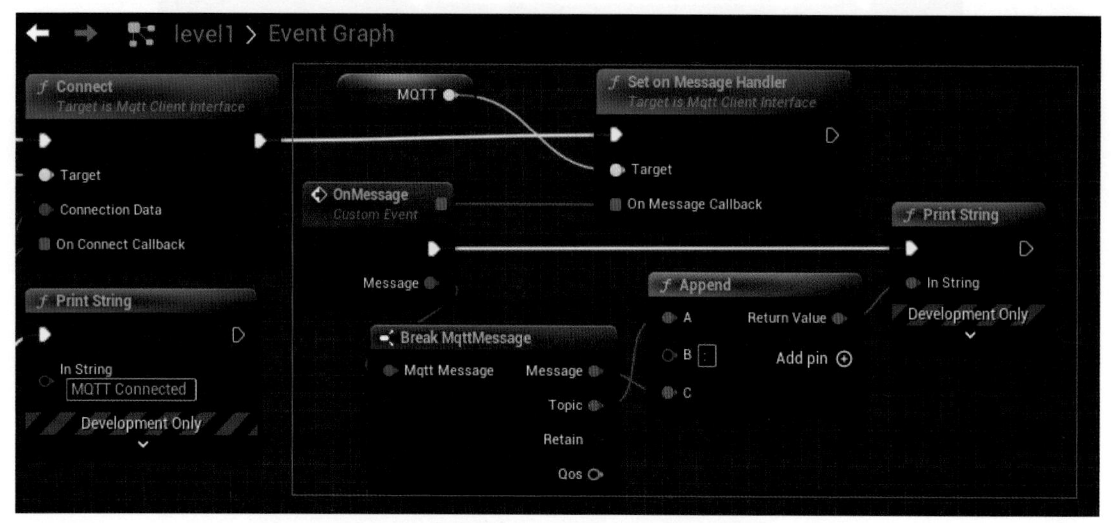

图 2-58　UE5 收到主题消息后的处理逻辑

这部分蓝图内容表示会在收到主题消息后打印输出主题的 Topic 和 Message，中间会用冒号隔开。编译运行 UE5，单击视口后按 S 键执行订阅主题的蓝图逻辑，然后再按 Shift+F1 组合键让鼠标能移出到视口之外，切换到浏览器里，在网页上发布主题消息，如图 2-59 所示。

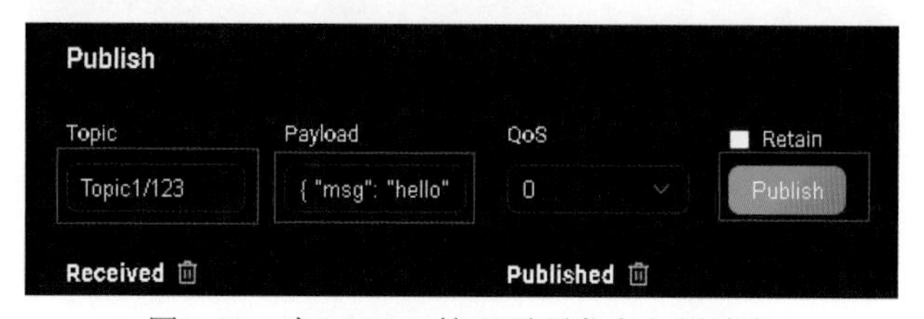

图 2-59　在 EMQX 管理页面发布主题消息

填写的主题为 Topic1/123，消息则是 JSON 格式的{"msg":"hello"}，单击 Publish 按钮发布。这时候切换到 UE5 视口，能看到视口左上角的打印输出为：Topic1/123:{"msg":"hello"}。

图 2-60　UE5 接收到了其他客户端发布的主题消息

这样表示 UE5 接收主题消息成功了。由此可见，UE5 可以充分借助 MQTT 插件发送和接收 MQTT 主题消息，UE5 与其他客户端就可以利用 MQTT 为桥梁互相通信了。

2.2.3 Arduino板与UE5借助MQTT互动

串口通信毕竟是有一根数据线连接着Arduino板和UE5所在的计算机，而无线通信才是物联网真正的样子。在本节里，笔者就带大家使用MQTT服务器作为中间的桥梁，让UE5可以与其他能够订阅MQTT主题消息的硬件设备建立通信，从而实现彼此的无线互控。

1. ESP8266板订阅主题和发布消息

要实现无线通信，可以使用有Wi-Fi功能的Arduino板子。ESP8266板相较UNO板而言最大的便利就是直接具备了Wi-Fi功能。之所以选用ESP8266板，是因为这块板子不仅便宜，而且烧录代码比较快捷易行，用数据线连接它和Arduino IDE所在计算机后，即可通过Arduino IDE传入代码了。ESP8266板的外观如图2-61所示。

图2-61　ESP8266板外观

安装好Arduino IDE开发软件后，需要配置ESP8266开发环境，然后就可以使用Arduino IDE编译下载ESP8266的程序了。打开“Arduino IDE”→“文件”→“首选项”，然后在附加开发板管理器网址输入 http://arduino.esp8266.com/stable/package_esp8266com_index.json，然后重启打开Arduino IDE→“工具”→“开发板：xxx”→“开发板管理器”，进入该选项。然后搜索ESP8266进行安装，如图2-62所示。

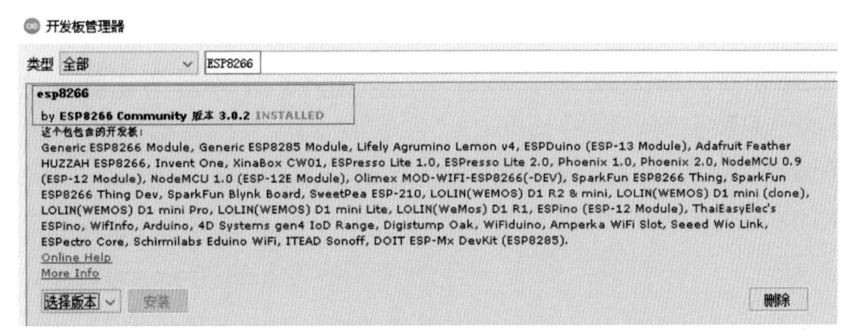

图2-62　在Arduino IDE里安装ESP8266包

然后需要从Arduino IDE“工具”菜单里选择开发板为Generic ESP8266 Module，如图2-63所示。

图2-63　设置开发板类型为ESP8266

接下来，用Arduino IDE新建一个项目，取名为MQTTClient_UE5.ino，它用到了Arduino

中的MQTT实现库——PubSubClient。图2-64所示为MQTTClient_UE5.ino的前半部分代码。

```
MQTTClient_UE5 §
1  #include <ESP8266WiFi.h>
2  #include <PubSubClient.h>//PubSubClient是操作MQTT的库文件
3  const char* ssid = "HUAWEI-040D7H"; //填入自家Wi-Fi名称
4  const char* password = "xxxxx";////请填入自家WIFI密码
5  const char* mqtt_server = "43.137.41.184";//MQTT服务器公网IP
6  WiFiClient espClient;
7  PubSubClient client(espClient);//建立一个可以连接MQTT的客户端变量client
8  long lastMsg = 0;//用于存储发送消息的事件的变量lastMsg
9  char msg[50]; //消息内容
10 int value = 0;
11 void setup() {
12   pinMode(BUILTIN_LED, OUTPUT); //BUILTIN_LED就是13，内置灯
13   Serial.begin(115200);
14   setup_wifi();//连接自家Wi-Fi
15   client.setServer(mqtt_server, 1883);//连接MQTT服务器，端口1883
16   client.setCallback(callback);//收到来自MQTT的消息就执行callback
17 }
18 void setup_wifi() {
19   Serial.println();
20   Serial.print("Connecting to ");
21   Serial.println(ssid);
22   WiFi.begin(ssid, password);// 连接自家Wi-Fi
23   while (WiFi.status() != WL_CONNECTED) {
24     delay(500);
25     Serial.print(".");//Wi-Fi连不上的话一直打印".......”
26   }
27   Serial.println("");
28   Serial.println("WiFi connected");
29   Serial.println("esp8266 IP address: ");
30   Serial.println(WiFi.localIP());//打印输出ESP8266板在局域网里的IP地址
31 }
```

图2-64　MQTTClient_UE5.ino的前半部分代码

void setup()是ESP8266板启动时会自动运行的初始化函数，这里主要通过setup_WiFi函数连接了自己家的Wi-Fi，然后又连接了MQTT服务器。如果收到了来自MQTT服务器的消息就会自动调用callback回调函数。回调函数就是指基于某个事件发生后会自动触发的函数。代码内容如图2-65所示。

```
32 void callback(char* topic, byte* payload, unsigned int length) {
33   //callback函数——接收到mqtt服务器上发布的信息后的回调
34   //topic是主题， payload是数据消息
35   Serial.print("Message arrived [");
36   Serial.print(topic);
37   Serial.print("] ");
38   for (int i = 0; i < length; i++) {
39     Serial.print((char)payload[i]);
40   }
41   Serial.println();
42 //如果接收到的消息的第一个字符是1就开灯
43   if ((char)payload[0] == '1') {
44     digitalWrite(BUILTIN_LED, LOW);  //ESP8266板和UNO板不同，LOW是开灯
45     //而且ESP8266的内置灯默认就是LOW，亮着的
46   } else {
47     digitalWrite(BUILTIN_LED, HIGH);  // 否则关灯
48   }
49 }
50 void reconnect() {//重连MQTT的函数reconnect
51   while (!client.connected()) {//如果没有连上MQTT就循环尝试
52     Serial.print("Attempting MQTT connection...");
53     //尝试重新去连
54     if (client.connect("ESP8266Client")) { // MQTT的Client ID为ESP8266Client
55       Serial.println("connected");
56       //一旦连上，就发布一个为outTopic的主题，消息为"hello from esp8266"
57       client.publish("outTopic", "hello from esp8266");
58       //并订阅inTopic这个主题
59       client.subscribe("inTopic");
60     } else {
61       Serial.print("failed, rc=");
62       Serial.print(client.state());
63       Serial.println(" try again in 5 seconds");
64       //如果没有连上，等待5秒后再重新去连
65       delay(5000);
66     }
67   }
68 }
```

图2-65　MQTTClient_UE5.ino的第32行到第68行代码

callback( )函数的内容就是把接收到的服务器消息在串口打印出来，并且判断消息的第一个字符，如果是1就开灯，如果不是1就关灯。这个灯就是在板子上默认就存在的13号引脚处的一个小灯（比芝麻还小）。reconnect( )函数是实际连接MQTT服务器的函数，它会在没有连上的情况下一直尝试连接，客户端ID是ESP8266Client，如果连上就会订阅inTopic这个主题并且发布outTopic主题消息，消息内容为hello from esp8266。

void loop( )是板子启动后会一直循环调用的函数，其中会先检查MQTT是否连上，如果没有连上会一直调用reconnect( )函数。然后还会每隔2秒修改一次msg变量，msg的内容类似于hello world #100，两秒后就变成hello world #101，依次类推。然后还会每隔2秒发布一次主题outTopic，主题的消息内容就是这个msg变量的内容，如图2-66所示。

```
69 void loop() {
70   if (!client.connected()) {
71     reconnect();// 如果没有连接上MQTT服务器就不断尝试重新连接
72   }
73   client.loop();//定期调用PubSubClient的loop方法以允许客户端处理传入消息并维护其与服务器的连接。
74   long now = millis();
75   if (now - lastMsg > 2000) {//2秒以后
76     lastMsg = now;
77     ++value;//value变量增加1个单位
78     snprintf (msg, 75, "hello world #%ld", value);
79     //构建字符串写入msg变量中，字符串内容为hello world+value，75表示大小不超过75字节
80     Serial.print("Publish message: ");
81     Serial.println(msg);
82     client.publish("outTopic", msg);//客户端发布outTopic主题消息
83   }
84 }
```

图2-66　MQTTClient_UE5.ino的第69行至第84行代码

把代码传入ESP8266板以后，代码就开始运行了，可以看到ESP8266板上内置的13号灯默认就是亮的。通过串口监视器输出的字符，可以观察到Wi-Fi连接成功了，并且在每隔2秒会打印一条msg的内容。串口监视器是通过单击Arduino IDE右上角的一个小放大镜图标打开的。注意：在串口监视器底部的波特率需要设置为与void setup()函数中Serial.begin(115200);一样的波特率，即115200，如图2-67所示。

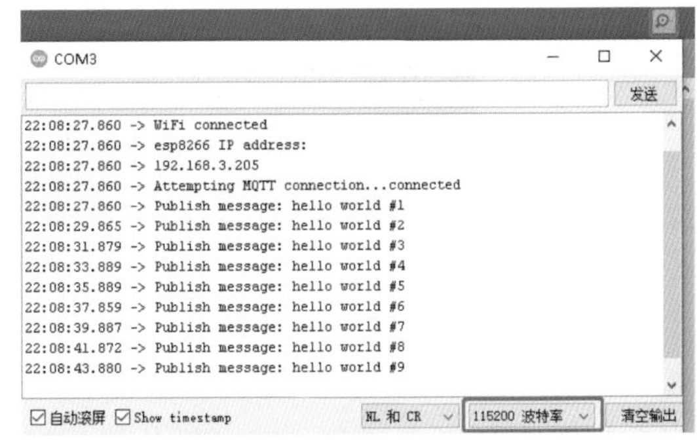

图2-67 通过串口监视器查看串口的打印输出

2. 实际测试ESP8266板的无线数据收发

ESP8266板上的代码已经就绪，接下来可以通过EMQX管理后台来进行测试，看看ESP8266板是否真的可以正常进行主题消息的发布与订阅接收。

ESP8266板已经连接上了MQTT服务器，然后打开腾讯云服务器上部署的EMQX管理后台页面，自然也会发现的确有个客户端连接上来了，而且Client ID正是笔者在Arduino IDE里所写的ESP8266Client，如图2-68所示。

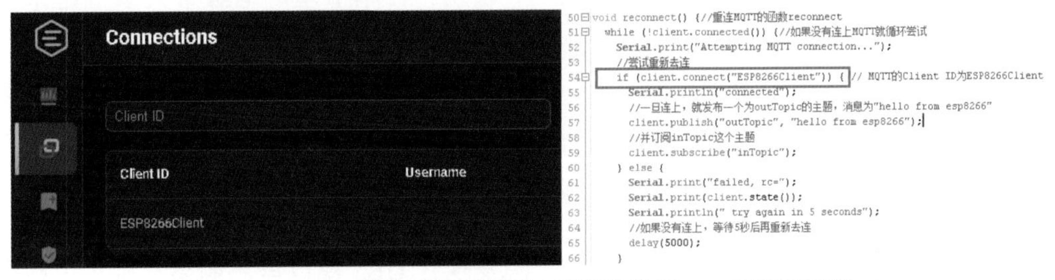

图2-68 EMQX管理后台页面显示了客户端ID——ESP8266Client

接着再通过EMQX管理后台的WebSocket Client页面增加一个客户端连接，操作方法与图2-52所示完全一样，这样就可以接入一个ID为emqx_PC的客户端。然后可以单击Subscribe按钮让这个客户端订阅ESP8266开发板所发布的主题outTopic，如图2-69所示。

图2-69 让客户端订阅outTopic这个主题

于是，就会在页面下方看到这个客户端会每隔2秒接收到一份hello world的消息，hello world后会跟着一个每次都递增一个单位的数字。这就是ESP8266开发板发布的消息字符串，如图2-70所示。

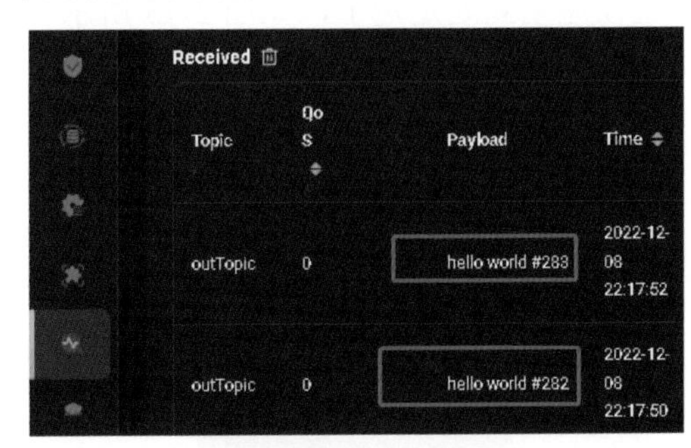

图2-70 EMQX管理后台页面显示了收到的由ESP8266发布的主题消息

继续在EMQX管理后台页面上用这个ID为emqx_PC的客户端发布一个新的主题消息，主题是inTopic，消息是234，如图2-71所示。

Publish
Topic
Payload
QoS
inTopic
234
0
Retain
Publish

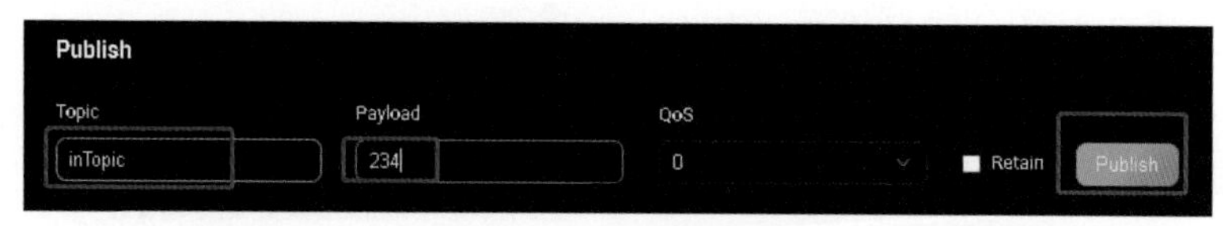

图2-71　ID为emqx_PC的客户端发布主题消息

由于ESP8266板订阅了inTopic这个主题（见Arduino IDE里代码59行），所以它会立即收到这个消息。它可以从串口监视器里看到，如图2-72所示。

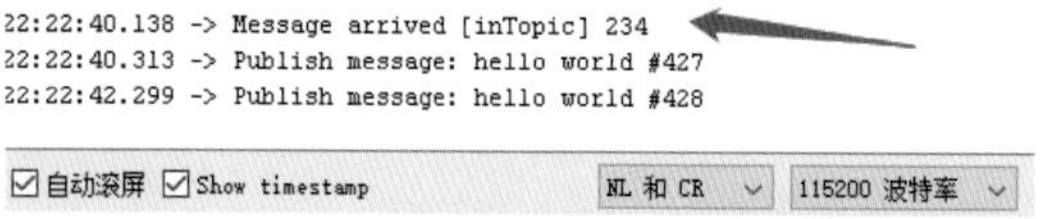

22:22:40.138 -> Message arrived [inTopic] 234
22:22:40.313 -> Publish message: hello world #427
22:22:42.299 -> Publish message: hello world #428
自动滚屏
Show timestamp
NL 和 CR
115200 波特率

图2-72　从串口监视器看到有主题消息收到

为了方便观察，可以先打开串口监视器，再单击Publish按钮发布主题消息。

由于发来的消息内容是234，第一个字符不是1，所以ESP8266板上的灯熄灭了。如果把234改为1或者123，再单击Publish发送主题消息，此时板上的灯就亮起。以上整个过程说明ESP8266板已经可以正常地通过Wi-Fi来无线连接MQTT服务器并接收主题信息了。此时可以把ESP8266板的连接线从计算机USB口拔出来，插在一个充电宝上，由充电宝为ESP8266计算机板供电，让ESP8266计算机板完全脱离了与计算机的连接，可以拿着它在屋里到处走走了，如图2-73所示。

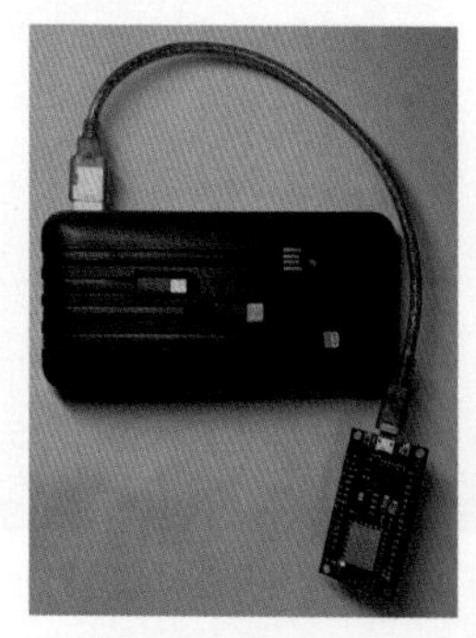

图2-73　用充电宝为ESP8266板供电

只要供电正常而且Wi-Fi信号正常，在MQTT服务器上通过网页操作就可以控制小灯的亮与灭。这就是物联网通信的技术基础了！

3. 使用蓝图让UE5与ESP8266板联动

如果在UE5中编写蓝图来订阅MQTT服务器上的主题或发布ESP8266板订阅的主题，那么UE5就可以与ESP8266板实现联动。在本节里，笔者带大家一起来实践一下。

打开上一节用到的UE5项目文件MQTTDEMO，修改一下其中的关卡蓝图内容，如图2-74所示。

修改完毕后编译保存并运行UE5，会发现在UE5视口里，如果按键盘2和键盘1也能控制ESP8266板上的内置小灯。需要注意的一点是，在蓝图中填写的Topic需要是ESP8266板所订阅的主题inTopic。

继续在蓝图里添加一些内容，使用Subscribe节点来订阅MQTT服务器的某个主题，如图2-75所示。

编译运行蓝图，在视口中按下键盘上的数字键3就可以看到UE5通过订阅主题outTopic，接收到ESP8266板每隔2秒广播的主题消息了。消息会被打印输出在UE5视口左上角，每2秒变一次，如图2-76所示。

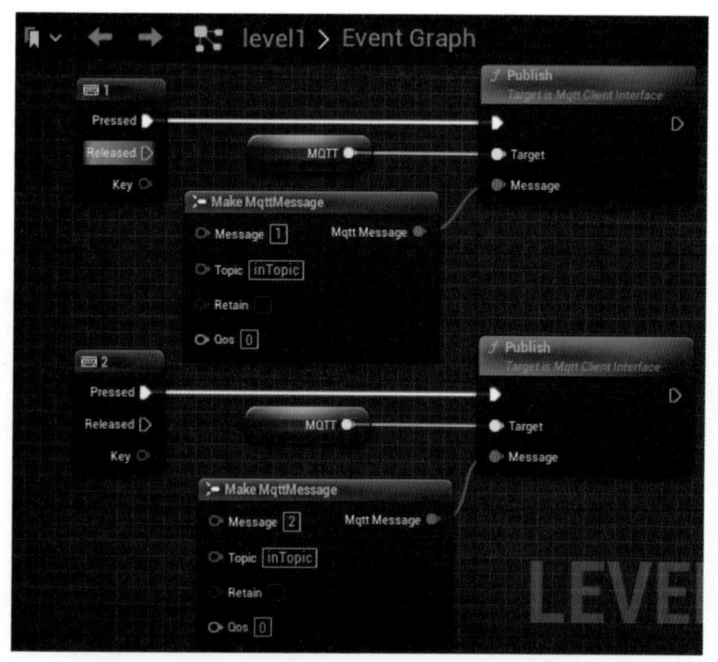

图 2-74　蓝图里实现按下数字键来发布主题信息的功能

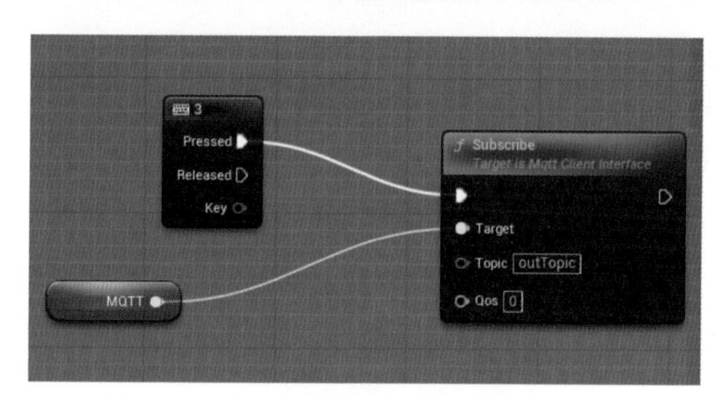

图 2-75　按下数字键 3 来订阅主题 outTopic

图 2-76　UE5 打印输出接收到的主题消息

到这里，我们已经完整地演示了在 UE5 中连接 MQTT 服务器、关注主题、发布主题消息、接收主题消息的各个细节。于是 UE5 与 ESP8266 板以 MQTT 服务器为媒介开始互传信息、互动起来了！

2.2.4　实例：让虚拟螺旋桨与真实螺旋桨同步

本节实例要实现的效果是使用 UE5 蓝图同时控制现实场景中的一个步进电动机和 UE5

场景中的一个直升机模型，基于 MQTT 服务器的通信让两者可以协同工作。

首先打开 Epic Games Launcher，在虚幻商城里可以通过搜索 Longbow 找到道具资源 AH-64D Apache Longbow (West)。这是一个包含了阿帕奇直升机模型并且免费的 UE 资源。虚幻商城里能搜到不少免费的资源文件，特别适合在初学实践阶段添加到 UE 项目中加以学习，如图 2-77 所示。

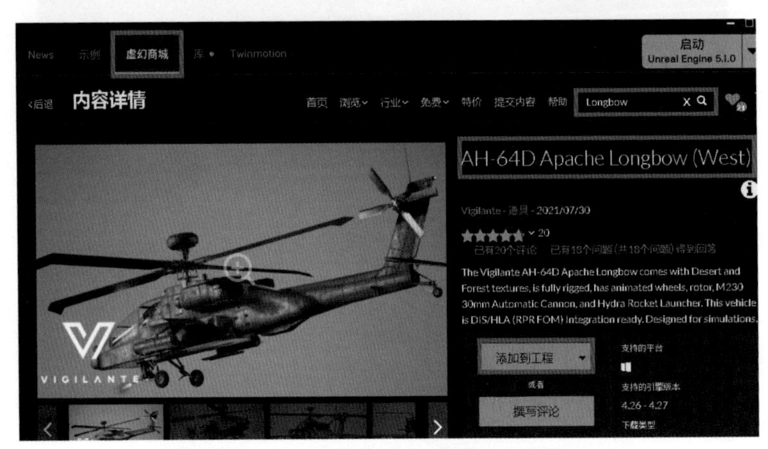

图 2-77　从虚幻商城找到资源添加到工程

由于这个资源包只支持 UE 的 4.26 到 4.27 版本，所以需要单击图 2-77 所示的“添加到工程”按钮把它添加到一个名为 MQTTDemo_live 的 UE5.1 项目中去。在弹出的对话框里需要做如图 2-78 所示的选择。

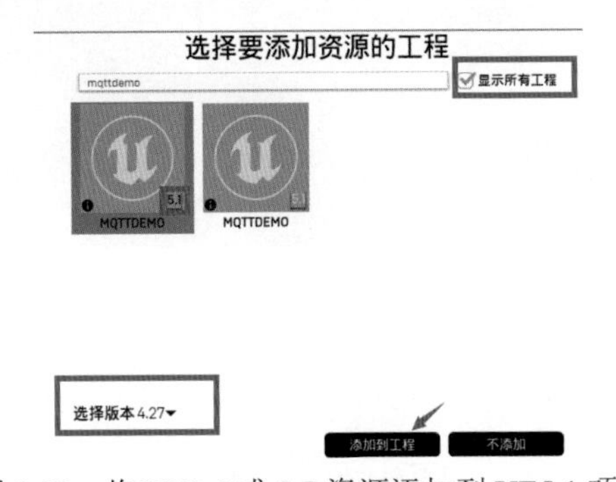

图 2-78　将 UE2.6 或 2.7 资源添加到 UE5.1 项目

添加到工程后，UE5 项目里的 Content 下会出现一个 VigilanteContent 文件夹，里面有直升机的骨骼、材质和动画蓝图等文件，如图 2-79 所示。

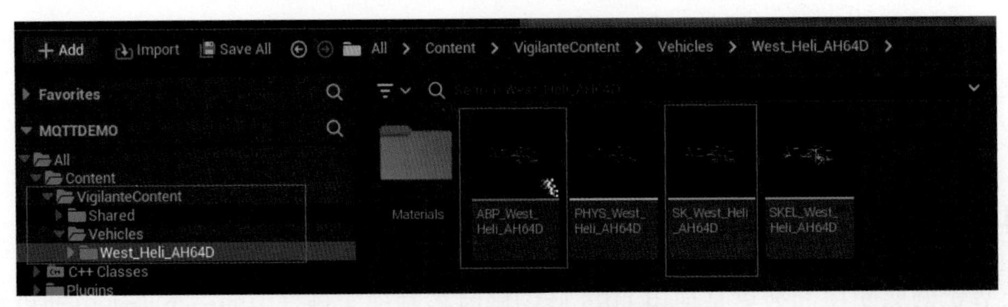

图 2-79　导入进来的直升机资源文件

1. 设置直升机蓝图函数

在 Content 中新建一个 Actor 蓝图，取名为 Helicopter_Blueprint。双击打开它后，在它的组件面板里添加一个 SkeletalMesh（骨骼网格体），并为这个 SkeletalMesh 设置细节属性，让其动画模式为 Use Animation Blueprint（使用动画蓝图），动画蓝图类选择 ABP_West_Heli_AH64D。再把与 Mesh 相关的 Skeletal Mesh Asset 属性设置为 SK_West_Heli_AH64D，如图 2-80 所示。

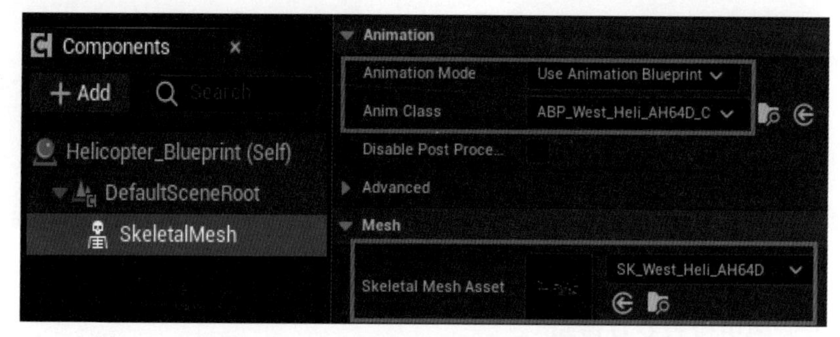

图 2-80　设置 Helicopter_Blueprint 里的 SkeletalMesh 组件属性

接着在 Helicopter_Blueprint 对象的蓝图里创建两个函数 open 和 close，分别实现转动螺旋桨和停止螺旋桨，如图 2-81 所示。

图 2-81　创建两个函数 open 和 close

双击打开 open 函数，可以编辑其中的函数内容，如图 2-82 所示。

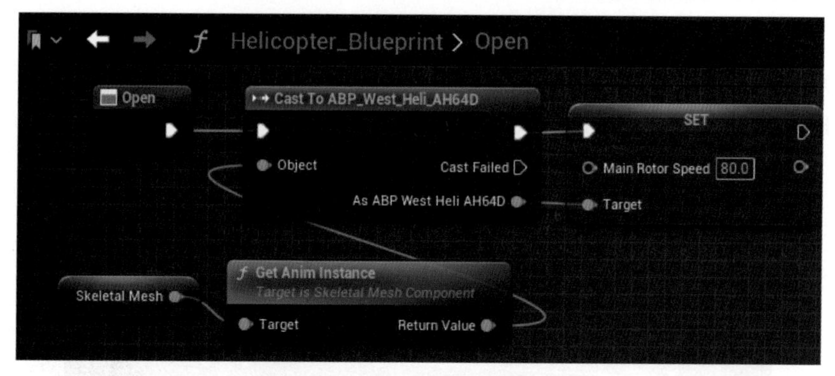

图 2-82　open 函数的蓝图内容

因为 SkeletalMesh 所使用的动画蓝图里有个 Main Rotor Speed 变量，它决定着螺旋桨转动的速度。在 open 函数里通过设置这个 Main Rotor Speed 变量为 80，就可以让螺旋桨转动起来。

close 函数里与 open 如出一辙，只是把 Main Rotor Speed 值设置为 0，实现了让螺旋桨停转的效果。编译保存蓝图后，从Content中拖曳一个Helicopter_Blueprint对象放入场景中，然后在场景里添加一个圆锥体和一个球体对象，如图2-83所示。

图2-83　场景中放置了球体、圆锥体和Helicopter_Blueprint对象

2. 在关卡蓝图里设置交互逻辑

进入关卡蓝图，在上一节内容的基础上再添加一些新的交互逻辑。首先，为了让用户可以用鼠标选择场景中的球体和圆锥体，需要通过蓝图让UE5显示鼠标并允许Click事件。蓝图细节如图2-84所示。

图2-84　通过蓝图显现鼠标并允许单击事件

要让场景中的圆锥体被单击后能发布inTopic主题消息，消息内容为1，同时调用Helicopter_Blueprint对象的open函数，实现电动机起转和UE5中的螺旋桨开转。蓝图内容可以设置为如图2-85所示。

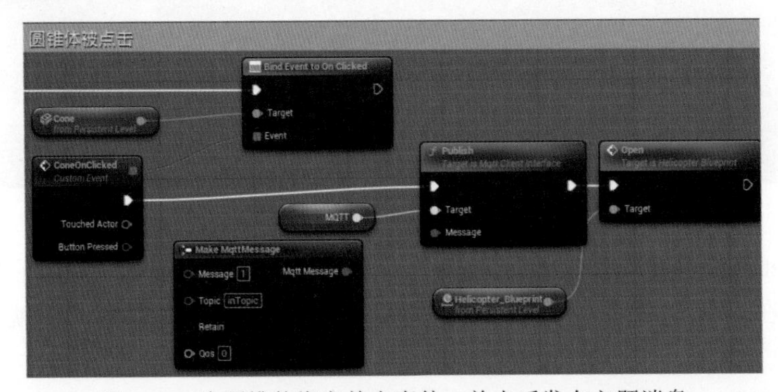

图2-85　为圆锥体绑定单击事件，单击后发布主题消息

要让场景中的球体被单击后也能发送主题消息 inTopic，但消息内容为 2，同时调用 Helicopter_Blueprint 对象的 close 函数，实现电动机停转和 UE5 中的螺旋桨停转，那么蓝图内容可以设置为如图 2-86 所示。

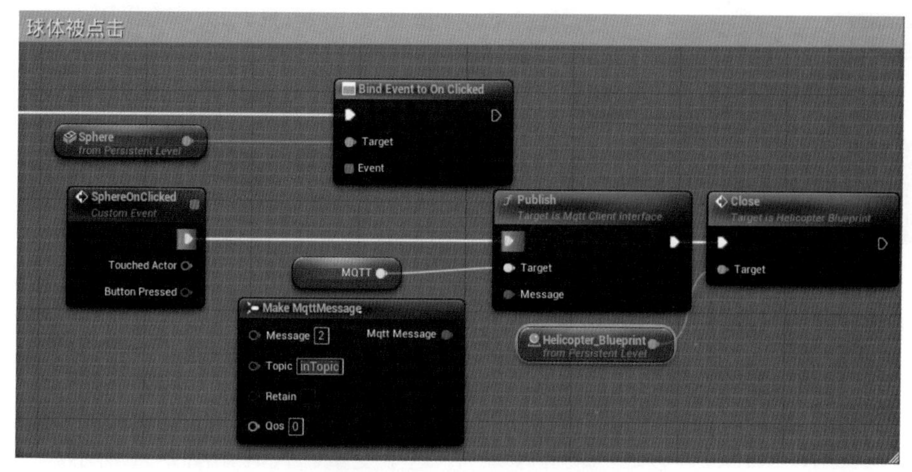

图 2-86　为球体绑定单击事件

这样UE5项目里的内容就准备就绪了，记得要编译并保存它。

3. 使用步进电动机

接下来，笔者要让 UE5 能够通知外部的电动机硬件转动起来。为此，需要先为读者朋友们介绍一下步进电动机的结构以及步进电动机与 ESP8266 板的连接方法。28BYJ-48 型步进电动机的外观如图 2-87 所示。

图 2-87　步进电动机（Step Motor）的外观

由于 ESP8266 板只能提供 3V 的电压给外部设备，所以需要借助外部电源来为步进电动机供电。把步进电动机驱动板上的 IN1、IN2、IN3、IN4 接口分别连接到 ESP8266 板的 D1、D2、D3、D4 引脚上，把外部电源（如 5~12V 电池盒或锂电池）的负极连接电动机驱动板的“—”口上（即图 2-88 所示的 5V 负极），同时外部电源的负极还需要连接到 ESP8266 板的 GND 引脚。

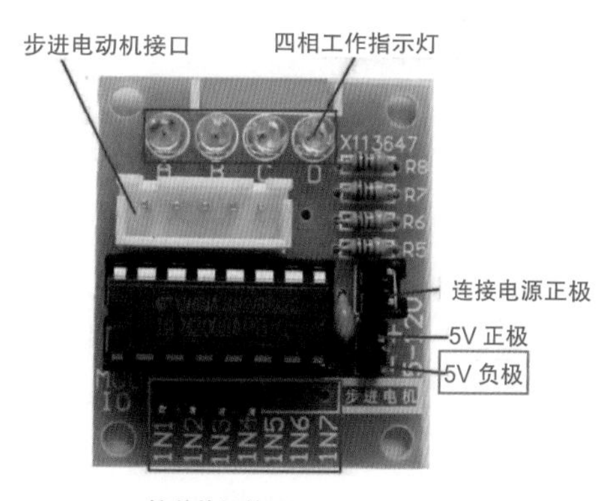

图 2-88　电动机驱动板

完整的连接细节如图 2-89 所示。

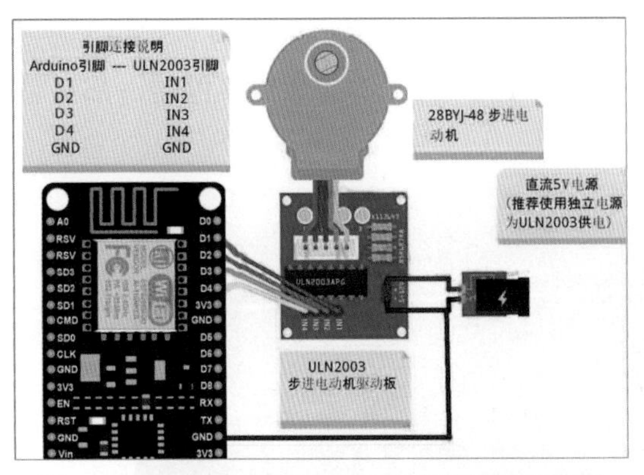

图 2-89　步进电动机与 ESP8266 板连接详情图

接下来，在 Arduino IDE 里新建项目 esp8266_Servo_UE5.ino，写下如图 2-90 所示的代码，传入到 ESP8266 板里，让步进电动机转动起来。这段代码是一段比较基础的用于测试电动机运转的代码。不同类型的电动机所能达到的极限转速不尽相同，本实例所用的步进电动机是比较初级、便宜的一款电机，转动速度也相对较慢。代码如图 2-90 所示。

```
1  #include <Stepper.h>
2  #define motorSteps 64 // 设置电动机旋转一周所需的步数
3  Stepper myStepper(motorSteps, D1,D2,D3,D4);
4  //设置步进电动机连接esp8266的D1,D3,D2,D4引脚
5
6  void setup() {
7  myStepper.setSpeed(200);//设置步进电动机转速每分钟200步
8   }
9  void loop() {
10       myStepper.step(5);//通知步进电动机运行5步
11  }
```

图 2-90　步进电动机转动的基础代码

烧录代码到板子里，然后测试运行，感觉控制步进电动机转动的指令还是比较容易读懂的，设置引脚关系、转速再通知其转动即可。如果在烧录代码的过程中，Arduino IDE 出现诸如无法识别 D1 变量之类的报错提示，则需要将 Arduino IDE 在“工具”→“开发板”里按照实际的板子类型选择，例如 ESP8266 Boards 下面的 NodeMCU 1.0(ESP-12E Module) 这样的具体的板子类型。

为了让 ESP8266 板还能连接 MQTT 服务器并订阅和接收主题信息，需要在 Arduino 项目文件 esp8266_Servo_UE5.ino 里传入与 MQTT 相关的代码，这些代码与上一节提到的项目文件 MQTTClient_UE5.ino 中的代码非常接近，只需要修改三个地方就可以了。

首先，在代码的最前面，引入了控制电动机、连接 Wi-Fi 和 MQTT 所需的库文件并初始化了步进电动机的设置。同时，建立了一个 bool（布尔）类型的变量 StepperShouldRun 来表示电动机是否应该转动。后续会依据接收到的主题消息来改变这个变量。代码如图 2-91 所示。

```
esp8266_Servo_UE5 §
1  #include <Stepper.h>//引入步进电动机库文件
2  #include <ESP8266WiFi.h>//引入连接Wi-Fi所需的库文件
3  #include <PubSubClient.h>//PubSubClient是操作MQTT的库文件
4
5  #define motorSteps 64 //设置电动机旋转一周所需的步数
6  Stepper myStepper(motorSteps, D1,D2,D3,D4);
7  //设置步进电动机连接ESP8266板的D1,D2,D3,D4引脚
8  bool StepperShouldRun=false; //布尔变量表示电动机是否应该转动
```

图 2-91　esp8266_Servo_UE5.ino 文件开头的代码

然后要修改 callback( ) 回调函数部分，根据读取到的主题消息里的第一个字符来设置变量 StepperShouldRun 的值。如果收到 1 就设置为 true，如果收到其他的就设置为 false。代码如图 2-92 所示。

```
38  void callback(char* topic, byte* payload, unsigned int length) {
39    //callback函数 ——接收到mqtt服务器上发布的信息后的回调
40    //topic是主题， payload是数据消息
41    Serial.print("Message arrived [");
42    Serial.print(topic);
43    Serial.print("] ");
44    for (int i = 0; i < length; i++) {
45      Serial.print((char)payload[i]);
46    }
47    Serial.println();
48  //如果接收到的消息的第一个字符是1就让变量StepperShouldRun为true
49    if ((char)payload[0] == '1') {
50     StepperShouldRun=true;
51    } else {
52     StepperShouldRun=false;
53    }
54  }
```

图 2-92　根据读取到的主题消息来设置 StepperShouldRun 的值

接下来在底部的 void loop( ) 函数里增加如图 2-93 所示的代码，依据 StepperShouldRun 的值来决定是否要转动电动机。

```
74  void loop() {
75    if (!client.connected()) {
76      reconnect();
77    }
78    client.loop();
79    long now = millis();
80    if (now - lastMsg > 2000) {//2秒以后
81      lastMsg = now;
82      ++value;
83      snprintf (msg, 75, "hello world #%ld", value);
84      //构建字符串写入msg中，字符串为hello world+value， 75表示大小不超过75字节
85      Serial.print("Publish message: ");
86      Serial.println(msg);
87      client.publish("outTopic", msg);
88    }
89    if(StepperShouldRun==true){//如果StepperShouldRun为true就转动电动机
90       myStepper.setSpeed(100);//设置步进电动机转速每分钟100步
91       myStepper.step(5);//通知步进电动机运行5步
92    }
93  }
```

图 2-93　依据 StepperShouldRun 的值来控制电动机的转动

把修改好的完整的代码传入到 ESP8266 板后，运行 UE5。此时可以发现，单击视口中的圆锥体和球体时，分别能控制屏幕外的电动机和 UE5 中的直升机螺旋桨同步转动或同步停下来。效果如图 2-94 所示。

图 2-94　单击 UE5 里的物体可以同时控制屏幕内外的两个螺旋桨的启停

在本节实例里应当留意到，UE5 所在计算机和 ESP8266 板并不要求连接在同一个 Wi-Fi 下，也就是说 UE5 所在计算机可以在北京，而 ESP8266 板可以身处上海，两者可以在不同地点通过互联网来彼此连接。这个实例里虚实互动的意味相对更厚重一些，可以让人联想到数字孪生项目的类似做法，希望在互动思路上能对读者有更多的启迪。

本实例详细的操作步骤可以通过扫描下方二维码来观看。

2.3　UE5 利用 UDP 与硬件通信

在 TCP/IP 网络体系结构中，TCP 协议（Transport Control Protocol，传输控制协议）、UDP 协议（User Datagram Protocol，用户数据报协议）是传输层最重要的两种协议，为上层用户提供不同级别的通信可靠性。UDP 协议是一个简单的面向数据报的传输层协议，提供的是非面向连接的、不可靠的数据流传输。UDP 协议不提供可靠性，也不提供报文到达确认、排序以及流量控制等功能，它只是把应用程序传给 IP 层的数据报发送出去，但是并不能保证它们能到达目的地，因此报文可能会发生丢失、重复以及乱序等情况。但由于 UDP 在传输数据报前不用在客户和服务器之间建立连接，且没有超时重发等机制，因此传输速度很快。UDP 在日常生活中并不陌生，大家较为常用的聊天软件 QQ 就是利用 UDP 协议发送聊天内容数据的。在 UE5 里也可以利用 UDP 来进行软件与硬件之间的通信。

2.3.1　UE5如何使用UDP插件

本节将在 UE5 中使用 UDP-Unreal 插件与 ESP8266 板基于 UDP 协议进行通信。

首先从 GitHub 上下载 UDP-Unreal 这个插件，它的版本已经更新至 UE5.1，需要注意的是这个插件需要依托之前学习过的 SocketIOClient-Unreal 插件，如图 2-95 所示。

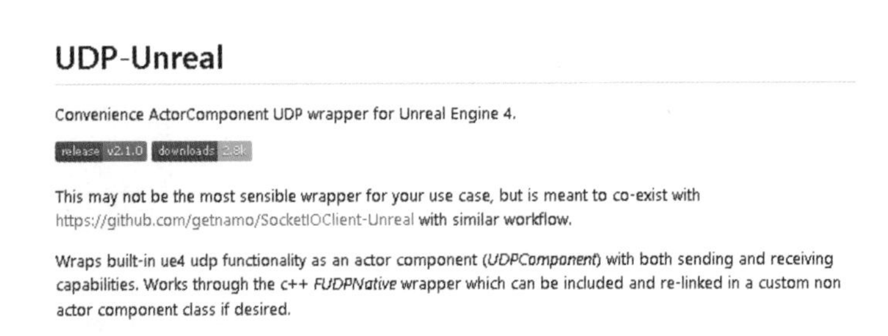

图 2-95　GitHub 上的 UDP-Unreal 插件

可以将 sUDP-UE5.1-v2.1.0.7z 直接下载后解压，里面既有 SocketIOClient 又有 UDP-Unreal，如图 2-96 所示。

图 2-96　下载 UDP-UE5.1-v2.1.0.7z 安装包

首先采用第一人称游戏模板新建一个 UE5.1 项目，项目名称为 UDPDemo，如图 2-97 所示。

图 2-97　以第一人称游戏模板建立项目

将解压缩后的两个插件都放入项目文件夹里的 Plugins 文件夹中，Plugins 文件夹需要自己手工创建。然后需要在 UE5 项目的菜单里依次选择 Edit → Plugins 命令，启用上述两个插件，勾选后重启 UE5，如图 2-98 所示。

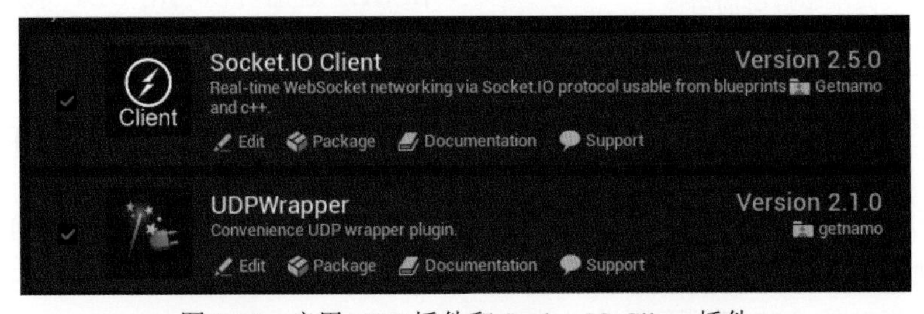

图 2-98　启用 UDP 插件和 Socket.IO Client 插件

1. 在蓝图中使用 UDP 组件

在 UE5 的 Content Browser 里点选 Content 文件夹后，右击新建一个蓝图类 Actor 对象，取名为 UPD_Actor，如图 2-99 所示。

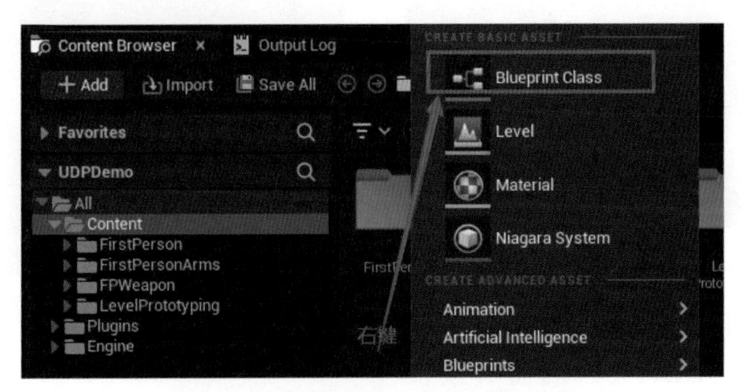

图 2-99　右键新建一个蓝图类对象

双击打开 UPD_Actor，在它的组件面板里新增一个 UDP 组件，如图 2-100 所示。

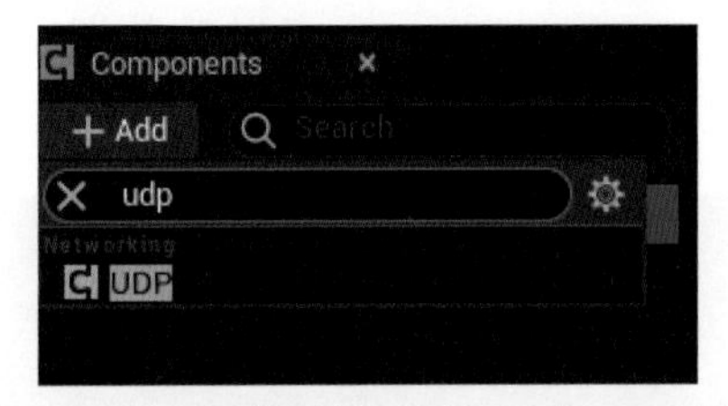

图 2-100　在组件面板里添加一个 UDP 组件

接着在蓝图里写入图 2-101 所示的内容，让项目可以接收键盘的输入。

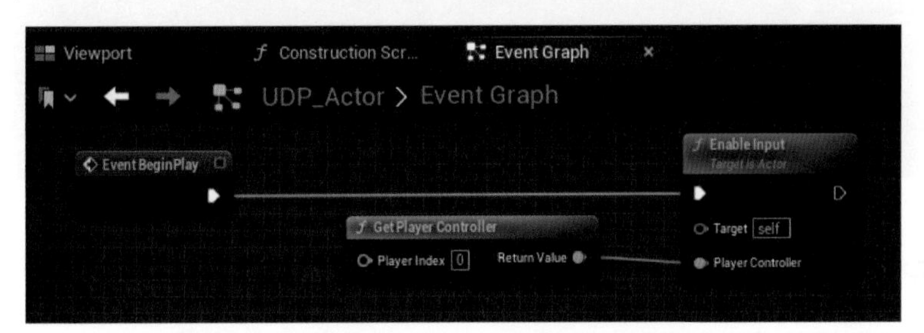

图 2-101　让 UDP_Actor 对象能接收到键盘输入

然后在蓝图中将组件里的 UPD 拖进来，使用 Open Receive Socket 节点让 UPD 开启接收信息的监听端口，如图 2-102 所示。

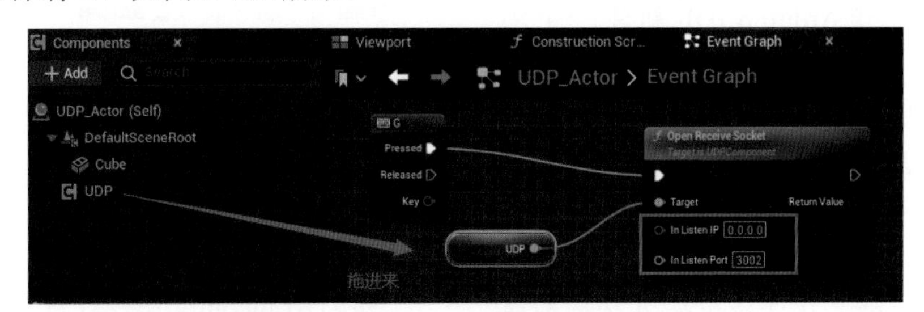

图 2-102　设置 UPD 监听地址和监听端口

UDP 监听的 IP 地址是 0.0.0.0，指的是当前这台计算机监听的端口为 3002。在蓝图区域空白处右击，输入 keyboard G 搜索，可以找到键盘事件 G，单击它可以创建对应的按键事件，如图 2-103 所示。

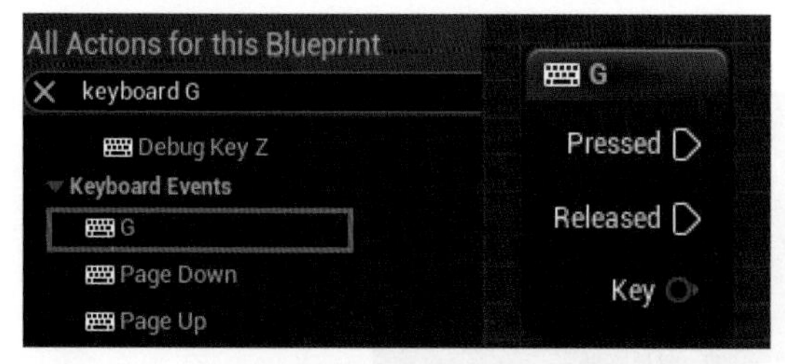

图 2-103　在蓝图里建立按 G 键对应的键盘事件

图 2-102 所示的蓝图内容表示：在用户在键盘上按 G 键后，UDP 会开启监听接收 UDP 数据。接着，选中组件面板里的 UDP 组件，在它的细节面板里，单击事件 On Received Bytes 右侧的加号按钮，为它添加这一事件，如图 2-104 所示。

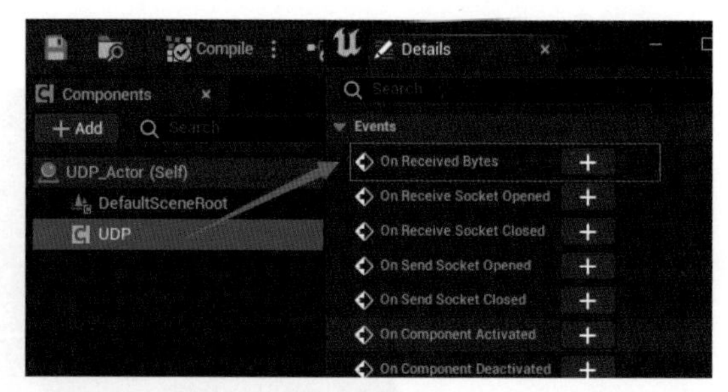

图 2-104　为 UDP 组件添加 On Received Bytes 事件处理机制

这样就可以在接收到外界发来的 UDP 数据时，打印输出数据发送方的 IP 地址信息以及数据发送方所使用的端口号和发送的具体内容。蓝图安排如图 2-105 所示。

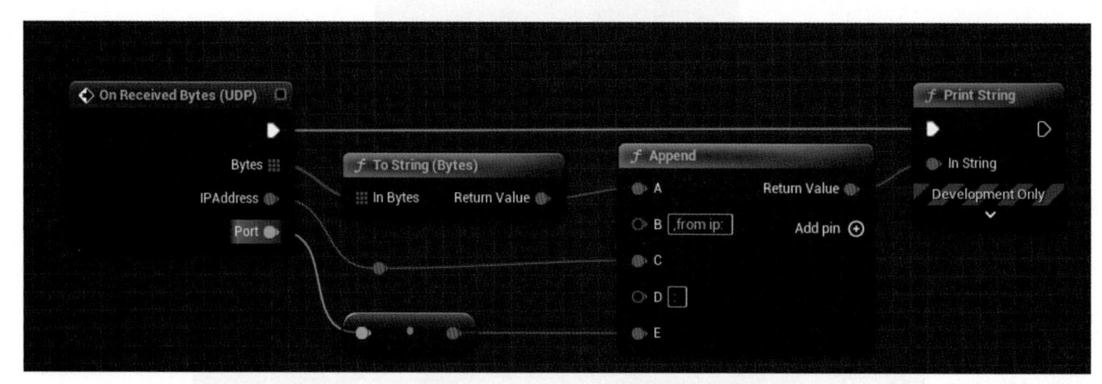

图 2-105　接收到数据后打印输出相关详细信息

2. 让 ESP8266 板发送 UDP 数据

让 UE5 通过蓝图接收 UDP 信息的准备工作就绪后，可以实践一下让 ESP8266 板发送 UDP 数据的过程。将 ESP8266 板连接到计算机，打开 Arduino IDE 新建一个项目，取名为 esp8266_Wi-Fi_UDP。从“工具”→“开发板”里选择 Generic ESP8266 Module（或者是更贴近实际板型的开发板类型）。从“工具”→“端口”选择正确的端口（如 COM3），这里需要与自己的实际情况相匹配，从计算机的设备管理器查看到 USB 接口所连接的端口号信息，如图 2-106 所示。

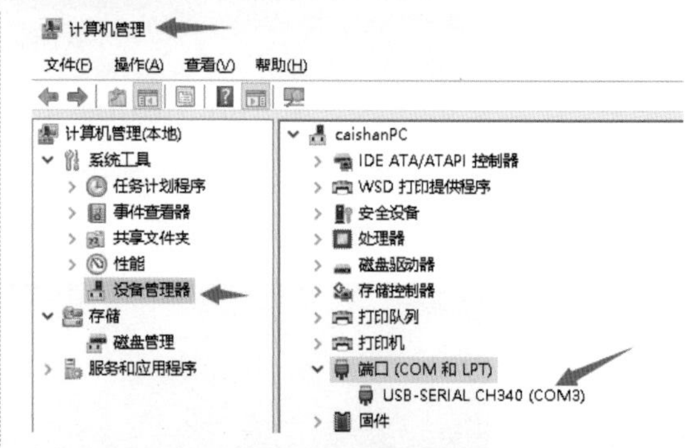

图 2-106　从计算机的设备管理器查看 ESP8266 板连接电脑的端口号

接着用 ipconfig 命令行查看到自己计算机在局域网内的 IP 地址为 192.168.3.44，然后在 Arduino IDE 里写入代码让 ESP8266 板每隔 2 秒就向计算机的 3002 端口发送一次数据，代码如图 2-107 所示。

```
esp8266_WIFI_UDP §
1   #include <ESP8266WiFi.h>
2   #include <WiFiUdp.h>
3   #ifndef STASSID
4   #define STASSID "自己Wi-Fi的名称" //自己Wi-Fi的名称
5   #define STAPSK  "自己Wi-Fi的密码"    //自己Wi-Fi的密码
6   #endif
7   unsigned int localPort = 8888;      //自己的端口用于监听
8   // buffers for receiving and sending data
9   char packetBuffer[UDP_TX_PACKET_MAX_SIZE + 1]; //用于接收数据的Buffer
10  int i=1; //用于发送的字符信息
11  char str[25];
12
13  WiFiUDP Udp;
14  void setup() {
15    Serial.begin(115200);
16    WiFi.mode(WIFI_STA);
17    WiFi.begin(STASSID, STAPSK); //连接Wi-Fi
18    while (WiFi.status() != WL_CONNECTED) {//如果没有连上就一直输出...
19      Serial.print('.');
20      delay(500);
21    }
22    Serial.println("Connected! IP address: ");
23    Serial.println(WiFi.localIP());//显示esp8266在局域网中的IP
24    Serial.printf("UDP server on port %d\n", localPort);
25    Udp.begin(localPort); //UDP开始监听
26  }
27
28  void loop() { //循环执行
29      Udp.beginPacket("192.168.3.44", 3002);
30      i=i+1;
31      itoa(i,str,10);//把整数按十进制转为字符
32      Udp.write(str); //发送信息到192.168.3.44的3002端口
33      Udp.endPacket();
34      delay(2000);//延迟2秒
35  }
```

图 2-107　ESP8266 板连接 Wi-Fi 后发送数据的代码

发送的数据内容每次会增加 1，是使用 ESP8266 板的 8888 端口发送给计算机的 3002 端口的。代码写好后，使用 Arduino IDE 将代码烧录到 ESP8266 板里。要确保 ESP8266 板正常运行，可以按一下 ESP8266 板上的 RST 按钮。

此时进入 UE5，将 UDP_Actor 蓝图里的 UDP 组件选中，从它的细节面板里找到 UDP 连接属性，设置 Receive IP 属性为 0.0.0.0，并将 Receive Port 属性设置为 3002，如图 2-108 所示。

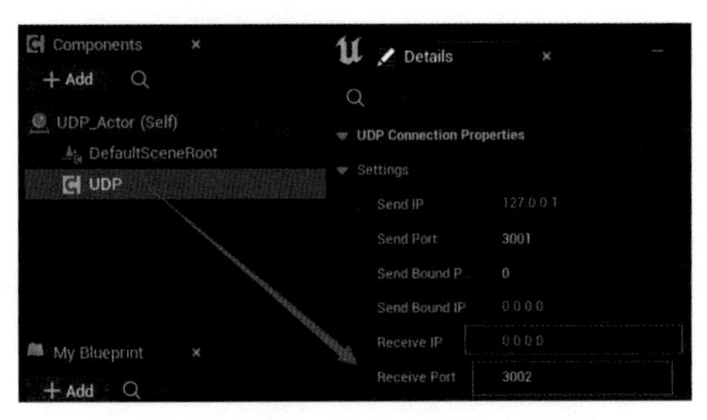

图 2-108　设置 UDP 组件的连接属性

这样，发送到 UE5 所在计算机 3002 端口的 UDP 信息就能被接收到了。运行 UE5，先单击一下视口，然后按下键盘上的按键 G，接下来就会看到视口左上角每隔 2 秒打印输出类似图 2-109 中的数据，最前面的数字每次会递增 1。from ip 字符后显示的是 ESP8266 板在局域网内的 IP 地址，冒号后面的 8888 是 ESP8266 板发送 UDP 数据所用的网络端口，如图 2-109 所示。

图 2-109　UE5 视口打印输出接收到的 UDP 信息

到这里，我们就成功使用 UDP-Unreal 插件接收到了外部硬件发来的UDP数据信号。

3. 为 ESP8266 板固定 IP 地址

有一点需要补充的是，ESP8266 板连接上 Wi-Fi 以后，其对应的 IP 地址是路由器分配的，ESP8266 板每次连接 Wi-Fi 后被分配的 IP 地址可能都不同。如果希望这个 IP 地址是固定不变的，那么可以在 ESP8266 板中输入如图 2-110 所示的代码固定 IP 地址。

```
esp8266_UDP2 §
1   #include <ESP8266WiFi.h>
2   #include <WiFiUdp.h>
3   #ifndef STASSID
4   #define STASSID "自家Wi-Fi的名称" //自家Wi-Fi的名称
5   #define STAPSK  "自家Wi-Fi的密码"    //自家Wi-Fi的密码
6   #endif
7   const char *DeviceName="ESP8266_Board1";
8   //设备在网路中的名字，连接Wi-Fi后在路由器管理页中可以看到
9   IPAddress staticIP(192,168,3,205);//ESP8266开发板的固定IP地址
10  IPAddress gateway(192,168,3,1);//网关地址，即路由器的IP地址
11  IPAddress subnet(255,255,255,0);//子网掩码
12  IPAddress dns(192,168,3,1);//dns服务器地址 用命令行ipconfig/all查看
13
14  unsigned int localPort = 8888; //ESP8266用于监听和发送数据的端口
15  // buffers for receiving and sending data
16  char packetBuffer[UDP_TX_PACKET_MAX_SIZE + 1]; //用于接收数据的Buffer
17  int i=1; //用于发送的字符信息
18  WiFiUDP Udp;
19  void setup() {
20    Serial.begin(115200);
21    WiFi.mode(WIFI_STA);//以Station模式连接Wi-Fi
22    WiFi.hostname(DeviceName);//设置ESP8266在网络中的显示名
23    WiFi.config(staticIP,gateway,subnet,dns);//配置静态IP地址
24    WiFi.begin(STASSID, STAPSK); //连接Wi-Fi
25    while (WiFi.status() != WL_CONNECTED) {//如果没有连上就一直输出...
26      Serial.print('.');
27      delay(500);
28    }
29    Serial.println("Connected! IP address: ");
30    Serial.println(WiFi.localIP());//显示esp8266在局域网中的IP
31    Serial.printf("UDP server on port %d\n", localPort);
32    Udp.begin(localPort); //UDP开始监听8888端口
33  }
34  void loop() {
35    //此处代码与之前相同
36    //...
```

图 2-110　ESP8266 板实现固定 IP 地址

这样，每次ESP8266板连接Wi-Fi，其自身IP地址都会是192.168.3.205。如图2-110所示，主要设定了4个参数，分别是staticIP、gateway、subnet和dns。staticIP是用户希望为ESP8266板设定的局域网固定IP地址，通常以192.168开头；而gateway、subnet和dns均需要通过在计算机的命令行里输入ipconfig/all查看得到，如图2-111所示。然后在setup()里通过Wi-Fi.config(staticIP,gateway,subnet,dns)为ESP8266板配置好固定的IP地址。

图2-111　计算机命令行查看网关地址、子网掩码和DNS

2.3.2　实例：ESP8266板与UE5利用UDP互控

在UE5接收到UDP数据的同时，如果希望UE5也能向外部硬件发送UDP数据，该如何操作呢？在本节实例里，我们会结合UDP信息接收与发送，演示ESP8266板与UE5的互控。

1. 让ESP8266板能接收UDP数据并反馈

首先，在Arduino IDE里修改代码，如图2-112所示，然后烧录到ESP8266板里。

```
esp8266_WIFI_UDP §
1  #include <ESP8266WiFi.h>
2  #include <WiFiUdp.h>
3  #ifndef STASSID
4  #define STASSID "自己Wi-Fi的名称" //自己Wi-Fi的名称
5  #define STAPSK  "自己Wi-Fi的密码"    //自己Wi-Fi的密码
6  #endif
7  unsigned int localPort = 8888;      //自己的端口用于监听
8  // buffers for receiving and sending data
9  char packetBuffer[UDP_TX_PACKET_MAX_SIZE + 1]; //用于接收数据的Buffer
10 char  ReplyBuffer[] = "HelloFromEsp8266!\r\n"; //用于发送的字符信息
11 WiFiUDP Udp;
12 void setup() {
13   Serial.begin(115200);
14   WiFi.mode(WIFI_STA);
15   WiFi.begin(STASSID, STAPSK); //连接Wi-Fi
16   while (WiFi.status() != WL_CONNECTED) {//如果没有连上就一直输出...
17     Serial.print('.');
18     delay(500);
19   }
20   Serial.println("Connected! IP address: ");
21   Serial.println(WiFi.localIP());//显示ESP8266在局域网中的IP
22   Serial.printf("UDP server on port %d\n", localPort);
23   Udp.begin(localPort); //UDP开始监听
24 }
25
26 void loop() {
27   int packetSize = Udp.parsePacket();
28   if (packetSize) {//如果收到数据
29     Serial.printf("Received packet of size %d from %s:%d\n    (to %s:%d, free heap = %d B)\n",
30                   packetSize,
31                   Udp.remoteIP().toString().c_str(), Udp.remotePort(),
32                   Udp.destinationIP().toString().c_str(), Udp.localPort(),
33                   ESP.getFreeHeap());
34     int n = Udp.read(packetBuffer, UDP_TX_PACKET_MAX_SIZE);//将信息读取到packetBuffer里
35     packetBuffer[n] = 0;
36     Serial.println("Contents:"+packetBuffer);//打印收到的数据内容
37     Udp.beginPacket(Udp.remoteIP(), 3002); //Udp.remoteIP()指ESP8266接收到的UDP信号的发送者的IP
38     Udp.write(ReplyBuffer);//向其回发消息
39     Udp.endPacket();
40   }
41 }
```

图2-112　ESP8266板发送和接收UDP信息

以上代码实际是利用 Wi-FiUdp.h 这个库文件在 ESP8266 板的端口 8888 监听 UDP 数据，当接收到有数据到达时会向数据发送者（在本实例中，就是计算机）的 3002 端口回发一个数据内容为 HelloFromEsp8266 的消息。从代码里可见，ESP8266 板发送数据和监听接收数据使用的都是 8888 端口。

烧录代码完毕后启动 ESP8266 板（按一下板子上的 RST 按键），从串口监视器里能看到 ESP8266 板在局域网内的 IP 地址为 192.168.3.205，如图 2-113 所示。

图 2-113　从串口监视器可以查看 ESP8266 板在局域网内的 IP 地址

2. 使用 UDP 组件发送数据并处理反馈

继而，在 UDP_Actor 蓝图里的 UDP 组件上将 Send IP 设为 ESP8266 板的 IP 地址，将 Send Port 设置为 ESP8266 板所监听的端口 8888，如图 2-114 所示。

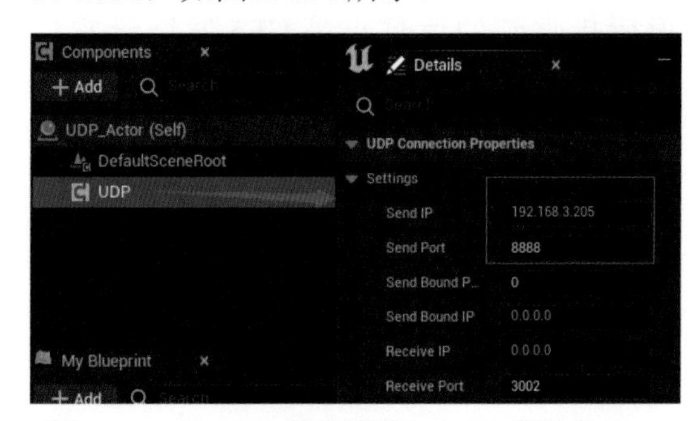

图 2-114　为 UDP 组件设置 Send IP 属性和 Send Port 属性

同时，在蓝图里增加图 2-115 所示的节点，对外发送内容为 Hello boy 的数据信息。

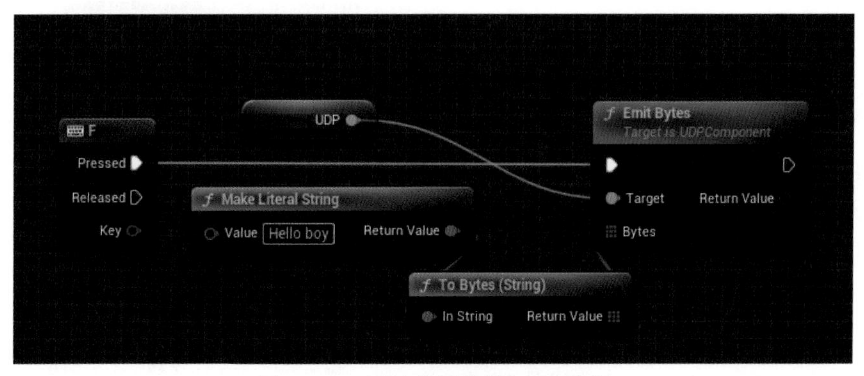

图 2-115　通过蓝图发送 UDP 数据

这样按 F 键就可以通过 UDP 组件对外发送 UDP 数据了。编译、保存后运行 UE5，鼠标先单击视口让视口获得焦点，然后按 G 键开始监听外部数据。接着再按 F 键发送一个内容为 Hello boy 的数据到 ESP8266 板所对应的 IP 地址和端口。

此时，从视口的打印输出可以看到 ESP8266 板回复的内容 HelloFromEsp8266!。

图 2-116　UE5 打印输出 ESP8266 板回发的 UPD 数据

而从串口监视器可以看到 ESP8266 板所接收到的信息正是 UE5 发送给它的数据。

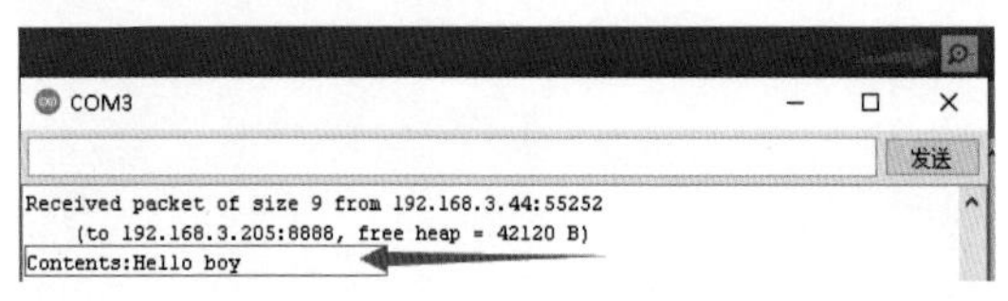

图 2-117　串口监视器显示了 UE5 发送给 ESP8266 板的数据

这样，基于 UDP 协议的数据互通就实现了。UE5 和 ESP8266 板都可以各自实现 UDP 数据的发送和接收，利用 UDP 通信，UE5 可以控制 ESP8266 板所连接的硬件设备，ESP8266 板上的设备也可以控制 UE5 中的视听内容。

3. 基于 UDP 通信实现更复杂的交互

为了让实例更贴近实战效果，笔者在 UE5 里和 ESP8266 板上分别增加了一些细节。同时新建了一个 Arduino IDE 项目，文件名为 esp8266_UDP2.ino。

在 ESP8266 板上，连接上了一个按钮器件和一个 LED 小灯，让按钮被单击后可以向 UE5 发送 UDP 信息。在 UE5 的 UDP_Actor 对象里添加了一个 SpotLight（探照灯）和一个 Sphere Collision（球体碰撞检测）。

在 UE5 中的交互逻辑设定的是，一旦发现玩家进入到了球体碰撞检测对象所在的空间里，UE5 就会向 ESP8266 板发送 UDP 信息，通知 ESP8266 板上的 LED 灯开始闪烁（注意应将 LED 灯上较短的引脚接地线，将较长的另一个引脚接在板子的 D1 口上）。

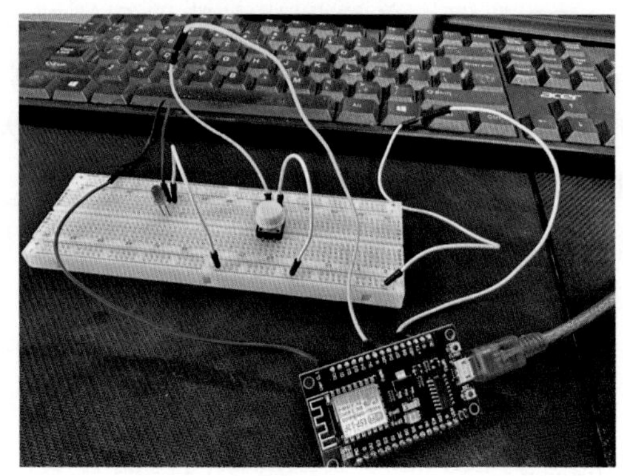

图 2-118　借助面包板为 ESP8266 板接上按钮和 LED 灯

在 ESP8266 板里，需要烧录进如图 2-119 所示的代码。烧录完毕后记得按一下 ESP8266 板上的 RST 按钮启动 ESP8266 板。

```
esp8266_UDP2
1  #include <ESP8266WiFi.h>
2  #include <WiFiUdp.h>
3  IPAddress staticIP(192, 168, 3, 205); //ESP8266开发板的固定IP地址
4  IPAddress gateway(192, 168, 3, 1); //网关地址，即路由器的IP地址
5  IPAddress subnet(255, 255, 255, 0); //子网掩码
6  IPAddress dns(192, 168, 3, 1); //dns服务器默认
7  IPAddress ComputerIP(192, 168, 3, 44);//修改为UE4所在电脑的IP
8  const int LED1 = 5;  //5就是D1引脚
9  const int buttonPin = 12;//12就是D6引脚
10 WiFiUDP Udp;
11 void setup() {
12   Serial.begin(115200);
13   WiFi.mode(WIFI_STA);//以Station模式连接Wi-Fi
14   WiFi.config(staticIP, gateway, subnet, dns); //配置静态IP地址
15   WiFi.begin("自家Wi-Fi名称", "自家Wi-Fi密码"); //连接Wi-Fi
16   while (WiFi.status() != WL_CONNECTED) {//如果没有连上就一直输出...
17     Serial.print('.');delay(500);
18   }
19   Udp.begin(8888); //UDP开始监听8888端口
20   pinMode(LED1, OUTPUT);//设置LED1所在引脚为OUTPUT模式
21   pinMode(buttonPin, INPUT_PULLUP);//设置按钮所在引脚为INPUT_PULLUP模式
22 }
23 void loop() {
24   int packetSize = Udp.parsePacket();
25   if (packetSize) { //如果收到数据
26     char packetBuffer[255];
27     int n = Udp.read(packetBuffer, 255); //将信息读取到packetBuffer里
28     packetBuffer[n]=0;//清除缓存
29     Serial.println("Received:"+(String)packetBuffer);//打印收到的数据
30     if((String)packetBuffer=="ESP8266LightOn"){ Blink(); }
31   }
32   if(digitalRead(buttonPin) == LOW) {//LOW值是0，如果按钮被按下了
33     Serial.println("Button pressed");//打印显示Button pressed
34     Udp.beginPacket(ComputerIP, 3002); //向UE5所在计算机的3002端口发信息
35     Udp.write("LightOn");//发消息"LightOn"给电脑
36     Udp.endPacket();//发送信息结束
37    }
38 }
39 void Blink() { //D1引脚上的灯闪烁6次的函数
40   for(int i=1;i<=6;i++){
41     digitalWrite(LED1, HIGH); delay(100);
42     digitalWrite(LED1, LOW);delay(100);
43   }
44 }
```

图 2-119　ESP8266 板结合按钮和 LED 灯的代码

在 UE5 的 UDP_Actor 里添加的 SpotLight，设置其细节属性如图 2-120 所示，灯光为蓝

色。默认 Intensity（亮度）为 0，即为熄灭的。

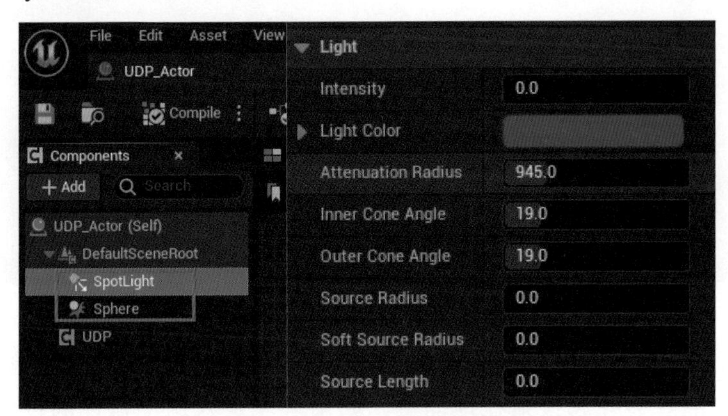

图 2-120　添加蓝色的 SpotLight

为 UDP_Actor 再添加一个球体碰撞对象，然后单击它事件列表里的 On Comonent Begin Overlap 事件右侧的加号图标，为这个事件类型加入蓝图逻辑。

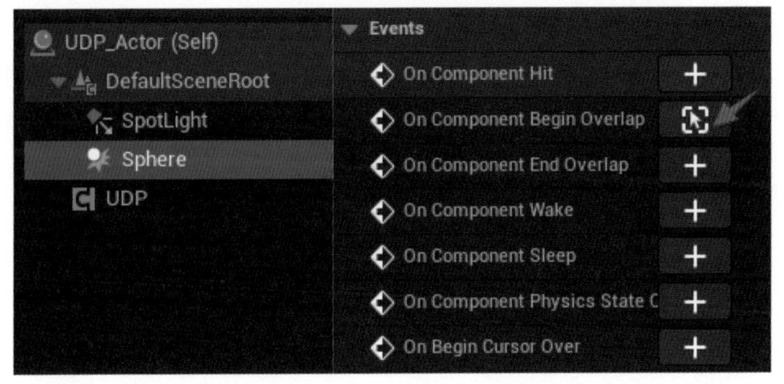

图 2-121　为球体碰撞添加 On Comonent Begin Overlap 事件

图 2-122 所示蓝图内容表示当有 Actor 碰到 Sphere 时，会让 UPD 组件发送内容为 ESP8266LightOn 的信息。

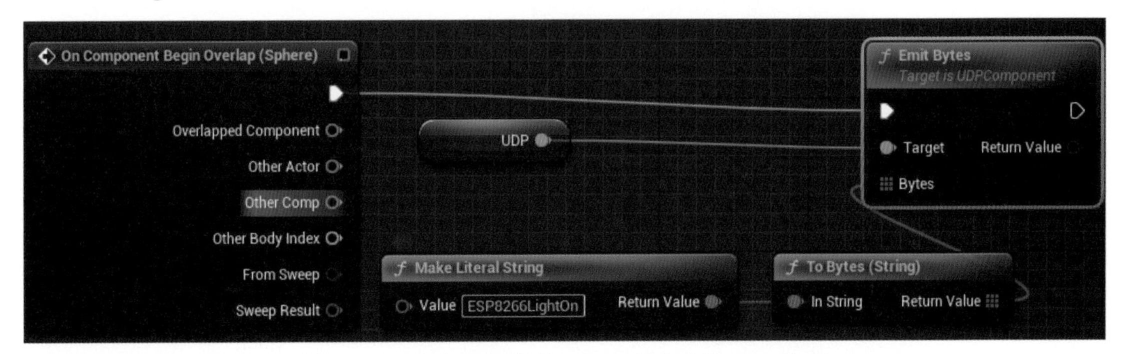

图 2-122　有物体触碰到 Sphere 就会发送 UDP 数据

图 2-123 所示蓝图内容表示当收到 UDP 数据时，会判断数据内容是否为 LightOn，如果是，就会让 SpotLight 的灯光强度为 500000。

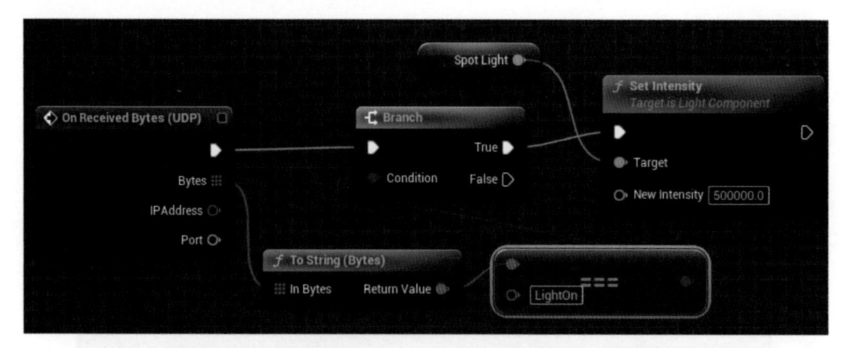

图 2-123　收到特定信息可以让 SpotLight 灯亮起

编译保存蓝图后运行 UE5，操作玩家走动起来，当按下 ESP8266 板上的 RST 按钮时，UE5 场景中的探照灯会亮起投射在地面上，如果玩家走入这个蓝色的投影区，就会看到 ESP8266 板上的 LED 开始闪动。通过学习这样一个用 UE5 控制外部硬件、外部硬件亦能同时影响 UE5 的实例，相信读者朋友们已经可以更进一步地感受到数字互动、虚实共生的魅力了。

本实例详细的操作步骤可以通过扫描下方二维码来观看。

第3章　数学让UE5的互动更有趣

前两章介绍了UE5与外部软硬件的通信和互动，这一章来说说数学。之所以要聊数学，是因为优质的互动开发离不开数学。数学知识可以让互动逻辑更加真实、更加令人信服，从而可以让用户获得沉浸式体验，在整个互动体验过程中持续保持身临其境的感觉。同时，数学知识也能提高数据通信的效率，能精准传送有效数据，从而提升交互响应速度。

虚幻引擎原本主要用于各类三维游戏开发，而在三维空间里的位置关系判断、距离计算、碰撞检测、角度差计算、法线求解等，都需要通过数学运算才能得到准确的坐标值或角度值等结果。为了让读者们在实际的开发过程中能分析解决一些常见的计算问题，笔者选择一些较为关键且使用频率较高的数学知识介绍给大家。同时，这一章也会介绍一些UE5的蓝图使用技巧。具体内容安排如下。

- UE5数学表达式节点，这是学习UE5函数的一个捷径，通过在数学表达式节点输入各类函数，可以理解诸多UE5函数的含义（包括函数所需参数的含义）和具体用法。
- 为了能在三维世界里处理好互动开发所涉及的物体的位置、角度、大小等属性的变化，必须学习好向量之间的运算方法（包括向量的旋转）。
- 掌握了向量和函数的知识，就可以尝试着动手解决一些实际的空间逻辑问题。例如，半空间测试是一种用于判断三维空间里点与线的关系的计算方法，而法线求解则是直线与平面的垂直关系的推导方法。学会了这些判断方法，就可以更加深入地运用函数和向量知识来实现对物体的运动控制，例如让物体按照设定的圆周轨迹来运动或是按照既定的Bezier曲线来运动。
- 一些UE5的蓝图使用技巧，方便UE5初学者们进一步熟悉UE5的细节操作，从而能更好地消化本书中与UE5相关的内容。

通过这一章的学习，读者可以由浅入深地掌握UE5里与数学计算相关的核心技巧，从而让互动开发中涉及的空间物理逻辑更加贴合现实，最终营造出更有沉浸感、更逼真、更合理的互动体验。

本章重点

- 在数学表达式里使用丰富的UE5函数
- 向量的加、减、乘、除运算和旋转向量的方法
- 半空间测试与法线求解的具体用法
- 结合函数计算实现圆周运动和贝塞尔曲线运动

3.1 数学表达式节点和常用数学函数

3.1.1 数学表达式节点

UE5中含有一个数学表达式节点，在蓝图编辑区域中可以找到这个节点加以使用。使用这个节点可以让用户较为方便地运算各类数据计算公式。在虚幻引擎的早期版本里，并没有出现数学表达式节点，那时候要想得到一个公式的计算结果，常常需要连接多个节点才行。UE5加入了数学表达式节点，因此自定义求解的过程就变得非常便捷了。由此可见，UE5对数学计算已经较为重视了！使用数学表达式节点，可以用自己编写的公式来计算出一个结果值，这与在Excel公式栏里输入“=A1+B1”得到结果值的过程非常相似。把一些常用的数学函数用在数学表达式中，使得UE5中的数学计算能力得到了显著提升。

开门见山，我们直接创建一个数学表达式节点来演示一下吧。首先，使用第三人称游戏模板构建一个新的UE5项目，取名为MathDemo。在关卡蓝图的空白处右击，在弹出的搜索框中输入math，就会看到底部出现了Add Math Expression（添加数学表达式）这个条目，如图3-1所示，我们先选择它。

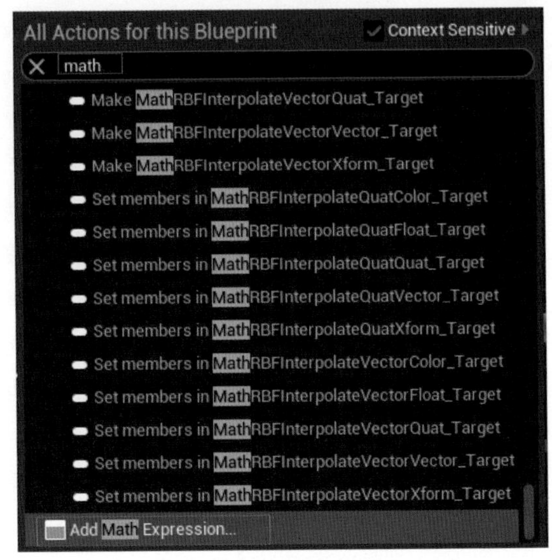

图3-1　添加数学表达式蓝图节点

这样，在蓝图里就建立了一个数学表达式节点。选中这个节点，在它的细节面板里，可以进一步输入表达式的具体内容。如果想计算9×9×9+125等于多少，就可以在表达式的Expression属性输入框中输入(((9*9)*9)+125)，于是数学表达式节点变成了图3-2所示的样子（图中左侧方框所示）。

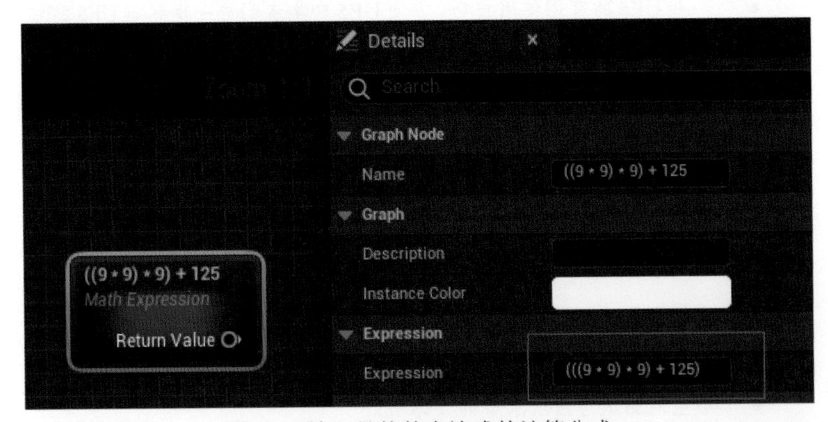

图3-2　输入具体的表达式的计算公式

如果想看这个节点输出的具体结果，可以把这个节点与Event BeginPlay连接起来，再利用Print String节点打印输出结果值，如图3-3所示。当连接Print String节点的In String

引脚和数字表达式节点的 Return Value 引脚时，UE5 会自动生成一个转化节点，用于数据类型的转化，把浮点数值转为字符串类型。

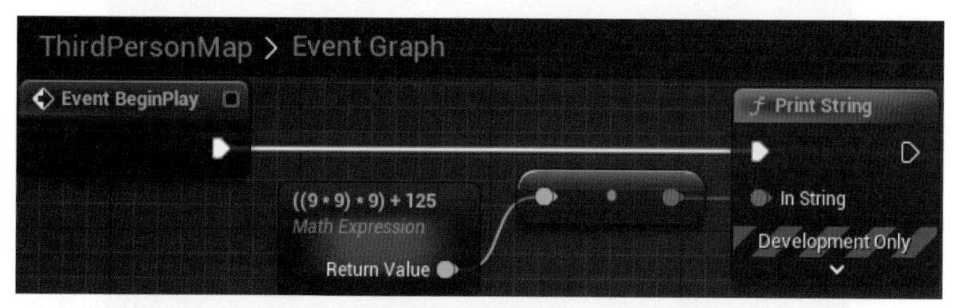

图 3-3 打印输出数学表达式的结果

Event BeginPlay 事件所连接的指令节点是该蓝图被运行时就会立即自动执行的指令语句。因此，此时如果切换到关卡视口，单击运行按钮运行关卡，就会在视口的左上角看到打印输出的内容了，如图 3-4 所示。

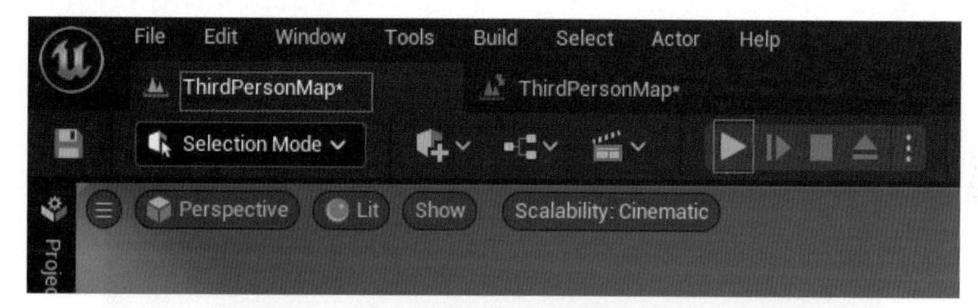

图 3-4 单击 UE5 的运行按钮运行关卡

可以看到数字表达式节点的结果是 854。打印输出所用的文本颜色以及显示的时间长度都可以在 Print String 节点中设置。单击 Print String 节点底部的下拉白色箭头，可以看到该节点更多的参数，它们都是可以修改的，如图 3-5 所示。

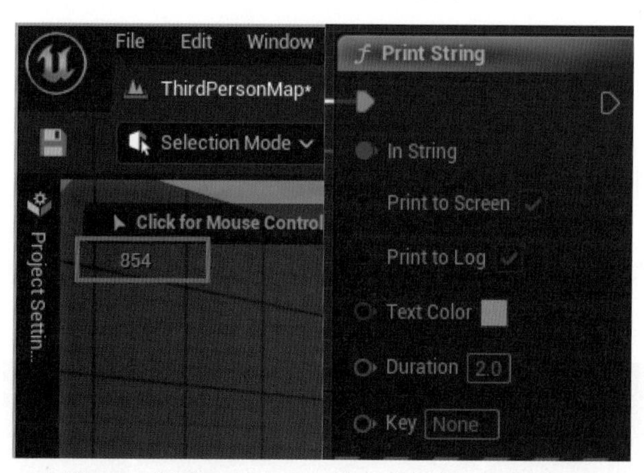

图 3-5 设置 Print String 的字体颜色和显示时长

数学表达式节点支持参数的使用，也就是支持变量的输入。例如在 Expression 属性里输入 (a*a)+(b*b) 后，表达式节点就会自动增加两个引脚，一个是 A，一个是 B，这两个输入参数的数据类型也可以设置为整数，表达式的结果（Output）类型也可以指定为整数类型，如图 3-6 所示，这样可以让用户方便地通过节点直接输入参数，从而得到自己想要的结果值。

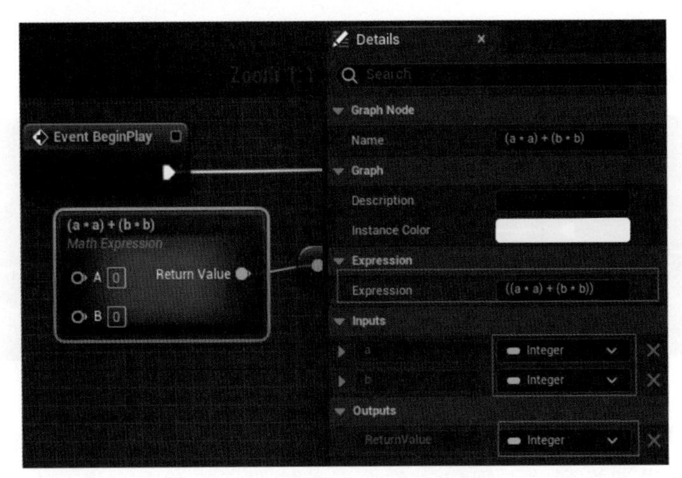

图 3-6　数学表达式的参数

如果在 A、B 输入框里分别输入 3.0 和 4.0，然后编译蓝图并保存，再次运行关卡，在视口左上角打印输出的就是 25 了，如图 3-7 所示。

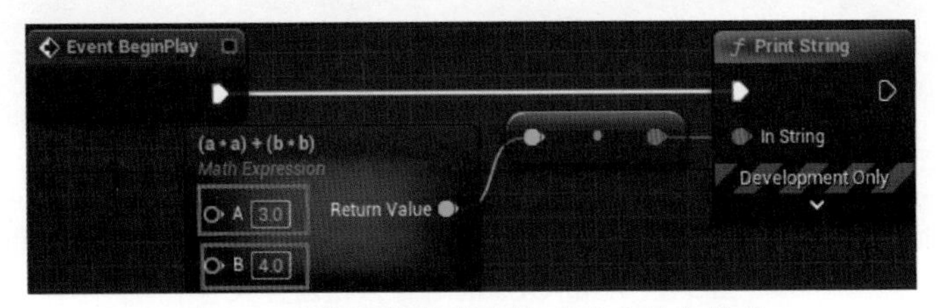

图 3-7　直接编辑数学表达式节点的参数值

3.1.2　常用的数学函数

在 UE5 常用的数学函数里，这里重点推荐学习 rand()、round()、sin() 和 clamp() 这几个函数。

首先来看看 rand( )，在表达式节点里输入 10+rand()，编译并保存。如果编译时出现如图 3-8 所示的报错，那么就意味着表达式节点的输出类型改变了，UE5 原先自动生成的转换节点不匹配了。例如，当前的表达式节点输出类型是浮点值了，那么继续使用把整数转为字符串的转换节点就不对了。此时可以把这个 UE5 自动添加的转换节点选中后按键盘上的 Delete 键删除，然后重新把数学表达式节点和 Print String 连线，UE5 会再次自动在连线中间添加一个将浮点值转化为字符串的转换节点。

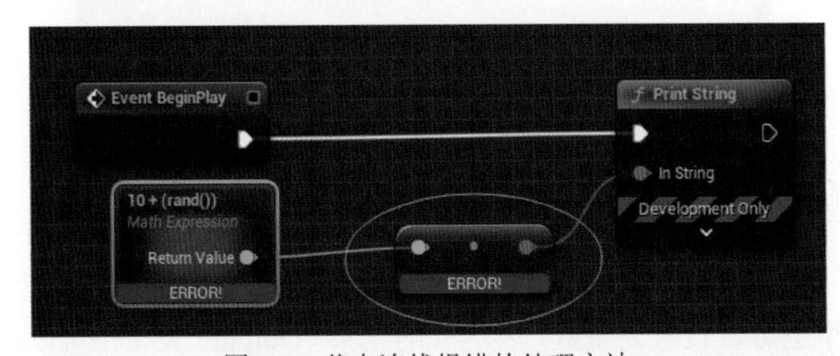

图 3-8　节点连线报错的处理方法

再次编译保存后，运行 UE5 就可以看到视口打印输出了一个类似 10.532 的结果。每次运行都会得到一个不同的值，但都是介于 10 和 11 之间的一个随机值。因为 rand() 函数的作用就是得到一个 0 和 1 之间的随机数。

取整函数 round( ) 可以将小数四舍五入转化为整数。如果在数学表达式中设置 Expression 属性为 round(3.750000)，那么打印输出的结果就会是 4，而如果输入的表达式是 round(3.1415)，那么得到的结果就会变成 3。

在数学表达式中也可以使用数学几何中的正弦、余弦三角函数，如大家熟知的 sin30°=1/2，sin90° =1，sin0° =0。但是如果测试一下会发现结果值与预期并不一致，如图 3-9 所示。

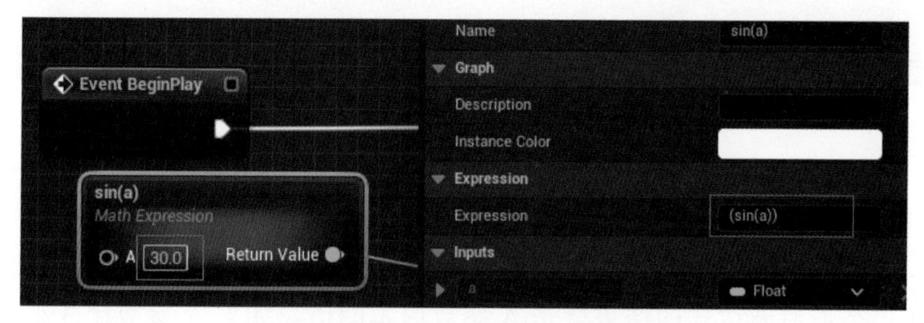

图 3-9　使用 sin( ) 函数输入参数值 30

sin(30) 居然没有等于 0.5，这是因为 sin( ) 函数接收的参数需要是弧度值而不是角度值。所以应该先把角度转化为弧度再使用 sin( ) 等几何函数。在 UE5 里可以方便地通过 Degrees To Radians 节点实现把角度（Degrees）转为弧度（Radians），如图 3-10 所示。

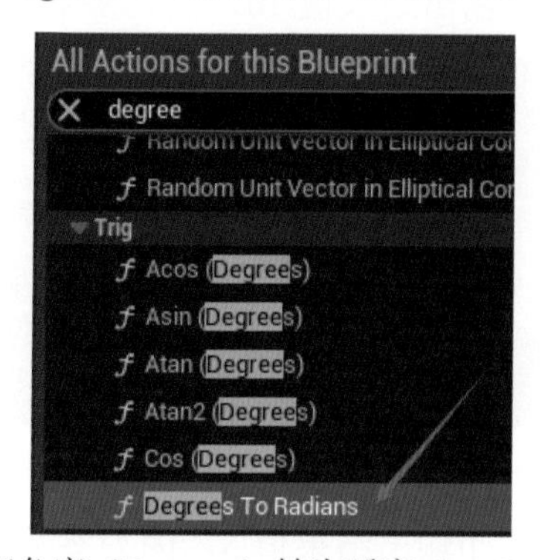

图 3-10　把角度（Degrees）转为弧度（Radians）的节点

转化后，就可以打印输出正确的结果值 0.5 了。D2R 就是 Degrees To Radians 节点的简称，如图 3-11 所示。

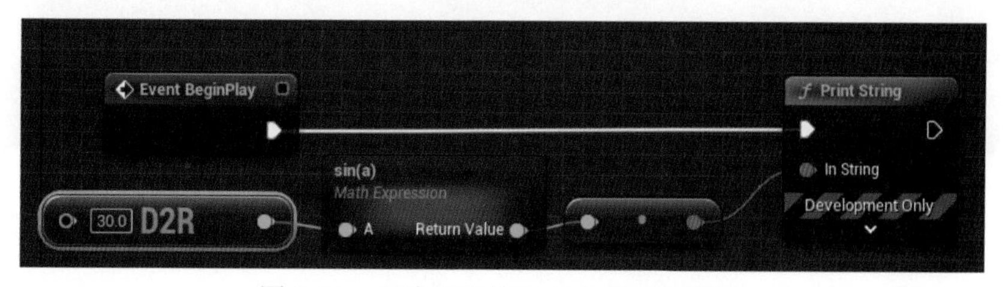

图 3-11　正确打印输出 30° 角的正弦值

当然，也可以考虑直接使用 SINd 函数。SINd 函数节点可以直接接受角度值，d 就是 Degree 的意思。UE5 的函数库很丰富，用户能找到所需要的大部分函数，使用起来较为方便，如图 3-12 所示。

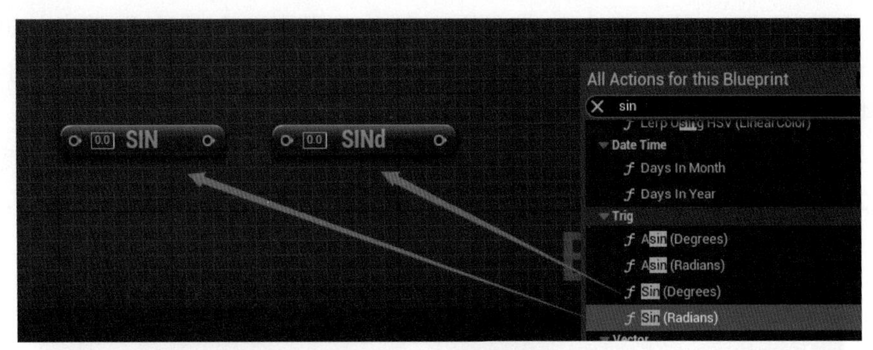

图 3-12　丰富的函数库

最后介绍一个函数 clamp( )，从单词字面理解它是夹钳的意思，像一把钳子夹住某个数字，让这个数字无法自由变大或变小，只能在钳制的范围内变化大小。

例如，在数学表达式里输入 clamp(a,3,10)，表示 A 参数将被钳制，如果 A 参数的值范围是 3~10，那么最后表达式的结果就是 A 参数原本的值。如果 A 参数比 3 小，那么表达式的结果会是 3。如果 A 参数比 10 大，那么表达式的结果会是 10。

这个钳制确保最后的表达式结果值一定在 3 和 10 之间，但又与 A 保持了关联变化。可以做几个测试来加强对 clamp( ) 函数的理解。

如图 3-13 所示的蓝图会打印输出结果值 10，因为参数 20 超过了 10。

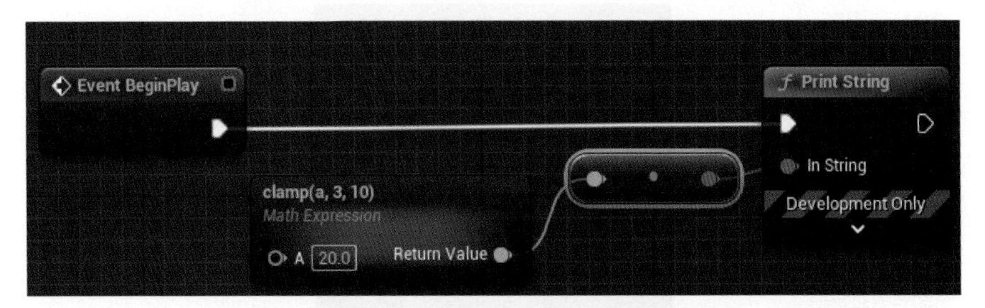

图 3-13　clamp(a,3,10) 里 A 参数为 20 的情况

如图 3-14 所示的蓝图则会打印输出结果值 5，因为参数 1 比 clamp( ) 的下限 5 还小。

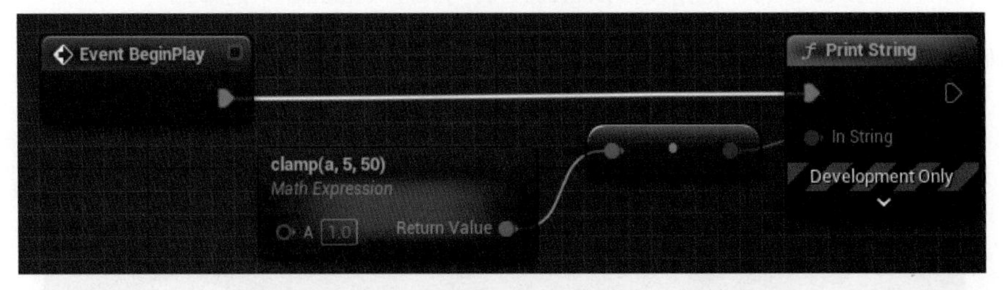

图 3-14　clamp(a,5,50) 里 A 参数为 1 的情况

如图 3-15 所示的蓝图会打印输出结果值 18.2，因为 A 参数属于 clamp( ) 的钳制范围

10~20，所以结果值就显示 A 参数原本的值。

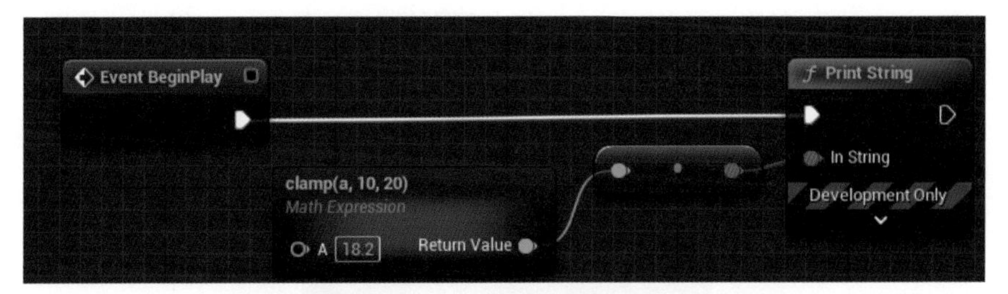

图 3-15　clamp(a,10,20) 里 A 参数为 18.2 的情况

UE5 中还有很多与数学相关的函数，了解得越多，越能为后续具体的开发工作带来计算上的便利！本节内容的详细讲解视频可以通过下方二维码扫码观看。

3.2　实践向量的运算

在 UE5 世界空间里，物体的位置、朝向都是用向量（Vector）表示的。向量这个概念大家应该在中学课堂上学过，它包括起点、方向和长度。在 UE5 中，两个物体之间的一条连线就是一个向量，它的长度计算起来很容易，用蓝图的 Distance（Vector）节点可以轻松得到结果值，如图 3-16 所示。

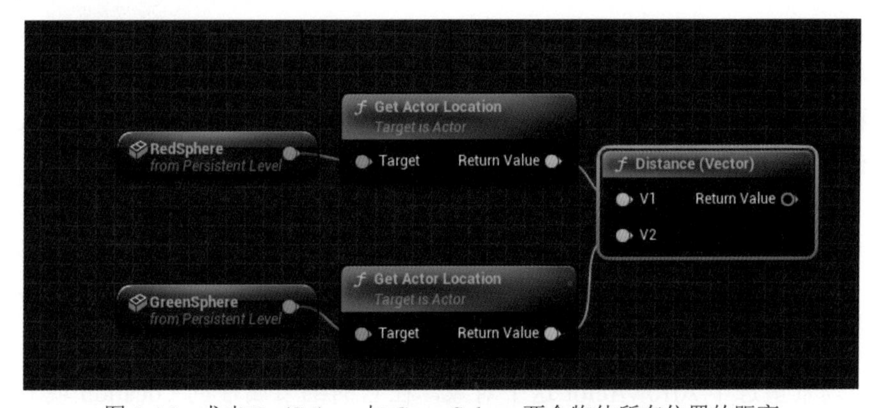

图 3-16　求出 RedSphere 与 GreenSphere 两个物体所在位置的距离

3.2.1　向量减法

如果想得到 ***A*** 点指向 ***B*** 点的向量，需要用向量 ***B*** 减去向量 ***A***。如果是想得到一个从 ***B*** 点指向 ***A*** 点的向量，则需要用向量 ***A*** 减向量 ***B***。这里说的点其实本就是一个包含了 *x*、*y* 和 *z* 坐标的 location Vector（位置向量）。

例如，要想要实现一个如图 3-17 所示的从绿球指向红球的箭头，该如何操作呢？首先，需要创建一个 Actor，取名为 ArrowActor，在它里面添加一个 Arrow 组件，如图 3-18 所示。

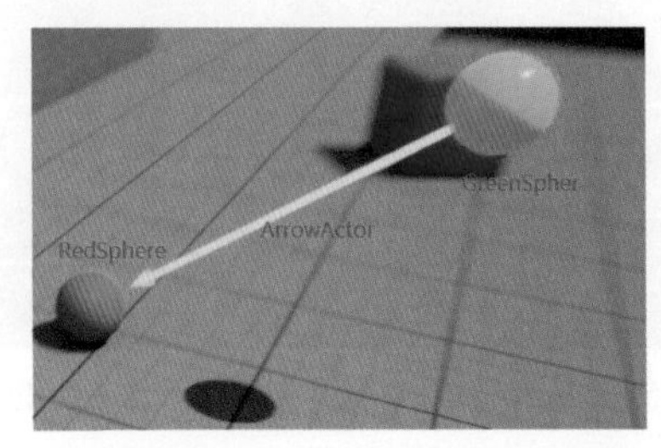

图 3-17　要构建一个从绿球指向红球的向量

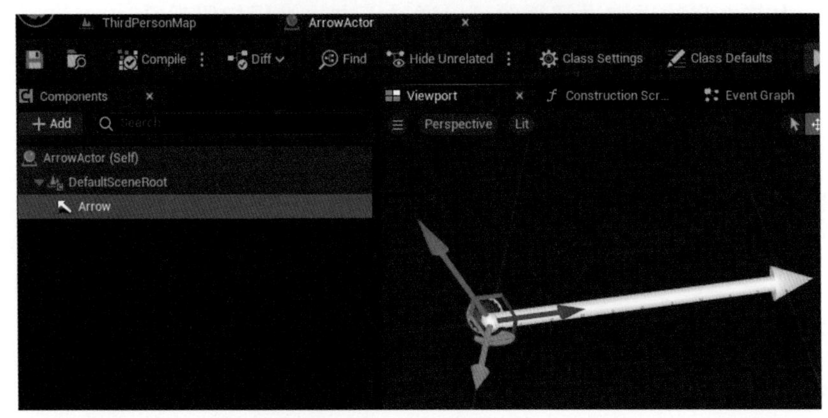

图 3-18　添加箭头组件

可以看到，ArrowActor 对象内部的视口（Viewport）中有 *X*、*Y*、*Z* 三个轴向，红色的是 *X* 轴，这个轴向也就是 UE5 里每个物体的正前方向(Forward Vector)。编译保存这个 ArrowActor 对象，为了方便观察，可以修改 ArrowActor 的位置，把它放在与绿球相同的位置上。这样箭头的起点也就在绿球的球心上了。接下来，在关卡场景中选中绿球，在其细节面板里找到 Location（位置）项，在如图 3-19 所示的位置右击，Copy（复制）绿球的位置信息数据。

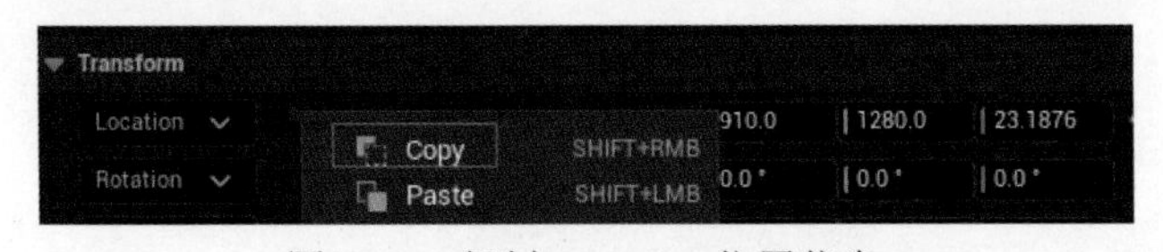

图 3-19　复制 Location 位置信息

然后在场景里选中 ArrowActor 这个对象，在它的细节属性的 Location 项上右击选择 Paste 粘贴进去。这样箭头的起点位置就和绿球的位置一致了，如图 3-20 所示。

图 3-20　让箭头的起点与绿球的位置一致

接着进入关卡蓝图里，在 Event BeginPlay 事件下写入如图 3-21 所示的蓝图内容。

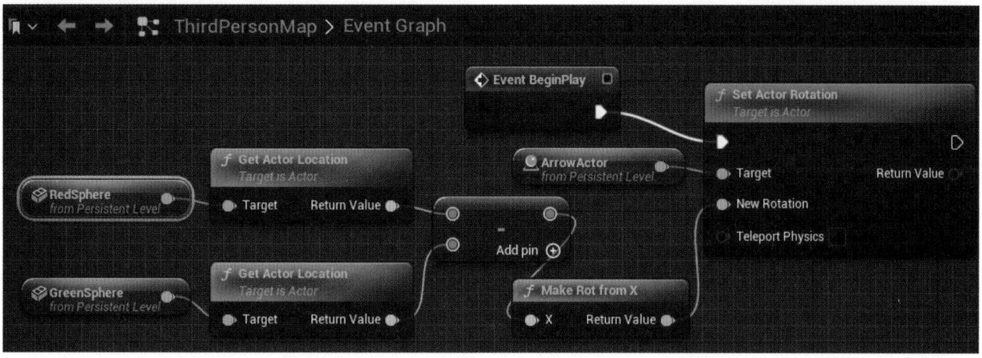

图 3-21 关卡蓝图里设置 ArrowActor 的旋转

节点 Make Rot from X 的意思就是把物体的内部 X 轴的方向（正前方向，Forward Vector）调整为与传来的参数向量一致的朝向。用 RedSphere 的位置向量减去 GreenSphere 的位置向量，得到的是从 GreenSphere 指向 RedSphere 的一个向量，这个向量的长度是两球之间的距离。

于是 ArrowActor 的内部 X 轴的方向就指向了红球。

如果希望箭头从红球指向绿球，可以把箭头放在红球的位置坐标上（采用上面所讲的复制位置信息的方法），然后修改蓝图内容，如图 3-22 所示。

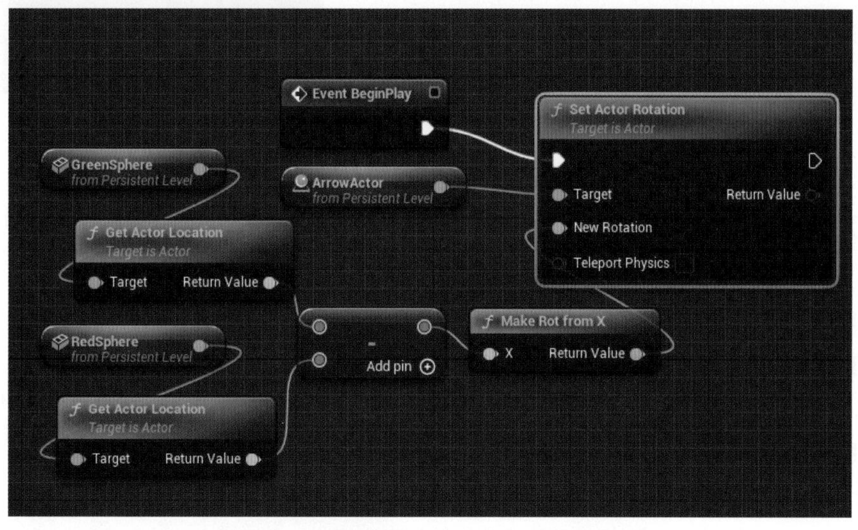

图 3-22 通过蓝图让箭头从红球指向绿球

用绿球的位置向量减去红球的位置向量，得到的就是一个从红球指向绿球的向量了。编译保存后运行 UE5，可以看到如图 3-23 所示的场景效果。

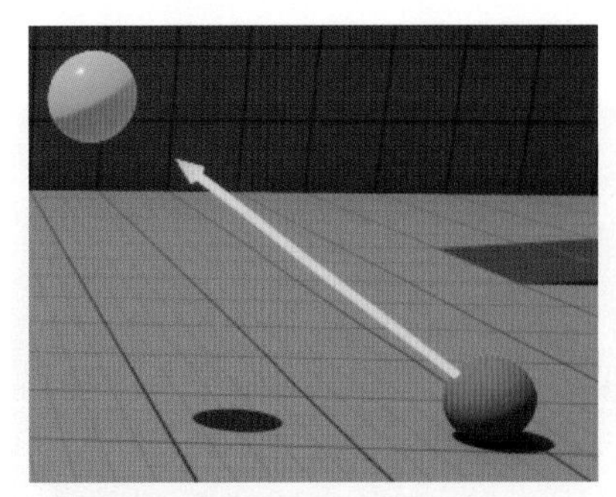

图 3-23　箭头从红球指向绿球

3.2.2　向量加法

现在，读者应该可以理解向量的减法在 UE5 里的基础应用了。有减法自然也就有加法，向量的加法很像物理课上讲的两个力的合力。例如，图 3-24 所示的力 ***a*** 和力 ***b*** 的合力就是 ***a***+***b***。这个合力也正好是平行四边形的对角线。即平行四边形相邻的两条边表示的合力就构成了从这两条边的交点出发的平行四边形的对角线。

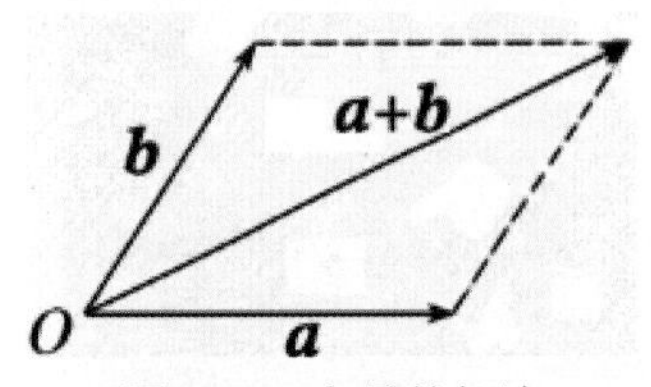

图 3-24　向量的加法

接下来，可以在 UE5 里演示一下如何实践向量的加法。首先，建立一个 Actor 蓝图类对象，取名为 BP_Arrow，在里面添加一个 TextRender Component（文本渲染组件），取名为 Caption；再添加两个 Static Mesh Component（静态网格体），分别修改名称为 Sphere（自带的球体）和 Arrow。要在 UE5 里修改一个对象名称，选中它按 F2 键，就可以编辑它的名称了，如图 3-25 所示。

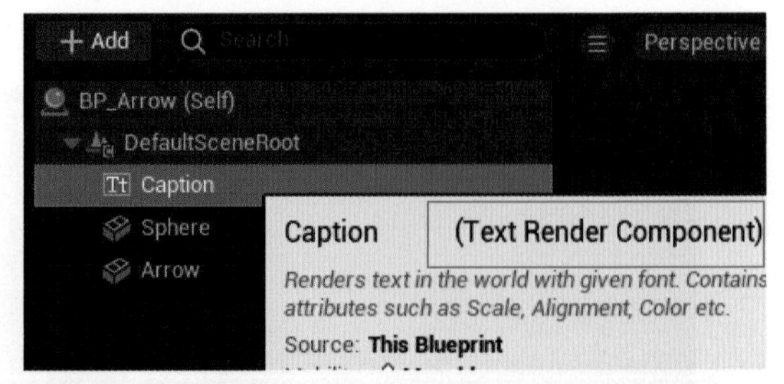

图 3-25　在 BP_Arrow 里添加一个文本渲染组件

对于 Caption 这个组件，可以通过修改其 Text 属性来设置它显示的文字内容。Arrow 其实就是一个圆柱体（Cylinder），读者可以自由选择 UE5 中已有的一些带颜色的材质。参看图 3-26 设置三个物体的位置关系，可以调整圆柱体的朝向，使圆柱体的 *Z* 轴与 BP_Arrow 内 *X* 轴的方向对齐。

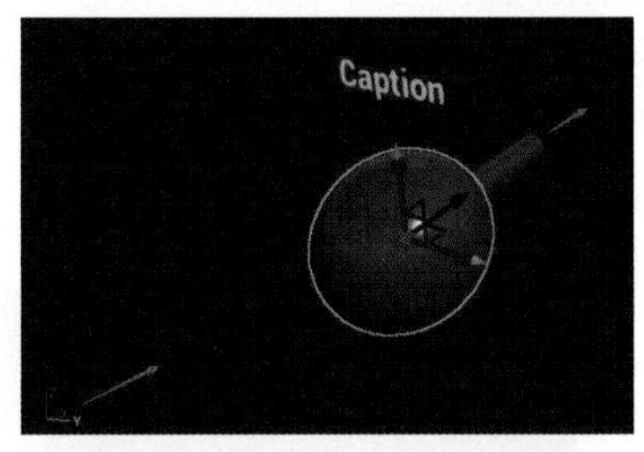

图 3-26　调整圆柱体的 *Z* 轴方向与 BP_Arrow 内的 *X* 轴的方向对齐

这样做的目的是在后续操作中能让人更容易辨识 BP_Arrow 对象的正前方指向。在关卡蓝图里放入一个 BP_Arrow 对象，位置设置为（0,0,0）。同时也放入三个球体，分别命名为 SphereA、SphereB 和 SphereC。其中 SphereA、SphereB 是白色的，如图 3-27 所示。

图 3-27　四个物体整体摆放位置图示

接下来，打开关卡蓝图，把关卡蓝图的窗口缩小一些并叠放在关卡视口上，这样就可以同时看到关卡蓝图和关卡的 Outliner（大纲）面板，从大纲面板里分别选中 BP_Arrow、SphereA、SphereB 和 SphereC，拖入关卡蓝图中，这样就让关卡蓝图获得了对这四个对象的引用，如图 3-28 所示。

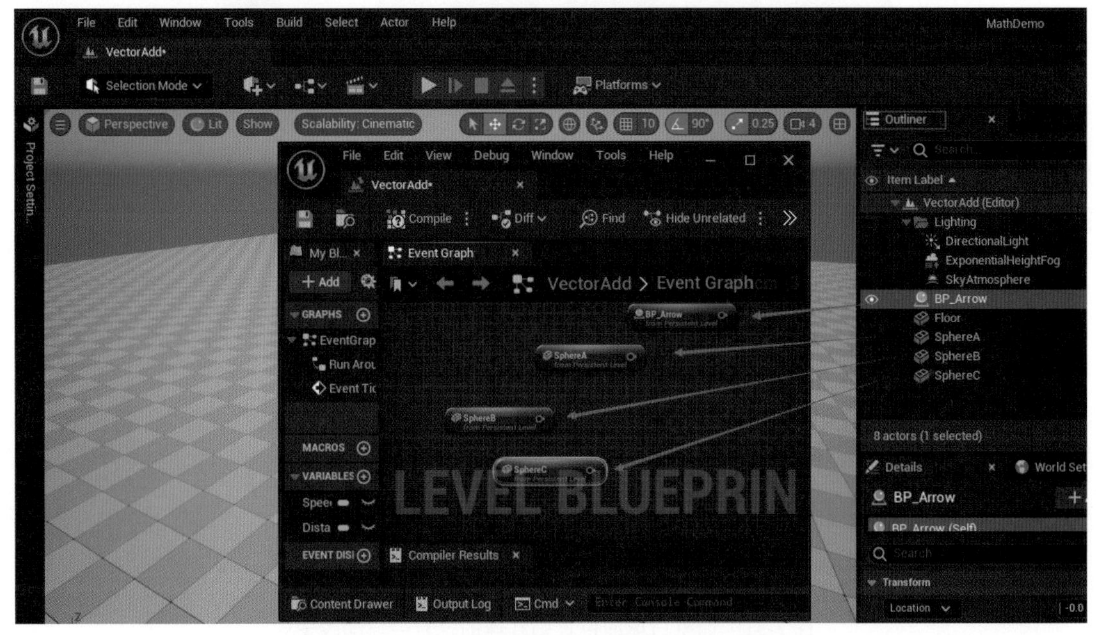

图 3-28　关卡蓝图获取对场景中物体的引用

然后，在关卡蓝图里找到 Event Tick 事件（如果找不到，就右击输入 Event Tick 搜索，添加该节点），连接节点构建蓝图如图 3-29 所示。

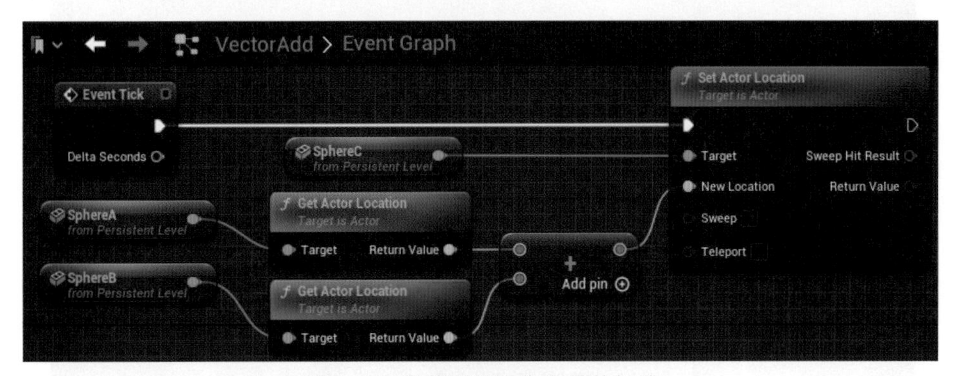

图 3-29　在蓝图里进行向量的加法

加号节点就是直接通过按键盘上的加号键来增加的节点。Event Tick 事件里的内容是每帧都会自动执行的，可以大致理解为每隔几毫秒就会运行一次，不断循环。整个蓝图的意思就是持续让 C 球的位置向量等于 A 球和 B 球的位置向量之和。

为了在运行 UE5 时还能操作这些球体，可以用模拟运行的方法，选择图 3-30 所示的 Simulate 命令开始模拟运行，此时关卡蓝图中的代码已经被执行，Event Tick 事件中的蓝图逻辑已经开始生效。

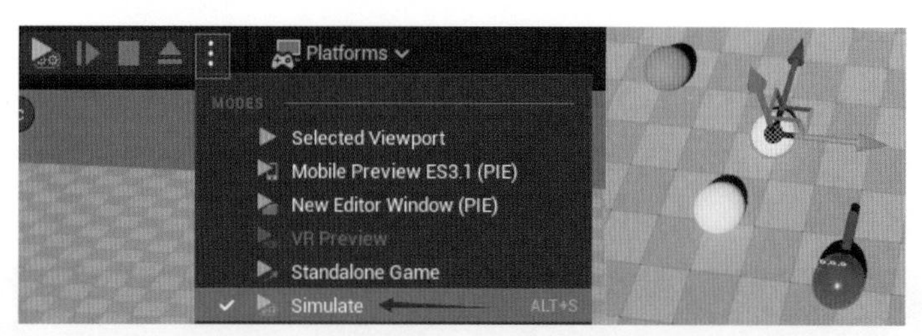

图 3-30　模拟运行中可以操作场景中的物体改变属性

此时，可以用鼠标任意选择一个白球拖动来调整改变这个白球位置，然后就会发现白球位置变动的时候，红球的位置也会自动变化，而且红球的位置始终让平行四边形关系维持不变，如图 3-31 所示。

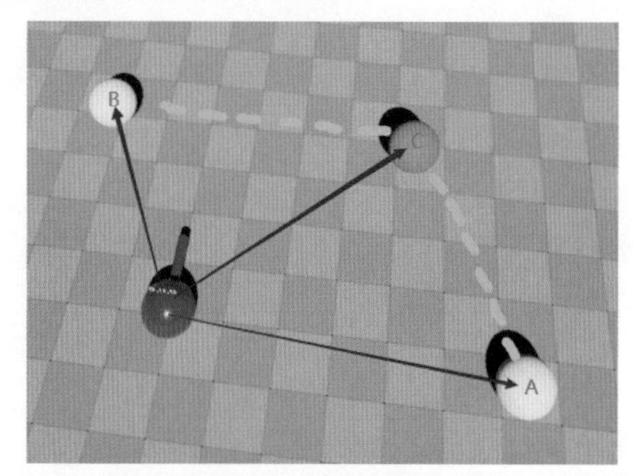

图 3-31　调整白球的位置则红球的位置会自动改变

如果还想进一步让红色的球朝向球 C，可以修改蓝图，增加图 3-32 所示的三个节点。

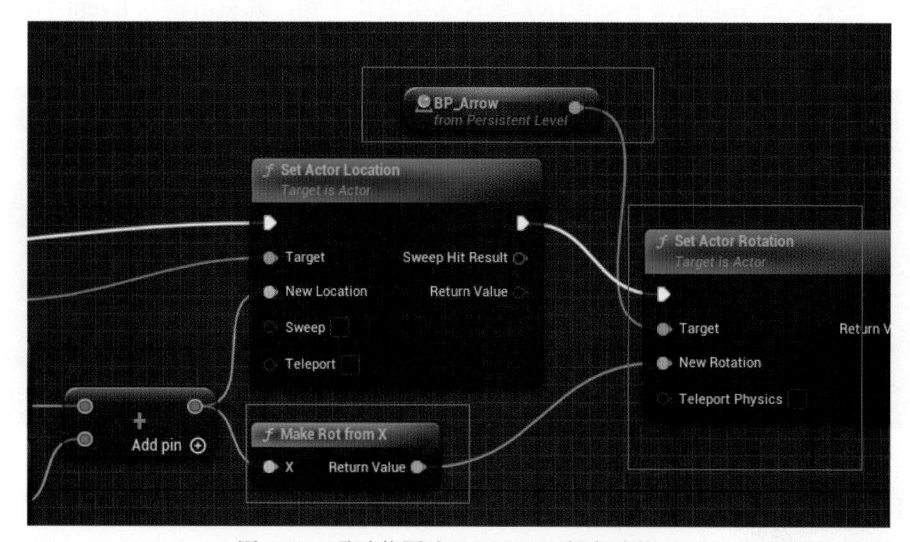

图 3-32　通过蓝图让 BP_Arrow 朝向球体 C

这样红色的 BP_Actor 就会用它的 X 轴指向球 A 和球 B 的位置向量相加所得到的新向量的位置了。再次模拟运行 UE5 可以看到图 3-33 所示的场景，还是可以试试改变一下白球的位置，这时 BP_Actor 的朝向和红球的位置都会自动调整。

图 3-33　BP_Arrow 的朝向与红球的位置都会随着白球位置的变化而变

3.2.3　向量乘法

说完了向量的加法，再来一起看看向量的乘法。这里说的向量乘法是指把向量乘以一个浮点数，而不是用两个向量彼此相乘。通过这样的乘法可以让向量的长度改变。在关卡蓝图里右击，在弹出的搜索框中搜索 *，就可以找到 Multiply（乘法）节点，如图 3-34 所示。

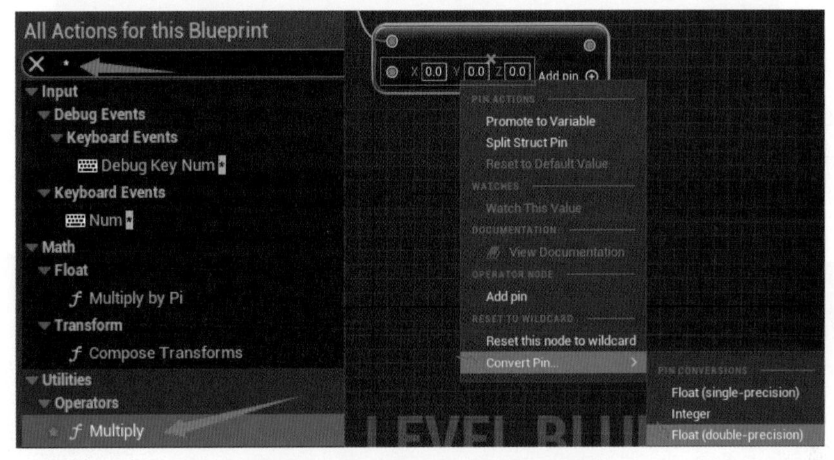

图 3-34　修改乘法节点的引脚类型

乘法节点默认是乘以一个含 X、Y、Z 值的向量，通过右击引脚，再从弹出的菜单里选择 Convert Pin 来转变引脚的类型。如图 3-34 所示，将引脚改为 Float（浮点值）类型，接着就可以直接输入一个浮点数了，如 500。蓝图内容最终如图 3-35 所示。

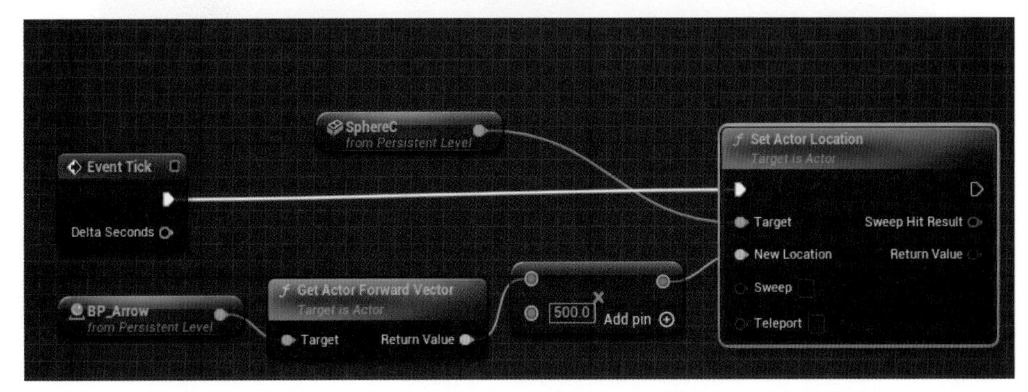

图 3-35　把 BP_Arrow 的 Forward 向量乘以 500 作为球 C 的位置向量

这里需要注意的是，Get Actor Forward Vector 节点其实是得到了一个长度为 1 个单位的指向物体正前方的向量，用它乘以 500，向量的方向不变而长度就变成了 500 个单位。此时可以看到 C 球位于红球正前方 500 个单位距离处了。这里还可以把 500 对应的输入引脚提升为一个变量，按住鼠标左键拖曳 500 左侧的绿色圆圈，如图 3-36 所示。将引脚拖到节点外的空白处后释放鼠标，会弹出一个右键菜单，选择其中的 Promote to variable 提升为变量。

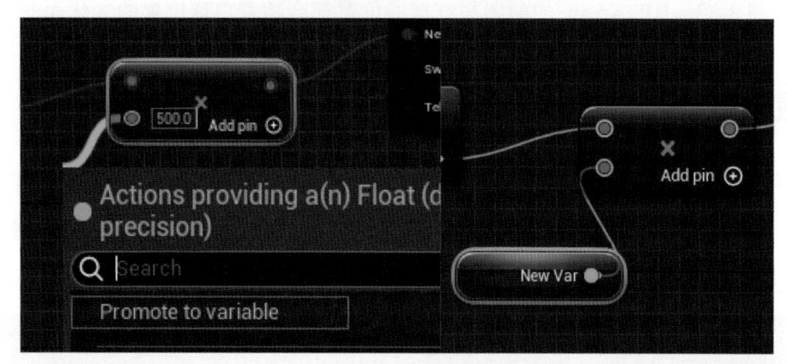

图 3-36　把引脚提升为变量

得到一个 New Var 节点，可以选中这个变量节点，在细节面板里修改其名称为 Far，编译后可以设置其默认值为 200（注意，编译蓝图后才会出现默认值输入框），如图 3-37 所示。

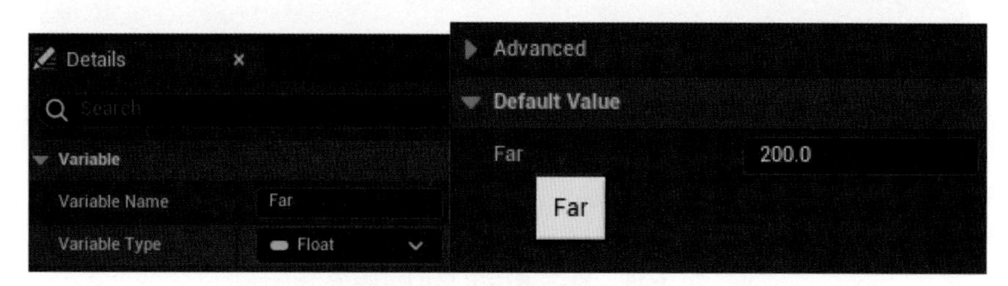

图 3-37　修改变量默认值

在这个变量节点上，把引脚线拖出来，搜索 ++，可以创建一个递增节点，如图 3-38 所示。

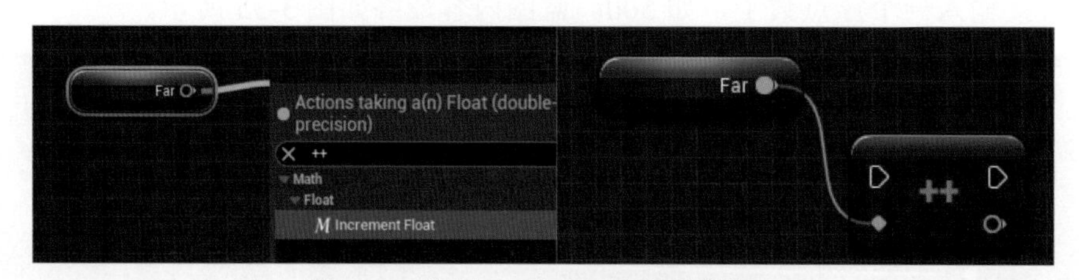

图 3-38　使用 ++ 节点让变量值增加 1

这个 ++ 节点的意思是修改所连接的变量，让变量的值在其原有基础上增加 1。

完整的蓝图内容如图 3-39 所示。运行关卡就会看到球 C 渐行渐远、慢慢离开红球。如果想打印输出某个向量的长度，可以利用 Vector Length 这个节点来获取向量长度，如图 3-40 所示。

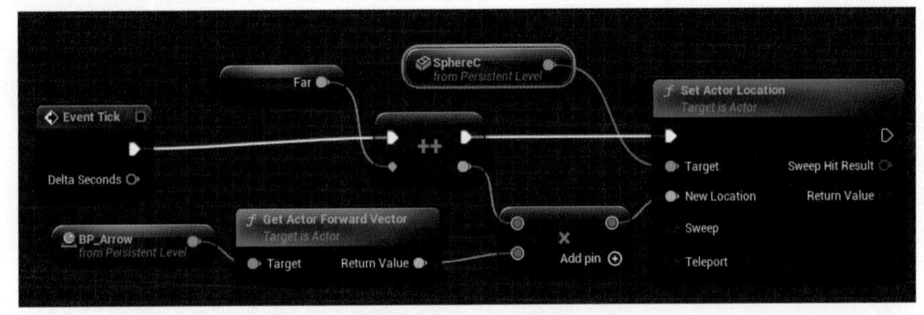

图 3-39　完整的 Tick 事件蓝图内容图示

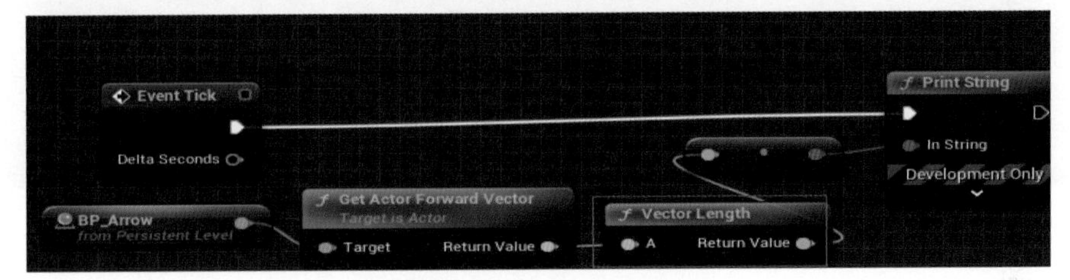

图 3-40　打印向量的长度

运行图 3-40 所示的关卡蓝图会打印输出 1.0 的结果值，这说明 Get Actor Forward Vector 节点得到的是一个长度仅为 1 个单位的向量。类似地，Get Actor Right Vector 也是长度为 1 个单位的向量。最后，可以结合本节涉及的各个知识点，使蓝图更加完善，用 BP_Arrow 里的文本渲染组件显示两个球体的距离值，同时也优化对球 C 的坐标 *Z* 值的控制。效果如图 3-41 所示。

图 3-41　文本渲染组件显示物体间距

优化后的完整蓝图代码如图 3-42 所示。读者可以从源码文件 MathDemo 项目中的 4-VectorMultiply 文件夹里找到 level4 查看关卡蓝图来进行学习。

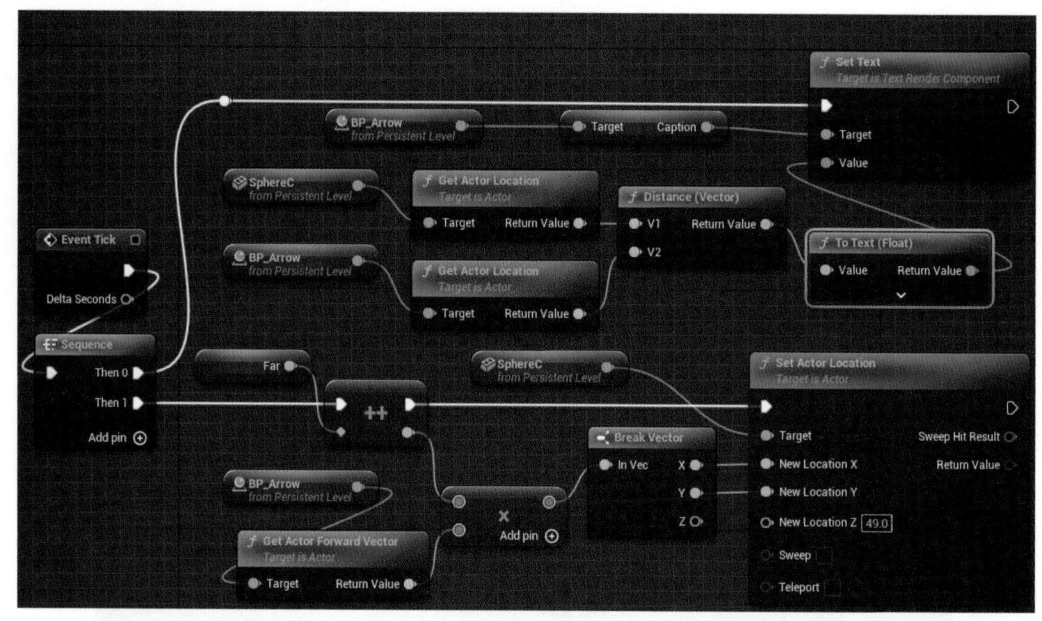

图 3-42　优化后的完整蓝图内容

3.2.4　向量除法

最后来说说向量的除法，向量的除法用得比较多的场合就是求取两个物体的中心位置。例如，在场景中有两个球体 A 和 B，如果想把第三个球 C 放置在 A 和 B 的中间位置，那么可以将 A 和 B 对应的位置向量相加后再除以 2，得到两个位置的中间位置向量。红色的球是 A，绿色的球是 B，而白色的球是 C，如图 3-43 所示。

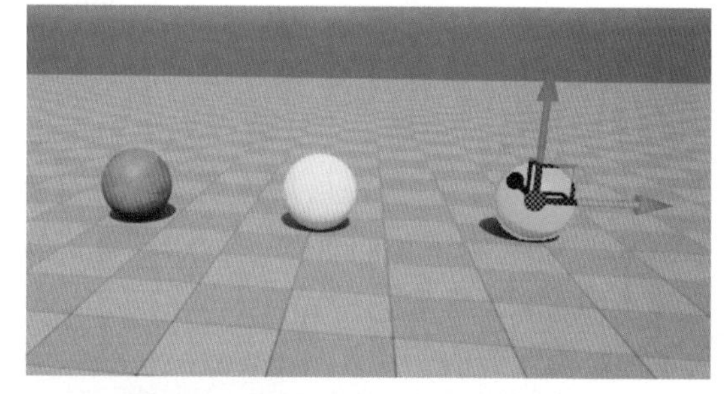

图 3-43　将白球置于红球和绿球中间

相应的蓝图代码可以从项目文件 MathDemo 的文件夹 VectorDivide 中找到。

在关卡 level_divide 查看对应的关卡蓝图，蓝图内容如图 3-44 所示。

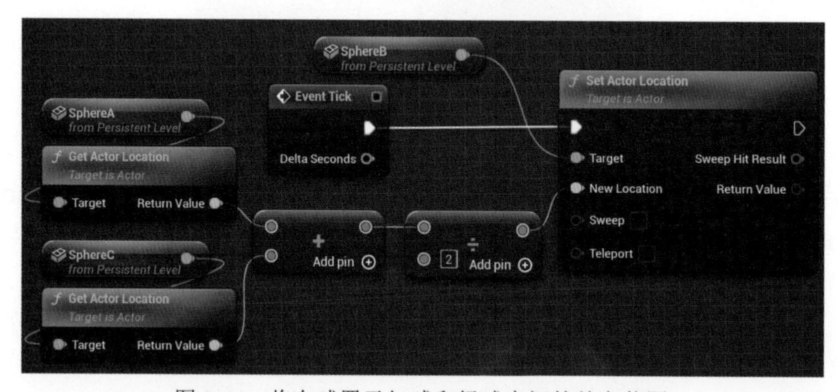

图 3-44　将白球置于红球和绿球中间的关卡蓝图

运行关卡，即便调整红球和绿球的位置，白球也能始终处在红球和绿球的中点位置上。本节的详细视频教程请通过扫描下方二维码观看。

3.3 半空间测试与法线求解

3.3.1 半空间测试

在了解半空间测试之前，需要先了解什么是点积（Dot Product）。点积是向量 ***a*** 的长度乘以向量 ***b*** 的长度再乘以两个向量的夹角的余弦值。当向量 ***a*** 长度为 1 时，点积就是向量 ***b*** 在向量 ***a*** 方向上投影的长度。数学公式如图 3-45 所示。

$$\vec{a}\cdot\vec{b}=\left|\vec{a}\right|\cdot\left|\vec{b}\right|\cos\theta$$

图 3-45　点积的数学公式

那么点积在三维空间里的具体意义是什么呢？如果点积结果值大于 0，则说明向量 ***a*** 与向量 ***b*** 的夹角小于 90°。如果点积结果值小于 0，则说明 ***a*** 和 ***b*** 的夹角大于 90°。如果点积等于 0，则表示 ***a*** 和 ***b*** 的夹角等于 90°，向量 ***a*** 垂直于向量 ***b***。在本节的视频教程中，我们会在 UE5 中通过两个运动着的箭头来呈现上述结论。如图 3-46 所示，两个蓝色箭头表示两个向量，点积值会在它们的上方用白色数字显示。

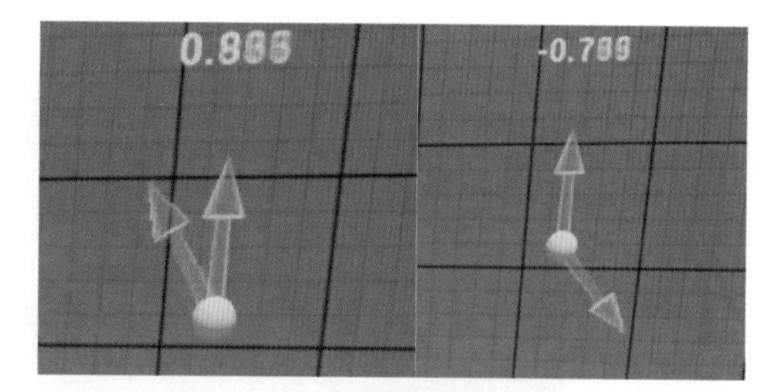

图 3-46　通过两个运动的箭头表示点积值和夹角角度

知道这个规律以后，我们就可以进一步了解半空间测试了。半空间测试是指用一个平面将三维空间切割开来，平面的正面是空间的一半，平面的背面是空间的另一半，那么如何来判断空间中的某个点是处于这个平面所隔开的空间的哪一侧呢？这个逻辑在互动开发中经常被用到，如判断人物是否进入到某个门里，子弹是否穿过了玻璃等。

下面通过一个实验来解答这个问题，在这个实验中需要判断玩家是否跨越了某条直线，同时在墙壁上，有一个文本渲染组件显示一个能表示是否越线的数值，如图 3-47 所示。

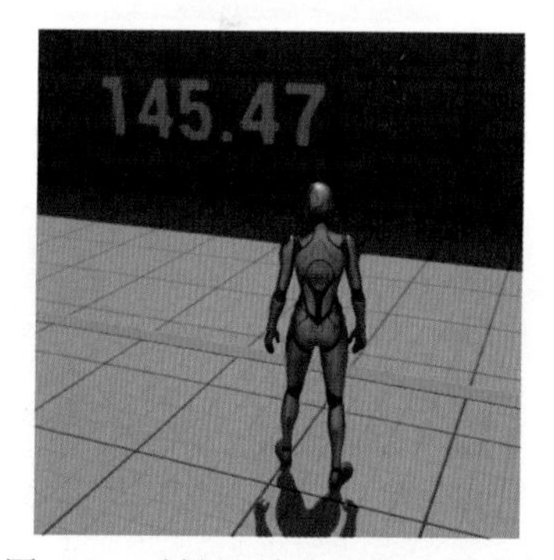

图 3-47　判断玩家是否越线的实验

墙面上的数字如果大于 0，则表示玩家没有过线，反之则表示玩家跨过了地面上的这条橙色的线。先在 Content 里建立一个 Actor 对象，取名为 LineActor，双击打开它，在里面添加一个小球和一个立方体，如图 3-48 所示。

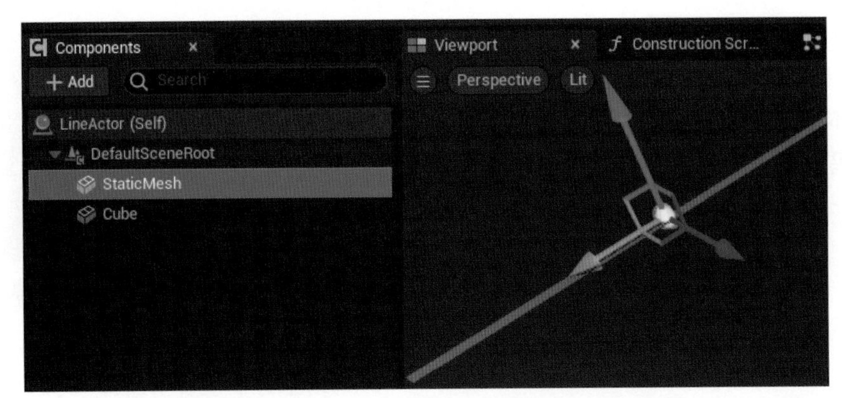

图 3-48　创建 LineActor 对象，作为地面上的界线

小球和立方体都是静态网格体，小球在 (0,0,0) 位置。立方体调整 Scale（缩放）后变成了一个细长条，其角度与 LineActor 的正前方向（红色箭头所指）垂直。在关卡中放入一个 LineActor，在场景里给它取名为 TestLine。然后再放入一个 Text Render Actor，用于展示字符，在场景里给它取名为 TextRender，如图 3-49 所示。

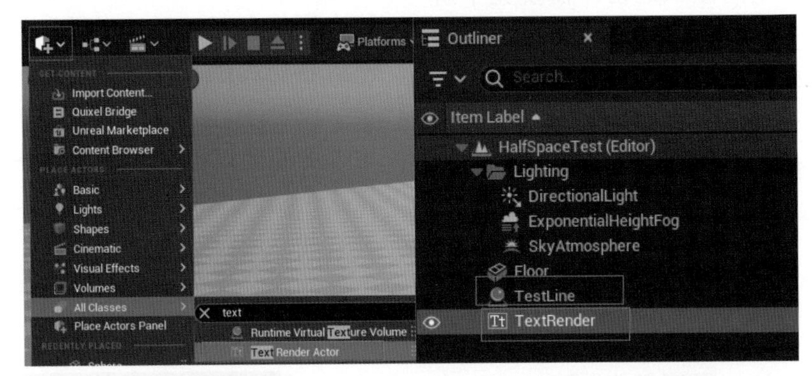

图 3-49　在场景中放入一个 LineActor 和一个 Text Render Actor

把关卡蓝图的内容设置为如图 3-50 所示，就可以实现预期的判断功能了。

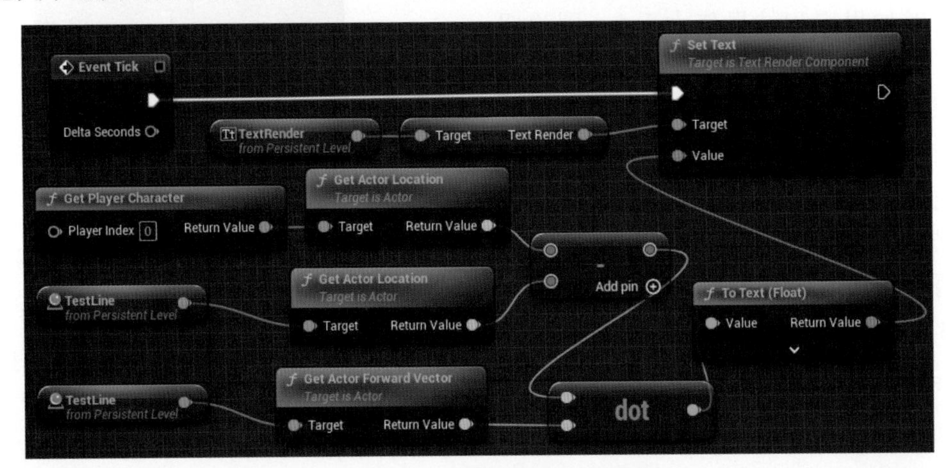

图 3-50　关卡蓝图判断玩家是否越线

详细看看这部分蓝图的含义，它用向量的减法得到了一个从 TestLine 位置指向玩家所

在位置的向量，如图 3-51 所示。

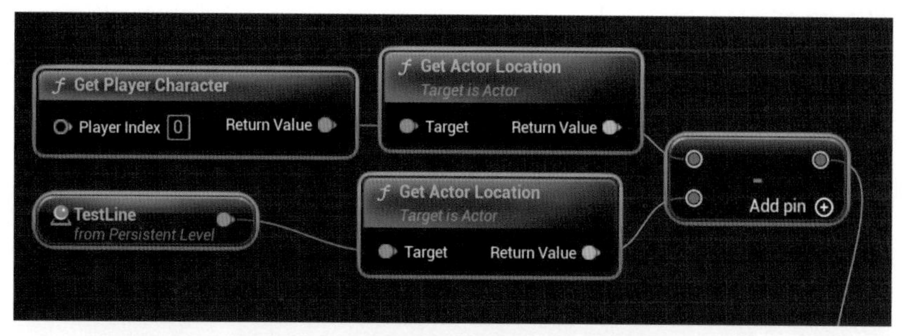

图 3-51　从直线的原点指向玩家的向量

上面这部分蓝图用玩家的位置向量减去直线的位置向量，从而得到了一个从直线上的原点（也就是 LineActor 里那个小球的位置）指向玩家位置的向量。如图 3-52 所示的红色箭头则表示 LineActor 的正方向，而蓝色箭头表示从直线上的原点指向玩家位置的向量。

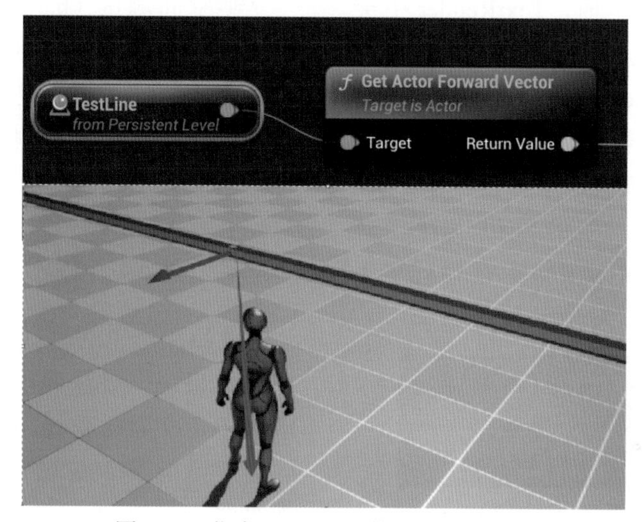

图 3-52　指向 LineActor 的正方向的向量

接着通过 dot 节点可以获取上述两个向量的点积值，如图 3-53 所示。

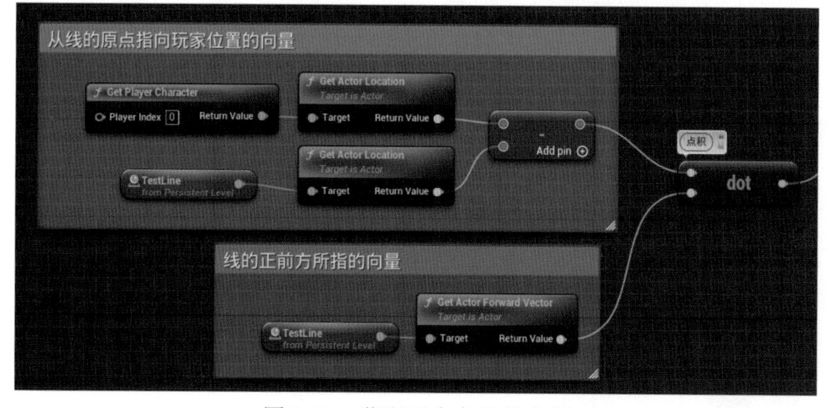

图 3-53　获取两个向量的点积

最后，可以将点积结果值（浮点类型值）通过 SetText 节点写入 TextRender 对象中显示出来，如图 3-54 所示。

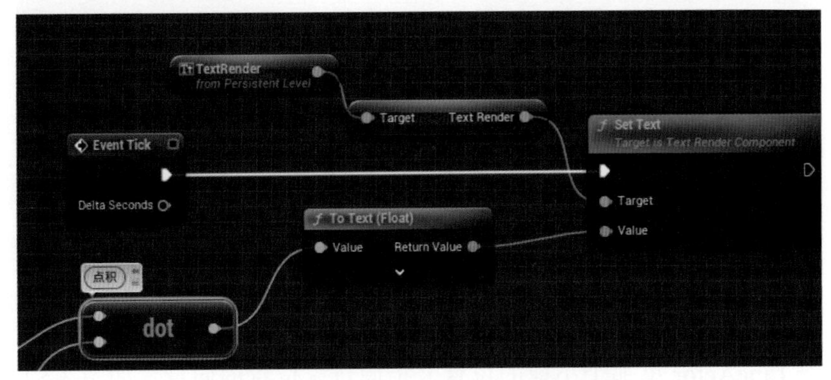

图 3-54　把点积值显示在 TextRender 里

这样在运行关卡时，TextRender 中会不断地显示最新的点积值，因为这些蓝图内容都放在 EventTick 事件节点下，因此会被不断调用，每隔若干毫秒就会重复运行一次。此时的运行模式请注意要用 Selected Viewport，而不是之前的模拟运行模式（simulated）了。因为模拟运行模式里不会产生玩家，如图 3-55 所示。

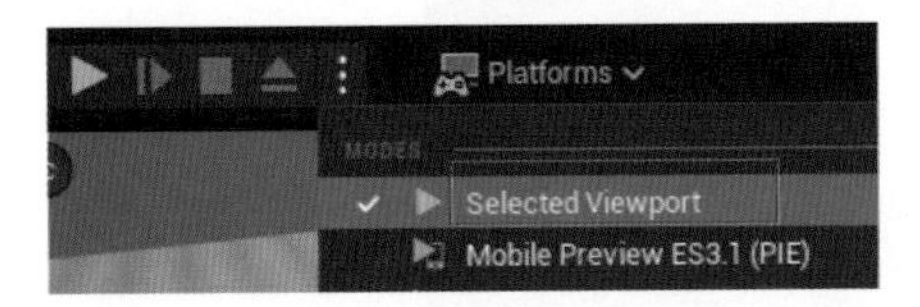

图 3-55　运行模式选择 Selected Viewport

这样，如果操作玩家在场景中游走，当玩家越过橙色界线时，就会看到墙壁上显示的数字为负值，没有越过时则是正值，如图 3-56 所示。

图 3-56　数字可以显示玩家是否越线

半空间测试（half-space test）是为了研究点与面的关系，用于判断一个点是处在某个平面的前方还是后方。这个方法非常有用，在各类碰撞测试函数里都有它的身影。

3.3.2　法线求解

介绍完半空间测试里用到的点积计算，可以再来说一说法线求解。法线求解就是求出一个平面的垂线。例如，图 3-57 中的向量 $\boldsymbol{V}$ 与向量 $\boldsymbol{U}$ 可以确定一个平面，而叉乘算法可以得到垂直于这个平面的一个向量（$\boldsymbol{V}\times\boldsymbol{U}$）。所谓法线就是指某个平面上的垂线。

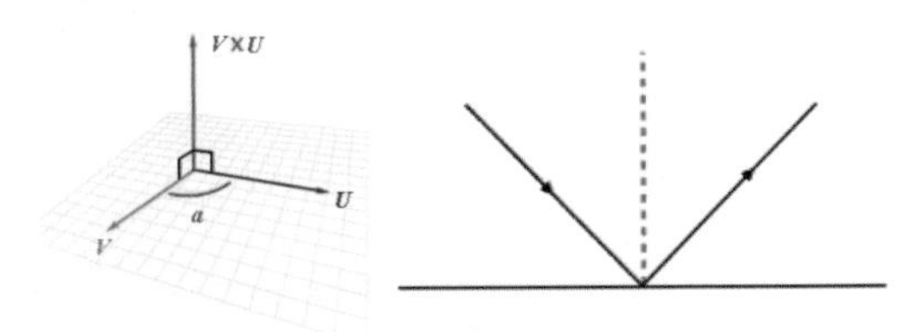

图 3-57　法线的定义

叉乘（cross product）也叫向量积，数学中又称外积、叉积，是一种三维空间中的向量运算。与点积不同的是，它的运算结果得到的是一个向量而不是一个数值。向量 $\boldsymbol{A}$ 和向量 $\boldsymbol{B}$ 进行向量积运算会得到一

个向量 ***C***，向量 ***C*** 会垂直于向量 ***A*** 和 ***B***。基于这个知识，就可以利用叉乘的计算方法来求一个平面的法线。在很多三维软件中，计算法线对材质的运用，以及对物体折射外部光线的追踪都非常重要。

接着来实践一下在 UE5 中如何求取法线。创建一个 Actor 对象，取名为 CROSS_Actor，在它内部添加 3 个静态网格体，静态网格体可设置 Static Mesh 为 UE5 内置的 S_Arrow 这种箭头模型，分别取名为 ArrowA、ArrowB、ArrowC，如图 3-58 所示。

图 3-58 使用箭头模型网格体

黄色的 ArrowA 和 ArrowB 摆放的位置关系如图 3-59 所示。而红色的 ArrowC 随意放在一旁。

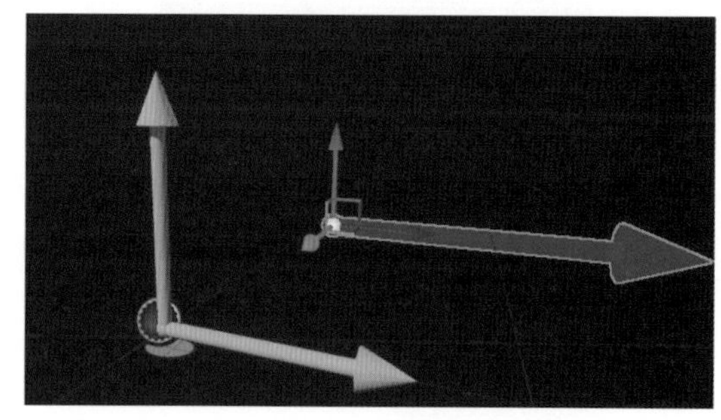

图 3-59 三个箭头的位置摆放关系

然后，在关卡蓝图中通过使用 cross（叉乘）节点获得垂直于这两个黄色箭头所在平面的一个向量，如图 3-60 所示。

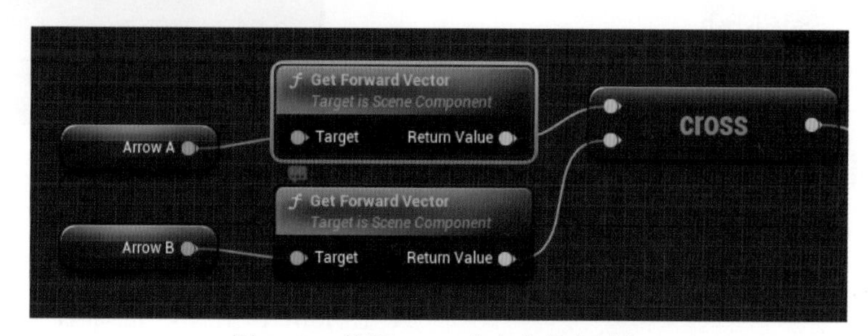

图 3-60 使用 cross 节点求得向量积

接着就可以按照这个向量的朝向来调整箭头 ArrowC 的旋转方向，把 ArrowC 放在与 ArrowA 相同的位置上，将更便于观察。蓝图内容如图 3-61 所示。

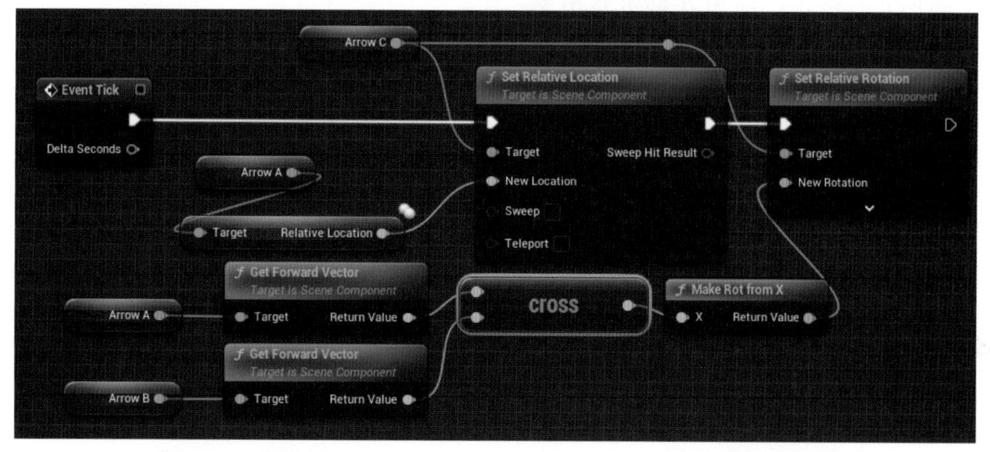

图 3-61 蓝图设置 ArrowC 垂直于 ArrowA 与 ArrowB 构成的平面

最后实现的效果如图 3-62 所示。

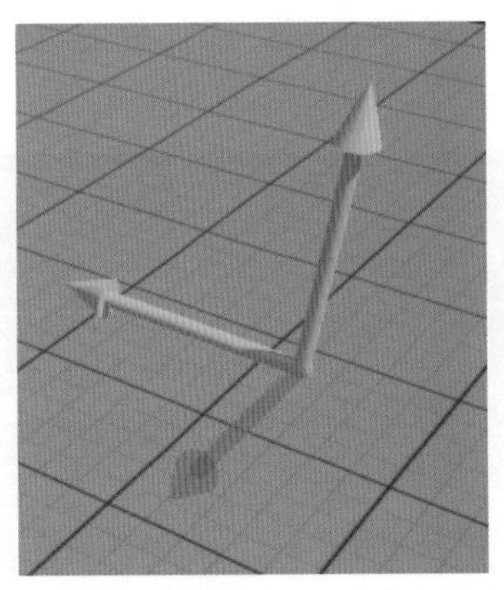

图 3-62　红色箭头将垂直于两个黄色箭头构成的平面

本节的视频讲解请通过扫描下方二维码观看。

3.4　圆周运动与 Bezier 轨迹

3.4.1　圆周运动

在中学基本都学过正弦 (sin) 和余弦 (cos) 函数。如图 3-63 所示的角 *A* 的正弦值就是 *Y* 除以 *r* 的结果，而角 *A* 的余弦值就是 *X* 除以 *r* 的结果。也就是说，如果知道 *r* 的长度和角 *A* 的度数，就能反求出 *X* 和 *Y* 的大小。

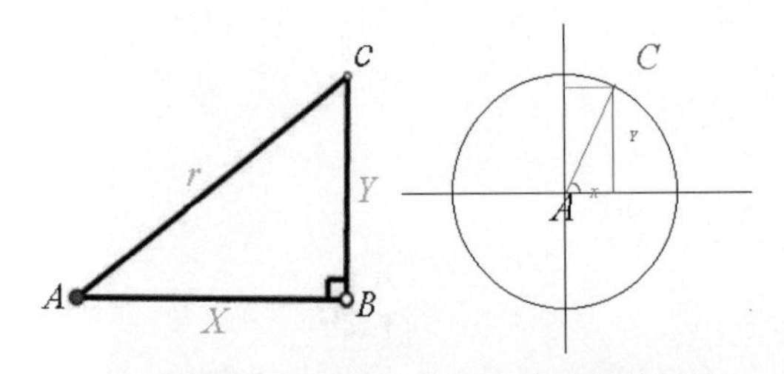

图 3-63　圆周运动中正弦和余弦函数的用途

当 *C* 点绕着 *A* 点以 *r* 为半径作圆周运动时，其实每一瞬间 *C* 点的坐标都是可以依角度 *A* 和半径 *r* 来计算求解的。$X=r\times\sin(A)$，$Y=r\times\cos(A)$。

来实践一下。在关卡里放置两个球体，一个为 A 一个为 B，把 B 设置为绿色材质。把它们的可移动性都设置为 Movable。A 就摆放在 (0,0,0) 位置。进入关卡蓝图，在其中新建两个浮点类型的变量 Degree 和 R，分别代表角度和半径长度，如图 3-64 所示。

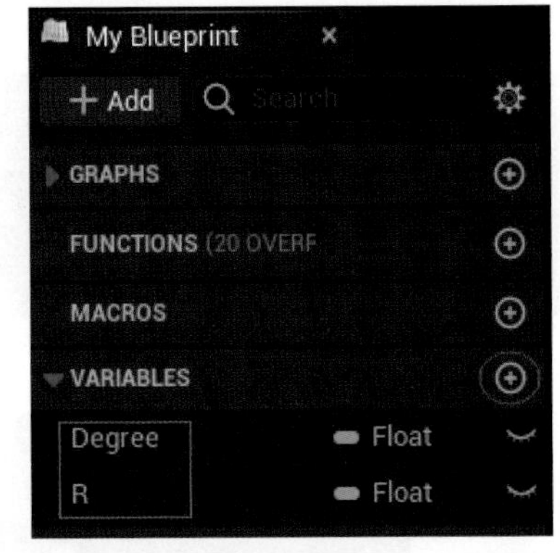

图 3-64　创建两个变量 Degree 和 R

那么图 3-65 所示的蓝图就不难理解了，这里分别利用角度和半径计算得到对应的 X 坐标和 Y 坐标，把球 B（绿球）放到对应的坐标位置上。Z 坐标一直保持不变，就让球贴着地面。变量 R 的默认值设置为 500，编译保存后运行关卡。

此时可以看到关卡视口中绿球确实距离白球有一段距离了，但是并没有动起来。要想让绿球能进行圆周运动，还需要让 Degree 变量值不断增大。因此，我们可以进一步修改蓝图内容，如图 3-66 所示。

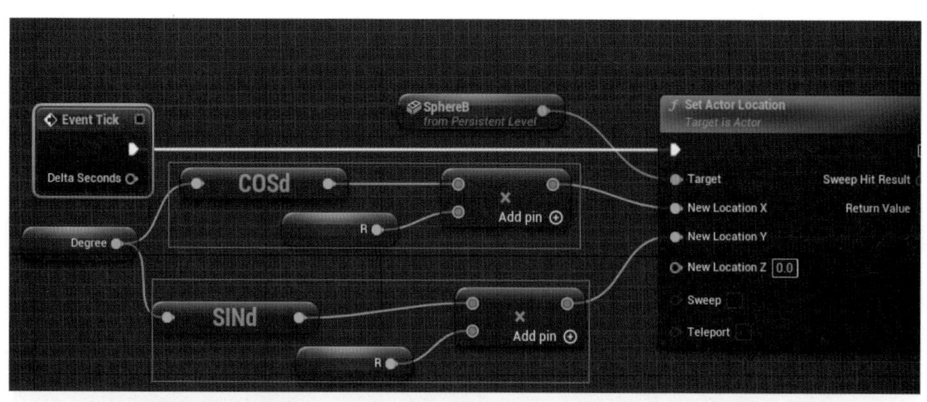

图 3-65　利用 COSd 和 SINd 函数结合角度计算 X、Y 坐标值

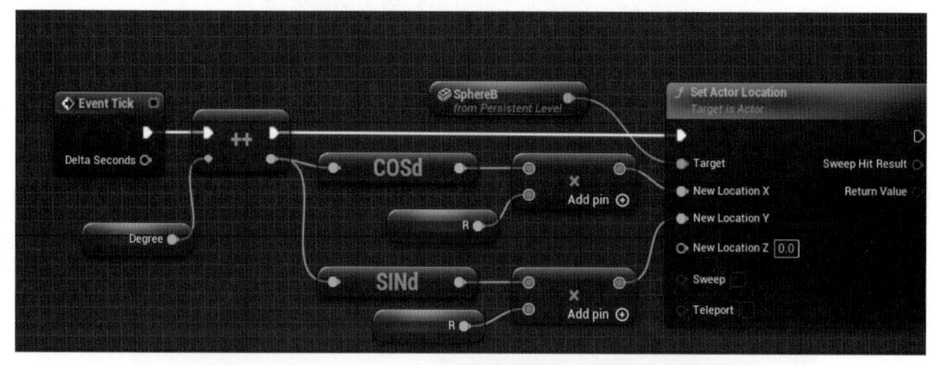

图 3-66　让 Degree 变量不断递增，让绿球运动起来

编译保存蓝图，再次运行关卡。这样就可以看到绿球以白球为圆心、以 R 值为半径，开始不停地做起了圆周运动，效果如图 3-67 所示。

图 3-67　绿球的圆周运动

如果白球并不在世界坐标原点 (0, 0, 0) 处，那么以上绿球绕白球做圆周运动的算法就有问题了。因为上面求得的 X 和 Y 都是参照 (0, 0, 0) 点来的。这种情况下，需要修改一下蓝图，如图 3-68 所示。可以在源代码项目 MathDemo 的 7-Circle 文件夹里打开 level7 关卡，查看详细的关卡蓝图。

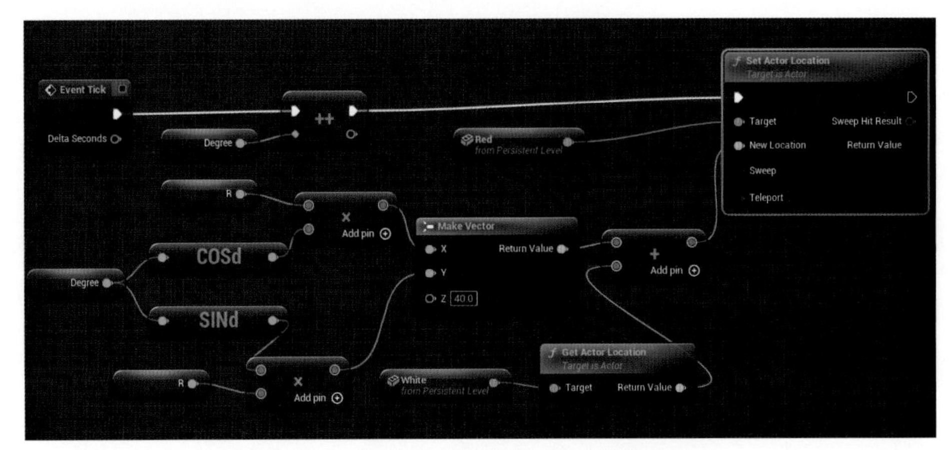

图 3-68　白球不在世界坐标原点的情况下

这部分蓝图内容的含义是：利用计算得到的 X、Y 值，再结合一个固定不变的 Z 值构建成一个向量，用这个向量再加上白球的位置向量得到绿球新的位置向量。编译保存后，模拟运行（Alt+S 组合键），此时可以发现，圆周运动恢复正常，而且在改变白球的位置时绿球始终能绕着白球走出一个圆形轨迹，如图 3-69 所示。

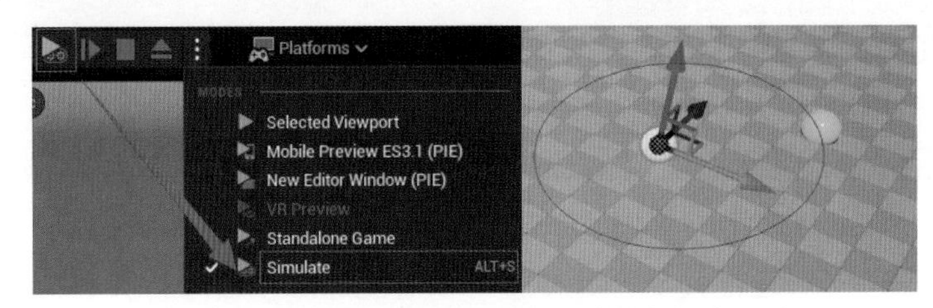

图 3-69　模拟运行时可以改变白球的位置来测试

对照图 3-70 可以进一步加深对上述向量加法的理解。

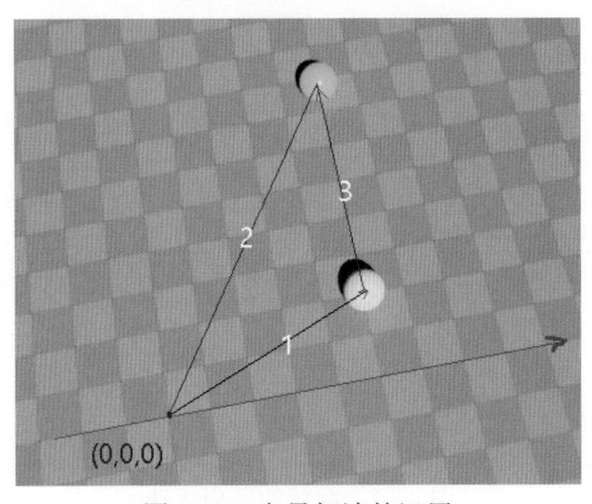

图 3-70　向量加法的运用

白球的位置向量就是从世界坐标原点指向白球坐标的 1 号线。2 号线表示想要计算求取的结果向量，它是从世界坐标原点指向绿球目标位置的一个向量。3 号线就是利用角度和半径计算出来的一个从白球指向绿球目标位置的向量。利用 3 号向量加上 1 号向量，就可以得到 2 号向量了。

3.4.2 Bezier轨迹

介绍完圆周运动，再来说说贝塞尔（Bezier）曲线。贝塞尔曲线是应用于二维图形应用程序的一种数学曲线，它是依据三个任意位置的点坐标绘制出的一条光滑的曲线，如图 3-71 所示。

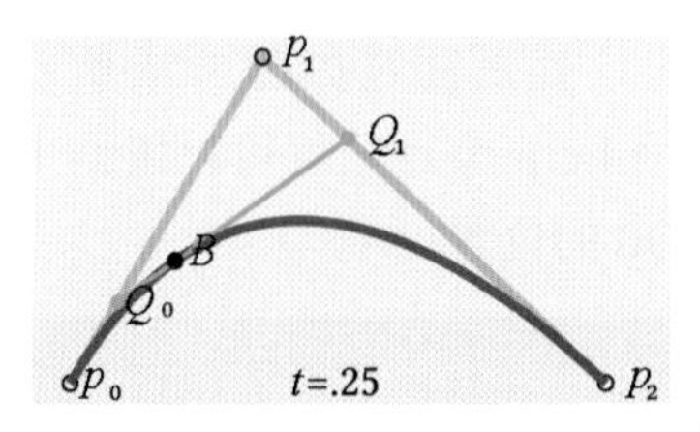

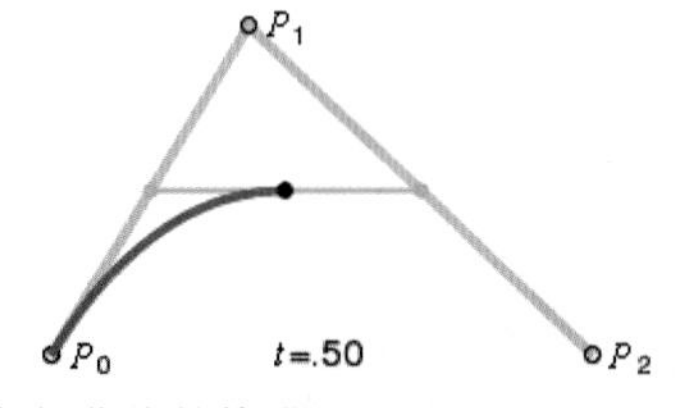

图 3-71 贝塞尔曲线的构成

图 3-71 中所示红色的轨迹线就是一条贝塞尔曲线。假设一个点 B 从 P_0 点出发沿着贝塞尔曲线运动到 P_2 处，运动时长为 t，假设 t 就是 1 秒，点 P_1 是贝塞尔曲线的弯曲度控制点。任意时刻在 B 点上画红色贝塞尔曲线的切线，得到图 3-71 所示的绿色切线，绿色切线与 P_0P_1 线段的交点为 Q_0，与 P_1P_2 线段的交点是 Q_1。基于这几个点位的名称，可以把贝塞尔曲线的规律解释得比较清楚。在 B 点作贝塞尔曲线运动整个过程中的任一瞬间，$\frac{l_{P_0Q_0}}{l_{P_0P_1}}=\frac{l_{P_1Q_1}}{l_{P_1P_2}}=\frac{l_{Q_0B}}{l_{Q_0Q_1}}$，$l$ 表示线段长度。也就是说这三个比例值一直都是相等的，而且还等于当前运行所用的时间 t。这就是贝塞尔曲线的一个重要特征。

例如，当 t 等于 0.5 时，B 点会正好在绿线的中点位置，Q_0 会在 P_0P_1 的中点，Q_1 也会在 P_1P_2 的中点。这个按比例计算的方式与 UE5 蓝图里的 Lerp 节点非常相似，如图 3-72 所示。

Lerp 节点有 3 个参数，其中 A 和 B 是任意浮点数，而 Alpha 是一个 0 到 1 之间的浮点数。

图 3-72 UE5 蓝图里的 Lerp 节点

当 Alpha 为 0 时，Lerp 的结果就是 A。当 Alpha 为 1 时，Lerp 的结果就是 B。当 Alpha 为 0.5 时，Lerp 的结果就是 A 和 B 的中间数。确切地说 Lerp 的结果是 A+(B−A) × Alpha。有了这些知识，就可以在UE5 里构建一个贝塞尔曲线的运动轨迹。首先，在关卡视图中放置 4 个球体，按照图 3-72 里的点位编号分别给这四个球取名，如图 3-73 所示。

图 3-73 场景中的 4 个球体

接着在关卡蓝图里添加了 4 个变量（留意它们的变量类型，有三个是 Vector 向量类型，一个是 Float 浮点类型），如图 3-74 所示。

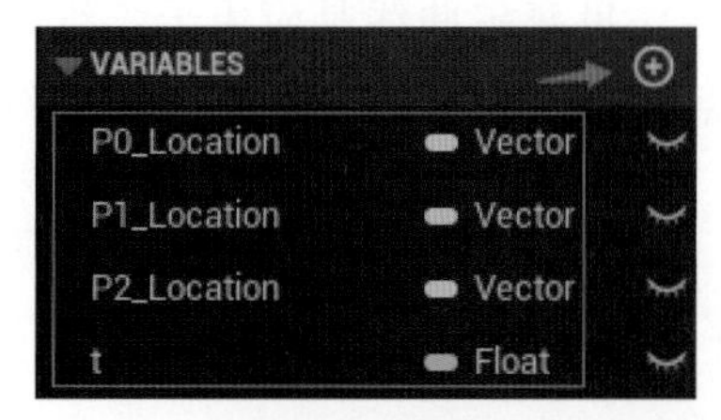

图 3-74　关卡蓝图里添加了 4 个变量

在蓝图中通过 Event BeginPlay 事件把 P0、P1、P2 三个球体的位置向量分别存入到 3 个变量中，这三个变量分别是 p0_location、p1_location 和 p2_location，如图 3-75 所示。

然后通过如图 3-76 所示的蓝图内容使用 Lerp 节点，就可以依据 T 的比例值求出 Q0 的位置。

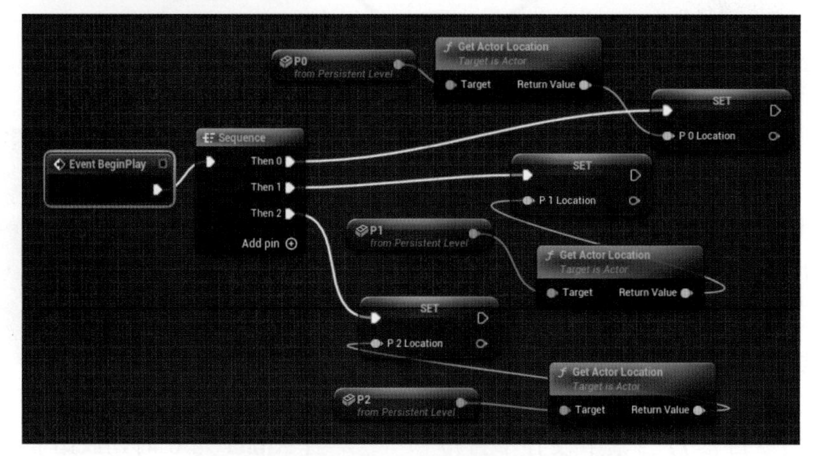

图 3-75　将 3 个球体的位置存入 3 个变量

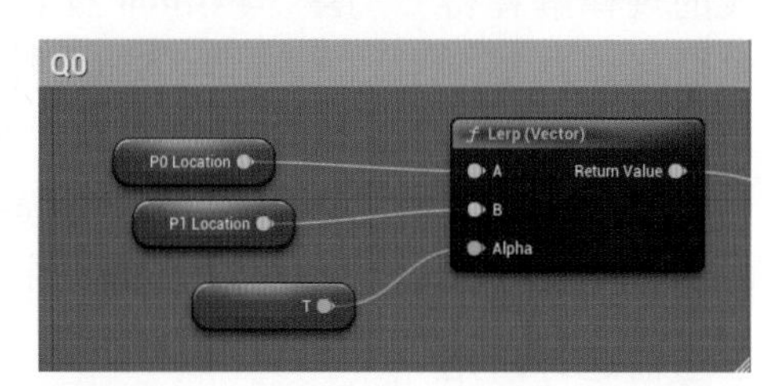

图 3-76　用 Lerp 节点求取 Q0 的位置

同理，也可以依次求出 Q1 和 B 点的位置，然后把这个位置结果给到红球，如图 3-77 所示。

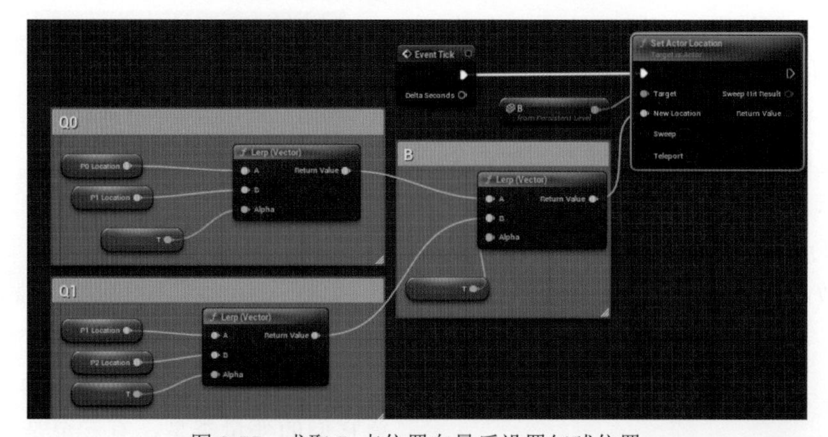

图 3-77　求取 B 点位置向量后设置红球位置

此时，只需要修改T这个变量值，让它从0渐渐变为1就可以看到运动效果了，如图3-78所示。

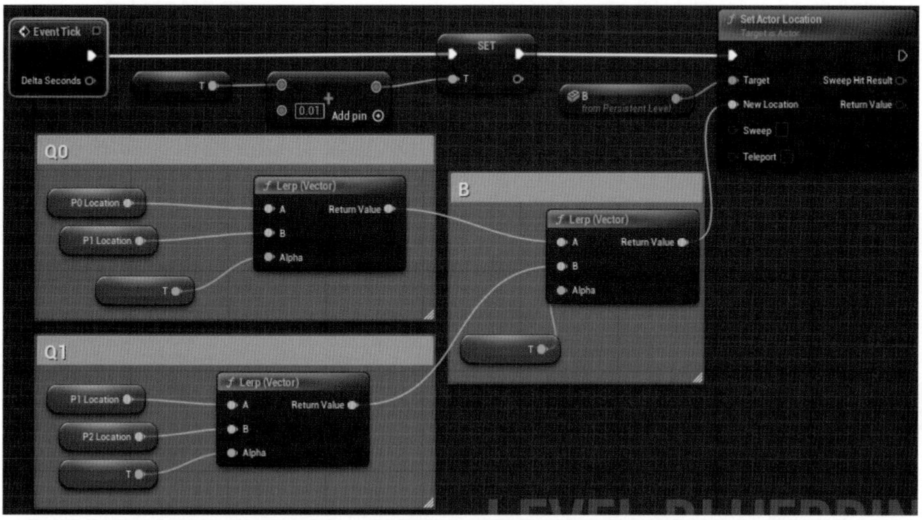

图 3-78　让 T 的值不断增加产生动画效果

在 Event Tick 事件里，变量 T 每次会增加 0.01，这样就会让红球沿着贝塞尔曲线逐步向 P2 靠拢。为了让 T 的值不超过 1，可以对 T 使用 Clamp 节点加以约束，用 Clamp 来钳制 T，确保它的值一定在 0 和 1 之间，如图 3-79 所示。

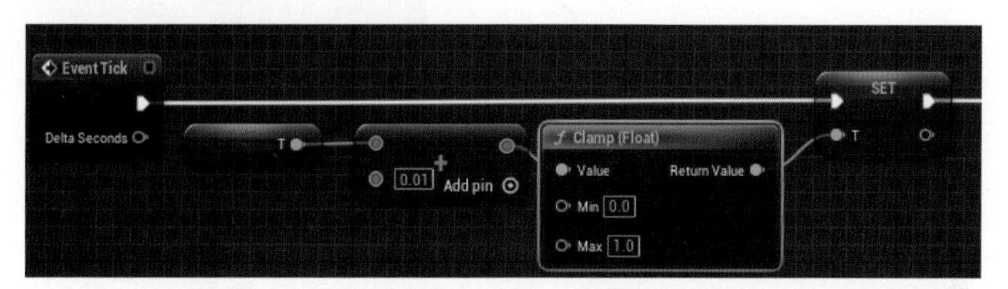

图 3-79　用 Clamp 来约束 T 的值处在 0 到 1 之间

如果希望更清晰地看到整个运行轨迹，可以使用 Draw Debug Sphere 节点来辅助观察，这个蓝图节点与 Print String 节点类似，可以设置绘制球体的中心点位置、半径、颜色、显示时长和笔画粗细等，如图 3-80 所示。

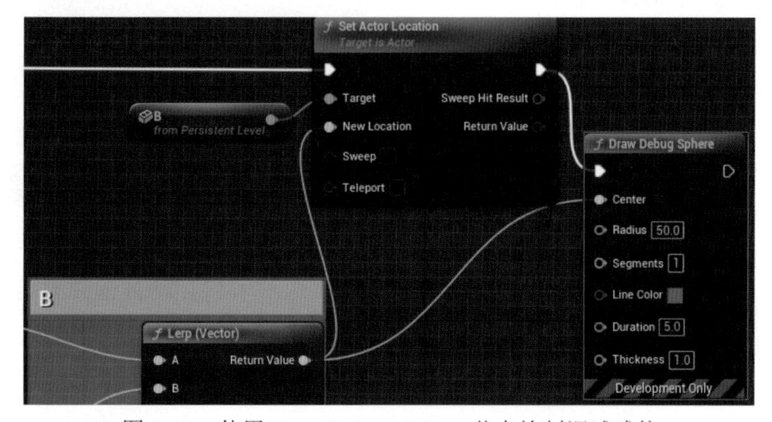

图 3-80　使用 Draw Debug Sphere 节点绘制调试球体

那么编译保存后运行关卡，从视口中可以看到红球所到之处都会留下一个个蓝色的球形轨迹，然后又一个个逐渐消失，如图 3-81 所示。

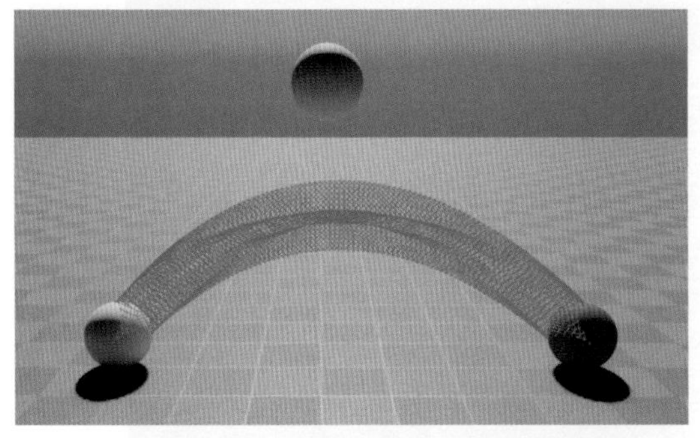

图 3-81　红球运动留下的蓝色轨迹

3.5　实例：ESP32 板触摸水果跷跷板

在本节实例中，会使用 ESP32 板基于 UDP 协议与 UE5 通信，利用 ESP32 板上自带的触摸引脚来感知外部触摸动作，然后将相关数字信号发送给 UE5，让 UE5 里的跷跷板运动起来。由于需要用到一些水果的 3D 模型，因此可以从虚幻商城搜到免费的水果模型资源添加到工程里来，如图 3-82 所示。

图 3-82　从虚幻商城找到水果模型资源

因为这里用到了 UDP 通信，所以项目需要引入并开启 UDPWrapper 插件和 Socket.IO Client 插件，如图 2-98 所示。在 UE5 场景里放入了一个橙子（名为 Orange）和一个梨（名为 Pear），在这两个静态网格体中间放置了一个立方体跷跷板，跷跷板上有个绿色圆球会因为跷跷板的倾斜而左右滚动。调整橙子或是梨的位置，可以改变跷跷板的倾斜度，从而影响到绿球的走位，如图 3-83 所示。

图 3-83　场景中的水果和跷跷板

为了增加互动体验感，可以使用 ESP32 板来实现对水果位置的控制。在 ESP32 板的 P4 引脚和 P12 引脚上分别接上一根跳线

（P4 对应黄线、P12 对应白色线），如图 3-84 所示。

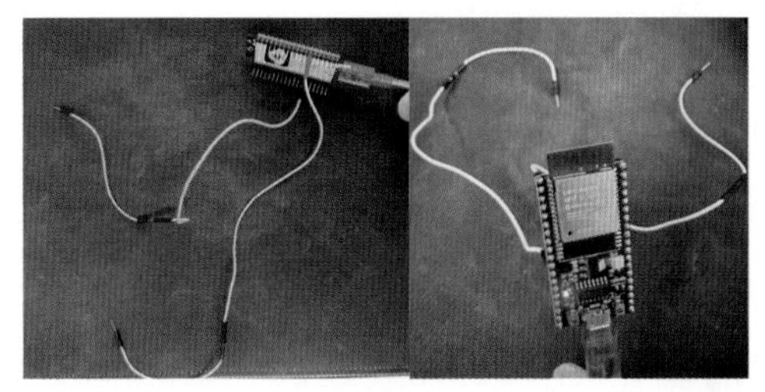

图 3-84 在 ESP32 板上的 P4 引脚和 P12 引脚连接跳线

使用 Arduino IDE 进行 ESP32 板的开发和烧录时，需要从菜单栏里的“工具”→“开发板”中选择 DOIT ESP32 DEVKIT V1。而且在“工具”→“端口”下需要选择正确的端口，如图 3-85 所示。

ESP32_Touch | Arduino 1.8.19

文件 编辑 项目 工具 帮助

自动格式化	Ctrl+T
项目存档	
修正编码并重新加载	
管理库...	Ctrl+Shift+I
串口监视器	Ctrl+Shift+M
串口绘图器	Ctrl+Shift+L
ESP32 Sketch Data Upload	
WiFi101 / WiFiNINA Firmware Updater	
开发板: "DOIT ESP32 DEVKIT V1"	

图 3-85 Arduino IDE 里为 ESP32 选择开发板类型

然后，在 Arduino IDE 里写入了两段简单的代码，用于测试触摸引脚的信息读取。代码中使用 touchRead( ) 函数可以直接读取到引脚号上的信息值，通过串口显示出来。代码如图 3-86 所示。

```
void setup() {
  Serial.begin(115200);
}
void loop() {

  Serial.println("pin#4:"+(String)touchRead(4));   //读取触摸引脚GPIO4的值
  Serial.println("pin#12:"+(String)touchRead(12));  //读取触摸引脚GPIO12的值
  delay(100);
}
```

图 3-86 Arduino IDE 编写代码读取指定引脚的触摸信息值

将这些代码通过 Arduino IDE 烧录到 ESP32 板，然后按一下 ESP32 板上的 RST 按钮（黑色小圆按钮）来启动 ESP32 板。在没有触碰跳线的金属尖端时，从串口监视器里可以看到打印输出的两个触摸引脚的值都在 70 以上。如果用手指触摸跳线的金属尖端，那么串口监视器输出的值则均在 20 以下甚至低于 10，变化落差比较大，如图 3-87 对比所示。

COM3	COM3
pin#12:77	pin#12:6
pin#4:72	pin#4:2
pin#12:77	pin#12:6
pin#4:72	pin#4:3
pin#12:77	pin#12:6
pin#4:72	pin#4:3
pin#12:77	pin#12:5
pin#4:72	pin#4:7
pin#12:76	pin#12:9

图 3-87 两个金属引脚输出值在被手指触摸前后的差异

把两个跳线的金属尖端分别插入到两个水果里，如图 3-88 所示。

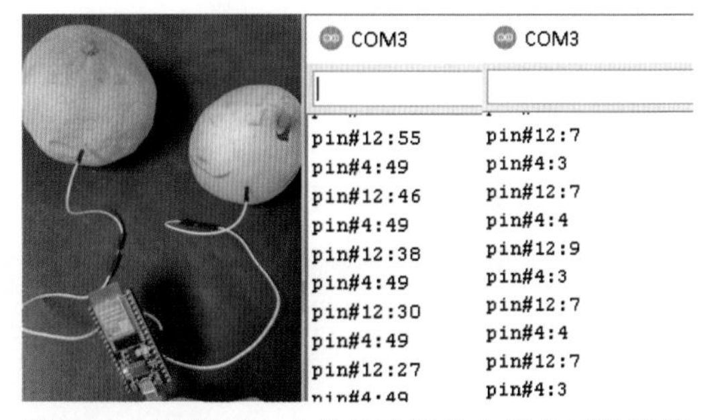

图 3-88 跳线插入水果后引脚输出值在手指触摸前后的不同

手指没有触摸水果时串口监视器里的输出值大约在 30 到 50 左右，而手指一旦触摸水果表面，这个值就会立即下降到 10 以上。利用观察到的这一现象，在 ESP32 板上烧录图 3-89 所示的代码。

ESP32_TouchFruits

```
#include <WiFi.h>//引入连接Wi-Fi 所需的库文件
const char* ssid = "自家WIFI名称"; //填入自家Wi-Fi名称
const char* password = "自家WIFI密码";////请填入自家Wi-Fi密码!!!!!!!!!
IPAddress ComputerIP(192, 168, 3, 44);//修改为UE5所在电脑的IP
int OldOrangeValue = 0;
int OldPearValue = 0;
WiFiUDP Udp;
void setup() {
  Serial.begin(115200);
  WiFi.begin(ssid, password);// 连接自家Wi-Fi
  while(WiFi.status() != WL_CONNECTED) {
    delay(500);
    Serial.print(".");
  }
  Serial.println("WiFi connected");
  Udp.begin(8888); //UDP启动8888端口收发数据
}
void loop() {
   Serial.println(OldPearValue);
   Serial.println(OldOrangeValue);
   delay(100);
  if(touchRead(4)<=OldOrangeValue-20){//如果4号引脚值落差大于或等于20
    Udp.beginPacket(ComputerIP, 3002); //向UE5所在计算机的3002端口发信息
    Udp.print("Orange");//发消息"Orange"给计算机
    Udp.endPacket();//发送信息结束
   }
   if(touchRead(12)<=OldPearValue-20){//如果12号引脚值落差大于或等于20
    Udp.beginPacket(ComputerIP, 3002); //向UE5所在计算机的3002端口发信息
    Udp.print("Pear");//发消息"Pear"给计算机
    Udp.endPacket();//发送信息结束
   }
  OldOrangeValue=touchRead(4);
  OldPearValue=touchRead(12);
}
```

图 3-89　ESP32 依据触摸引脚值的变化来发送 UDP 信息的代码

这样，当手指触摸真实的橙子时，ESP32 板就会向 UE5 发送内容为“Orange”的 UDP 信号。而如果用手指触摸真实的梨，那么 ESP32 板就会向 UE5 发送内容为“Pear”的 UDP 信号。

在 UE5 的关卡蓝图里，先通过蓝图将跷跷板（Seesaw_BP）放置在 Orange 和 Pear 中间。使用向量的除法，将橙子的位置向量与梨的位置向量相加后再除以 2 就得到了位于两者中间的一个位置向量，如图 3-90 所示。

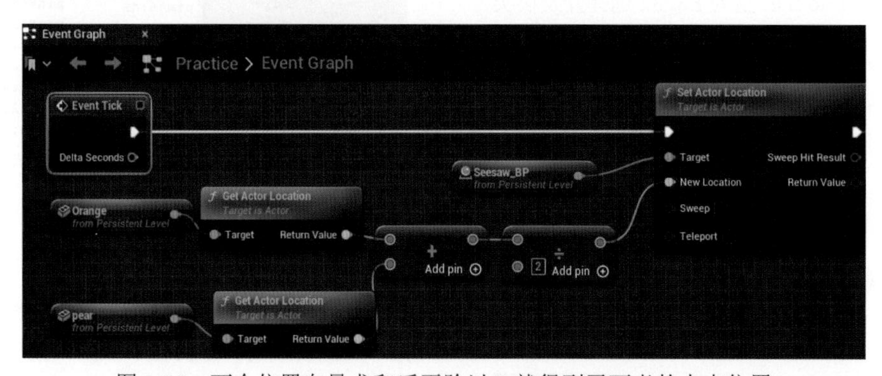

图 3-90　两个位置向量求和后再除以 2 就得到了两者的中点位置

接着继续在 Event Tick 事件下添加蓝图内容，如图 3-91 所示，让跷跷板对象的 X 轴与从梨指向橙子的向量方向一致。这样，UE5 场景中梨和橙子的高度如果出现大的落差，跷跷板就会发生明显倾斜了。这也就是说，改变场景中的 Orange 和 Pear 对象的位置，就会让 Seesaw_BP 对象发生旋转。

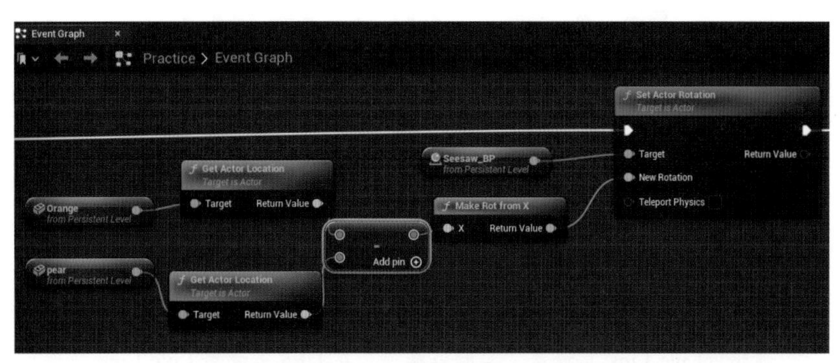

图 3-91 用梨子指向橙子的向量来调整 Seesaw_BP 的 X 轴朝向

新建了一个 Actor 蓝图对象，取名为 Control_BP，在它里面添加一个 UDP 组件，这个组件默认就能监听发送到 3002 端口的 UDP 信息，所以在蓝图里只需要为 UDP 组件添加一个 On Received Bytes 事件，在这个事件下判断接受到的 Bytes 内容是“Orange”还是“Pear”，然后相应提升 Orange 对象和 Pear 对象的 Z 坐标值即可以，如图 3-92 所示。

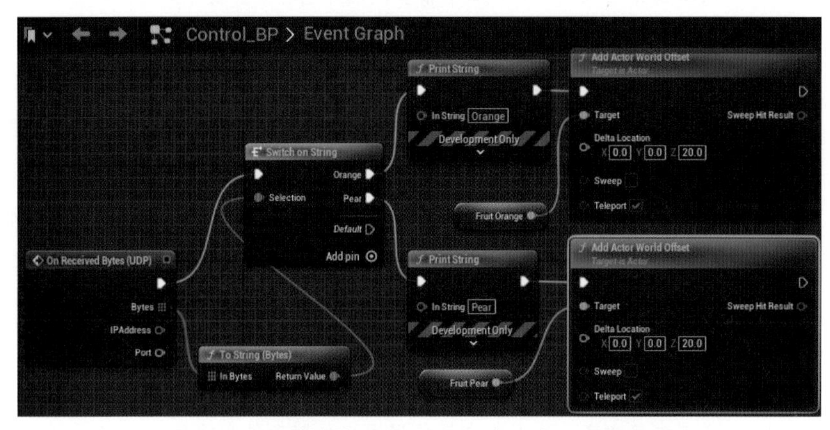

图 3-92 依据接收到的 UDP 信息改变水果的位置

编译保存后，将 Control_BP 对象拖入到场景里，运行关卡。此时，触摸真实的橙子和梨，屏幕里的跷跷板就开始倾斜运动了。手指摸一下橙子，跷跷板左侧就会抬升一些，摸一下梨会导致跷跷板右侧抬升少许。效果如图 3-93 所示。

图 3-93 用屏幕外的水果控制屏幕里的跷跷板

一个虚实互动、数实共生的例子就这样完成了。读者可以扫描下方二维码观看本节的详细操作视频讲解。

第4章　UE5使用Live Link获取外部数据流

通过对前面各章的学习，我们可以认识到UE5能够利用外部软件或Arduino硬件来接收外部数据信息。很多硬件厂商都在为UE5提供相对高级的外部设备，包括动作捕捉设备、VR穿戴式设备等，让UE5实现一些先进的功能。这些外部设备通常都可以通过UE5的Live Link插件与UE5建立实时连接并进行数据通信。Live Link直译是“实时链接”，在UE5里使用Live Link插件可以让用户非常方便地传送来自各种源头的数据，并将这些数据直接用于场景中的各类对象。Live Link的目的是提供一个通用接口，利用该接口可将来自外部源（如VR头盔）的动画数据流式传输到UE5，供其调用。Live Link使得各硬件制造商可以更专注于硬件设备的新功能研发，而无须顾及虚幻引擎的版本升级。

Live Link涉及的外部硬件有很多，同样也有很多软件支持Live Link。本章无法详尽列举所有与Live Link相关的软件和硬件，软硬件各选择一款为大家介绍。

- 软件方面，笔者选择Live Link Face App，为读者介绍使用软件通过Live Link接口向UE5传送人物面部动画数据流的操作步骤。这个操作流程可以极大优化虚拟人（MetaHuman）动画制作中的面部动画制作部分。
- 硬件方面，笔者选择VIVE Cosmos Elite套装设备，演示如何基于LiveLinkXR接口让UE5获取VIVE Tracker（跟踪器）的空间位置信息。LiveLinkXR扩展了Live Link接口的功能，以便使XR设备能更便捷地使用Live Link接口。通过使用LiveLinkXR插件，用户可以在UE5中添加XR源，如VIVE控制器和HMD，以便与Live Link接口一起使用。

学习完第4章，读者将掌握使用更多外部硬件和软件为UE5传送互动数据的方法，包括更为高级的动画数据和在真实空间里的实时跟踪定位数据。

本章重点

- 使用软件Live Link Face App基于Live Link接口传送面部动画数据
- 使用LiveLinkXR插件让UE5接收VIVE Tracker的位置跟踪信息

4.1　让虚拟人记录你的表情

4.1.1　使用Live Link Face App

在UE5里，虚拟人（MetaHuman）的概念已经让人隐隐感觉到了元宇宙的气息。虚拟人在三维空间里表现人物动作和表情，而在以往的制作流程中，实现表情的动画细节工序繁多，细节难以精准复刻。依靠Live Link Face App，可以将真实人脸动画细节轻松记录下来，并在UE5中直接使用。下面笔者就为读者讲解使用这款App来协助 UE5 使用人物面部动画数据的过程。

首先在虚幻商城里，搜索 MetaHuman 这个免费资源，然后可以单击下方的“创建工程”按钮，建立一个新的 UE5 项目，取名为 MetaHumanDemo，如图 4-1 所示。

图 4-1 使用虚幻商城上 MetaHunan 资源创建工程

这个资源文件中包含两个使用 MetaHuman Creator 生成的数字人类，一个是 BP_Taro，另一个是 BP_Ada。项目文件建立好以后，请确保项目已经启用了 Live Link 插件，如图 4-2 所示。

图 4-2 启用 Live Link 插件

使用 iPhone 手机从 App Store 下载安装 Live Link Face 这款免费 App，如图 4-3 所示，当然使用 iPad 也可以（笔者使用的是 iPhoneX 手机或 iPhone 14 Pro 手机）。

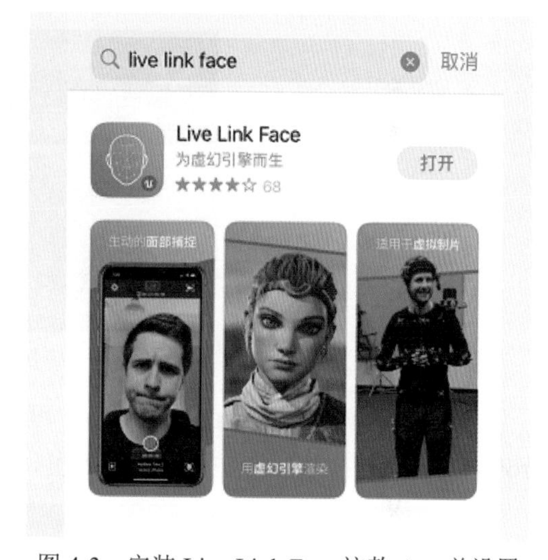

图 4-3 安装 Live Link Face 这款 App 并设置

打开手机里的 App，从界面上点击左上角设置图标，如图 4-4 左图所示，会打开设置界面，如图 4-4 右图所示。

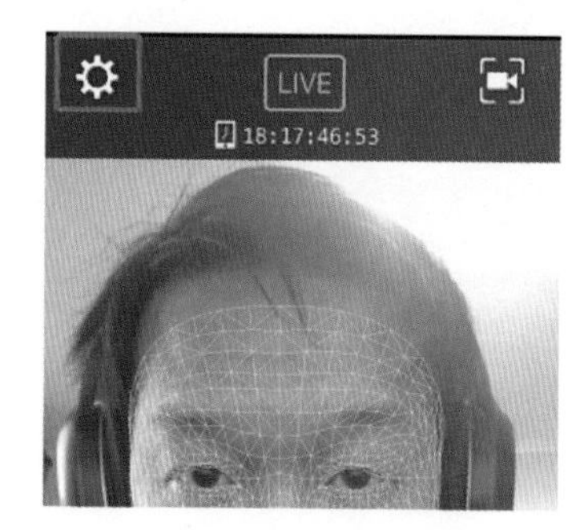

图 4-4 添加目标 IP 地址

在设置界面点击最上面的 Live Link。然后点击“添加目标”，接着输入 UE5 所在计算机的局域网 IP 地址。注意，请确保 iPhone 和这台计算机都连接在同一个 Wi-Fi（也就是在同一个局域网里），如图 4-5 所示。

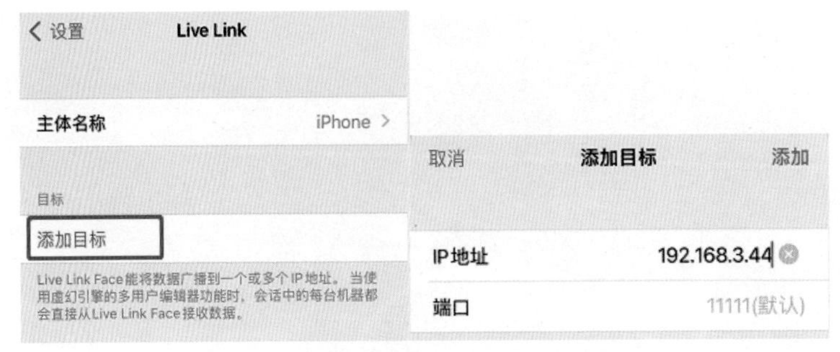

图 4-5　输入 UE5 所在计算机的 IP 地址

最后，确保 LIVE 按钮是绿色的，如果它是白色的，请点击它让它变绿，绿色表示它正在发送数据流给 UE5，如图 4-6 所示。

图 4-6　确保 LIVE 按钮是绿色的

进入 UE5 项目 MetaHumanDemo，可以新建一个关卡，起名为 Level1。接着从 Content Browser 里找到 BP_Taro，拖入到关卡里，如图 4-7 所示。

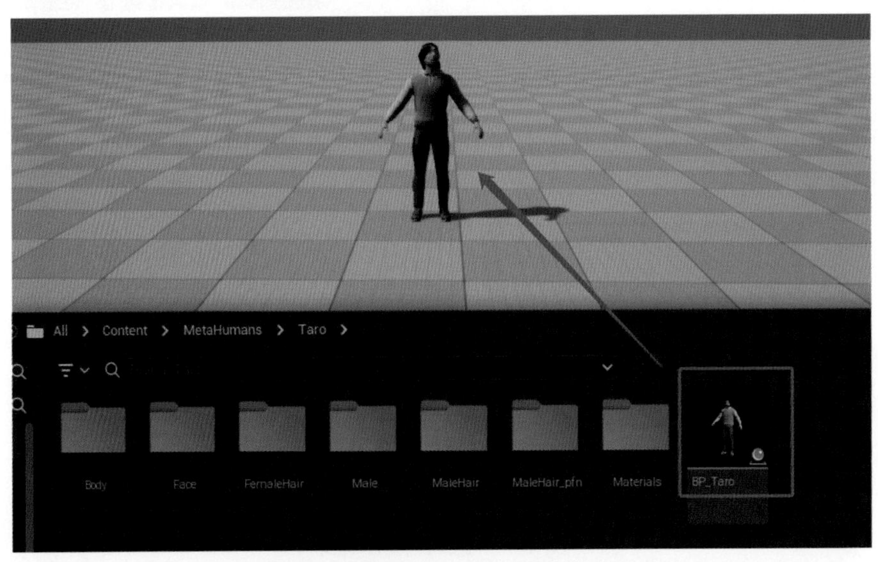

图 4-7　把 BP_Taro 拖入到关卡里

选中关卡里的这个 BP_Taro 对象，右击 BP_Taro 对象，在快捷菜单中选择 Edit BP_Taro 来编辑它的蓝图。从它的蓝图变量里可以看到，Live Link 里有 ARKitFaceSubj 这个变量，如图 4-8 所示。这个变量的默认值可以通过其对应的细节面板来编辑，把它修改指定为在同一局域网内的 iPhone。

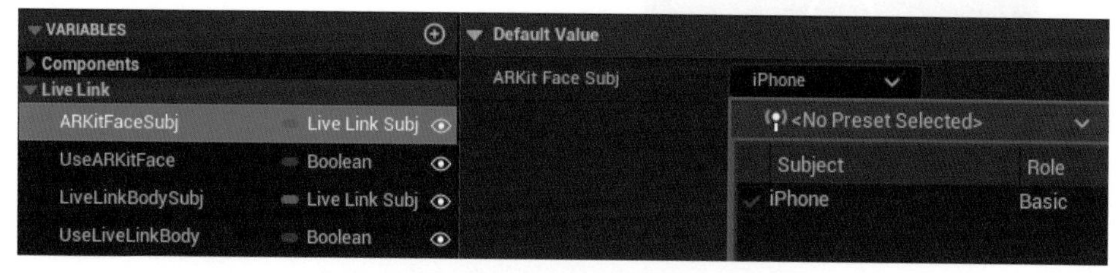

图 4-8 修改 ARKitFaceSubj 变量的默认值

接下来再勾选 Use ARKit Face 这个变量的默认值，启用它，如图 4-9 所示。

图 4-9 启用 Use ARKit Face

编译蓝图并保存，然后进入关卡视图。此时就可以发现虚拟人的面部表情已经可以与 iPhone 使用者的面部表情同步了，除了面部表情外，头部的运动也保持了同步，如图 4-10 所示。

图 4-10 虚拟人的面部表情与 Live Link Face 同步

不论 UE5 关卡是否处于运行状态，面部表情变化以及头部运动都与 iPhone 采集到的数据信息保持着同步。使用这款名为 Live Link Face 的 App 工具，可以很便捷地实现虚拟人直播时的表情控制。如果想实现身体躯干以及手指类的动作同步，可以考虑采用一些动作捕捉设备来辅助完成。Live Link 使用起来非常快捷易行，它让 UE5 可以轻松借力于外部硬件设备采集到的各类数据信息。

4.1.2 使用Live Link Face Importers

在本节里，笔者将使用 Live Link Face 录制一段数据，记录下自己的面部表情动画，然后将这部分动画数据导入到 UE5 里，用在虚拟人身上，并最终转换为 Sequence 时间轴动画。

当 Live Link Face 在手机上运行时，通过程序界面底部的录制按钮，可以让 Live Link Face 记录一段用户的面部动画数据，如图 4-11 所示。

图 4-11　Live Link Face 录制面部表情动画

再次点击录制按钮，结束录制，可以点击左下角的白色箭头图标，查看保存下来的面部数据文件。选择文件发送到计算机，可以通过微信、QQ 或电子邮箱来发送，然后就可以在计算机上获取该文件。对这个文件进行解压缩，可以看到里面含有一个 CSV 格式的文件，如图 4-12 所示。

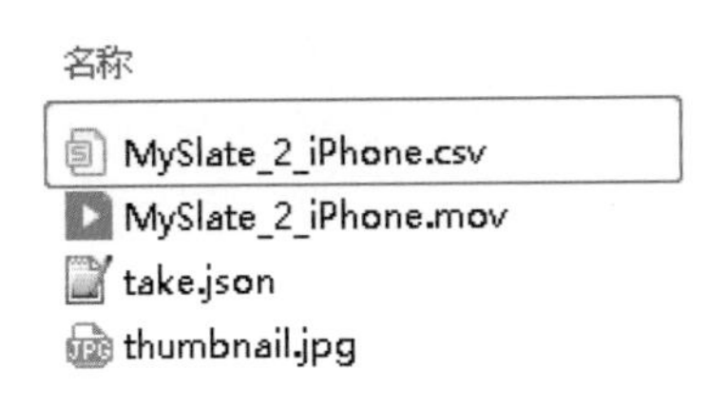

图 4-12　保存文件获得 CSV 格式数据

如果计算机上安装有 Office 软件或 WPS 软件，则可以双击打开这个 CSV 格式的数据表文件，从而能够看到其中记录下了不同时间点所对应面部动画的各类细节参数值，如图 4-13 所示。

A	B	C	D	E	F
Timecode	BlendShapeCount	EyeBlinkLeft	EyeLookDownLeft	EyeLookInLeft	EyeLookOutLeft
18:29:26:40.270	61	0.150264233	0.244985595	0	0.028351799
18:29:26:41.271	61	0.150348231	0.245626852	0	0.02838565
18:29:26:42.272	61	0.150269106	0.246605918	0	0.028876787
18:29:26:43.273	61	0.150541291	0.248478353	0	0.025376862
18:29:26:44.274	61	0.150872067	0.249103218	0	0.023309991
18:29:26:45.275	61	0.149447858	0.24819696	0	0.020062177
18:29:26:46.276	61	0.146694392	0.24850899	0	0.020734496
18:29:26:47.277	61	0.146095321	0.251242816	0	0.025350172
18:29:26:48.278	61	0.151967615	0.254902631	0	0.030145148
18:29:26:49.279	61	0.153124392	0.253102779	0	0.030477591
18:29:26:50.280	61	0.154111549	0.25233838	0	0.027666358

图 4-13　面部动画的各类细节数据

有了这个数据表，接下来就需要在 UE5 项目中使用这份数据。打开 UE5，先确保启用插件 LiveLinkFaceImporter，如图 4-14 所示。

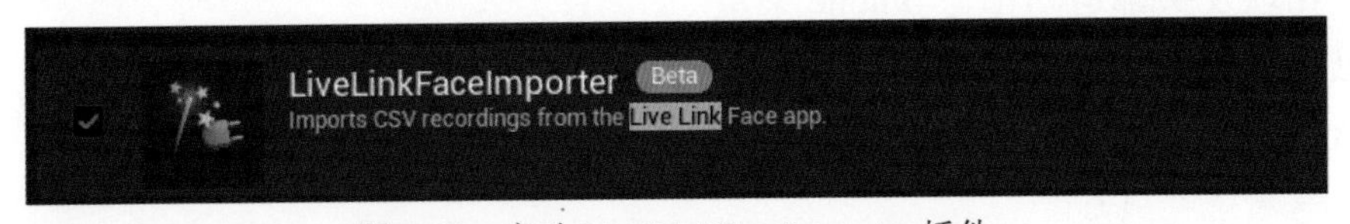

图 4-14　启动 LiveLinkFaceImporter 插件

然后，把这个CSV格式的文件直接从计算机文件夹拖放到UE5项目的Content里，如图4-15所示，就会自动生成一个Level Sequence文件。

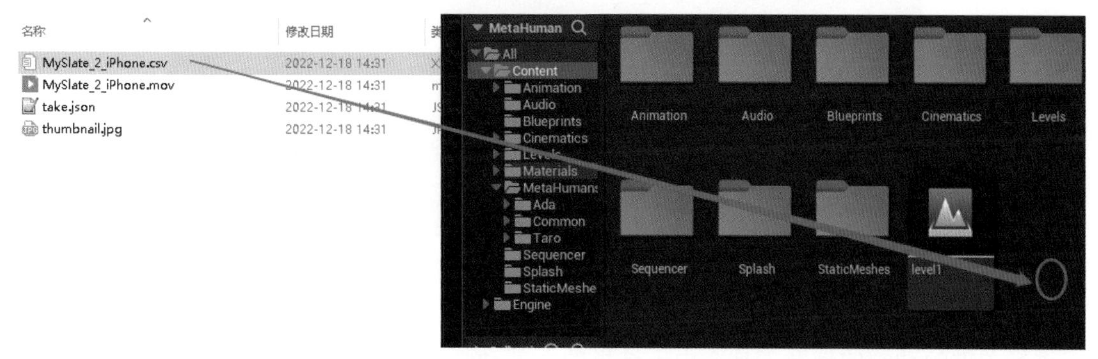

图4-15　直接从桌面将CSV文件拖入UE5的Content里

双击打开这个Sequence对象，可以看到一条时间轴以及时间轴上的许多关键帧红点，如图4-16所示。

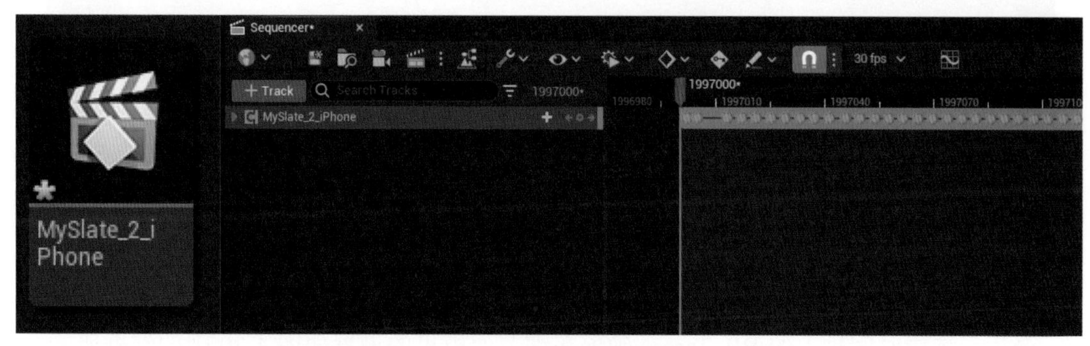

图4-16　Sequence对象里的时间轴和关键帧

在Sequence对象里，如果打开MySlate_2_iPhone这一层，可以看到更多、更详细的数据集细节，其中包括眼睛、下颚、嘴巴、眉毛等部位的动画数据关键帧，如图4-17所示。

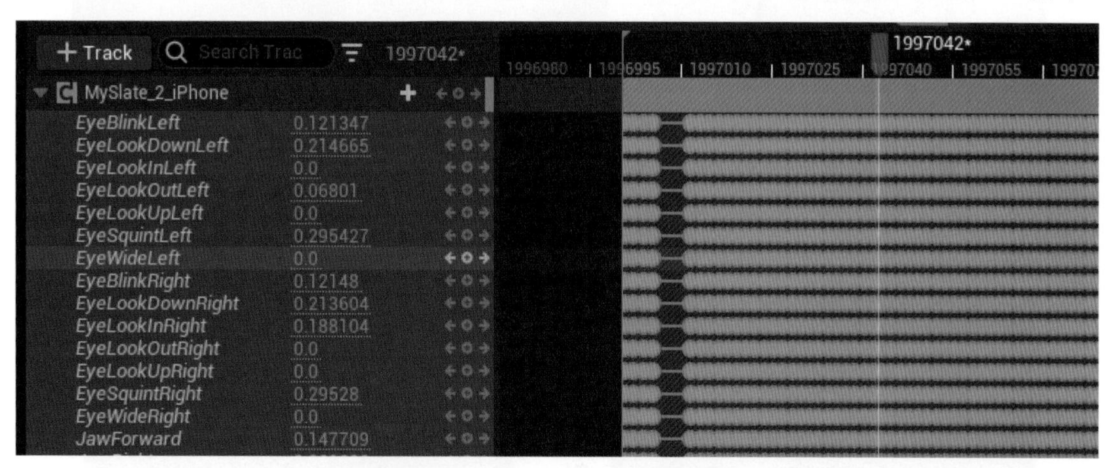

图4-17　各层级的面部动画细节

接下来单击“+Track”图标，如图4-18所示，将BP_Taro这个对象添加到Sequence里。

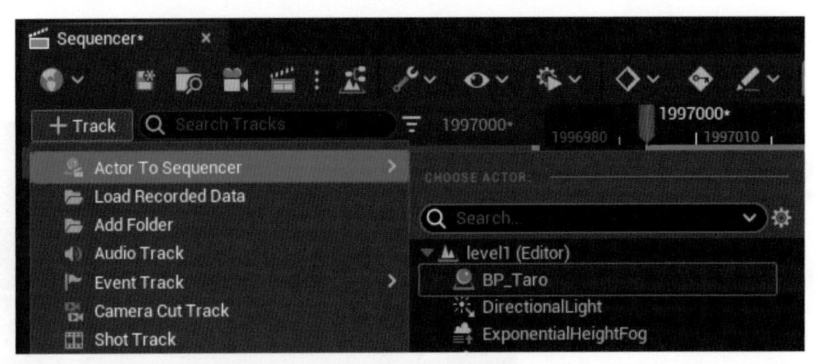

图 4-18 在 Sequence 里添加虚拟人

然后把 BP_Taro 下面出现的两个 ControlRig 类条目删除掉，如图 4-19 所示。它们是手工进行关键帧动画的辅助工具。由于这里的面部动画将采用导入录制的数据来实现，所以就不再需要关键帧动画工具了。

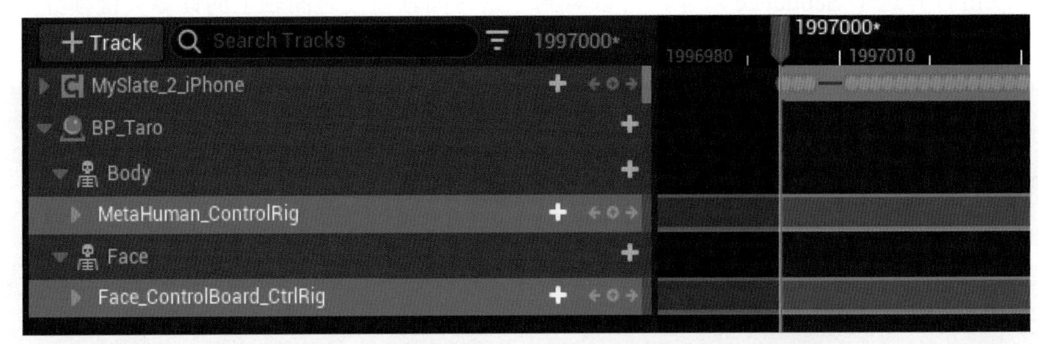

图 4-19 删除两个 ControlRig 类动画工具层

最后，选中时间轴上的 BP_Taro，确保在细节面板里的设置如图 4-20 中的红框所示。

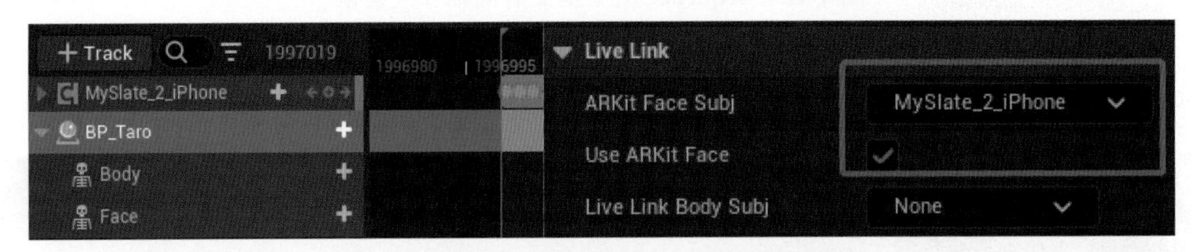

图 4-20 为 BP_Taro 设置面部动画数据来源

这样设置就表示将采用 MySlate_2_iPhone 这个数据集（也就是 CSV 文件中的数据）作为 BP_Taro 对象的面部动画的数据来源。此时单击 Level Sequence 的播放按钮就可以看到 MetaHuman 的面部笑容，他在笑，如图 4-21 所示。

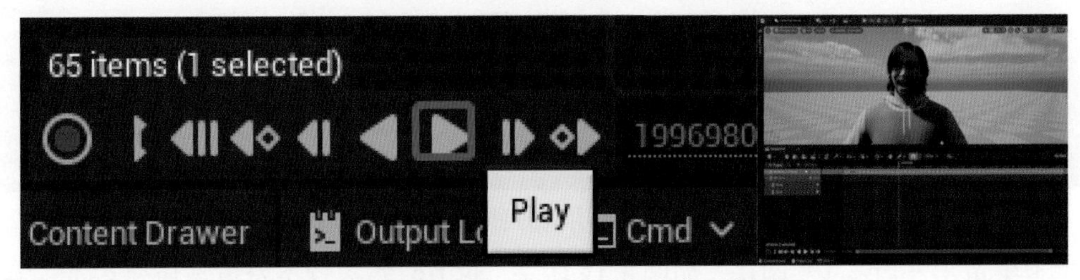

图 4-21 播放 Sequence 观看虚拟人的面部动画

在 UE5 视口里，如果希望运行关卡就会自动播放这个 Level Sequence，可以直接把这个 Sequence 对象拖入关卡视口中，拖曳操作如图 4-22 所示。

图 4-22 推曳 Sequence 对象到场景中

接着在场景中选中这个放进来的 Sequence 对象，在它的细节面板里勾选 Auto Play 属性，这样它就会在运行关卡时自动播放了，如图 4-23 所示。

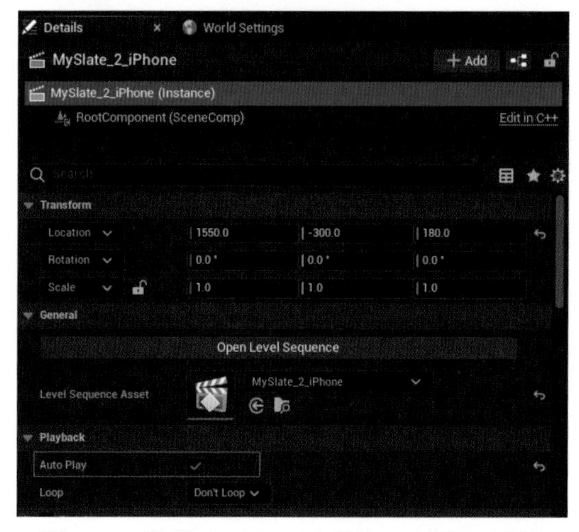

图 4-23 设置 Sequence 对象的 Auto Play 属性

4.2 使用 LiveLinkXR

Live Link 技术的重要作用是提供了一个通用接口，可用于将来自外部源的动画数据流传输到虚幻引擎中进行处理。LiveLinkXR 扩展了这项功能，它让 UE 可以很方便地与 XR 设备一起使用。通过使用 LiveLinkXR 插件，用户可以在 UE 里添加 XR 源，如 Vive 追踪器（Vive Tracker）和 HMD 头戴式显示器（Head Mounted Display），以便与 Live Link 工具一起使用。LiveLinkXR 目前仅支持 SteamVR。

4.2.1 如何使用LiveLinkXR获取Tracker数据

在 UE5 中，使用 LiveLinkXR 插件就可以与外部的 VR 设备进行联通，从而可以进一步利用外部 VR 设备来操控 UE5 场景中的对象。本节详细介绍具体操作步骤。

1. 连接 VR 外部硬件

为了能使用 LiveLinkXR，需要先开启该插件，如图 4-24 所示的三个插件都需要勾选，然后重启 UE5。

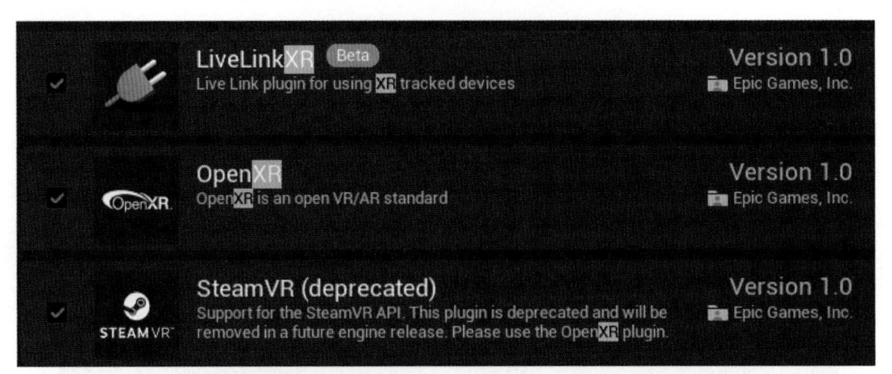

图 4-24　启用 LiveLinkXR、OpenXR 和 SteamVR 三个插件

笔者选择以 HTC VIVE 设备作为 VR 外部硬件，为读者介绍如何使用 HTC VIVE 跟踪器来控制 UE5 中的物体。如图 4-25 所示的两个 HTC VIVE 基站和一个 HTC VIVE 跟踪器，在没有头戴式显示器（HMD）的情况下也是可以正常使用的。在计算机上安装完 VIVE 硬件驱动程序后，再安装好 SteamVR。

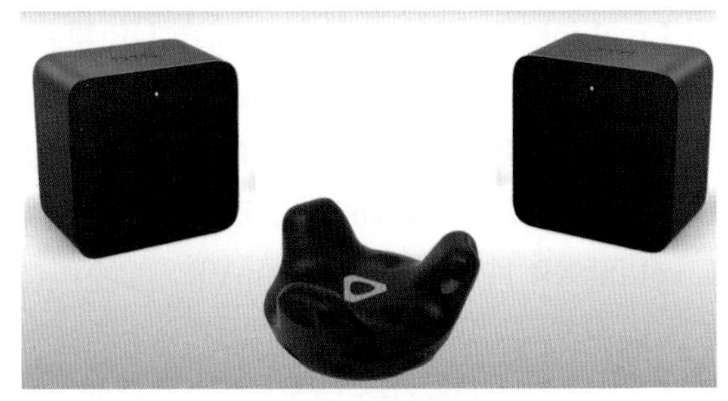

图 4-25　两个 HTC VIVE 基站和一个 HTC VIVE 跟踪器

如果确实没有购买头戴式显示器，则需要修改 Steam 的两处配置文件。例如，笔者先从自己计算机上的路径 E:\Program Files (x86)\Steam\steamapps\common\SteamVR\drivers\null\resources\settings 找到 default.vrsettings 这个文件，用记事本打开，把其中的 enable 修改为 true，再保存，如图 4-26 所示。

```
default.vrsettings
1  {
2      "driver_null": {
3          "enable": true,
4          "loadPriority": -999,
5          "serialNumber": "Null Serial Number",
6          "modelNumber": "Null Model Number",
7          "windowX": 0,
8          "windowY": 0,
9          "windowWidth": 2160,
10         "windowHeight": 1200,
11         "renderWidth": 1512,
12         "renderHeight": 1680,
13         "secondsFromVsyncToPhotons": 0.01111111,
14         "displayFrequency": 90.0
15     }
16 }
```

图 4-26　修改 SteamVR 程序的 default.vrsettings 配置文件

然后进入 E:\Program Files (x86)\Steam\steamapps\common\SteamVR\resources\settings 对 default.vrsettings 文件修改三个地方，如图 4-27 所示。

```
12     "steamvr": {
13         "requireHmd": false,
14         "forcedDriver": "null",
15         "forcedHmd": "",
16         "displayDebug": false,
17         "debugProcessPipe": "",
18         "enableDistortion": true,
19         "displayDebugX": 0,
20         "displayDebugY": 0,
21         "allowDisplayLockedMode": false,
22         "sendSystemButtonToAllApps": false,
23         "loglevel": 3,
24         "ipd": 0.063,
25         "ipdOffset": 0.0,
26         "background": "",
27         "backgroundUseDomeProjection": false,
28         "backgroundCameraHeight": 1.6,
29         "backgroundDomeRadius": 0.0,
30         "environment": "",
31         "hdcp14legacyCompatibility": false,
32         "gridColor": "",
33         "playAreaColor": "",
34         "showStage": false,
35         "drawTrackingReferences": true,
36         "showGridCircles": true,
37         "activateMultipleDrivers": true,
38         "usingSpeakers": false,
```

图 4-27　修改另一个 default.vrsettings 文件

保存后重新启动SteamVR，可以看到计算机屏幕右下角出现的SteamVR小窗，里面会显示两个基站和一个定位器的图标，表示它们已经正常工作起来了，如图4-28所示。

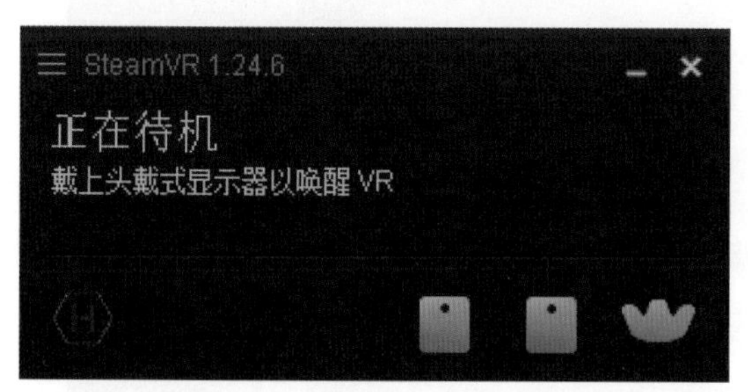

图4-28　计算机右下角的SteamVR窗口显示VR设备状态

图4-29展示了更为齐备的HTC VIVE装备组合，中间的装备就是头戴式显示器，下方两侧的则是手持式控制器。

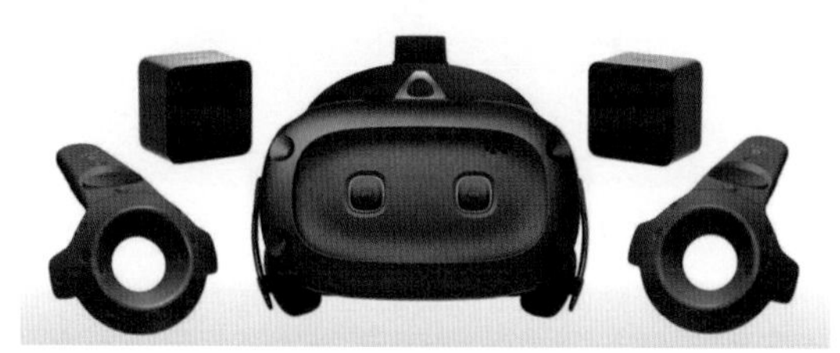

图4-29　一个头戴式显示器、两个手持式控制器和两个基站

如果把这一整套设备全部开启，那么计算机屏幕右下角的SteamVR小窗里面会显示所有设备的小图标（灰色的表示没有连接成功），如图4-30所示。

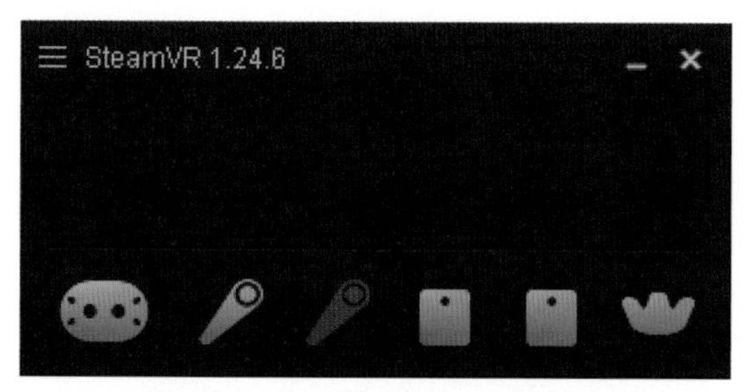

图4-30　显示所有连接的VR设备

2. 在UE5中使用LiveLinkXR

在UE5的顶部菜单栏，从Window菜单里选择Virtual Production → Live Link，如图4-31所示。

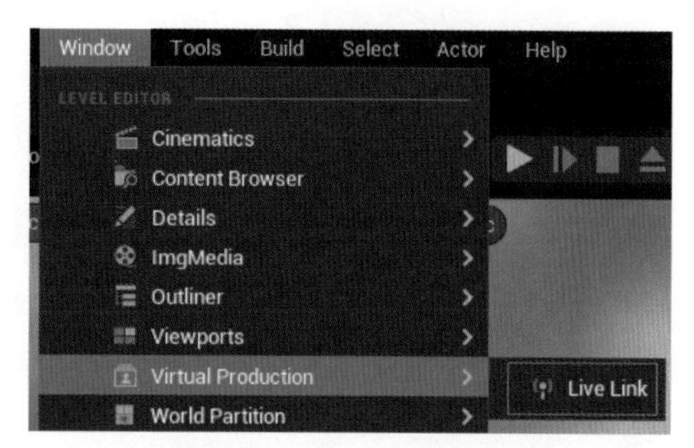

图4-31　打开Live Link

接着在弹出的Live Link窗口中单击+Source添加LiveLinkXR来源，在Connection Settings（连接设置）下勾选Track Trackers，表示使用追踪器连接，最后单击Add按钮，如图4-32所示。

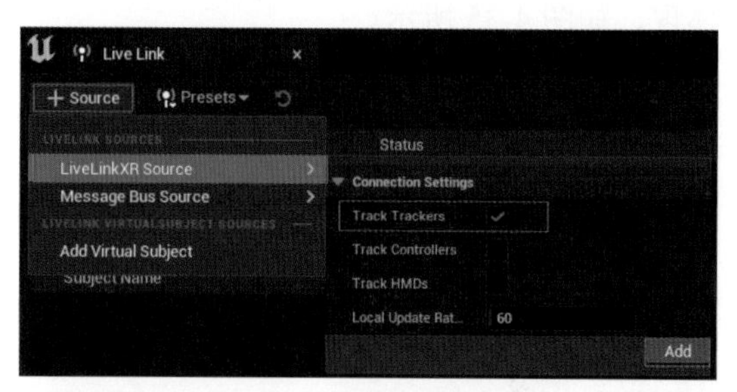

图4-32　在Live Link窗口中添加LiveLinkXR来源

如果此时SteamVR已启动并且HTC VIVE跟踪器正常运行，那么就会获取到具体的跟踪器设备的名称，如图4-33所示。

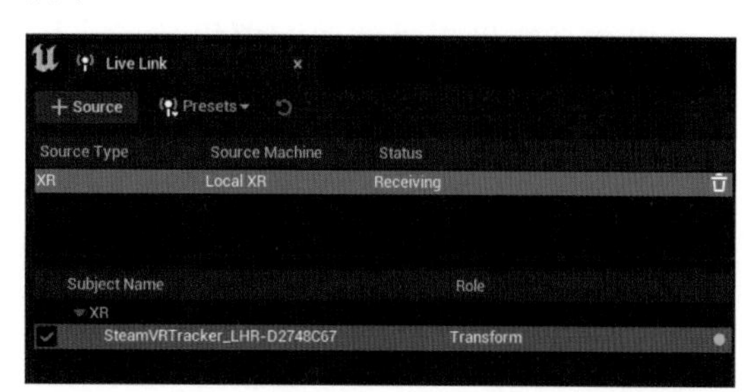

图4-33　添加成功后能显示设备名称和运行状态

接下来在UE5场景中放置一个立方体，在它的细节面板里单击Add按钮，添加一个Live Link Controller，如图4-34所示。

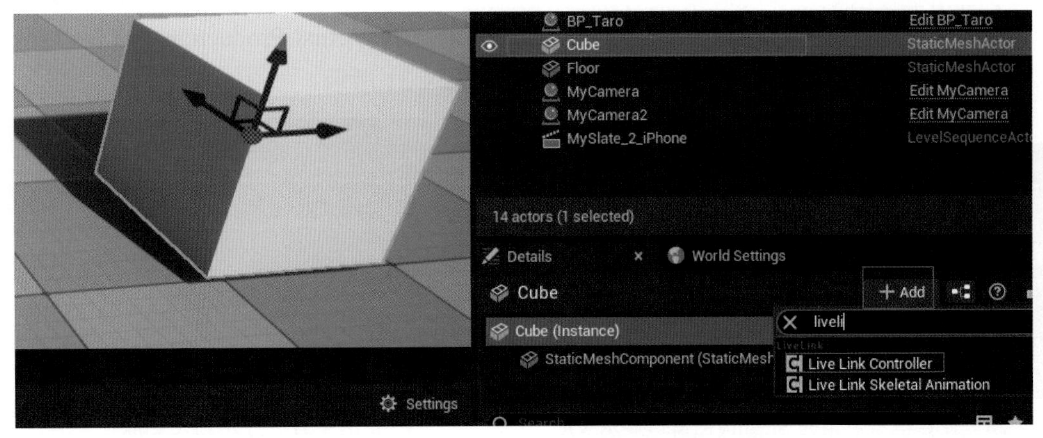

图4-34　为场景中的立方体添加Live Link Controller

然后把这个刚添加的Live Link Controller选中，在它的Subject Representation选项里选中当前所用的跟踪器。跟踪器的名称在图4-33中的Subject Name标签下已有体现，如图4-35所示。

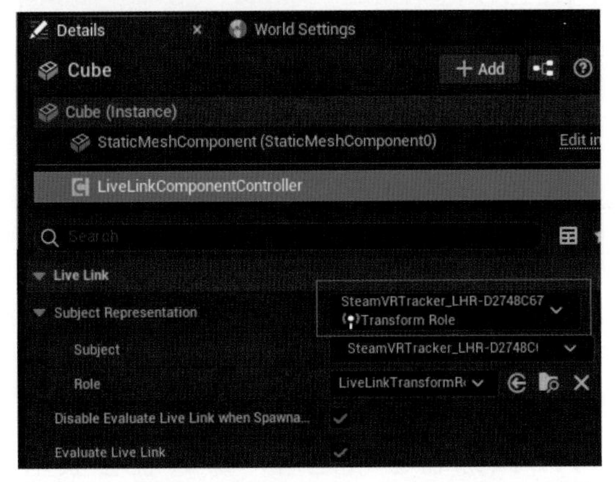

图4-35　设置Live Link Controller的Subject属性

设置完毕后就会发现，场景中的立方体可以被真实世界里的跟踪器操控了。场景中的立方体上显示出了跟踪器的名称并且立方体会随着跟踪器的运动而运动，效果如图4-36所示。

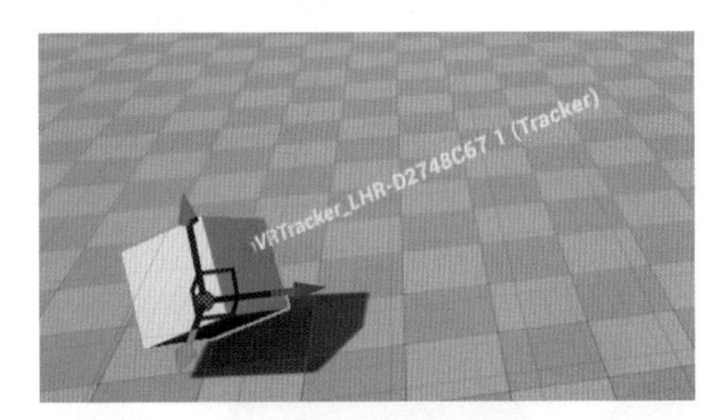

图4-36　场景中的物体上显示出了跟踪器的名称并能随着跟踪器的运动而运动

这时候，用户手持HTC VIVE跟踪器，转动跟踪器或是移动跟踪器的位置，都可以直接影响到UE5场景中立方体的旋转角度和位置属性。这样，通过Live Link技术，依托VR设备就可以远程操控UE5里的物体了。

4.2.2　使用LiveLinkXR插件校准摄像机

借助LiveLinkXR插件和外部VR硬件设备可以控制UE5中的物体，而控制UE5中的摄像机可以说是这类远程操控技术被运用得比较集中的场景。在本节里，将讲解如何使用LiveLinkXR插件精准地操控UE5中的摄像机。

1. 在场景中显示虚拟的跟踪器

在 UE5 的 Content Browser 里创建一个 Actor 蓝图类，取名为 MyCamera。双击打开它进行编辑，在它的 Components（组件）面板里添加一个 CineCamera 组件，效果如图 4-37 所示。

图 4-37　添加 CineCamera 组件

从 Content Browser 的设置里把图 4-38 方框中的两项勾选，这样就可以看到插件内容包里的一些文件，如图 4-38 所示。

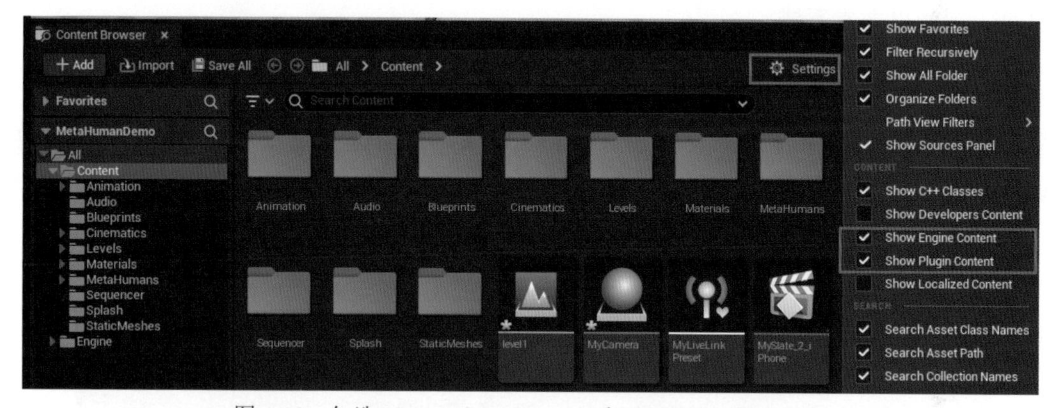

图 4-38　勾选 Show Engine Content 和 Show Plugin Content

按照图 4-39 所示的路径可以找到文件 BP_LiveLinkXR_DataHandler，把它拖入到关卡视口里。

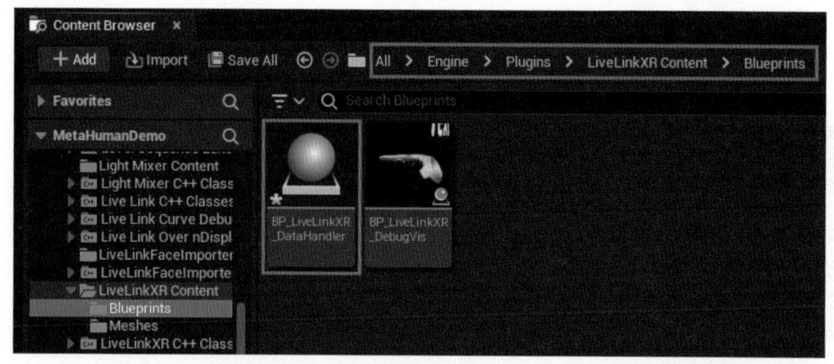

图 4-39　找到插件文件夹里的 BP_LiveLinkXR_DataHandler

确保它处于选中状态，从其细节面板中单击 Toggle Debug Vis 按钮，可以模拟调试跟踪器，如图 4-40 所示。

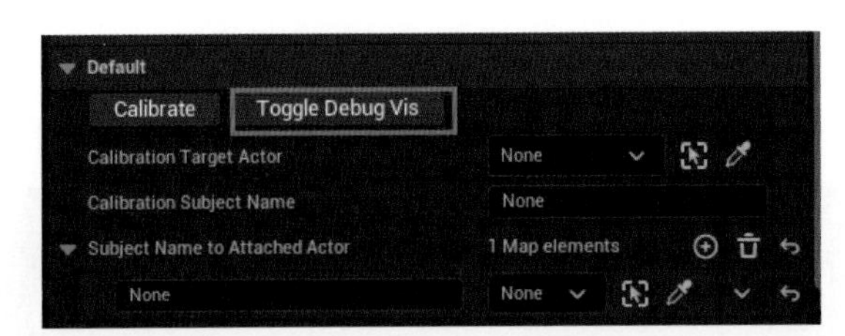

图 4-40 单击 Toggle Debug Vis 按钮

这时，从视口中可以看到与用户手里同款的跟踪器模型以及跟踪器的名称，如图 4-41 所示。

图 4-41 场景中出现跟踪器模型以及对应的设备名称

而且若此时用户调整真实的跟踪器的位置或角度，这个虚拟的跟踪器模型也会做出相应改变，灵敏度非常不错。

2. 让跟踪器可以控制摄像机

接下来，在视口中拖进来一个 MyCamera 对象。然后选中场景中的 BP_LiveLinkXR_DataHandler，从它的细节面板里找到 Subject Name to Attached Actor，单击加号圆圈图标新增一个条目，先单击一下条目右侧的吸管图标，然后再单击视口中的 MyCamera 对象，如图 4-42 所示。

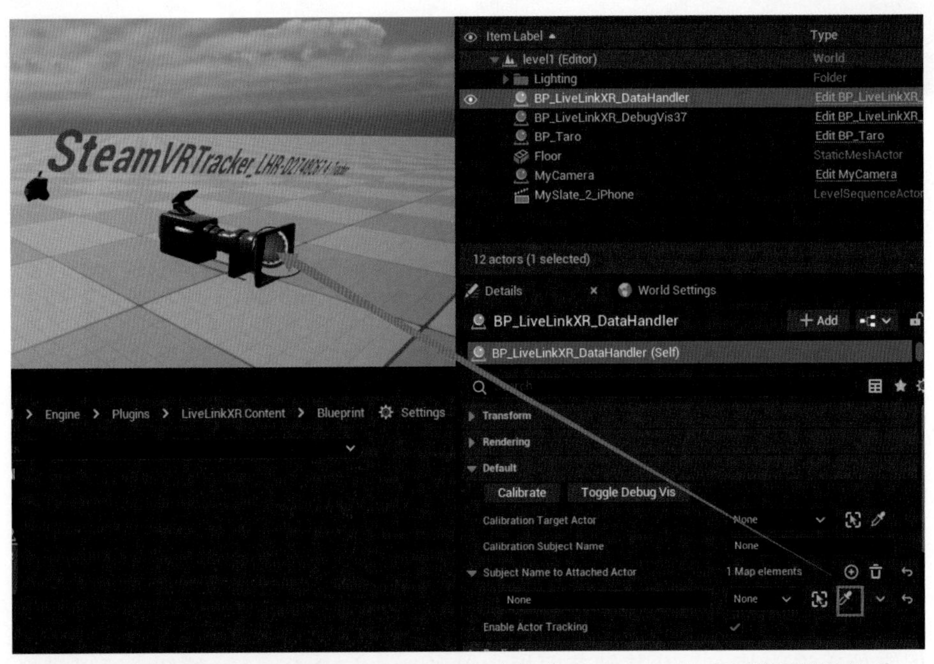

图 4-42 设置 BP_LiveLinkXR_DataHandler 来构建 MyCamera 与外部跟踪器的关系

然后，再把跟踪器的名称编号填入到这个新增条目的左侧输入框里，如图 4-43 所示。

Default
Calibrate Toggle Debug Vis
Calibration Target Actor None
Calibration Subject Name None
Subject Name to Attached Actor 1 Map elements
SteamVRTracker_LHR-D2748C67 MyCamera

图 4-43 将 MyCamera 附着到外部跟踪器上

此时，场景中的 MyCamera 就会自动贴合到跟踪器模型所在的位置并且能随着跟踪器模型的运动而运动，如图 4-44 所示。

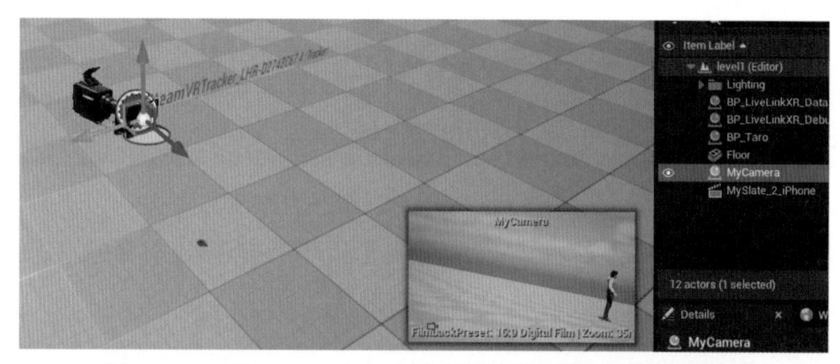

图 4-44 MyCamera 会自动贴合到跟踪器模型所在的位置

这样，当用户把玩手中的跟踪器时，实际上就可以用真实的跟踪器来控制 UE5 中的 MyCamera 摄像机。效果如图 4-45 所示。

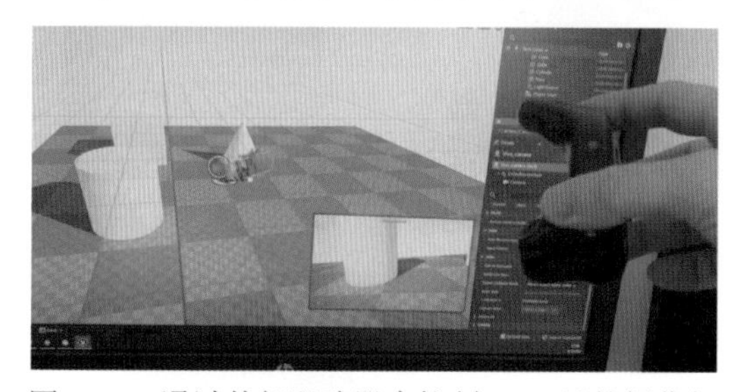

图 4-45 通过外部跟踪器来控制 UE5 里的摄像机

3. 如何校准摄像机的角度和位置

虽然此时场景中的摄像机已经依附到跟踪器模型上，但在操控过程中会发现，当 MyCamera 的活动范围与想要拍摄的目标距离较远时，通过跟踪器来调整摄像机的位置和角度都显得不太方便。当出现这样的情况时，可以通过单击场景中的 BP_LiveLinkXR_DataHandler，从它的细节面板里单击 Calibrate 按钮来校准。例如，当用户想去正对人物凑近拍摄时，可以先拖入另一个 MyCamera 到场景中来，调整这个摄像机的朝向为正对着人物，设置它在场景中的名称为 MyCamera2，并且放置在与人物合适的距离处，如图 4-46 所示。

图 4-46 想要将摄像机抵近人物拍摄

然后再次选中 BP_LiveLinkXR_DataHandler，从其细节面板里把 Calibration Target Actor 指向 MyCamera2 并在 Calibration Subject Name 输入定位器编号，然后单击 Calibrate 按钮，如图 4-47 所示。

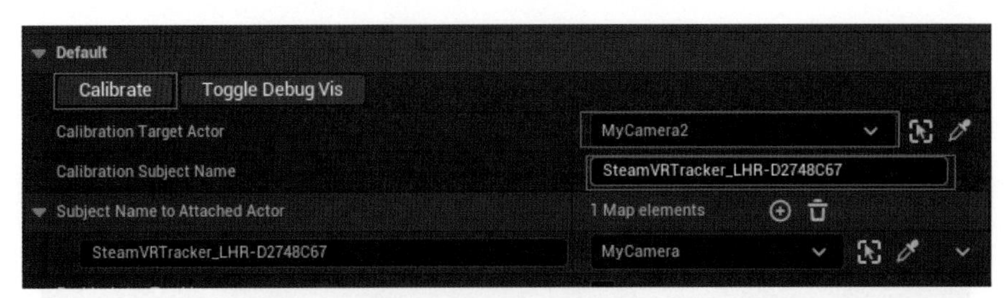

图 4-47　设置 BP_LiveLinkXR_DataHandler 的 Calibrate 相关属性

此时，MyCamera 会自动被调整到 MyCamera2 的所在位置处。从大纲面板里把 MyCamera2 左侧的眼睛图标关闭，再勾选它的 Actor Hidden In Game 属性，这样就可以隐藏它，便于直接观察 MyCamera 摄像机。操作细节如图 4-48 所示。

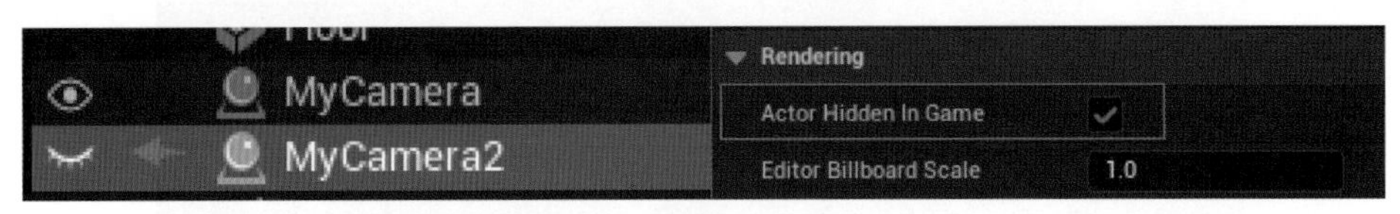

图 4-48　隐藏 MyCamera2

选中 MyCamera，可以从视口的右下角看到相机镜头所拍摄到的画面。调整手上的跟踪器，就会发现相机镜头里的画面内容也会相应变化，如图 4-49 所示。

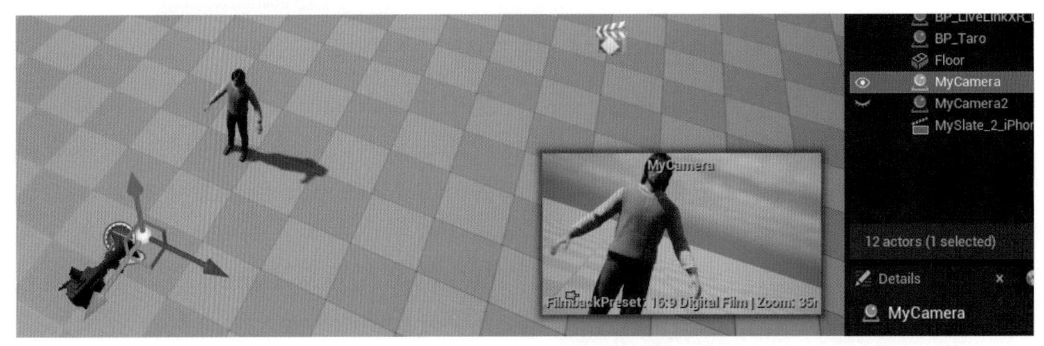

图 4-49　用手头的跟踪器控制摄像机的取景内容

如果希望能在运行 UE5 时也可以如此操控摄像机，那么可以选中场景中的 MyCamera，在关卡蓝图中写入如图 4-50 所示的节点内容。

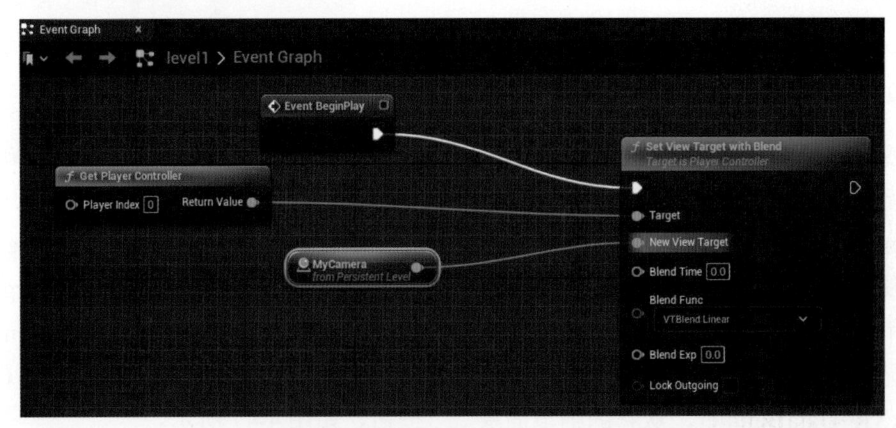

图 4-50　在关卡蓝图里设置 MyCamera 为当前视角

这部分蓝图内容的含义是在关卡运行之初就将 MyCamera 看到的视野作为当前目标视角，也就是让用户看到的画面来自于 MyCamera 这个摄像机拍到的画面。效果如图 4-51 所示。

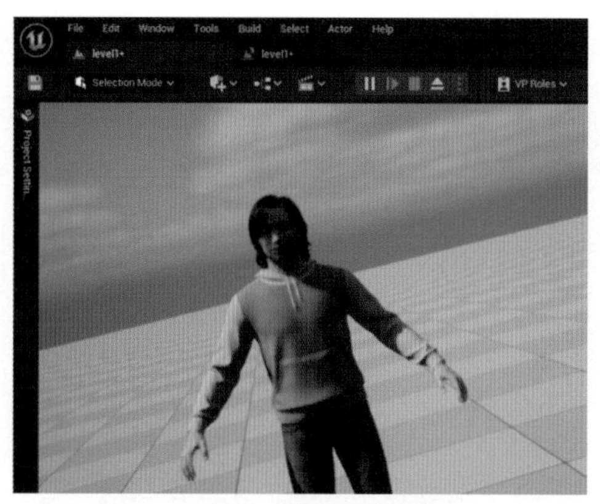

图 4-51　运行关卡时用户看到的画面来自于 MyCamera 这个摄像机镜头

4. 录制摄像机看到的画面

如果希望将摄像机看到的画面录制下来（或者说是用这台摄像机来录制影片），可以依次选择 Window → Cinematics → Take Recorder 命令，如图 4-52 所示。

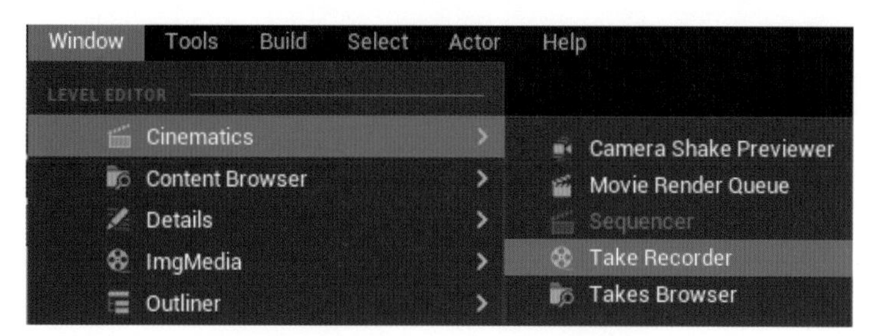

图 4-52　使用 Take Recorder 录制影片

这时会弹出一个 Take Recorder 的窗口，如图 4-53 所示。

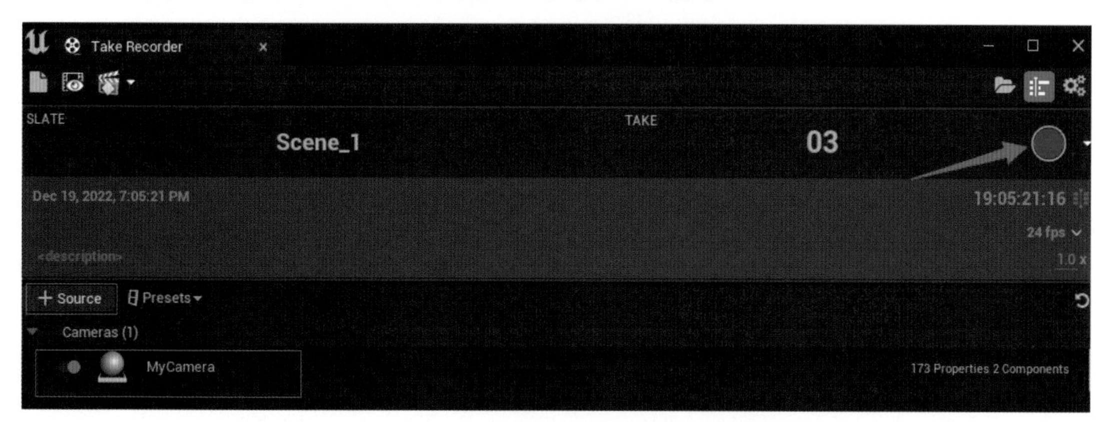

图 4-53　添加录制来源对象后单击录制按钮

单击 +Source 按钮添加 MyCamera，然后把关卡运行起来，接着再单击 Take Recorder

窗口右上角的红色圆形按钮，就开始录制影片了。录制完毕后可以单击“停止”按钮，停止后会在如图 4-54 所示路径里看到录制的结果，即一个 Level Sequence 文件。双击这个文件并进一步单击“播放”可以观看其中录制好的时间轴动画，如图 4-54 所示。

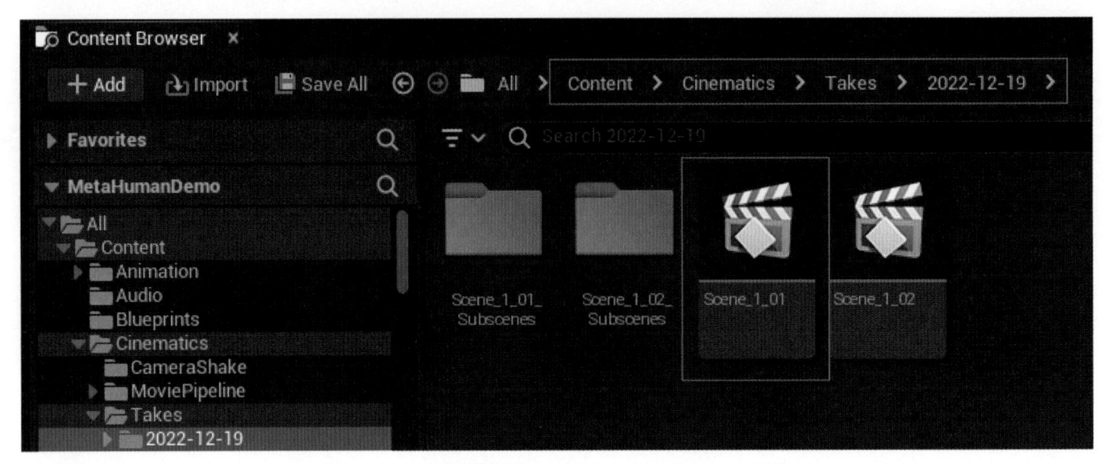

图 4-54　录制结果为一个 Level Sequence 文件

第 5 章　UE5 与 OBS 联手助力直播互动

由于 UE5 拥有强大的实时渲染能力，因此在视听内容的输出方面，我们依然选择 UE5 作为主体工具。从前面各章的内容可以看到，UE5 结合外部软硬件已经可以实现丰富的互动创意形式，而这些互动表现形式在直播领域也可以有所作为。现在已经进入一个人人会直播、处处有直播的时代，本章会带领大家探讨 UE5 与直播的关系，并详细讲解 UE5 助力直播的多种方式。

在用于直播的工具软件中，OBS Studio 是最强大、最常用的软件之一。如果在 OBS Studio 中能够使用 UE5 的实时画面内容，那么所有与 UE5 互动的技术方法就都可以被 OBS Studio 借用了。实际上，OBS Studio 完全可以与 UE5 完美融合：利用 NDI 技术，UE5 可以将实时画面内容流送到 OBS Studio 供其使用，这样一来，就完全可以将 UE5 场景内容用于直播了。

在第 1 章中，读者已经学习了 WebSocket 与 UE5 互相通信的方法，而 WebSocket 同样也可以与 OBS Studio 通信。基于 WebSocket 技术，用户可以同时遥控 UE5 和 OBS Studio，这样打造出来的直播互动可以相当精彩！例如，可以通过 WebSocket 控制 OBS Studio 所对应的真实机位切换，也可以用 WebSocket 来控制 UE5 画面里的变换。这样的结合，可以让直播的全部细节设置都通过遥控来完成。

如果 UE5 针对 OBS Studio 的数据流送需要变得更加高效，或者需要让 UE5 应对更为复杂的直播需求，则可以考虑使用更为专业的 UE5 插件 Off World Live Livestreaming ToolKit。这款插件专为直播打造，其中的 OWLScreen Capture 组件和 OWL Cinecam 组件可以满足绝大部分的直播需求，通过对这两个组件的使用，读者可以大致掌握这个插件的安装和使用方法。

完成第 5 章的学习，读者们就能够轻松地把 UE5 整合到 OBS Studio 中，合二者之力打造出完美的直播互动。这样，互动开发的价值就顺畅地延伸到直播领域了。

本章重点

- 使用 WebSocket 遥控 OBS Studio 的各类设置
- UE5 借助 NDI 技术将画面内容流送到 OBS Studio
- 使用 Off World Live Livestreaming ToolKit 插件的方法

5.1 用 WebSocket 控制 OBS 浏览器组件

OBS Studio 是一个自由、开源的视频录制与直播软件。随着互联网直播时代的到来，几乎全民都会直播的局面已经形成，网课的普及更是让很多人都学会了诸如更换虚拟背景、切换摄像头之类与直播相关的操作。OBS Studio 可以完成所有的常规直播任务，而借助 OBS Studio 内置的 WebSocket 功能，可以将直播变得更具交互性，可以把丰富的互动创意带到直播的各个环节中来。

下面就带大家一起使用 Windows 系统上安装的 OBS Studio 软件来配置直播场景，并使用 WebSocket 技术来遥控 OBS Studio 场景中的浏览器来源对象。

5.1.1 安装OBS Stuido并启用WebSocket

首先，从 OBS Studio 的官网下载 OBS Stuido 软件的 Windows 版本安装程序，如图 5-1 所示。

图 5-1　下载 OBS Studio

OBS Studio 软件自 28.x 版本之后就内置了 WebSocket 功能，安装完毕并打开软件后，从菜单栏里选择“工具”菜单就可以看到，如图 5-2 所示。

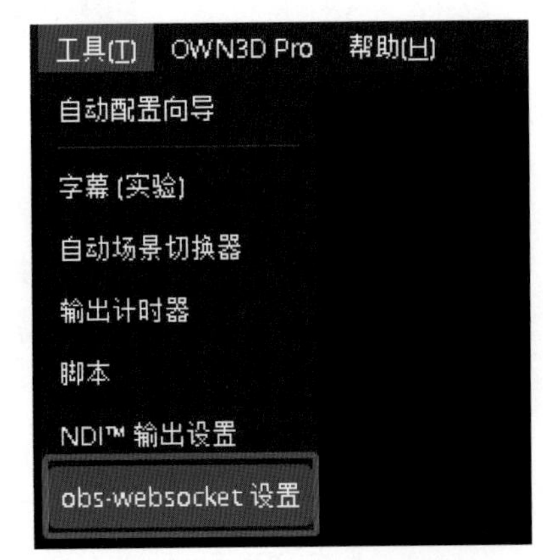

图 5-2　obs-websocket 设置

单击“obs-websocket 设置”，可以进一步看到关于 WebSocket 的设置细节，包括插件设置和服务器设置，如图 5-3 所示。

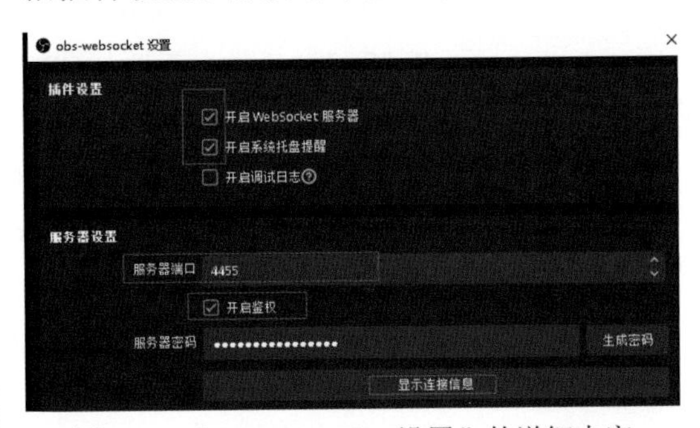

图 5-3　“obs-websocket 设置”的详细内容

如果要启用 WebSocket，就要勾选“开启 WebSocket 服务器”。如果希望服务器保持较高的安全性（如不希望其他未经许可的用户连接进来），可以勾选“开启鉴权”选项，这样连接服务器时就需要输入密码。单击窗口底部的“显示连接信息”按钮，可以看到服务器的端口和密码，如图 5-4 所示。

图 5-4　显示 WebSocket 服务器的连接信息

5.1.2 连接OBS WebSocket服务器

开启了OBS Studio软件内置的WebSocket服务器之后，就可以带大家进一步使用网页来连接这个WebSocket服务器了。

先要确保计算机上已经安装好了Node.js环境（Node.js是一种可以运行在服务器端的JavaScript开放平台），然后笔者在计算机的E盘下新建了一个文件夹OBS_WebSocket，进入该文件夹，运行npm install obs-websocket-js（如图5-5所示）。最终的文件夹路径为E:\UE5_Tutorials\Cai_NewBook\OBS_WebSocket（读者朋友可以自行选择计算机盘符和安装路径）。

```
E:\UE5_Tutorials\Cai_NewBook\OBS_WebSocket
λ npm install obs-websocket-js
```

图5-5 在计算机上安装obs-websocket-js

执行完毕后就会看到OBS_WebSocket文件夹里增加了几个文件和一个名为node_modules的文件夹，如图5-6所示。

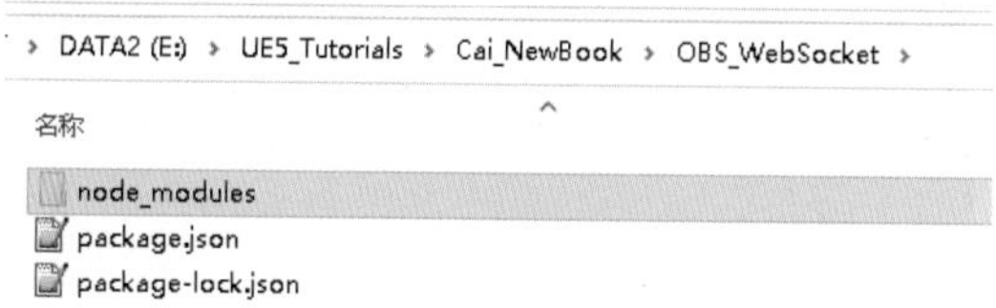

› DATA2 (E:) › UE5_Tutorials › Cai_NewBook › OBS_WebSocket ›

名称

node_modules
package.json
package-lock.json

图5-6 安装完毕obs-websocket-js后会增加多个文件

在node_modules\obs-websocket-js\dist里可以看到obs-ws.min.js和obs-ws.min.js.map这两个文件。把这两个文件复制到OBS_WebSocket文件夹里来，其他的文件基本就用不上了，可以直接删除。现在，OBS_WebSocket文件夹里只有两个文件了，如图5-7所示。

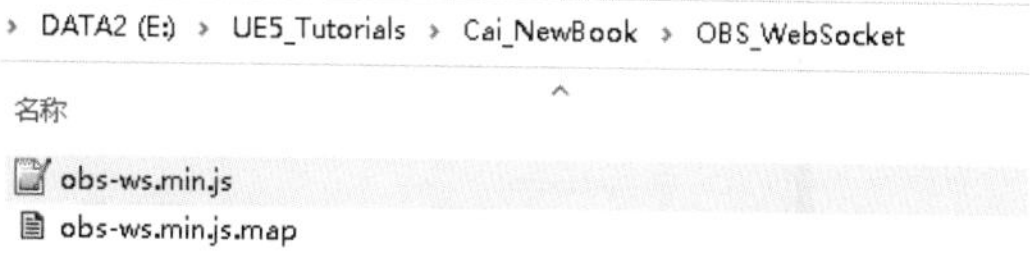

› DATA2 (E:) › UE5_Tutorials › Cai_NewBook › OBS_WebSocket

名称

obs-ws.min.js
obs-ws.min.js.map

图5-7 OBS_WebSocket文件夹里只留两个文件

接下来，在命令行输入npm install anywhere，安装anywhere组件，如图5-8所示。这个组件将大大方便后续将某个文件夹作为localhost服务器的网站根目录进行测试的过程。

```
E:\UE5_Tutorials\Cai_NewBook\OBS_WebSocket
λ npm install anywhere
```

图5-8 安装anywhere组件

然后在OBS_WebSocket文件夹里建立一个index.html文件，代码内容如图5-9所示。

阅读代码可以看到，在页面的顶部引入了obs-ws.min.js这个JS脚本文件，这样可以让页面访问到OBS WebSocket里的诸多API接口。页面中放置了一个ID为connect_btn的按钮，单击这个按钮就会使用指定的IP地址、服务器端口以及密码来连接OBS WebSocket服务器。如果连接成功，会弹出对话框显示connected!。

在命令行里输入anywhere并按回车键，将OBS_WebSocket文件夹作为Web服务器的根目录运行起来，如图5-10所示。

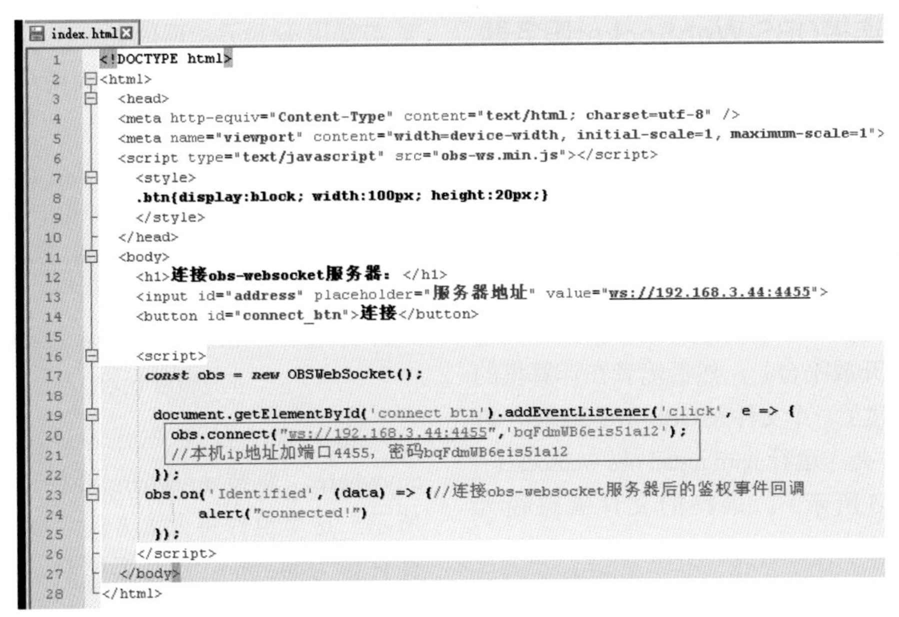

```
<!DOCTYPE html>
<html>
  <head>
  <meta http-equiv="Content-Type" content="text/html; charset=utf-8" />
  <meta name="viewport" content="width=device-width, initial-scale=1, maximum-scale=1">
  <script type="text/javascript" src="obs-ws.min.js"></script>
    <style>
    .btn{display:block; width:100px; height:20px;}
    </style>
  </head>
  <body>
    <h1>连接obs-websocket服务器：</h1>
    <input id="address" placeholder="服务器地址" value="ws://192.168.3.44:4455">
    <button id="connect_btn">连接</button>

    <script>
     const obs = new OBSWebSocket();

      document.getElementById('connect_btn').addEventListener('click', e => {
        obs.connect("ws://192.168.3.44:4455",'bqFdmWB6eis51a12');
        //本机ip地址加端口4455, 密码bqFdmWB6eis51a12
      });
     obs.on('Identified', (data) => {//连接obs-websocket服务器后的鉴权事件回调
           alert("connected!")
      });
    </script>
  </body>
</html>
```

图 5-9　index.html 的代码内容

```
E:\UE5_Tutorials\Cai_NewBook\OBS_WebSocket
λ anywhere
```

图 5-10　执行 anywhere 组件启动 Web 服务器

这时浏览器程序会自动启动，并显示 OBS_WebSocket 文件夹里的 index.html 页面，如图 5-11 所示。

图 5-11　浏览器程序显示 index.html 页面

此时如果单击页面中的“连接”按钮，浏览器会弹出一个提示窗口，显示 connected! 字样，这表示 index.html 已成功连接到了 OBS Studio 内置的 WebSocket 服务器，如图 5-12 所示。

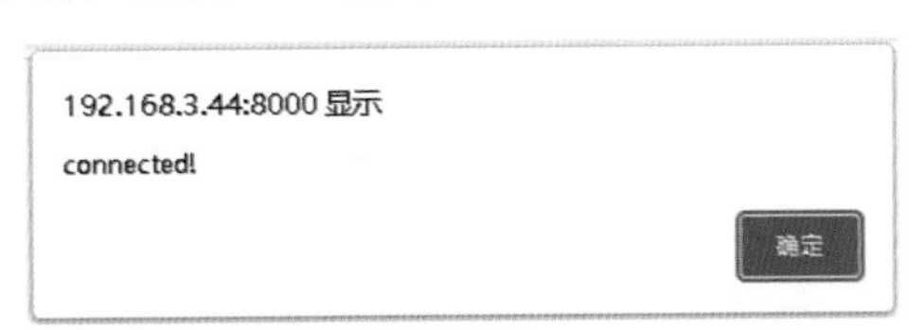

图 5-12　单击“连接”按钮后弹出提示窗口

同时，在 OBS Studio 的 obs-websocket 设置里可以看到出现了一条会话记录，表示有一个客户端连接进来了，如图 5-13 所示。

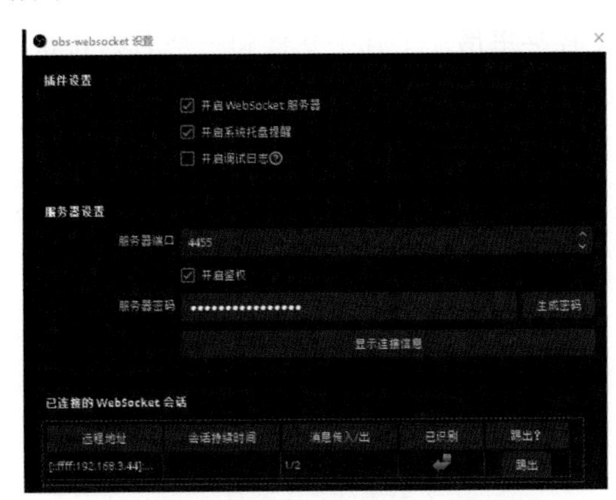

图 5-13　obs-websocket 设置里显示连接到 WebSocket 服务器的客户端

5.1.3　调用BroadcastCustomEvent来广播信息

学会了如何使用网页连接 OBS WebSocket 服务器后，本节带大家进一步使用网页来具体控制 OBS Studio 软件中的各类对象。

使用 OBS Studio 进行直播时，可以在 OBS Studio 先创建场景，在场景中可以添加多个来源（场景可以理解为一个舞台，而场景中的来源对象就如同舞台上的各种道具），其中有一种来源类型是浏览器来源，也就是说可以用浏览器显示某个网页，网页上的内容将成为直播画面的一部分或是直播背景。obs-websocket 的一个比较重要的功能就是提供了可以遥控这类浏览器来源的指令接口，可以让外部的网页使用这些指令来遥控浏览器来源的页面内容，从而实现与直播画面的互动。要让 index.html 网页具备遥控能力，就需要借助 OBS WebSocket 的广播功能让客户端执行自定义的指令。

如图 5-14 所示，在 index.html 页面中添加了一个 ID 为 Broadcast_btn 的按钮，并绑定了单击事件。单击这个按钮后会调用 BroadcastCustomEvent 这个 API 来广播信息。广播自定义事件可以附带一个参数 eventData 作为传播出去的信息内容。代码中 {category:"test",value:123} 是这个信息里自定义的两个属性值。

```
index.html
1  <!DOCTYPE html>
2  <html>
3    <head>
4    <meta http-equiv="Content-Type" content="text/html; charset=utf-8" />
5    <meta name="viewport" content="width=device-width, initial-scale=1, maximum-scale=1">
6    <script type="text/javascript" src="obs-ws.min.js"></script>
7      <style>
8      .btn{display:block; width:100px; height:20px;}
9      </style>
10   </head>
11   <body>
12     <h1>连接obs-websocket服务器: </h1>
13     <input id="address" placeholder="服务器地址" value="ws://192.168.3.44:4455">
14     <button id="connect_btn">连接</button>
15     <button id="Broadcast_btn">广播自定义事件</button>
16     <script>
17      const obs = new OBSWebSocket();
18
19       document.getElementById('connect_btn').addEventListener('click', e => {
20         obs.connect("ws://192.168.3.44:4455",'bqFdmWB6eis51a12');
21         //本机IP地址加端口4455, 密码bqFdmWB6eis51a12
22       });
23      obs.on('Identified', (data) => {//连接obs-websocket服务器后的鉴权事件回调
24             alert("connected!")
25       });
26
27      document.getElementById('Broadcast_btn').addEventListener('click', e => {
28         obs.call('BroadcastCustomEvent',{eventData:{category:"test",value:123}})
29         //利用OBSWebSocket广播自定义事件, 所有连接上OBSWebSocket的客户端都会收到该事件
30       });
31     </script>
32   </body>
33 </html>
```

图 5-14　广播自定义事件的代码

接下来，在 index.html 的同级目录下，再建立一个文件 source1.html。其代码如图 5-15 所示，这个 source1.html 里的代码能接收到广播事件并判断广播过来的信息内容。

```
index.html  source1.html
1   <!DOCTYPE html>
2   <html lang="en">
3   <head>
4       <meta charset="utf-8">
5       <title>Test</title>
6       <meta name="viewport" content="width=device-width, initial-scale=1, minimum-scale=1,
        maximum-scale=1">
7       <script type="text/javascript" src="obs-ws.min.js"></script>
8       <style>
9       html, body {
10          position: relative;
11          height: 100%; background:#ccc;
12      }
13      #ConentDiv{
14         width:120px; height:50px; border:solid 2px red; font-size:32px;
15         margin:10px;
16      }
17      </style>
18  </head>
19  <body>
20      <div id="ConentDiv"></div>
21      <script>
22          const obs = new OBSWebSocket();
23          obs.connect("ws://192.168.3.44:4455",'bqFdmWB6eis51a12');
24          //连接OBSWebSocket服务器
25          obs.on("CustomEvent",(data)=>{//如果收到自定义广播消息
26              if(data.category=="test"){
27                  document.getElementById('ConentDiv').innerHTML=data.value
28              }
29          })
30
31      </script>
32  </body>
```

图 5-15　接收广播事件并判断广播过来的信息内容

然后在OBS中进行操作，如图5-16所示，单击左下角加号按钮建立一个新场景，名为“场景 1”，选中“场景 1”再单击右边的加号按钮，为它添加一个浏览器类型的来源，取名为“浏览器 1”。

图 5-16　添加场景并加入浏览器类型的来源

双击打开这个“浏览器 1”，可以设置这个浏览器来源的 URL 网址并显示区域的宽度和高度。注意 URL 属性里要输入网址 http://192.168.3.44:8000/source1.html。其中192.168.3.44 需要替换为自己计算机的局域网 IP 地址。

本地文件
URL
http://192.168.3.44:8000/source1.html
宽度
1920
高度
1080
使用自定义帧率
通过 OBS 控制音频
自定义 CSS
body { background-color: rgba(0, 0, 0, 0); margin: 0px auto; overflow: hidden; }
默认值
确定
取消

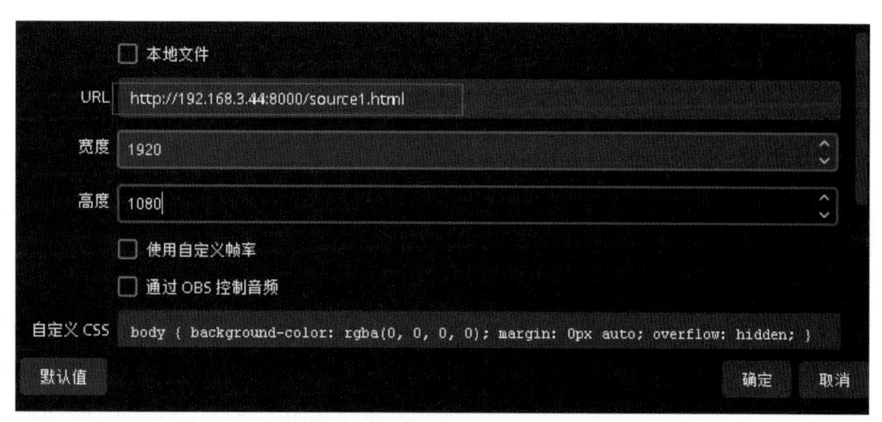

图 5-17　设置浏览器来源的各项属性

同时要注意在运行 anywhere 命令后不要关闭图 5-18 所示的命令行窗口，这样才能确保 index.html 所依托的 Web 服务器一直是在运行状态中。

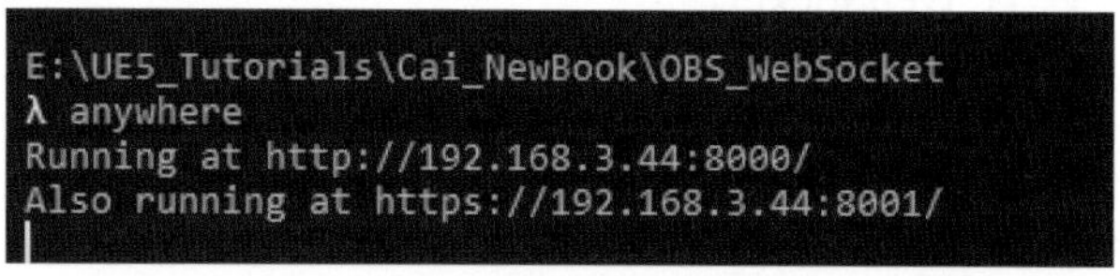

E:\UE5_Tutorials\Cai_NewBook\OBS_WebSocket
λ anywhere
Running at http://192.168.3.44:8000/
Also running at https://192.168.3.44:8001/

图 5-18　运行 anywhere 命令启动 Web 服务器

此时，如果单击浏览器页面上的“广播自定义事件”按钮（注意要先单击“连接”按钮，连接上 OBS 的 WebSocket），那么 OBS 的界面上就会出现 123 的字符了。其实 OBS Studio 界面上的这个来源实质是一个连接到 OBS WebSocket 的客户端，而浏览器中的 index.html 页面也是一个连接到 OBS WebSocket 的客户端。index.html 连接上服务器并广播了一个自定义的消息，source1.html 收到通知后相应地把接收到的 data 值显示在自身页面上的指定位置里。效果如图 5-19 所示。

192.168.3.44:8000
不安全 | 192.168.3.44:8000
连接obs-websocket服务器:
ws://192.168.3.44:4455
连接
广播自定义事件
浏览器
属性
滤镜
交互
刷新
场景
来源
混音器
转场特效
控制按钮
开始直播
开始录制

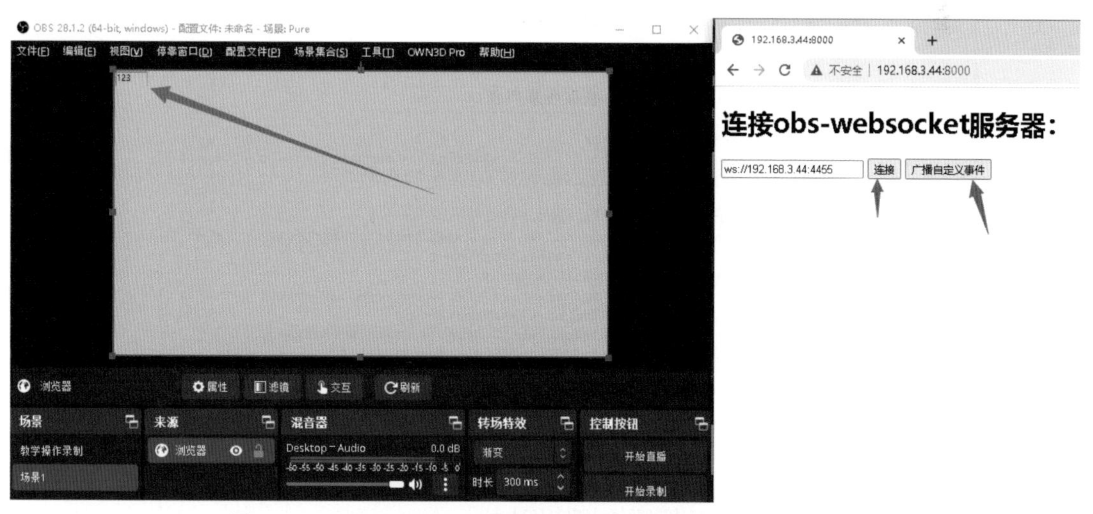

图 5-19　浏览器来源显示接收到的广播自定义事件所传递的值

通过以上步骤完成了对 obs-websocket 使用流程的简单介绍。基于这个技术，在 OBS

Studio里使用浏览器来源页面就可以实现非常炫酷的互动操作。例如，远程控制背景页面上的JS动画，让动画内容依据直播的需要在指定的时间点发生指定的变化。例如，当主持人在讲到某个内容时，如果需要让背景动画相应地调整为需要的样子，只需单击控制页面上的按钮就可以轻松实现。

5.2 用WebSocket控制OBS场景和来源

使用OBS Studio内置WebSocket，不仅可以遥控浏览器来源组件的内容，还可以远程控制OBS Studio中的各项设置或读取OBS Studio里的各项属性。下面就带领读者使用网页进一步遥控操作OBS Studio软件里的多个场景以及场景中多个来源对象的不同属性。

5.2.1 通过网页遥控切换OBS场景

在index.html里，通过HTML代码添加一个能获取OBS中所有场景信息的按钮，代码中设置按钮的ID为GetSceneList，通过JavaScript为这个按钮增加功能，让这个按钮被单击后可以在页面上动态地为每个场景分别再创建一个切换按钮。如果单击这些切换按钮，就会让OBS将对应的场景设置为当前场景。完整的HTML页面代码如图5-20所示。

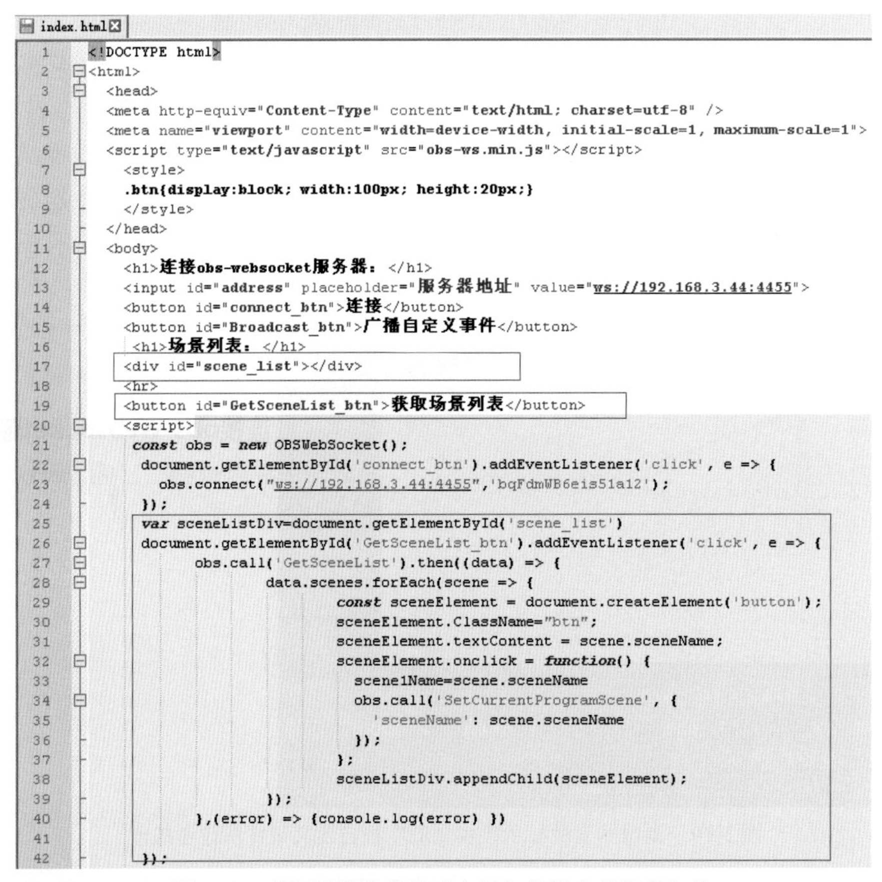

图5-20 获取场景信息并动态添加按钮实现场景切换

运行 anywhere 组件来启动这个 index.html 页面，就可以看到如图 5-21 所示的界面。

图 5-21 运行 index.html 页面可以看到获取场景列表的按钮

单击页面上的“获取场景列表”按钮（别忘了先要单击“连接”按钮），会调用 GetSceneList 方法来获取 OBS 里所有的场景，通过 forEach 遍历每个场景，并动态依据各场景的名称构建对应的按钮，每个按钮被单击后会使用 SetCurrentProgramScene 这个 API 让 OBS Studio 切换到相应的场景作为当前场景，如图 5-22 所示。

图 5-22 为每个场景动态建立一个按钮

5.2.2 通过网页操控OBS来源对象的属性

接下来进一步带领读者具体了解如何通过网页来访问及修改 OBS 软件中来源对象的属性。在 OBS Studio 里可以有多个场景，而每个场景又可以含有多个来源。可以动手在场景 1 里添加两个浏览器来源，分别取名为浏览器 1 和浏览器 2，如图 5-23 所示。

图 5-23 在场景 1 里添加两个浏览器来源

要获取这两个来源的具体信息，可以在 index.html 里增加一个 ID 为 GetSceneItemList_btn 的按钮，单击后调用 GetSceneItemList 的方法来打印输出场景 1 的来源信息。

```
19    <button id="GetSceneList_btn">获取场景列表</button>
20    <button id="GetSceneItemList_btn">获得来源列表</button>
21    <script>
22     const obs = new OBSWebSocket();
23      document.getElementById('connect_btn').addEventListener('click', e => {
24        obs.connect("ws://192.168.3.44:4455",'bqFdmWB6eis51a12');
25      });
26    document.getElementById('GetSceneItemList_btn').addEventListener('click', e => {
27           obs.call('GetSceneItemList',{
28                         'sceneName': "场景1"
29                       }).then((data) => {console.log(data) },(error) => {console.log(error) })
30
31      });
32
```

图 5-24　使用 GetSceneItemList 方法输出场景 1 的详细信息

运行页面后，单击页面底部的“获得来源列表”按钮，然后在 Chrome 浏览器里按下键盘上的 F12 键，可以看到浏览器里控制台的输出。console.log 语句输出了场景 1 两个来源（浏览器 1 和浏览器 2）的各类属性，包括 sourceName、inputKind、sceneItemId 和 sceneItemIndex 等属性的详细信息，如图 5-25 所示。

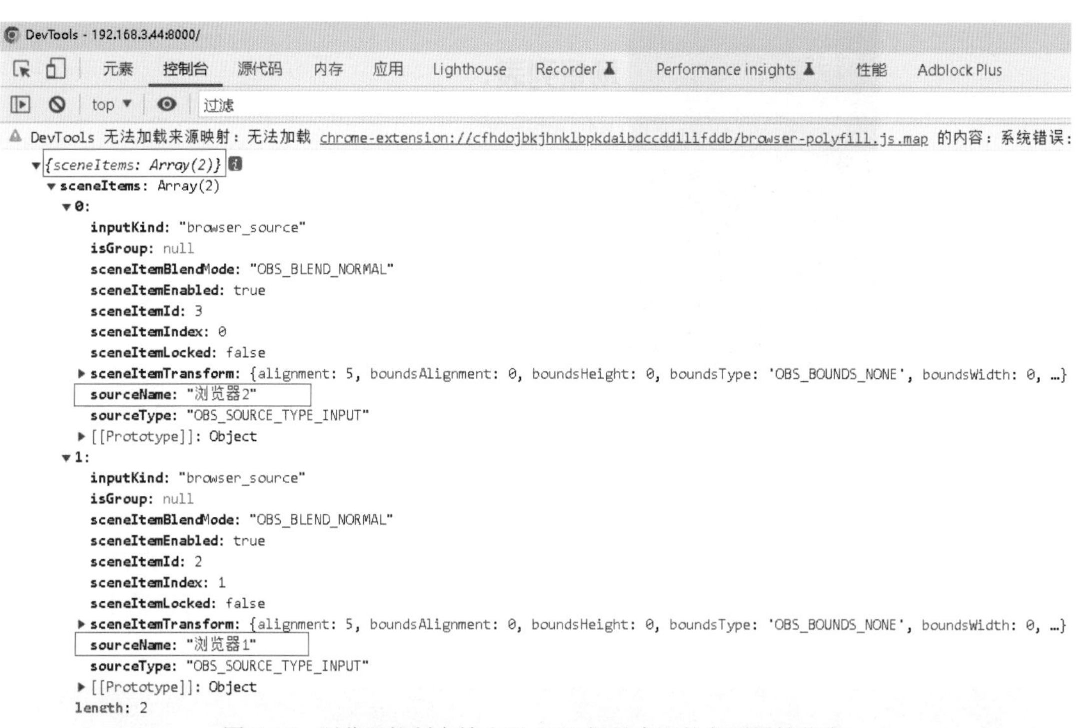

图 5-25　浏览器控制台输出了 OBS 场景来源的各项属性信息

从图 5-25 所示的输出数据里可以看到，浏览器 2 的 sceneItemIndex 为 0，sceneItemId 为 3。sceneItemIndex 越大越在上面显示，也就是说 sceneItemIndex 值较大的对象会遮盖在 sceneItemIndex 值较小的对象上面。因此，就可以通过修改对象的 sceneItemIndex 属性值来实现显示某个对象或隐藏某个对象的效果。我们可以修改 index.html 页面中的代码，如图 5-26 所示，在页面上添加了一个修改来源层级的按钮并为它绑定了单击事件。

```
<button id="SetSceneItemIndex_btn">修改来源层级</button>
<script>
const obs = new OBSWebSocket();
 document.getElementById('connect_btn').addEventListener('click', e => {
   obs.connect("ws://192.168.3.44:4455",'bqFdmWB6eis51a12');
 });
document.getElementById('GetSceneItemList_btn').addEventListener('click', e => {
      obs.call('GetSceneItemList',{
                  'sceneName': "场景1"
               }).then((data) => {console.log(data) },(error) => {console.log(error) })

 });

document.getElementById('SetSceneItemIndex_btn').addEventListener('click', e => {
    obs.call('SetSceneItemIndex',{'sceneName':'场景1','sceneItemId':3,'sceneItemIndex':1})
});
```

图 5-26　页面中添加一个修改来源层级的按钮

运行这个 HTML 页面，会看到图 5-27 所呈现的效果，单击“修改来源层级”按钮则会通过 obs.call 的语句调用 SetSceneItemIndex 方法将场景 1 中 sceneItemId 为 3 的对象的 sceneItemIndex 属性值设为 1。

图 5-27　页面显示效果

由于场景 1 中 sceneItemId 为 3 的来源对象就是浏览器 2，所以名为浏览器 2 的来源对象的 sceneItemIndex 属性会被设置为 1，也就是会显示在顶层的位置上，如图 5-28 所示。

图 5-28　名为浏览器 2 的来源会显示在顶层

另外，也可以通过修改来源的 sceneItemEnabled 属性为 false 来实现隐藏来源。代码如图 5-29 所示，将场景 1 中 sceneItemId 属性值为 2 的对象的 sceneItemEnabled 属性设为了 false。

图 5-29　通过代码设置对象的 sceneItemEnabled 属性为 false

运行后的效果如图 5-30 所示，此时浏览器来源 1 变为灰色。

图 5-30　浏览器来源 1 变为灰色

至此，读者也就掌握了如何通过 JavaScript 脚本借助 WebSocket 来控制 OBS Studio 软件里的各项设置和属性了。基本上 OBS Studio 软件里所有的设置和属性都可以通过 WebSocket 来遥控操作，这样可以把直播变得活泼有趣起来，可以便捷地为直播加入丰富的互动交互环节。与 obs-websocket 相关的更为详细的 API 接口调用方法可以从 GitHub 上找到。文档位置如图 5-31 所示。

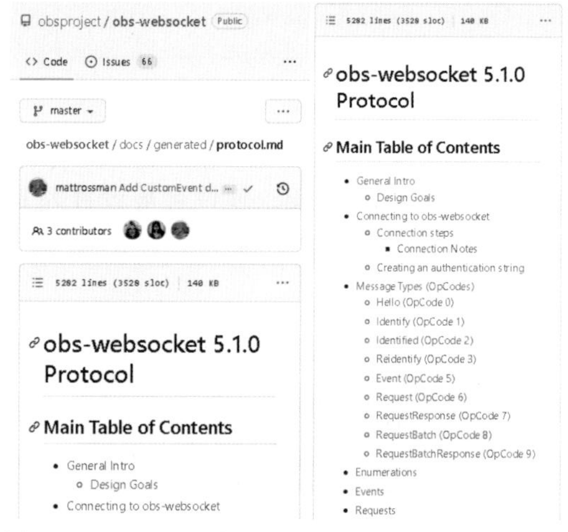

图 5-31 GitHub 上搜到 obs-websocket 的 protocol.md 文档

5.3 UE5 通过 NDI 助力 OBS

NDI（Network Device Interface）是美国 NewTek 公司于 2015 年推出的网络设备接口协议，是可以通过网络进行视频共享的开放式协议。相比传统同轴电缆传输而言，NDI 在画面质量和实时性上毫不逊色，而且有价格优势，稳定性好、抗干扰能力也更强。借助 NDI 技术，可以从任意设备访问网络上所有兼容 NDI 的设备，如切换台、摄像机系统和媒体服务器，从而能够获取更多的资源用于现场制作。本节带领读者使用 NDI Tools 软件连接 UE5 并获取 UE5 中的内容，然后在 OBS Studio 软件使用 NDI 来源用于直播，从而间接将 UE5 的三维渲染能力用于直播。

1. 为 OBS 和 UE5 安装 NDI 插件

首先需要从 NDI 的官网下载 NDI Tools，如图 5-32 所示。

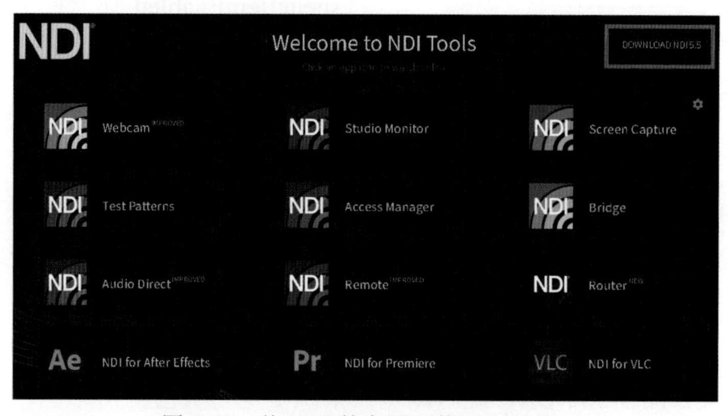

图 5-32 从 NDI 的官网下载 NDI Tools

在安装完 NDI Tods 以后还需要给 OBS Studio 安装对应的 NDI 插件。在 OBS 的官方论坛里可以找到 obs-ndi - NewTek NDI ™ integration into OBS Studio 这款插件，将其下载到计算机并安装，如图 5-33 所示。

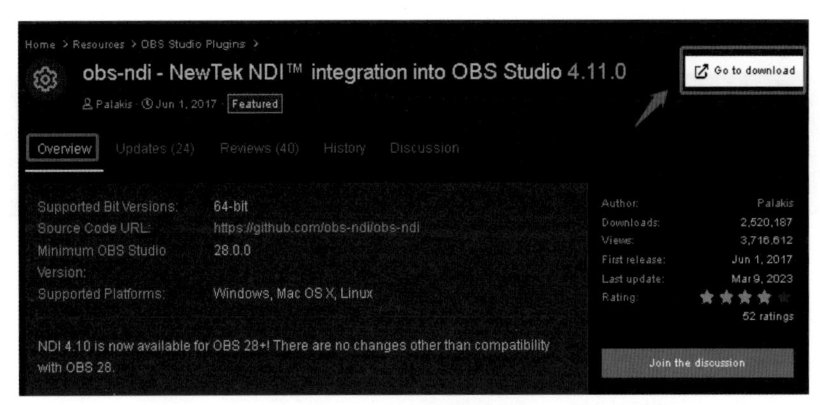

图 5-33　从 obsproject.com/forum 搜索 obs-ndi - NewTek

在页面上单击 Go to download 按钮，然后在打开的页面中选择下载 Windows 版本的安装文件 obs-ndi-4.11.0-windows-x64-Installer.exe，下载后运行这个安装文件。然后下载 obs-ndi-4.11.0-windows-x64.zip 文件包，将解压缩后得到的 data 和 obs-plugins 这两个文件夹复制到计算机上 obs-studio 软件的安装目录中。例如，笔者的 obs-studio 安装目录为 D:\Program Files\obs-studio。最后还需要下载并安装 Windows 版本的 NDI 5.5.3 Runtime.exe 程序，下载页面中的资源列表如图 5-34 所示。

图 5-34　下载页面上的安装程序列表

安装完毕后需要重启计算机，OBS Studio 就可以使用 NDI 插件了。接下来，需要为 UE5 安装 NDI 插件。从 ndi.tv/sdk 下载 NDI SDK for Unreal Engine 会得到 NDI SDK for Unreal Engine.exe 文件，目前该插件已经支持 UE4.26 到 UE5.1 版本，如图 5-35 所示。

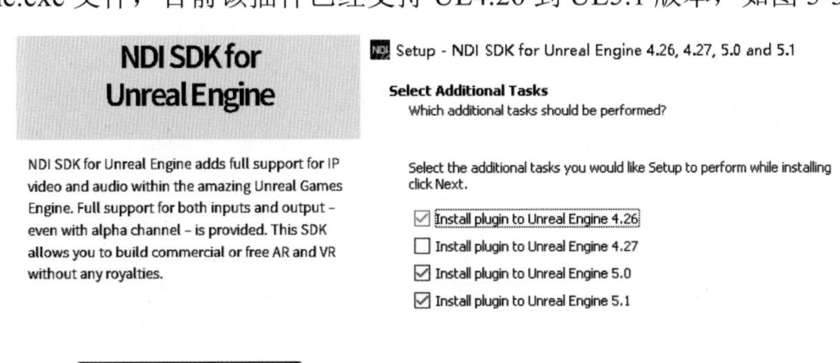

图 5-35　下载安装 NDI SDK for Unreal Engine

打开 UE5，新建一个项目，取名为 NDIDemo。在项目中启用插件 NDI IO Plugin。

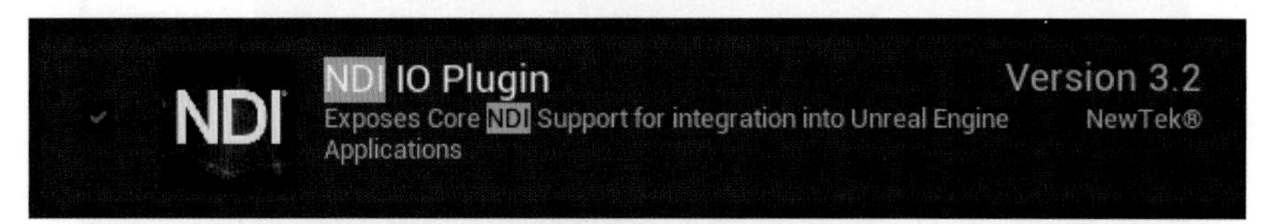

图 5-36　在 UE5 项目中启用 NDI 插件

2. 在 UE5 中使用 NDI Receive Actor

要在 UE5 中使用 NDI，需要先从 Place Actors 面板上搜索 NDI 找到 NDI Receive Actor，将它拖曳到 UE5 视口中，如图 5-37 所示。

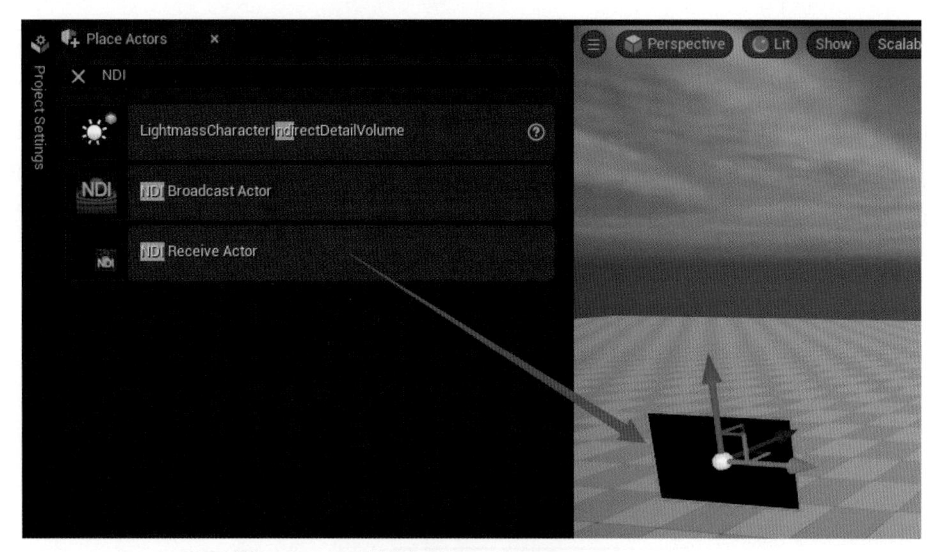

图 5-37　在场景中添加一个 NDI Receive Actor

选中它，从其细节面板里找到 NDI Media Source 属性，为这个属性新建一个 NDI Media Receiver，取名为 MyNDIMediaReceiver1，如图 5-38 所示。

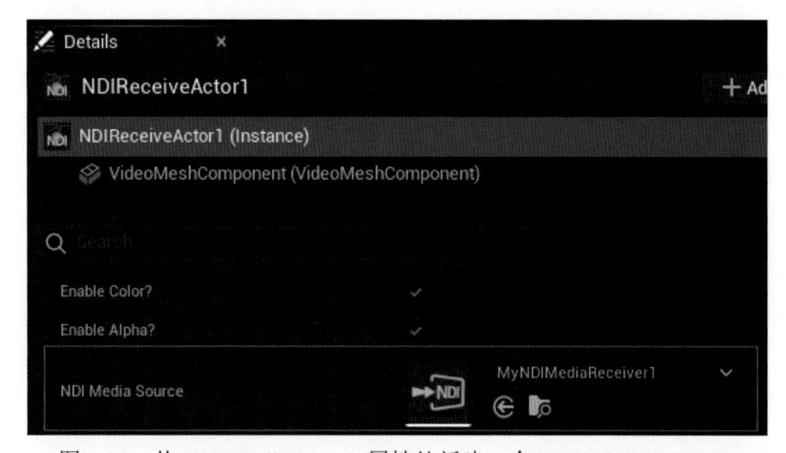

图 5-38　从 NDI Media Source 属性处新建一个 NDI Media Receiver

双击打开 MyNDIMediaReceiver1 对象，从它的细节面板里通过 Connection 属性对应的下拉菜单可以看到这台计算机上所有的 NDI 资源列表，如果局域网内其他计算机也通过 NDI 分享了屏幕或是音视频，则从这个下拉菜单里也可以看到对应的条目，如图 5-39 所示。

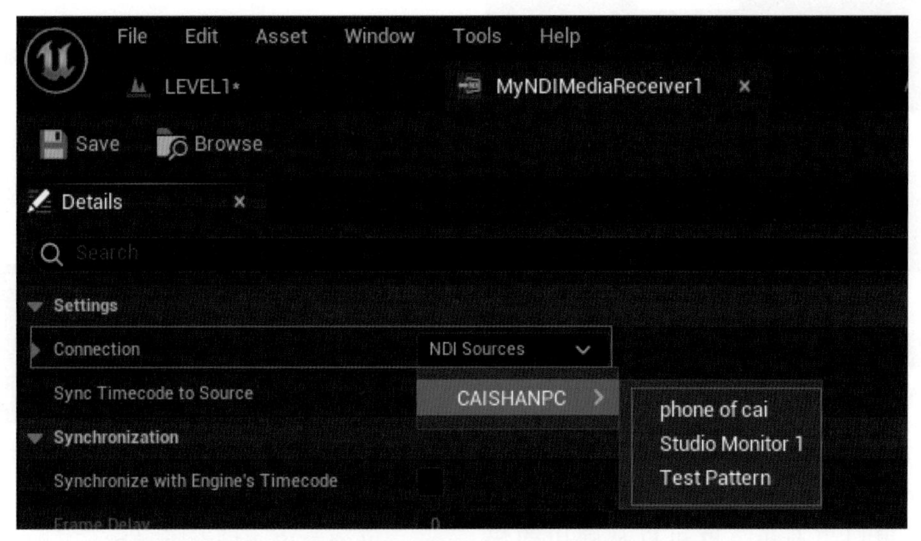

图 5-39　从 Connection 属性对应的下拉菜单中看到所有的 NDI 资源

从下拉菜单中选择 Test Pattern。这里需要解释一下这个名为 Test Pattern 的条目是如何出现的。打开 NDI Tools 程序，从界面上可以看到 Test Patterns 工具，如图 5-40 所示。

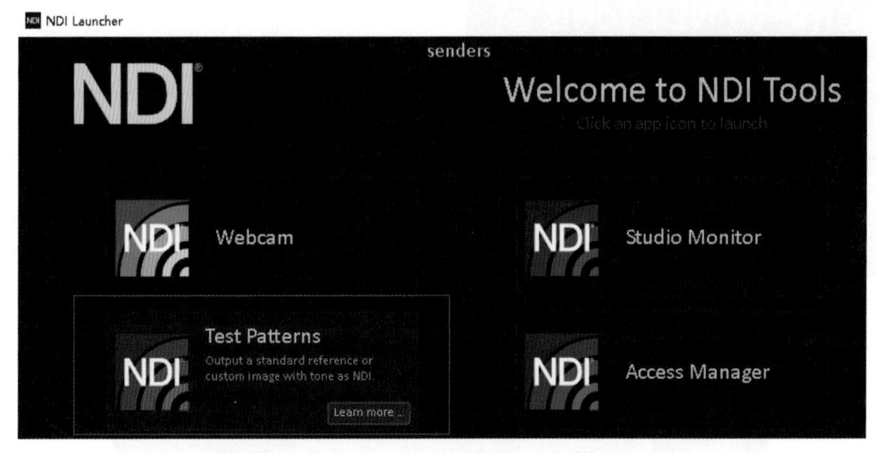

图 5-40　Test Patterns 是 NDI Tools 中的一员

Test Patterns 是 NDI 工具里用于测试的一个工具，可以输出一些纹理或自定义的图片。打开 Test Patterns 窗口后可以从中选择一个纹理图案，如图 5-41 所示，笔者选择了 Needle Pulse 这个图案（注意：选择后不要关闭 Test Patterns 窗口）。

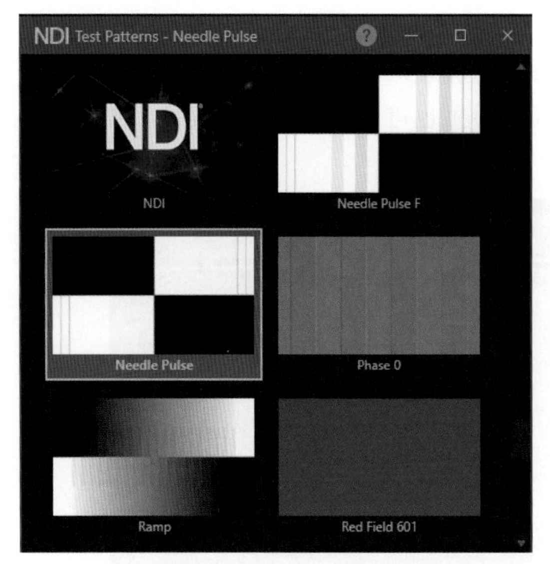

图 5-41　从 Test Patterns 窗口中选择图案

此时如果打开 NDI Tools 里的 Studio Monitor 工具（见图 5-42），然后在 Studio Monitor 窗口里右击，就可以从弹出的快捷菜单里看到该计算机所能接收到的所有 NDI 资源列表。

图 5-42　单击 NDI Tools 里的 Studio Monitor 工具

由于刚才已经运行了 Test Patterns 工具，所以 Test Pattern 这项会被列入其中。笔者选择了 Test Pattern 这项，如图 5-43 所示。

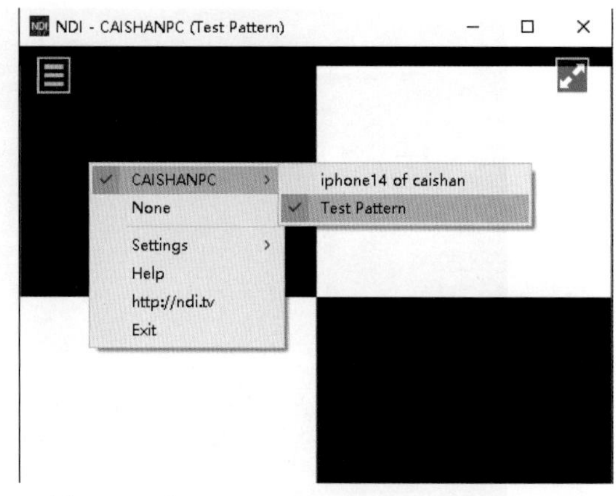

图 5-43　在 Studio Monitor 窗口右击选择 NDI 资源

此时可以通过在 Test Patterns 窗口里点选不同的图案来看 Studio Monitor 窗口里预览界面会发生的相应变化。回到 UE5 中，刚才笔者是在 MyNDIMediaReceiver1 里的 Connection 属性所对应的下拉菜单里选择了 Test Pattern。于是 Connection 下的 Machine Name 和 Stream Name 都相应地更新了。Machine Name 指的就是计算机的名称，如图 5-44 所示。

图 5-44　Connection 属性的细节详情

保存后运行关卡，就可以看到 NDI Tools 里的测试信号已经显示在视口中的 NDIReceiveActor1 上了，如图 5-45 所示。

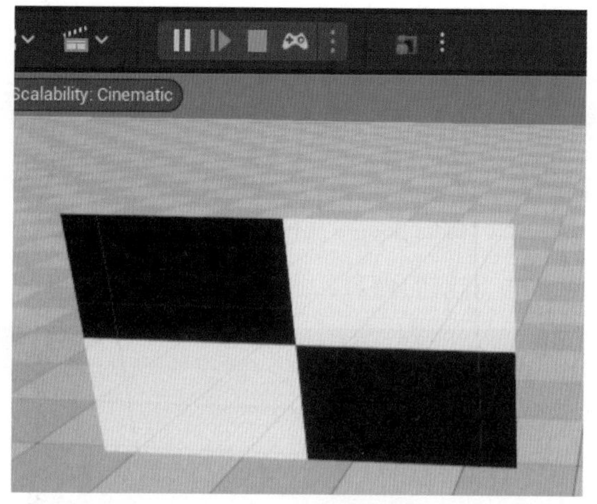

图 5-45　NDIReceiveActor1 上显示了 Test Patterns 工具中所选的图案

如果此时在 Test Patterns 窗口中选择不同的图案，UE5 中的 NDIReceiveActor1 也会相应地随之改变，如图 5-46 所示。

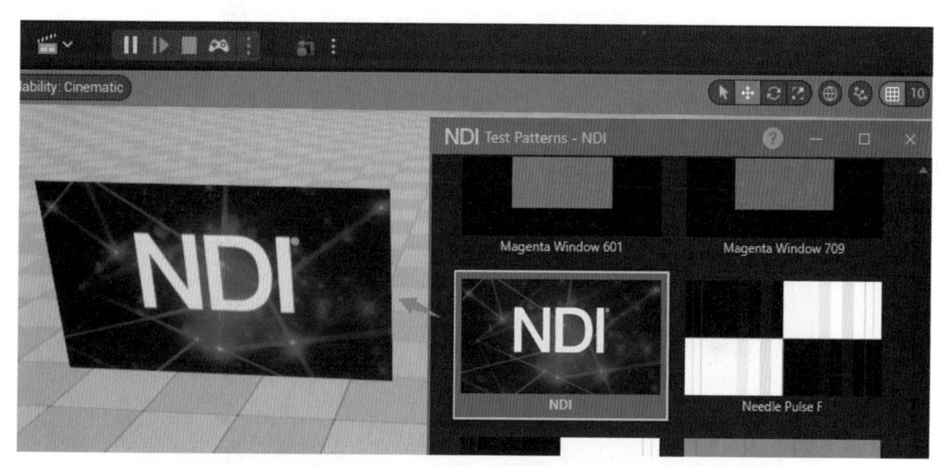

图 5-46　Test Patterns 工具可以控制 NDIReceiveActor1 的显示内容

3. 使用蓝图控制 NDI 显示的方式

如果需要用蓝图动态控制信号源，则可以新建一个 Actor 对象，取名为 Receiver_Actor。在它里面添加一个“NDI Receiver Component”组件，取名为 NDIReceiver1，如图 5-47 所示。

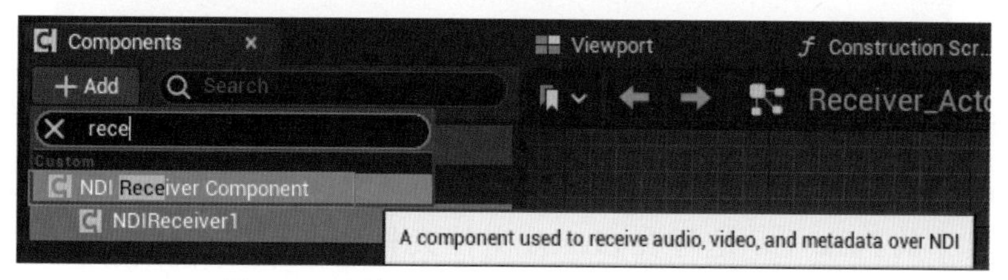

图 5-47　添加 NDI Receiver Component 组件

从NDIReceiver1的细节面板里将其NDI Media Source属性指向新建的NDIMediaReceiver2，如图5-48所示。

图5-48　将NDI Media Source属性设为新建的NDIMediaReceiver2

蓝图中可以写入如图5-49所示的内容，通过Start Receiver节点开始接收信号。

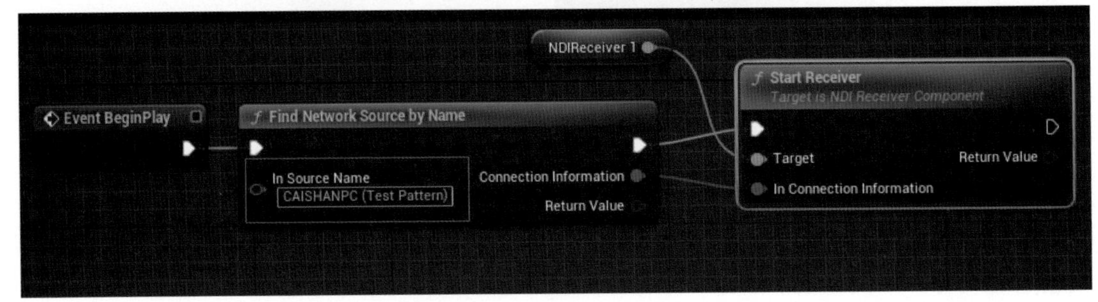

图5-49　蓝图控制NDI Receiver Component组件

其中CAISHANPC (Test Pattern)就是信号源的名称。这个名称可以从MyNDIMediaReceiver1的Connection属性的下拉列表里复制得到。接着双击打开NDIMediaReceiver2对象，为它的Video Texture属性新建一个NDI Media Texture2D对象，取名为MyNDIMediaTexture2D，如图5-50所示。

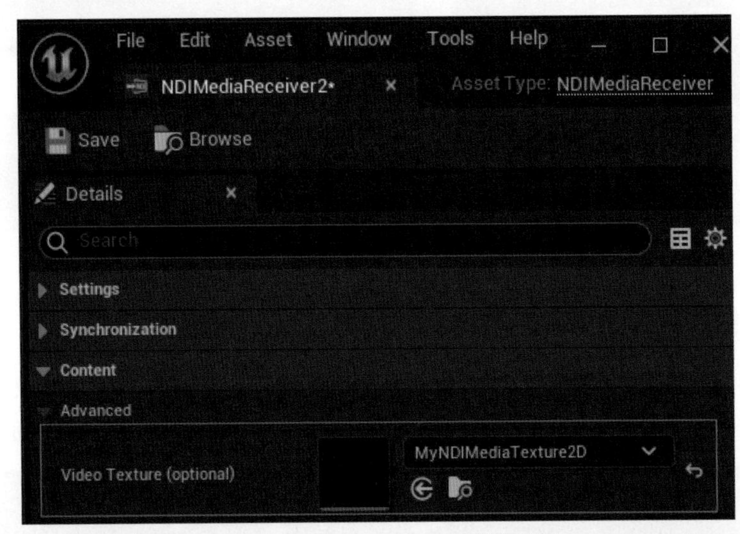

图5-50　把NDIMediaReceiver2的Video Texture属性设置为MyNDIMediaTexture2D

接下来在场景里添加一个Plane对象，从Content Browser里将MyNDIMediaTexture2D拖曳释放在场景中的Plane上，这样在Content文件夹里会自动增加一个材质对象，名称为MyNDIMediaTexture2D_Mat，同时这个材质也被赋给Plane，作为Plane的材质，如图5-51所示。

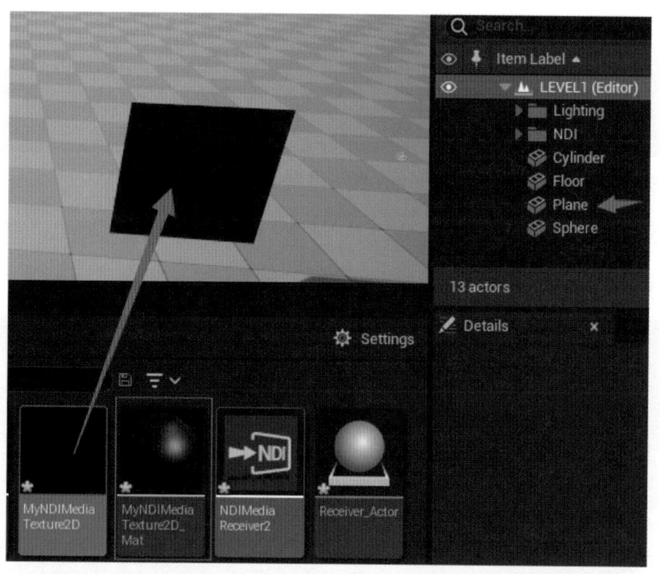

图 5-51 将 MyNDIMediaTexture2D 拖放在 Plane 对象上

最后，把 Receiver_Actor 对象从 Content 里拖曳到关卡视口里，运行关卡即可看到 Plane 上可以显示出 NDI 资源了。用蓝图来控制 NDI 显示的方式相对于直接使用 NDI Receive Actor 的方式略显复杂，但用途方面更为灵活，利用这个做法可以把 NDI 资源作为材质显示在任何模型上。

4. 使用 NDI Broadcast Actor 把画面传输给 OBS

如果要把 UE5 视口的画面传输给 OBS Studio 该如何实现呢？虽然 OBS 也可以抓取当前计算机的屏幕画面，但是这个做法远不如利用 NDI 技术传输画面来得稳健。在本节中笔者带领大家一步一步地将 UE5 画面传送到直播软件 OBS 中。

要演示这个过程，首先在 UE5 里拖曳一个 NDI Broadcast Actor 放入关卡里，如图 5-52 所示。

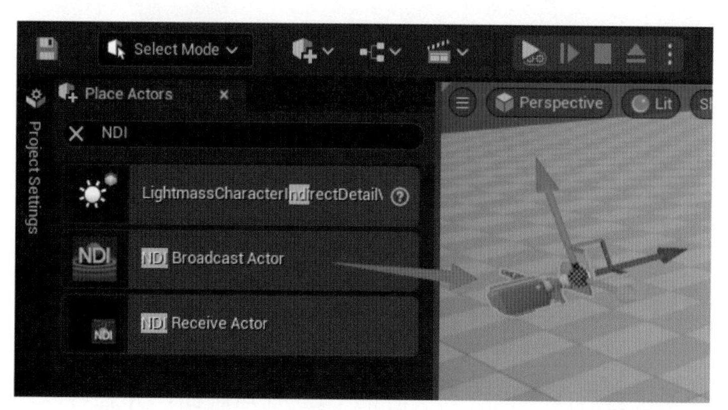

图 5-52 拖曳一个 NDI Broadcast Actor 放入关卡里

NDI Broadcast Actor 看上去就像一个摄像机，但是并没有焦距、光圈等属性，从细节面板里，需要为它创建一个 NDI Media Sender，取名为 MyNDIMediaSender1，如图 5-53 所示。

图 5-53　将 NDI Media Sender 属性设置为新建的 MyNDIMediaSender1

双击打开 MyNDIMediaSender1，可以为它填写一个信号源名称，笔者写入的是 UE5.1 Output Test。Frame Size 表示的是输出画面的宽度和高度，如图 5-54 所示。

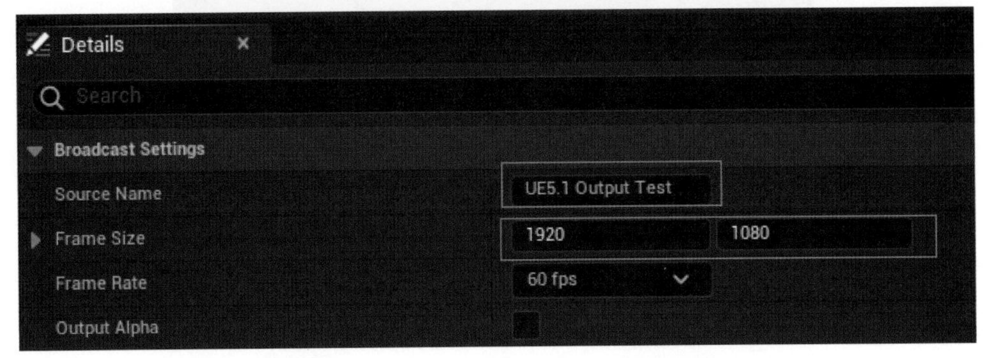

图 5-54　MyNDIMediaSender1 的属性设置

保存后运行 UE5，接着在 NDI Tools 的 Studio Monitor 窗口里右击，在弹出的快捷菜单中可以看到一个名为 UE5.1 Output Test 的信号源，如图 5-55 所示。

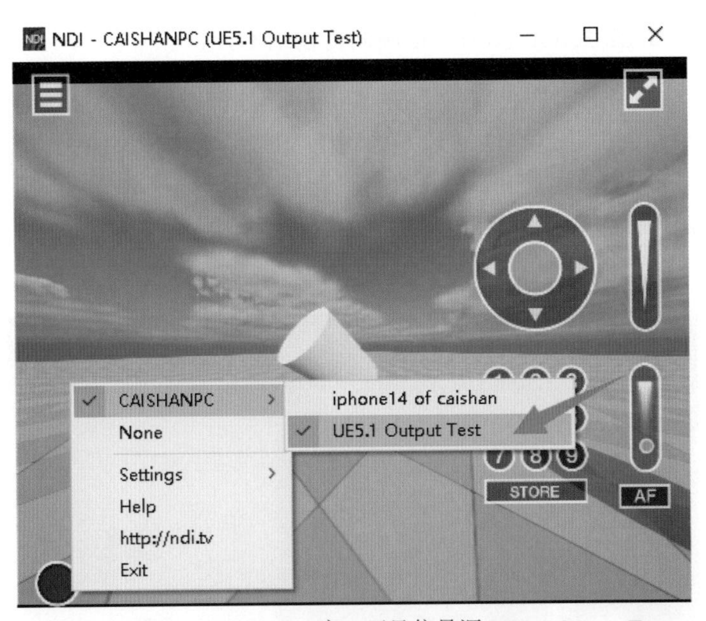

图 5-55　在 Studio Monitor 窗口可见信号源 UE5.1 Output Test

单击这个信号源进去后，可以看到实时的 UE5 视口画面，并且可以通过界面右侧的控制组件来调整镜头的朝向、焦距等设置，而且可以通过数字按钮来记忆 9 个不同的摄像机朝向和镜头设置，以方便后续的视角切换，如图 5-56 所示。

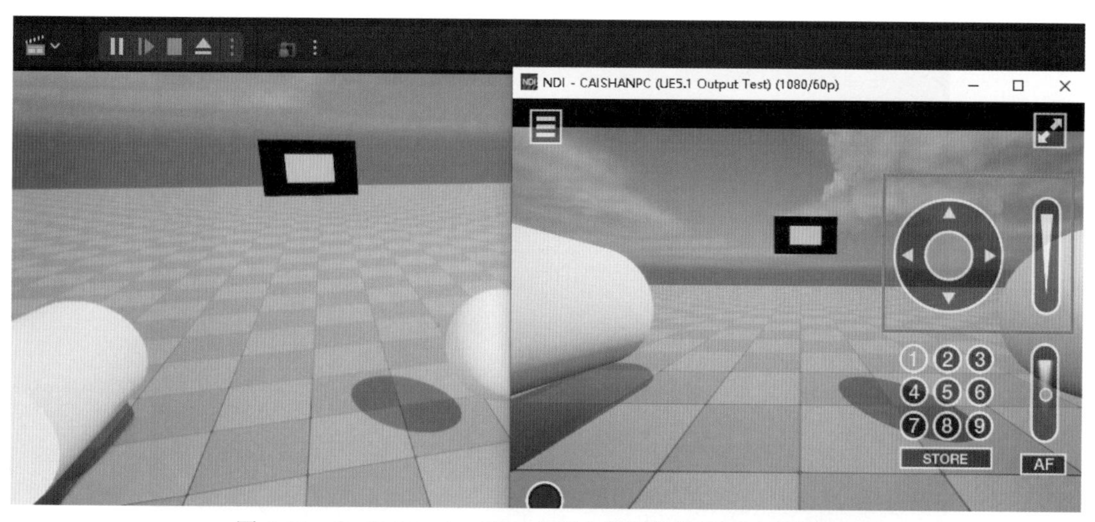

图 5-56　Studio Monitor 窗口右侧出现控制组件可以调节视角

接下来打开 OBS Studio 程序，在场景 1 里添加一个 NDI 来源，操作步骤如图 5-57 所示。

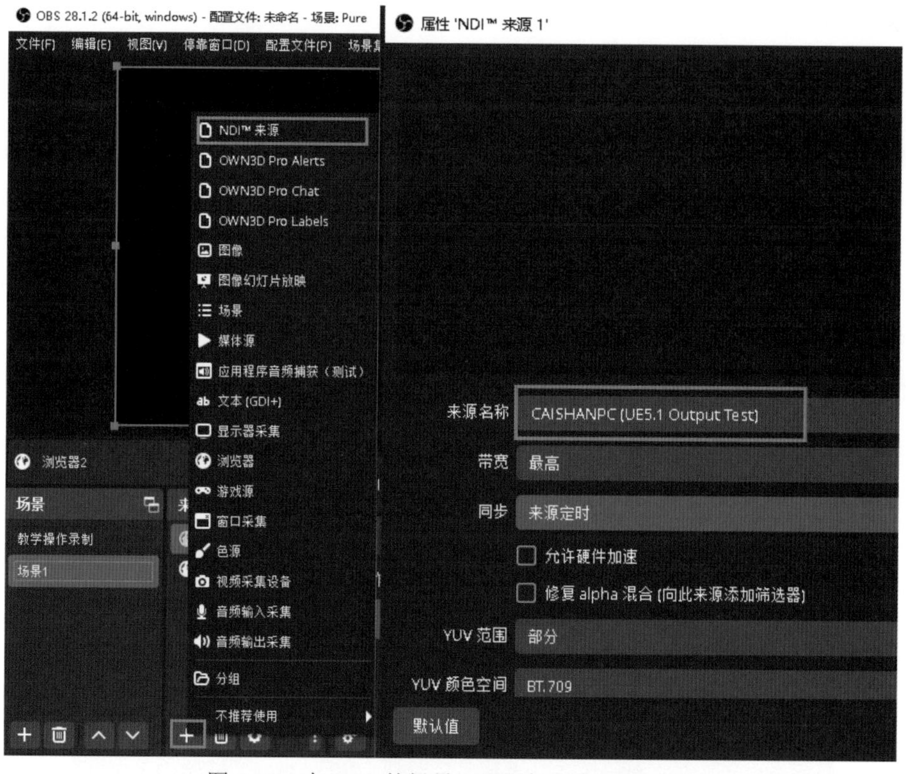

图 5-57　在 OBS 的场景 1 里添加一个 NDI 来源

从来源名称的下拉列表中选择 CAISHAN（UE5.1 Output Test），这样 UE5 里的场景画面就会显示在 OBS 这个直播软件里了，如图 5-58 所示。

图 5-58　借助 NDI 插件让 OBS Studio 显示出 UE5 的场景画面

5.4　OWL Cinecam 和 OWLScreen Capture

在直播领域还有一款服务于 UE5 的工具软件，名为 Unreal Engine Live-streaming ToolKit，它是由 offworld.live 提供的。相比于直接使用 NDI 插件，它在直播流数据传送方面更加顺畅，而且还有专门针对 360° 全景和穹顶大屏的直播方案。它是一款需要付费的软件，但也有免费试用期，即使最后需要付费时也可以从多种付费机制中灵活选择。本节将带领读者使用这款软件，让 OBS Studio 更便捷地通过这个软件来调用 UE5 的画面用于直播。

1. Unreal Engine Live-streaming ToolKit 的下载与安装

首先从 offworld 官网下载 Unreal Engine ToolKit 软件的 Zip 格式安装包，注意选择正确的 UE5 版本，如图 5-59 所示。

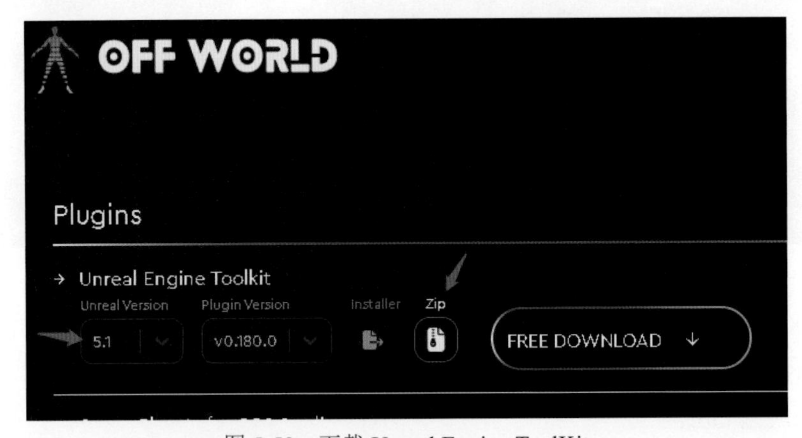

图 5-59　下载 Unreal Engine ToolKit

下载完毕后解压缩，可以得到 OWLLivestreamingToolkit 文件夹。新建一个 UE5 项目，取名为 LivestreamDemo。在这个 LivestreamDemo 项目的文件夹里手动创建一个 Plugins 文件夹，把 OWLLivestreamingToolkit 文件夹放入 Plugins 文件夹中。接着在 UE5 项目中启用 Off World Live Livestreaming ToolKit 插件，如图 5-60 所示。

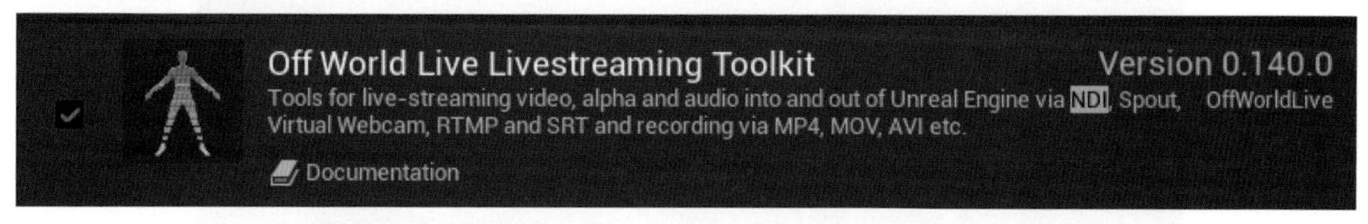

图 5-60　UE5 启用 Off World Live Livestreaming ToolKit 插件

重启 UE5 项目，会看到一个如图 5-61 所示的安装提示框，它实际是在运行 Plugins 文件夹里的路径 OWLLivestreamingToolkit\Utils 下的可执行文件 OWLVirtualWebcam_Installer.exe。

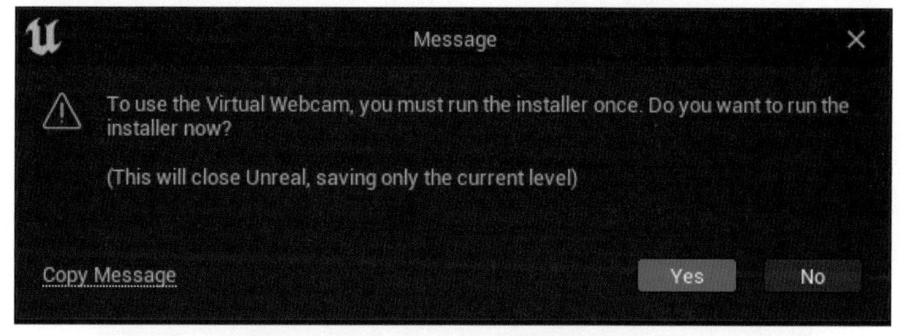

图 5-61　确认安装 OWLVirtualWebcam

单击消息框里的 Yes 按钮确认安装。进入 UE5 后可以看到工具栏上有了一个名为 Off World Live 的下拉菜单，需要单击其中的 Log In，账号是可以免费注册的，如图 5-62 所示。

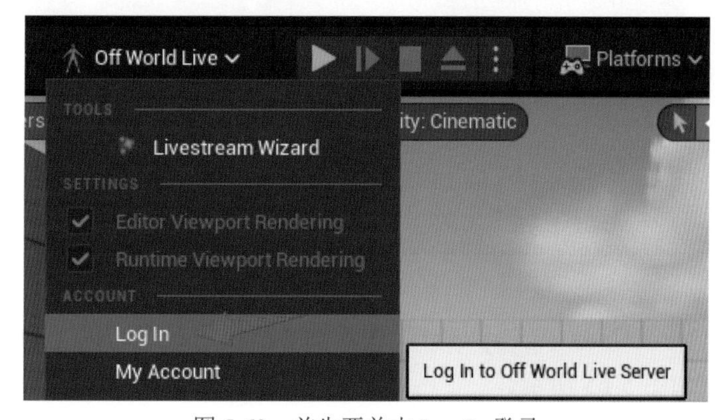

图 5-62　首先要单击 Log In 登录

2. 使用 OWLCineCamCapture 和 OWLNDISender Manager

单击 Log In 登录后，就可以在 UE5 中使用这个直播工具了。如图 5-63 所示从 Place Actors 面板里拖曳一个 OWLCine Cam Capture 放入到视口中来，取名为 OWLCineCamCapture1。

图 5-63　拖曳一个 OWLCine Cam Capture 放入到视口中

接着在 Content Browser 中右击创建一个 Render Target，取名为 OutPut_Target2D，如图 5-64 所示。

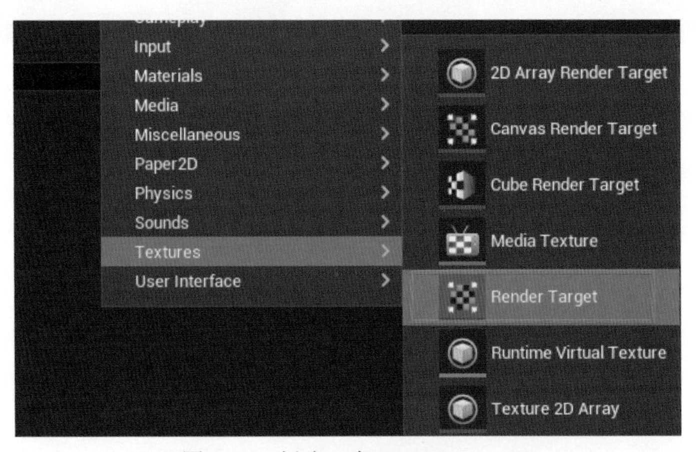

图 5-64　创建一个 Render Target

选中视口中的 OWLCineCamCapture1，在其细节面板里设置它的 Texture Target 属性为 OutPut_Target2D，如图 5-65 所示。

图 5-65　设置 Texture Target 属性为 OutPut_Target2D

接下来还需要在视口里放入一个 OWLNDISender Manager，如图 5-66 所示。

图 5-66 在场景中添加一个 OWLNDISender Manager

在它的细节面板里进行如图 5-67 所示的设置，注意最后再对 Active 属性进行勾选。

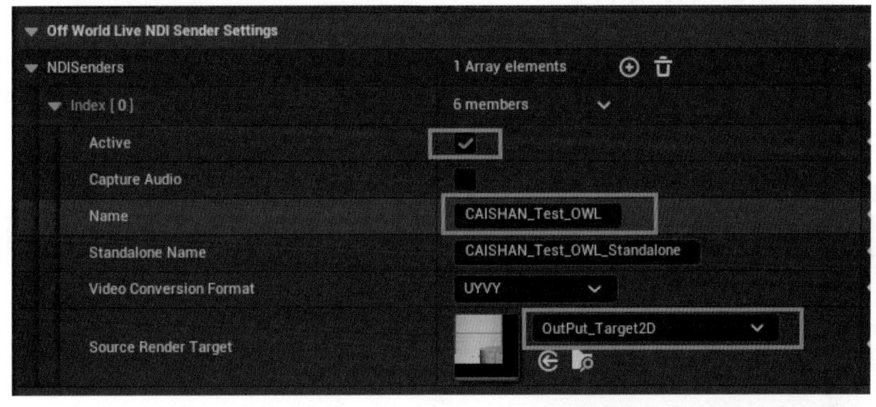

图 5-67 填写 OWLNDISender Manager 的 NDI 发送设置

笔者在 Name 栏填写的是 CAISHAN_Test_OWL，这个会作为 NDI 的源列表里的名称。保存后，即便没有运行 UE5，此时也能在 NDI Tools 的 Studio Monitor 工具里看到这个名称，如图 5-68 所示。

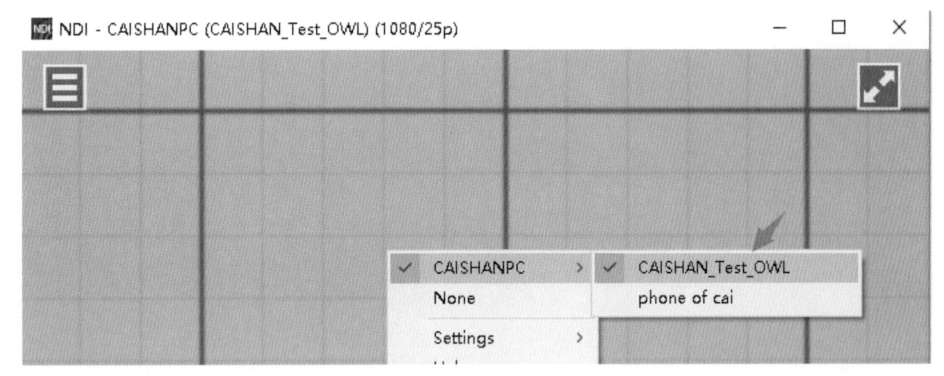

图 5-68 在 NDI Tools 的 Studio Monitor 窗口选择信号源 CAISHAN_Test_OWL

如果运行 UE5，在 NDI Tools 的 Studio Monitor 窗口中也能同时看到 UE5 的视口画面内容，如图 5-69 所示。

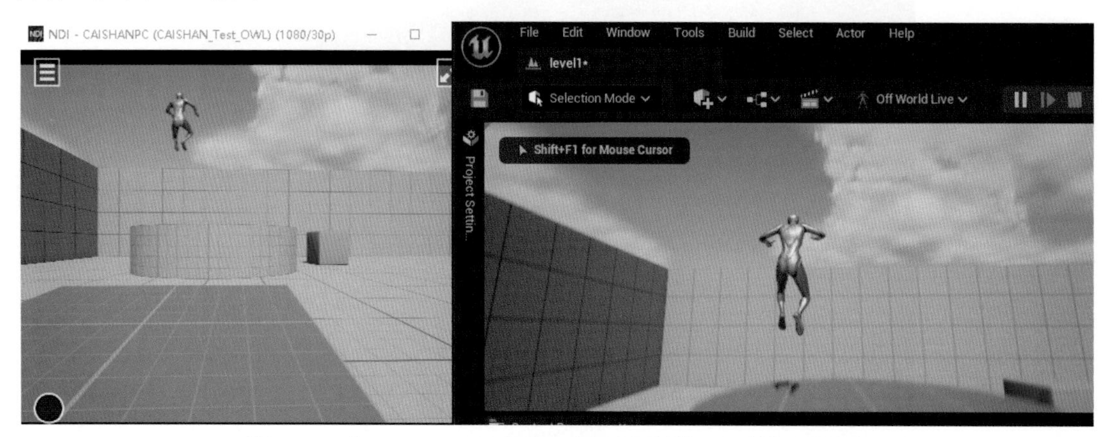

图 5-69　在 Studio Monitor 窗口里可以看到 UE5 的视口画面

3. 直播时方便地控制摄像机

如果在 OBS Studio 的场景 1 中添加一个 NDI 来源，选择来源名称为 CAISHANPC (CAISHAN_Test_OWL) 就能够让 OBS 直播软件获取到这个 UE5 画面了（显示过程需要稍等片刻，大约 5 秒的时间）。最终在 OBS 中的界面效果如图 5-70 所示。

图 5-70　在 OBS 中添加 NDI 来源显示 OWLCineCamCapture1 捕获的画面

使用 OWLCineCamCapture 的一大优势就是在 UE5 中可以直接通过细节面板中的属性来调整它的焦距、光圈以及摄像机的朝向，单击选中 OWLCineCamCapture1 后可以从视口右下角预览镜头小窗，如图 5-71 所示。

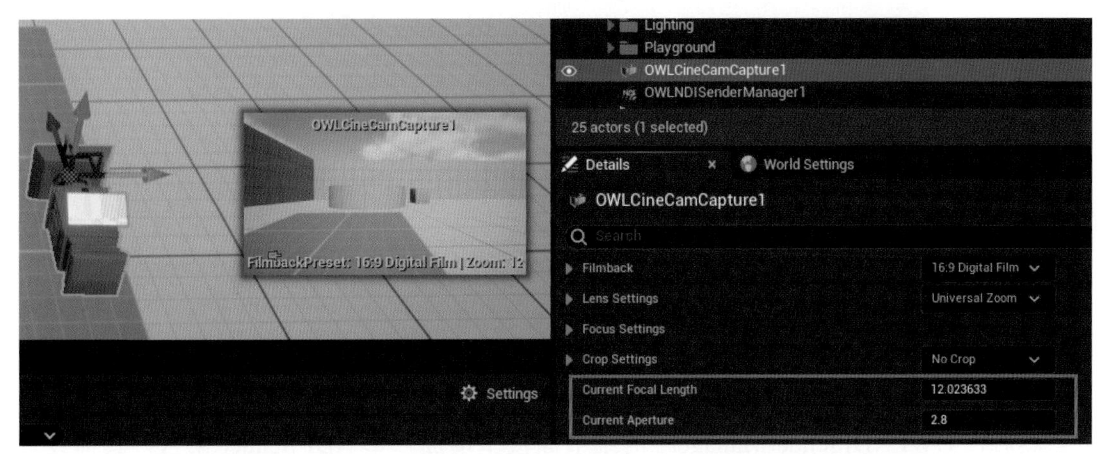

图 5-71　可以直接调整 OWLCineCamCapture1 的焦距、光圈等属性

用户还可以选中 OWLCineCamCapture1 后右击，从弹出的快捷菜单里选择 Pilot 命令来实时操作摄像机，以及调整摄像机在场景中的走位，在 Pilot 模式下对摄像机机位和摄像机朝向的调整会变得非常方便。操作方法如图 5-72 所示。

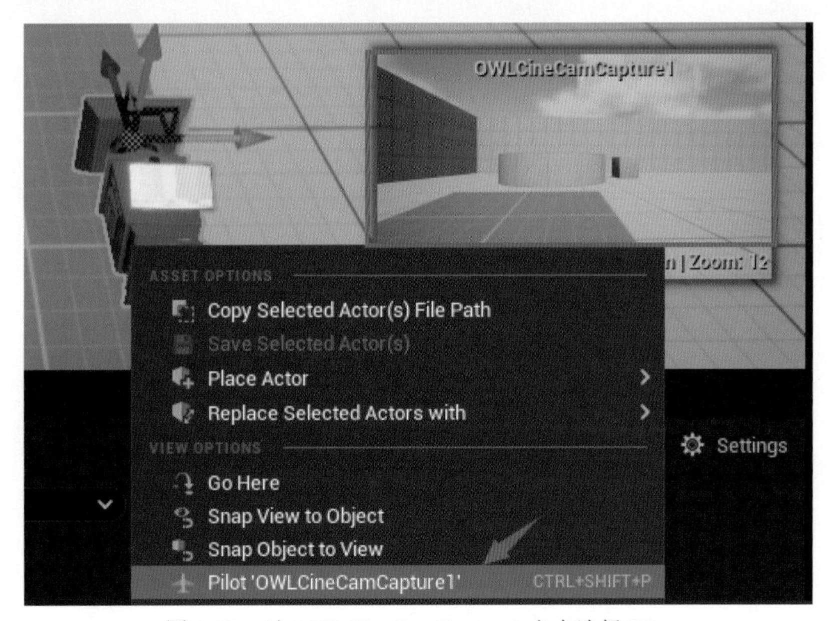

图 5-72　对 OWLCineCamCapture1 右击选择 Pilot

4. 使用 OWLViewport Capture

如果用户需要把 UE5 项目当前视口中的画面直接传送给 OBS，则可以使用 OWLViewport Capture。拖曳一个 OWLViewport Capture 到视口中，如图 5-73 所示，取名为 OWLViewportCapture1。

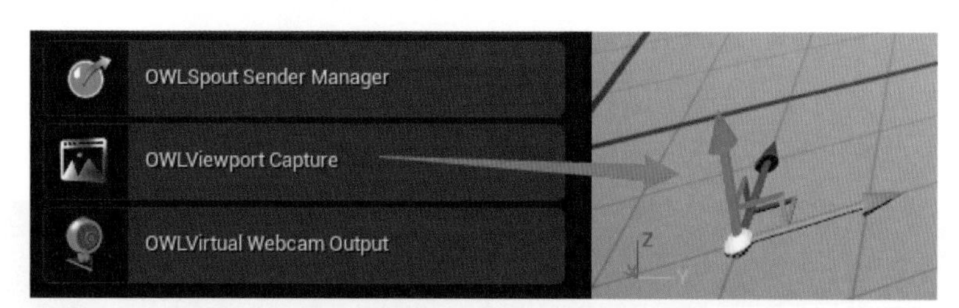

图 5-73　在场景中放入一个 OWLViewport Capture

相应地为这个 OWLScreen Capture 指定一个新的 Texture Target，名为 Viewport_OutPut，如图 5-74 所示。

图 5-74　为 Texture Target 属性指定一个新建的 Render Target

然后在 OWLNDISenderManager1 的细节面板里增加一个 NDI Sender 条目，具体设置如图 5-75 所示。

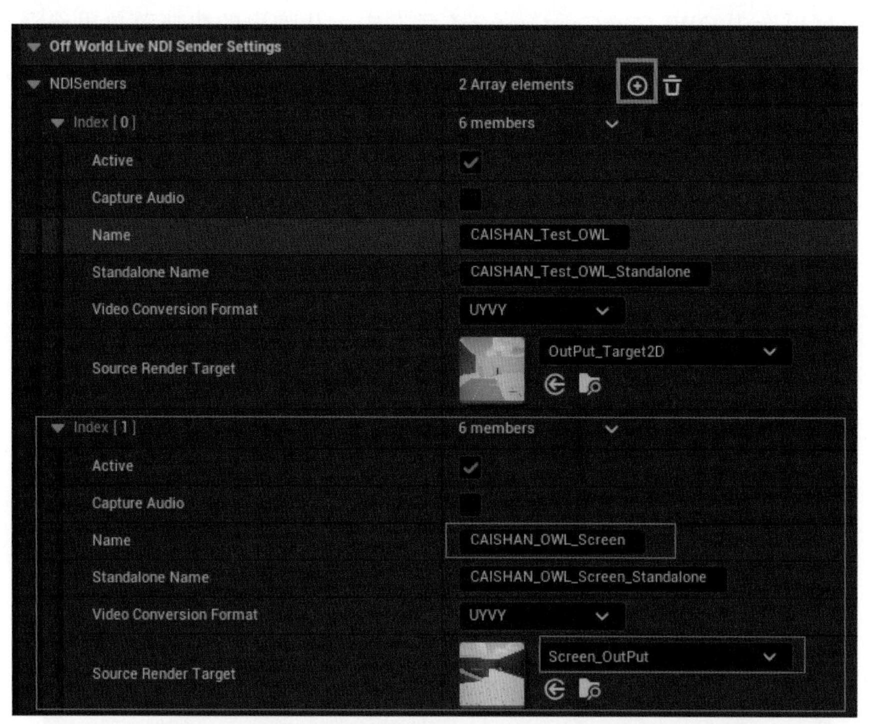

图 5-75　在 OWLNDISenderManager1 里增加一个 NDI Sender 条目

保存后就可以在 NDI 来源里看到已经有图 5-76 所示的两个来源名称。

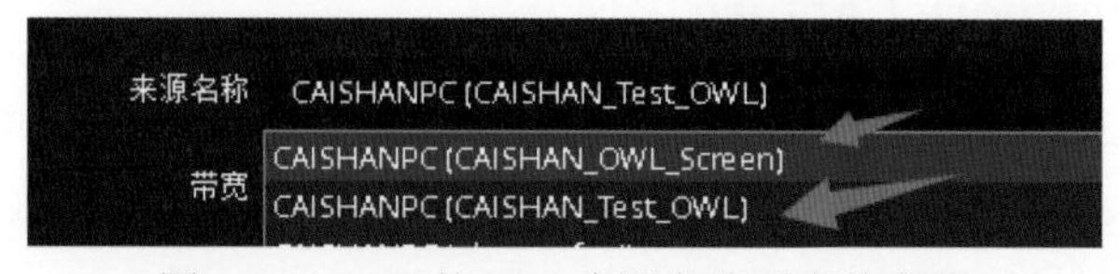

图 5-76　OBS 的 NDI 来源名称列表的变化

这样，在 OBS Studio 添加 NDI 来源时就有了两个选择：既可以选择 UE5 中摄像机在关卡里看到的镜头画面，也可以选择 UE5 当前视口的画面内容。

5.5　实例：用 UE5 搭建一个直播演播室

OBS Studio 作为一款直播推流工具，可以非常方便地向诸如 Facebook、YouTube 这些网站推流，国内视频网站 bilibili.com（业内称呼 B 站）对它有非常好的支持。如果在 B 站已经有了账号并进行了实名认证，就可以通过 OBS Studio 向自己的 B 站直播页面推流。

如图 5-77 所示，从 OBS 的设置里选择“直播”→“服务”，再选择“Bilibili Live - 哔哩哔哩直播 RTMP”，然后单击获取推流码按钮，可以弹出浏览器，看到用户在 B 站的直播设置页面。

图 5-77　OBS 设置直播服务

在这个网页中有观看直播的页面地址 URL（直播间链接），直播前可以将这个 URL 发送给自己的朋友和其他将要观看直播的观众，如图 5-78 所示。

图 5-78　获取直播间链接地址

接着在页面底部选择直播分类并单击“开始直播”按钮，可以看到当前用户的串流密钥，如图 5-79 所示。

图 5-79　单击“开始直播”按钮并复制串流密钥

复制这段串流密钥后，回到OBS Studio，把串流密钥粘贴到直播设置的推流码输入框里，如图 5-80 所示。

图 5-80　把串流密钥复制到直播设置的推流码输入框

单击“确认”按钮，接下来就可以开始实时直播了。单击 OBS 里的“开始直播”按钮，稍后就可以从刚才的 B 站直播间链接看到直播画面了，如图 5-81 所示。

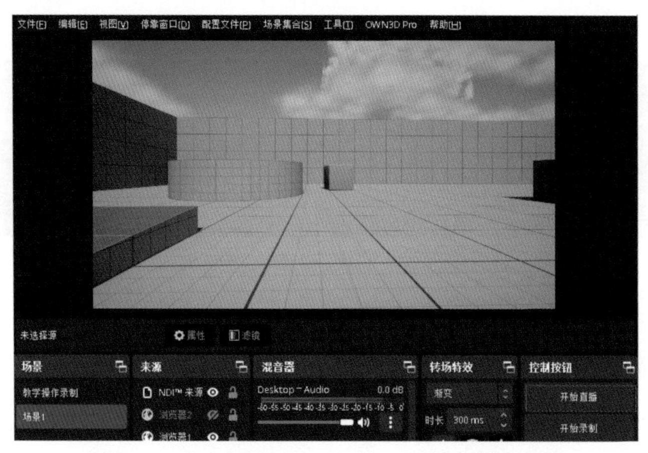

图 5-81　单击 OBS 右下角的“开始直播”按钮

把直播间链接发送给朋友、对外公布后，可以通过计算机浏览器或手机浏览器访问链接地址来观看直播，也可以在手机上复制直播间链接地址，然后打开哔哩哔哩 App 来观看直播。此时可以运行 UE5，操控玩家在场景中跑动或行走起来，而 OBS 也能把 UE5 的动态画面直接推流到直播平台，从而实现直播，如图 5-82 所示。

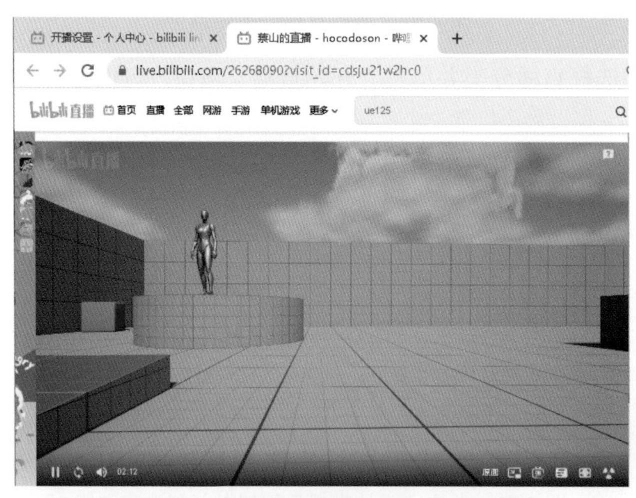

图 5-82　B 站页面直播 UE5 的动态画面

目前国内的一些直播平台，如抖音、快手等都开发了自己的直播推流工具，这种情况下就不能用 OBS Studio 的“开始直播”按钮向这些直播平台推流了。不过 OBS Studio 额外提供了一个强有力的工具“虚拟摄像机”，可以让用户间接地向这些直播平台的自制推流工具传送直播画面。OBS Studio 28.x 之后的版本已经内置了虚拟摄像机功能，无须安装额外的 OBS 插件即可直接启动虚拟摄像机功能，如图 5-83 所示。

图 5-83 在 OBS Studio 里启动虚拟摄像机

启动虚拟摄像机后，OBS Studio 中的场景画面就等同于一个摄像头，而其他平台的推流软件都是支持加入摄像机画面的，把 OBS Studio 的场景画面内容以摄像机的形式加入直播平台的推流软件里，也就间接实现了 OBS Studio 为其他直播平台推流直播了。

如图 5-84 所示，以抖音直播平台为例，在安装了抖音直播伴侣后，运行抖音直播伴侣，可以从直播伴侣的程序界面上单击“摄像头”按钮来添加摄像机，如图 5-85 所示。

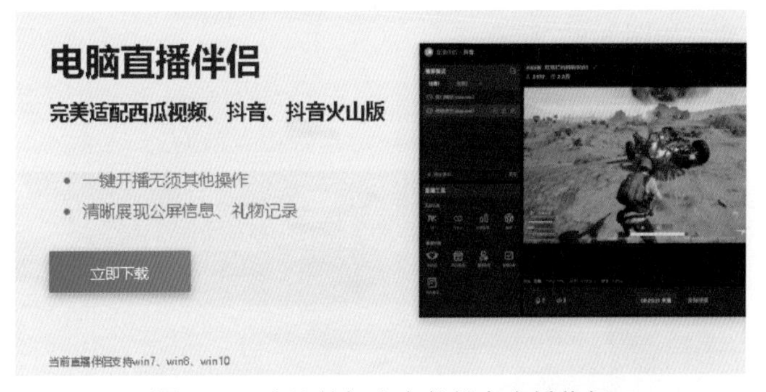

图 5-84 在计算机上安装抖音直播伴侣

图 5-85 单击直播伴侣界面上的“摄像头”按钮

然后在弹出的“摄像头设置”窗口里选择 OBS Virtual Camera 作为摄像头即可，如图 5-86 所示。

图 5-86　在直播伴侣中选择 OBS Virtual Camera 作为摄像头

这时从计算机版抖音官网或是在手机上通过抖音 App 搜索到对应的作者账号就可以观看发布的直播内容了，如图 5-87 所示。

图 5-87　在计算机上通过抖音官网搜索作者账号观看直播

第 6 章　在 UE5 中使用全景展示

第 5 章所讲的是如何把互动开发技术渗透到直播领域，而直播领域里的“直播带货”“产品展示”都是耳熟能详的话题。UE5 本就具有超强的互动属性，逼真的渲染画面更是它的核心亮点之一，用 UE5 来展示产品再合适不过了。超强的真实感、立体感、沉浸感，可以让用户无死角地观看整个场景空间里的全部图像信息，这些是优质的互动画面需要达到的视觉效果。360° 全景可以让用户足不出户就能身临其境地感受到现场的环境，在这样的浏览体验中向用户展示产品的外观、功能、特性，无疑可以极大地提升产品的可信度，给用户留下深刻的印象。

传统的全景展示是利用全景相机拍摄现实生活中的景物，然后对照片进行拼合加工处理，最后利用 JavaScript 代码呈现在 Web 网页上。全景展示能让用户对景物有一个全方位的浏览，让用户获取到更多平面静态图无法展现的空间层次信息。在 UE5 互动中使用全景展示技术，可以让互动变得更加有氛围感，也可以体现真实的产品应用环境。同时，UE5 作为三维互动开发工具中的强者，能够借助 Panoramic Capture 插件直接把虚拟的三维空间输出为可以再加工的全景图，这样就为全景展示项目提供了更为高效的工作流。

本章从构建 VR 全景展示所需的最基础的全景图素材开始，一步步为读者讲解在 UE5 场景中捕获全景图的操作步骤以及如何制作全景视频的方法。有了全景图素材后，可以使用 UE5 的 HDRI Backdrop 插件将全景图直接用作 UE5 场景的环绕背景，快捷地打造出适合展示产品的三维环境空间。

VR 全景互动涵盖的内容有很多，本章主要讲解的是在 UE5 中构建全景图以及使用全景图的知识。学完本章，读者将可以轻松地为产品展示类互动项目搭建全景站台或虚拟环境。这样能为产品展示增色，也能更好地实现产品展示的最终目标。

本章重点

- Panoramic Capture 插件的配置细节
- VR 全景视频的制作方法
- 如何使用 HDRI Backdrop 插件实现全景图互动

6.1　UE5 使用 Panoramic Capture 捕捉全景图

6.1.1　Panoramic Capture 捕获单张全景图

全景展示自然离不开全景图素材，在本节笔者先详细讲解利用 UE5 构建全景图的步骤。Panoramic Capture 是 UE5 自带的一个插件，笔者以第一人称游戏模板新建一个名为 PanoDemo 的 UE5 项目，然后启用 Panoramic Capture 插件，如图 6-1 所示。

图 6-1 启用 Panoramic Capture 插件

接着按照图 6-2 中红框标示的路径从 Content Browser 里找到 BP_Capture 对象，将其拖动并放入视口中。

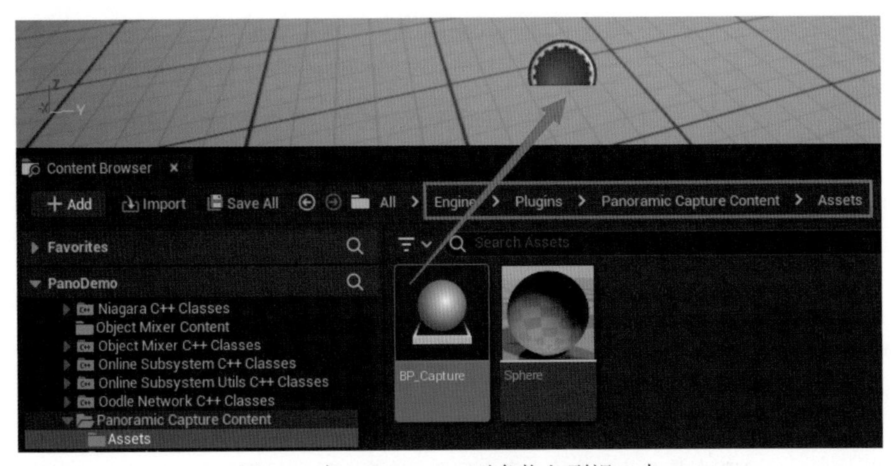

图 6-2 把 BP_Capture 对象拖入到视口中

在 UE5.1 中使用这个 BP_Capture 时需要做一些改动，双击 BP_Capture 对象打开它进行编辑。在它的蓝图中找到如图 6-3 所示的节点，将 Command 文本框中的内容改为 SP.OutputDir /PanoramicShots，注意不要写诸如C:/ 这样的盘符文本，然后编译并保存蓝图。

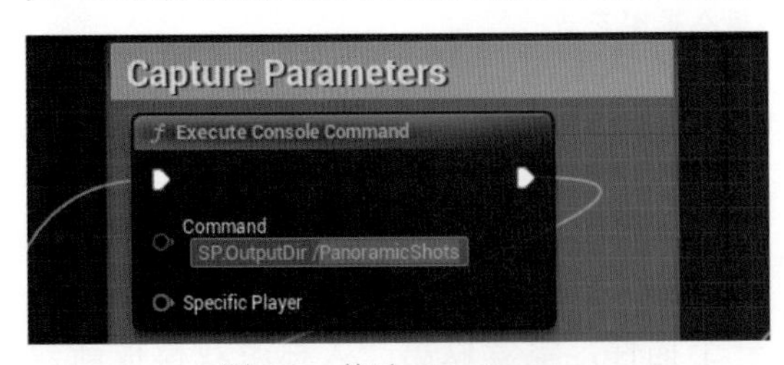

图 6-3 修改 BP_Capture

此时如果运行 UE5，则整个 UE5 界面会开始变得卡顿，卡顿的时间可能会持续一分多钟，界面会略显模糊，如图 6-4 所示。等 UE5 恢复响应后，就可以得到一张 PNG 格式的全景图了。全景图会保存在 UE5.1 程序所在硬盘根目录下的 PanoramicShots 文件夹里。例如，笔者的UE5 安装在 E:\UE5_EA\UE_5.1 路径下，那么全景图会保存在 E:\PanoramicShots 里。

图 6-4 单击运行 UE5 时 BP_Capture 会开始捕获全景图

图片会出现在 E:\PanoramicShots 文件夹里，并用时间和日期设定二级文件夹，如图 6-5 所示。

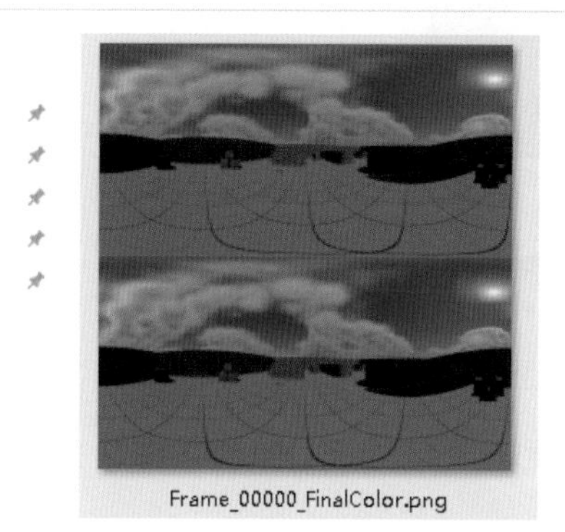

图 6-5 捕获的全景图的保存路径

用户可以修改 BP_Capture 里的 SP.StepCaptureWidth，把它调小为 1024（默认是 6144），就可以明显提高捕获全景图的速度，如图 6-6 所示。修改后注意编译并保存。

图 6-6 修改 BP_Capture 里的 SP.StepCaptureWidth

如果按住 Alt 键单击图 6-7 所示的连接线，可以断开两个蓝图节点的连接。这样在运行 UE5 时，BP_Capture 就不会自动开始捕获全景图了。

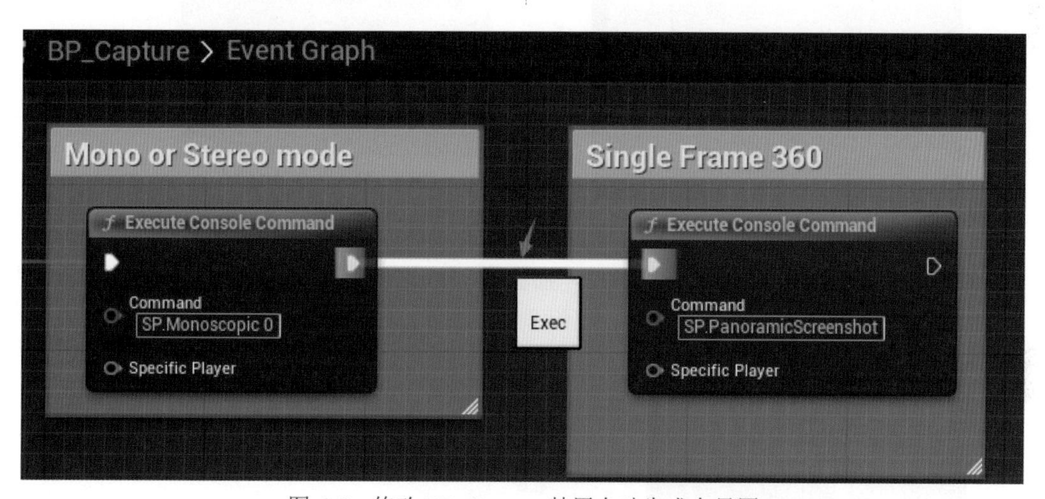

图 6-7 修改 BP_Capture 禁用自动生成全景图

这样，先运行 UE5 后，让玩家行走到一个想要捕获全景图的地点，对视口的画面满意后，再按下 Shift+F1 组合键让鼠标移到视口之外，在 UE5 底部的 CMD 命令输入框中输入 SP.PanoramicScreenshot，如图 6-8 所示，然后按回车键，这样就可以抓取当前地点的当前视口画面为全景图了，如图 6-9 所示。

图 6-8 在 UE5 的 CMD 命令行输入 SP.PanoramicScreenshot 来捕获全景图

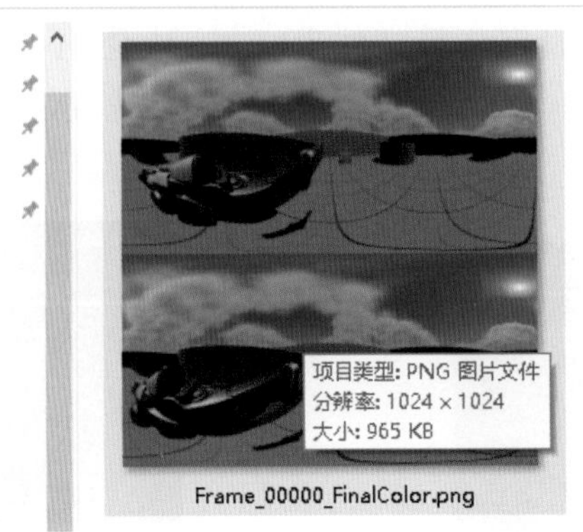

图 6-9　捕获得到 1024×1024 分辨率的 PNG 图片

如果把 SP.Monoscopic 的参数改为 1，则可以得到宽度高度比为 2:1 的全景图作为捕获结果，如图 6-10 所示。

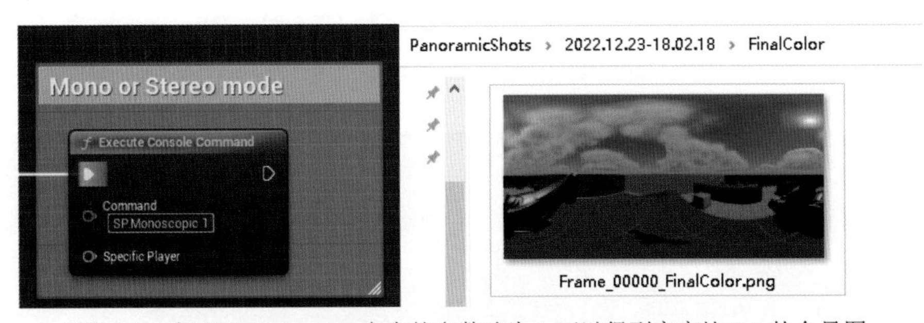

图 6-10　把 SP.Monoscopic 命令的参数改为 1 可以得到宽高比 2:1 的全景图

如果把 SP.OutputBitDepth 修改为 32，那么捕获输出的结果将是一个拓展名为 .exr 的文件，如图 6-11 所示。

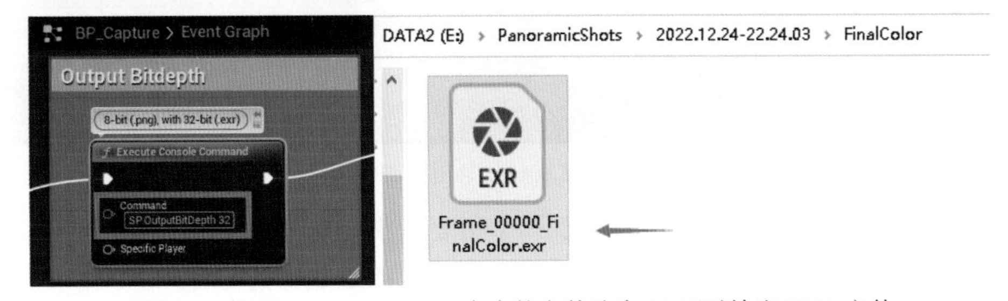

图 6-11　把 SP.OutputBitDepth 命令的参数改为 32 可以输出 EXR 文件

这样得到的 EXR 文件，属于 OpenEXR 图像格式文件。OpenEXR 是一种开放的高动态范围（HDR）光栅图像格式，可用于后面即将讲到的 HDRI 背景图。

6.1.2　Panoramic Capture制作VR视频

如果希望捕获的不是单张的 360° 全景图而是全景视频，则通过修改 BP_Capture 里的蓝图节点也是可以实现的。本节就带读者具体设置相应的蓝图节点，实现一段全景视频的录制。

1. 捕获全景视频所需的蓝图设置

可以在 BP_Capture 蓝图里先把 SP.StepCaptureWidth 设置为 4096，如图 6-12 所示。

图 6-12　修改 SP.StepCaptureWidth 命令的参数为 4096

然后把 BP_Capture 蓝图的末尾部分设置为图 6-13 所示的连接。

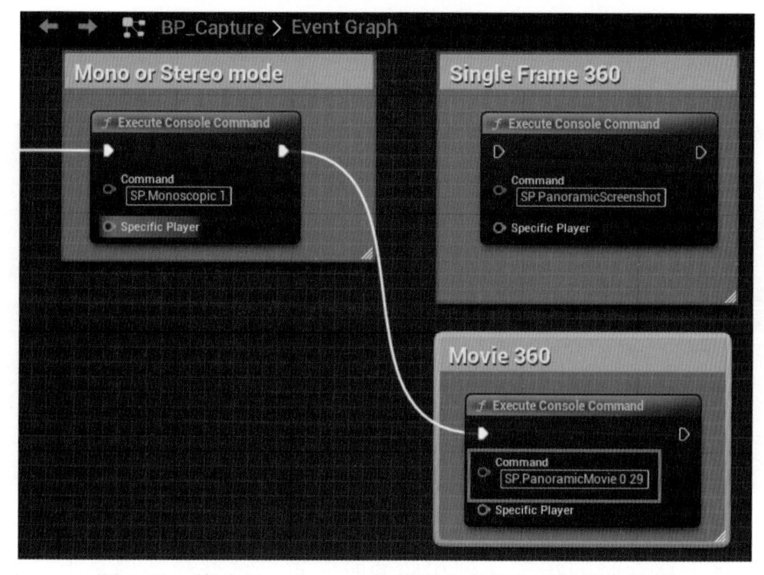

图 6-13　修改 BP_Capture 的蓝图内容使之可以捕获视频

这样设置后，就可以准备捕获连续的画面帧了。例如，这里笔者输入的参数是“0 29”，表示将捕获从第 0 帧开始到第 29 帧的全景画面。

2. 通过 Level Sequence 的播放来捕获全景

需要注意的是，捕获全景视频不是通过运行 UE5 就能实现的，而是需要借助 Level Sequence。所以，接下来需要在场景中拖入一个 CameraActor，然后添加一个 Level Sequence，如图 6-14 所示。

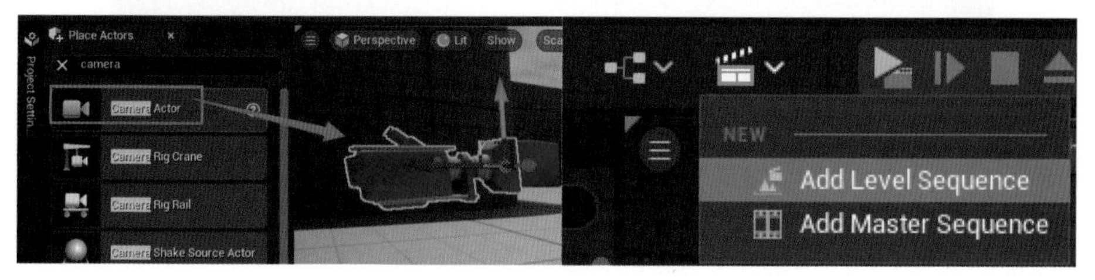

图 6-14　添加 CameraActor 和 Level Sequence

在 Level Sequence 的时间轴编辑界面，先通过单击+Track 按钮把场景中的 CameraActor 加入到时间轴，如图 6-15 所示。

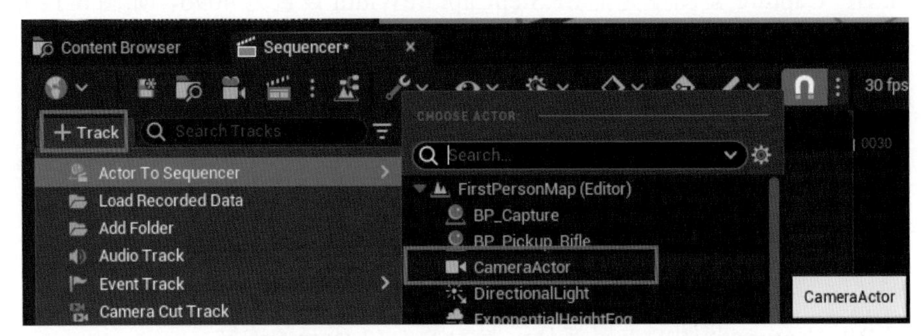

图 6-15　把 CameraActor 添加到 Level Sequence 的时间轴上

接下来就可以建立动画关键帧了。首先在时间轴的第 0 帧，通过单击 Transform 属性处的白色小圆圈图标来添加一个关键帧，如图 6-16 所示。

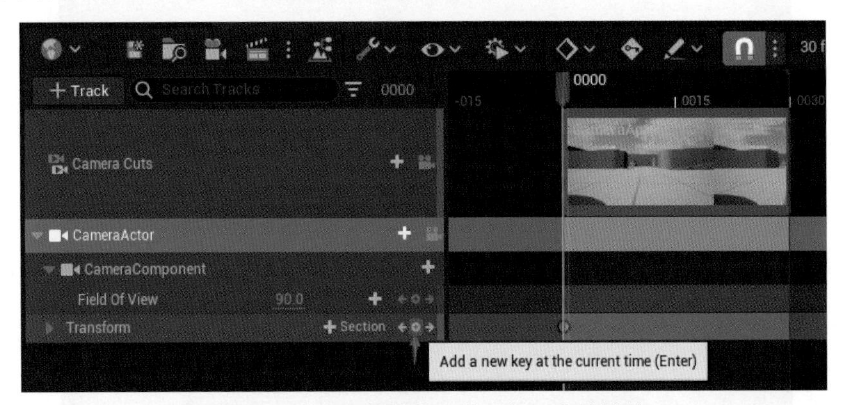

图 6-16　在时间轴的第 0 帧添加一个关键帧

然后在时间轴上移动时间指示线到相应的时间点，接着移动场景中的 CameraActor，如把它向前移动一定的距离。当然也可以通过右击场景中的 CameraActor 选择 Pilot 命令，以第一人称视角来操作 CameraActor 的走位与朝向（Pilot 操作结束后要记得单击视口左上角的停止导航按钮，退出 Pilot 操作模式），如图 6-17 所示。

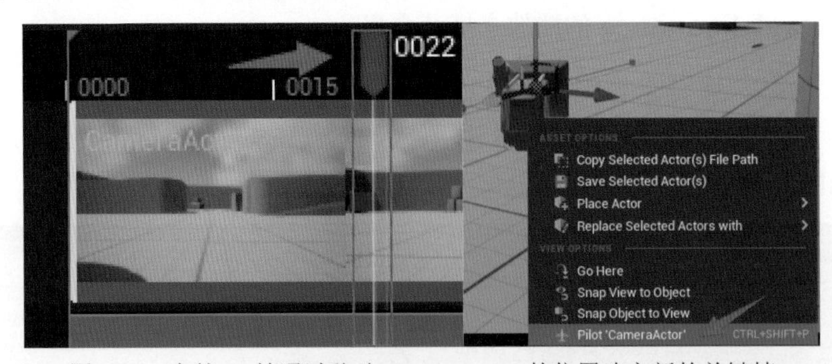

图 6-17　在第 29 帧通过移动 CameraActor 的位置建立新的关键帧

改变了 CameraActor 在场景中的位置或朝向属性后，再次单击 Transform 属性的添加关键帧按钮（白色小圆圈图标），这样就分别在 0 帧和 29 帧建立了两个关键帧。这两个关键帧里 CameraActor 的位置不同，因此形成了一段 CameraActor 位置发生变化的时间轴动画。单击时间轴上的任何一处地方，按空格键就可以浏览整个动画过程，如图 6-18 所示。

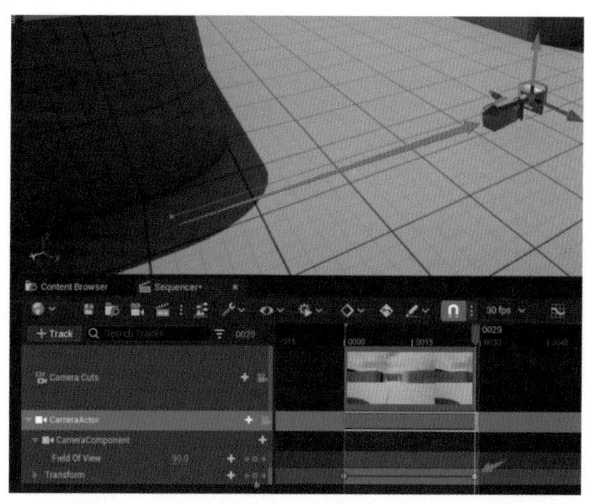

图 6-18　按空格键可以预览 Level Sequence 的动画时间轴

最后，可以单击 Sequencer 工具栏上的渲染按钮，如图 6-19 所示。这时会弹出渲染设置窗口。

图 6-19　单击 Sequence 工具栏上的渲染按钮

在渲染 Sequence 的过程中，BP_Capture 会同时进行工作，利用 Sequence 的渲染过程一帧一帧地捕获全景图。捕获的全景序列帧图片依然会保存在 E:\PanoramicShots 路径下。而 Sequence 渲染所得到的结果文件并不是重点，为了加快 Sequence 的渲染速度，可以在它的渲染设置（Render Movie Settings）选择一个比较低的分辨率，如 320×240。然后单击 Capture Movie 按钮开始渲染 Sequence，如图 6-20 所示。

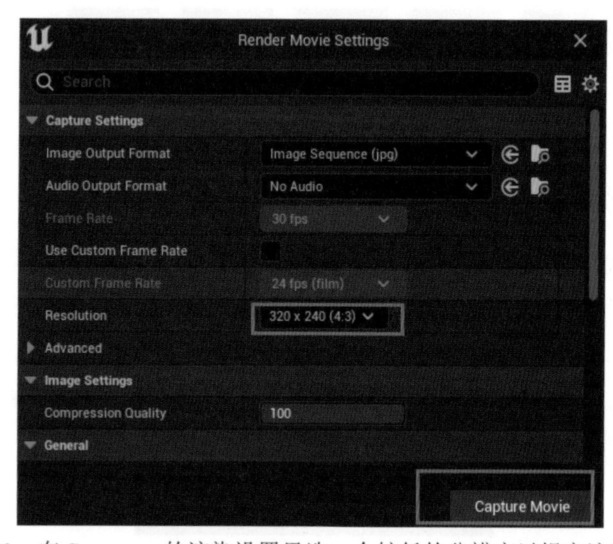

图 6-20　在 Sequence 的渲染设置里选一个较低的分辨率以提高渲染速度

渲染结束后，Sequence 的渲染输出文件（可以是视频也可以是多张序列图片，取决于渲染设置里 Image Output Format 的选择）会出现在 UE5 项目所在文件夹的 Saved 文件夹里，如图 6-21 所示。

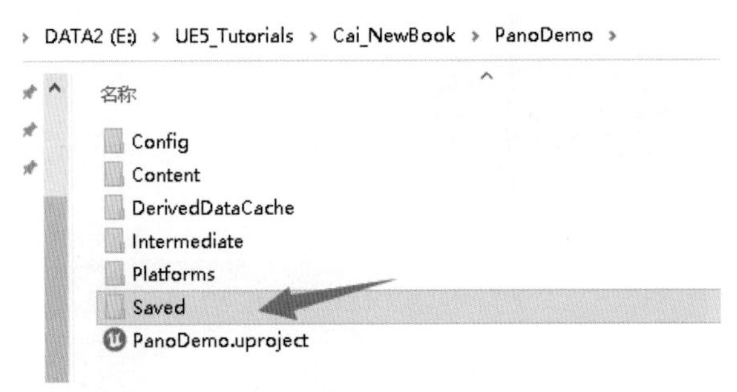

图 6-21　Sequence 的渲染输出文件所在目录

而真正需要的全景图序列帧图片则在 E:\PanoramicShots 路径里。在该路径下可以看到已经获得了从第 0 帧到第 29 帧共 30 张全景图片，如图 6-22 所示。

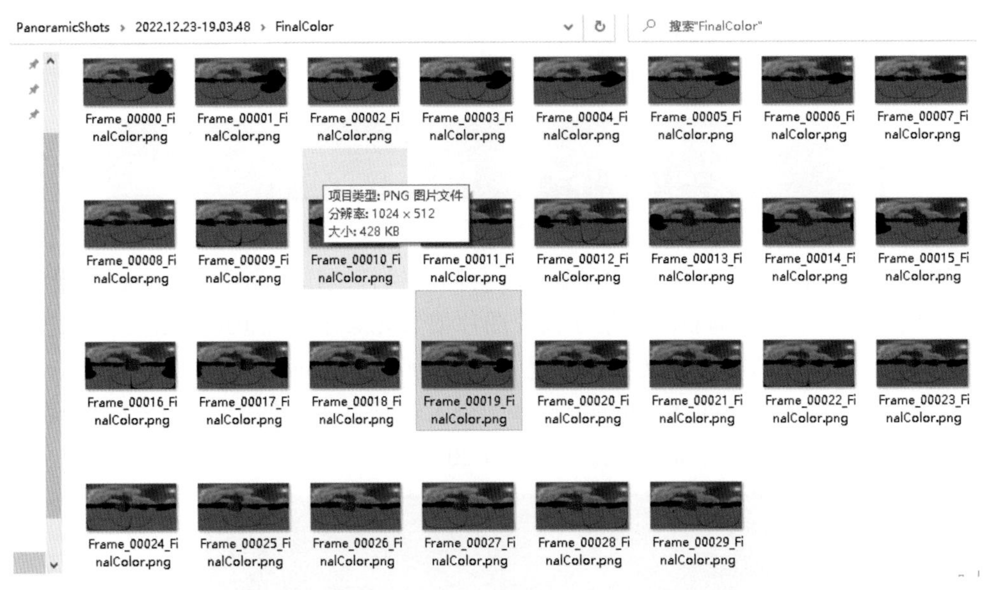

图 6-22　得到了从第 0 帧到第 29 帧共 30 张全景图

3. 合成全景视频并观看

利用这些图片就可以将它们转化为全景视频了。为了照顾不熟悉视频编辑流程的读者朋友，这里简单介绍一下如何通过 Adobe Media Encoder 来生成视频。安装了 Adobe Creative Cloud 后就可以在计算机上使用诸如 Photoshop、Illustrator、After Effects 这些编辑软件了，其中也会包含 Adobe Media Encoder。笔者使用的是 Adobe Media Encoder 2020 这款视频编码软件，如图 6-23 所示。

图 6-23　Adobe Media Encoder 2020

启动 Adobe Media Encoder 后单击程序左上角的加号按钮，如图 6-24 所示。

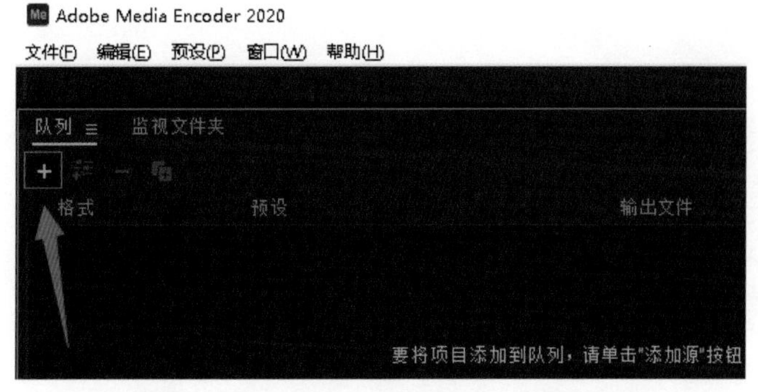

图 6-24 在 Adobe Media Encoder 中单击加号

接着从弹出的浏览文件对话框里选择 BP_Capture 所输出的图片序列帧，可以只选第 1 张图片也就是第 0 帧的全景图，然后确保勾选上“PNG 文件序列”，如图 6-25 所示。

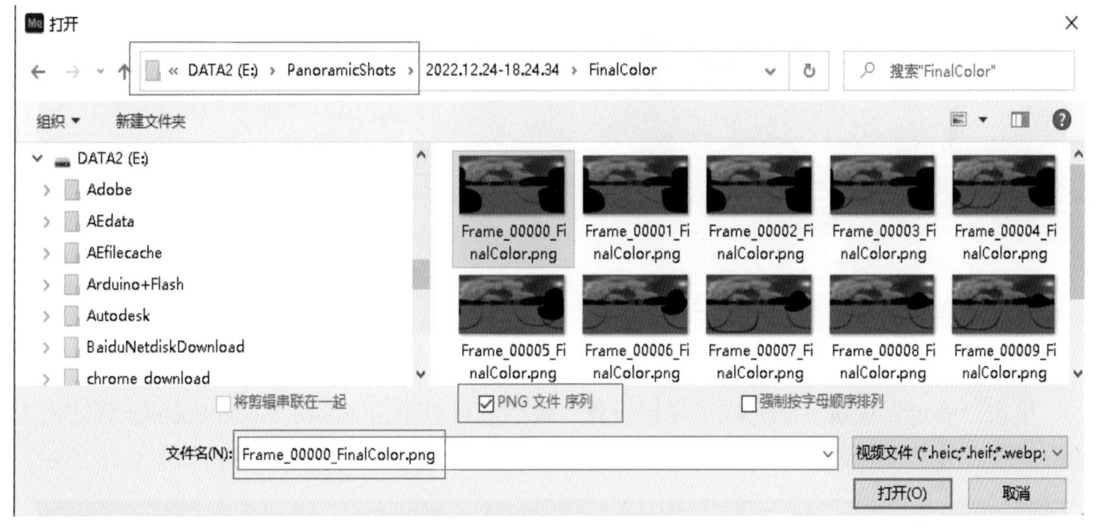

图 6-25 打开图片序列帧

单击“打开”按钮后，所有序列帧图片会被加入到队列中。然后可以单击预设，如图6-26所示。

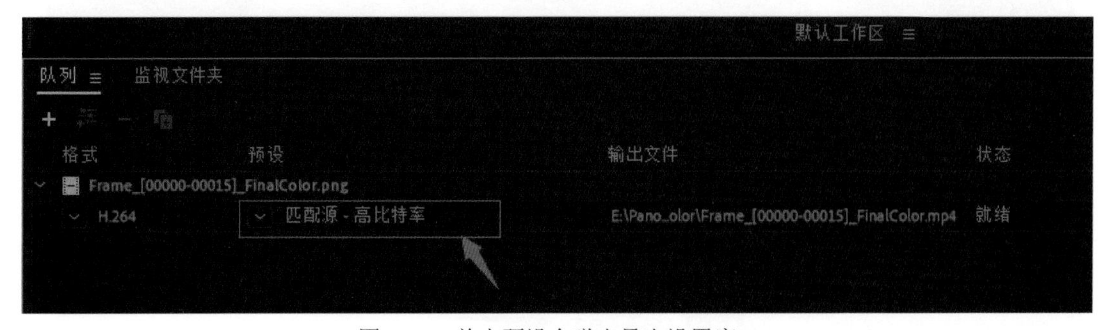

图 6-26 单击预设会弹出导出设置窗口

接着在弹出的“导出设置”对话框里勾选“视频”标签下的“视频为 VR”。其他的细节设置可以参考图 6-27 所示。

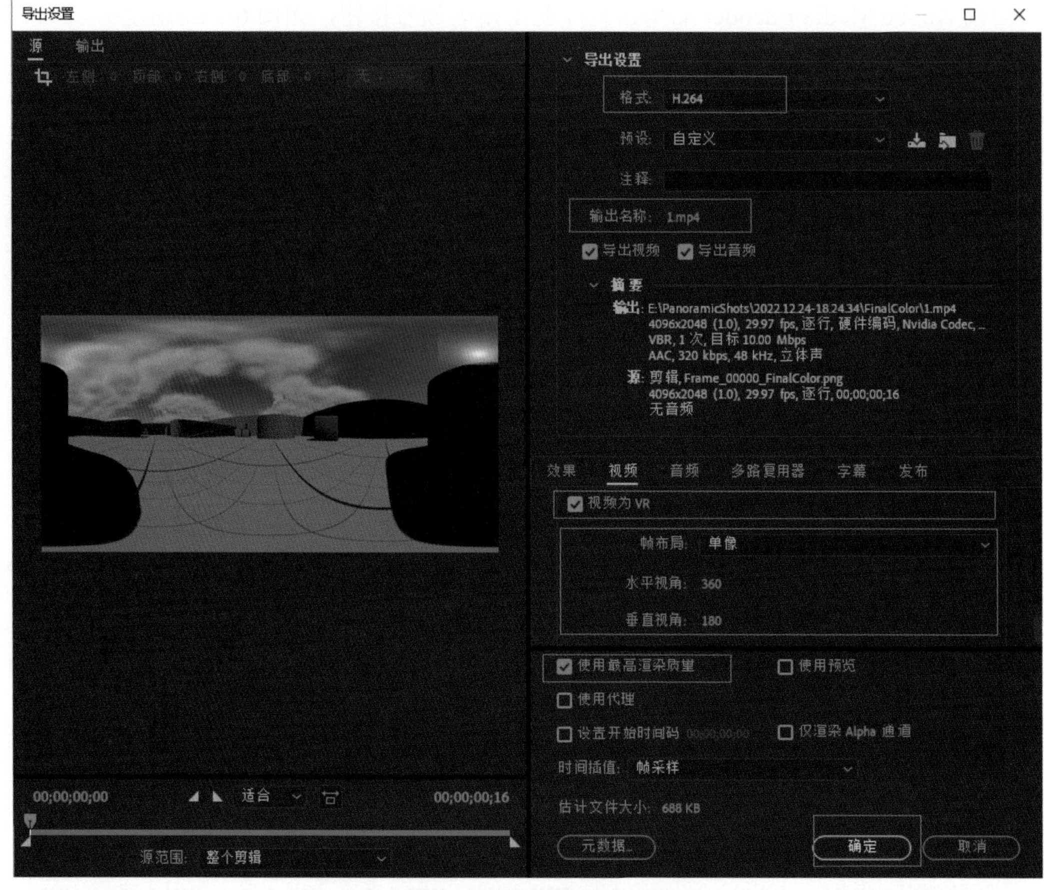

图 6-27 “导出设置”对话框里的详细设置

单击“确定”按钮后就完成了导出设置。最后就可以单击 Adobe Media Encoder 程序右上角的绿色箭头按钮启动渲染。绿色箭头下面的路径地址就是输出的视频地址，如图 6-28 所示。

图 6-28 单击绿色箭头按钮渲染队列

渲染完毕后，在得到的 MP4 文件上右击，选择打开方式，选择用 Windows 自带的 Movies&TV 程序打开视频，如图 6-29 所示。

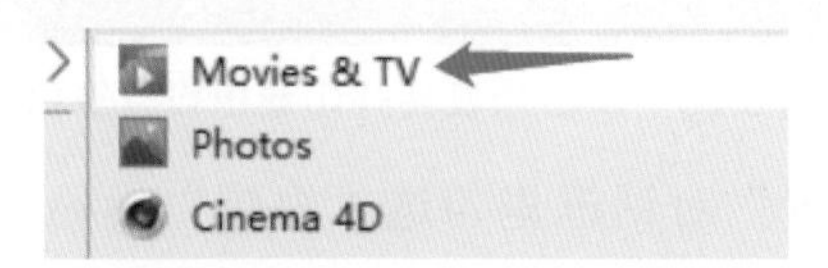

图 6-29 右击选择用 Movies&TV 程序打开 MP4 文件

打开视频文件进行播放的过程中，可以随时通过鼠标拖动视频画面来改变全景视频的浏览视角，也可以单击视频右上角的圆形图标来调整视角朝向，如同身临其境地观看场景的任意角落。如果有头戴式显示器（VR 头盔），还可以通过头戴式显示器来观看这段视频，就能体验到 VR 视频的乐趣了。整体效果如图 6-30 所示。

图 6-30　可以用鼠标调整全景视频的浏览视角

6.2　UE5 使用 HDRIBackdrop 展现全景

6.2.1　HDRIBackdrop使用方法详解

HDRI 是 High Dynamic Range Image 的缩写。Backdrop 就是背景的意思。在 UE5 里，可以使用 HDRIBackdrop 插件为场景设置背景全景图，从而快速实现一个逼真的场景环境布置。在这一节里，笔者将带着读者使用 UE5 中的 HDRIBackdrop 插件高效地利用全景图素材构建一个逼真的虚拟场景。

1. 在 UE5 场景中使用 HDRIBackdrop

首先，在 UE5 项目中启用 HDRIBackdrop 插件，如图 6-31 所示。

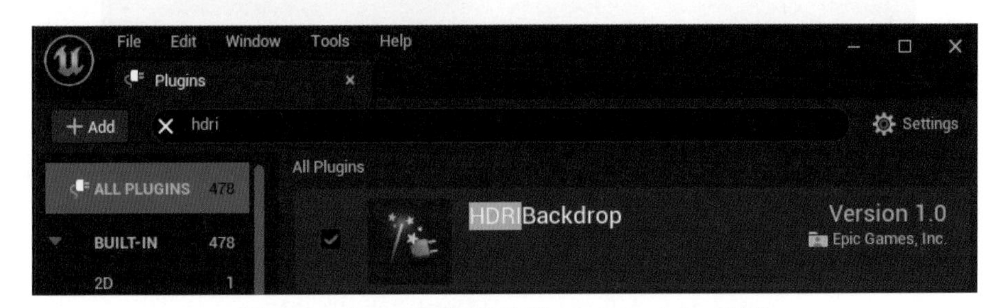

图 6-31　在 UE5 项目中启用 HDRIBackdrop 插件

在 UE5 的顶部菜单里选择 File → New Level 命令，在弹出的窗口中单击 Empty Level 按钮，创建一个空关卡，如图 6-32 所示。

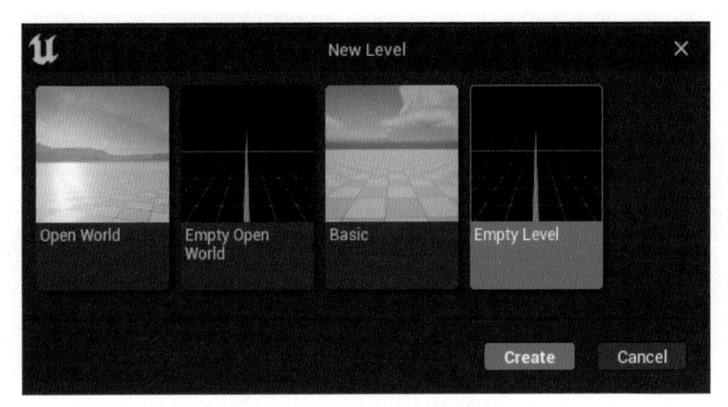

图 6-32　新建一个空关卡

保存关卡，取名为Level1。接着拖动一个HDRIBackdrop对象放入关卡视口中，如图6-33所示。

图6-33　在场景中放置一个HDRIBackdrop对象

通过它的细节面板可以看到这个组件有个Cubemap属性，单击该属性对应的浏览资源按钮，即可看到这些立方图所在的具体位置如图6-34所示。

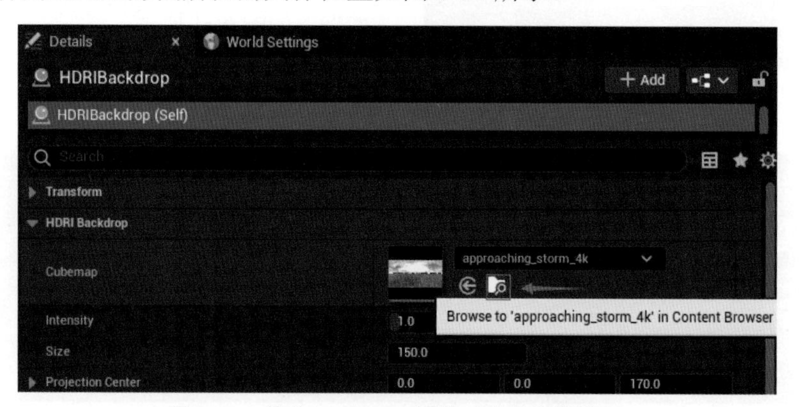

图6-34　单击Cubemap属性对应的浏览按钮

在图6-35所示的路径中，可以看到HDRIBackdrop插件的内容文件夹中含有多张立方图。

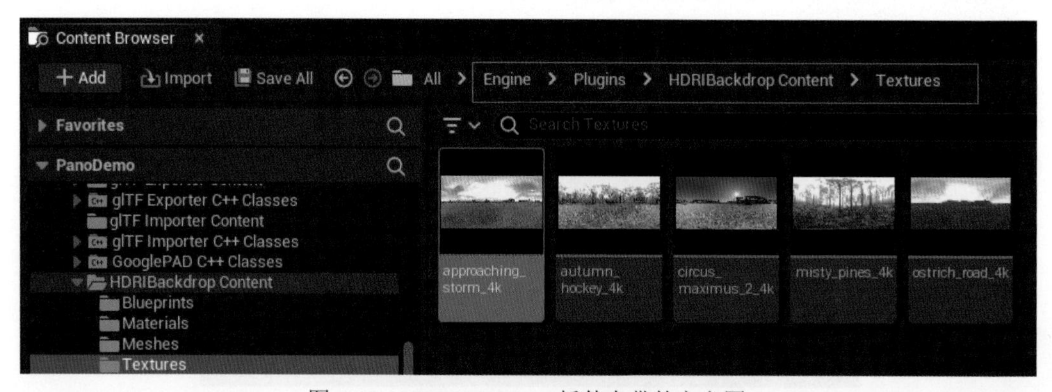

图6-35　HDRIBackdrop插件自带的立方图

双击打开其中的一个立方图，可以参考其中的各项设置，如图 6-36 所示。作为一个合格的可用于 HDRI 背景图的资源文件，需要遵循这样的设置。

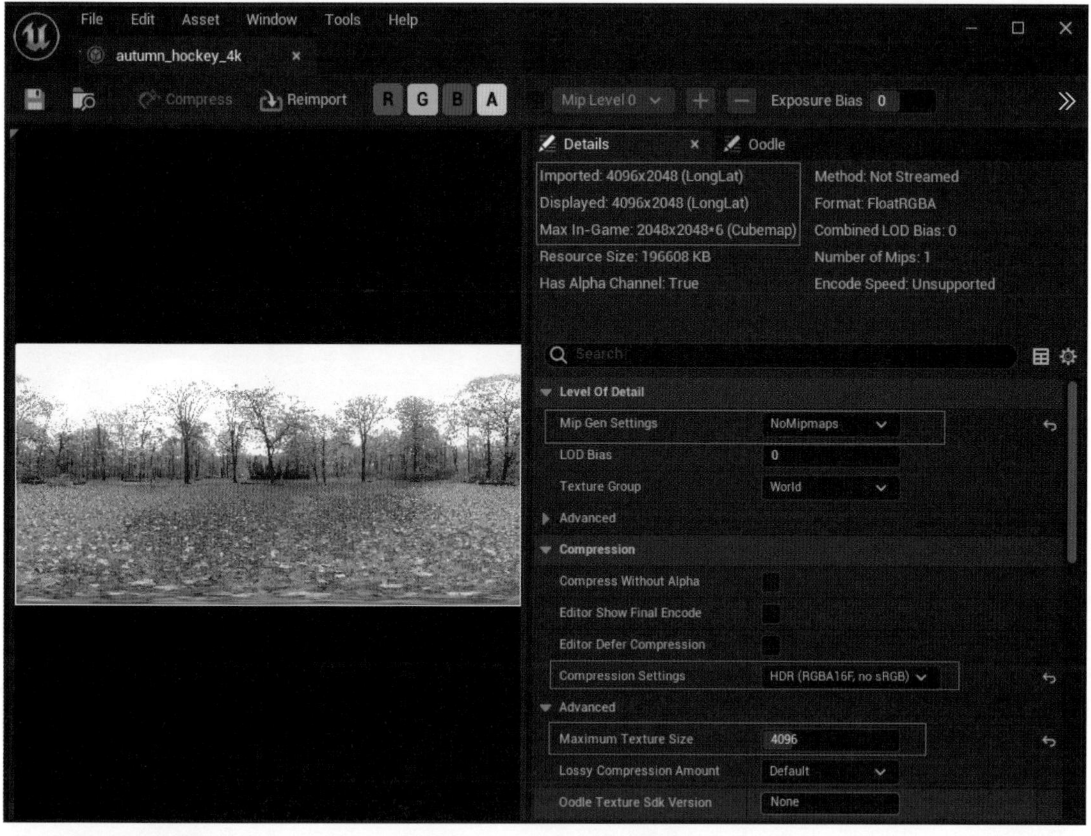

图 6-36　立方图的设置规范

选择其中的某张立方图后，可以接着在场景中选中 HDRIBackdrop 对象，从其细节面板里的Cubemap属性里可看到Use Selected Asset from Content Browser按钮，如图6-37所示。单击这个按钮，就可以将场景的背景图替换为所选中的立方图了。

图 6-37　将选中的立方图指派给 HDRIBackdrop 对象

2. 使用外来的 HDRI 图片资源

如果手头没有 HDRI 资源，则可以通过访问 Poly Haven 这个站点来获取大量免费的 HDRI 图片资源。Poly Haven 网站的首页界面如图 6-38 所示。

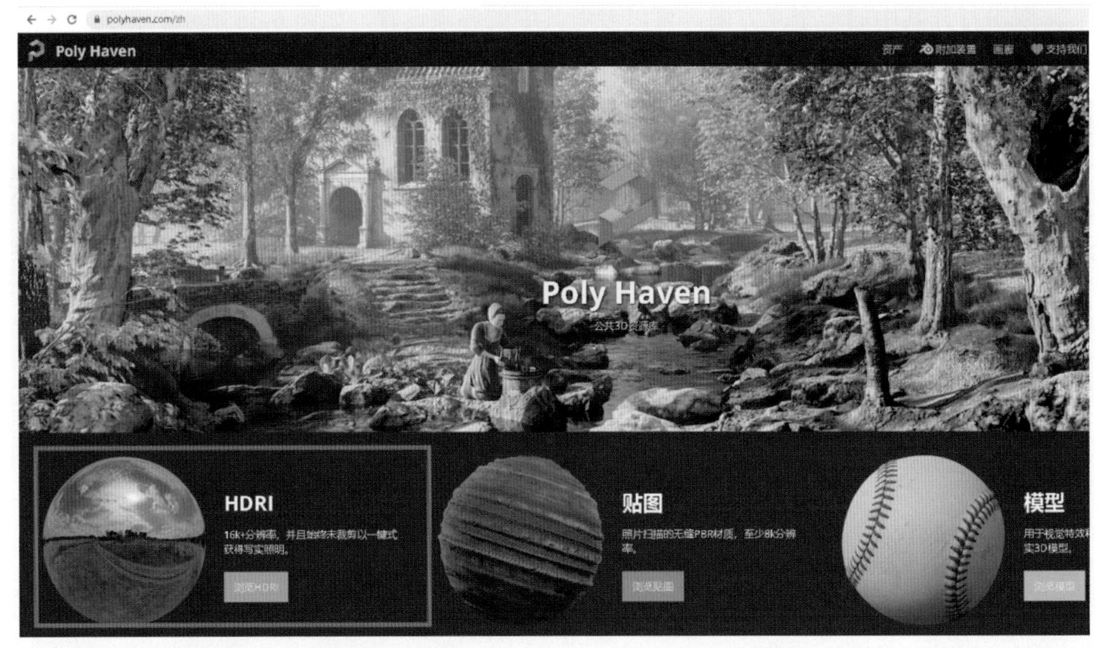

图 6-38　通过 Poly Haven 站点获取 HDRI 资源

通过浏览网站找到合适的资源后，可以单击资源页面右侧的“下载”按钮来下载获取图片资源，如图 6-39 所示。

图 6-39　下载获取 HDR 资源文件

下载后可以把获得的 HDR 文件直接拖动到 UE5 的 Content 中，如图 6-40 所示。

图 6-40　直接将 HDR 文件拖入到 UE5 的 Content 文件夹

在 UE5 中，从 Content 文件夹选中刚放入进来的这个文件资源，可以用上面讲过的方法将它指派给场景中的 HDRIBackdrop 对象作为它的 Cubemap，如图 6-41 所示。

图 6-41　替换 Cubemap 并设置启用 Use Camera Projection

同时勾选 Use Camera Projection 这个属性，可以让立方图完美地匹配摄像机镜头，让用户始终看到一个最佳的立方图构建的全景效果图。但是，此时如果运行 UE5，用户会发现无论玩家在场景里怎么行走，玩家始终会处在全景图的正中心，全景背景相对于玩家是静止不动的。所以 Use Camera Projection 这个属性只能是用于方便预览全景图的最终效果。

取消勾选 Use Camera Projection 这个属性，通过调节图 6-42 中的 Size 和 Projection Center 属性让全景图在 UE5 场景中显示得自然逼真而不扭曲变形。

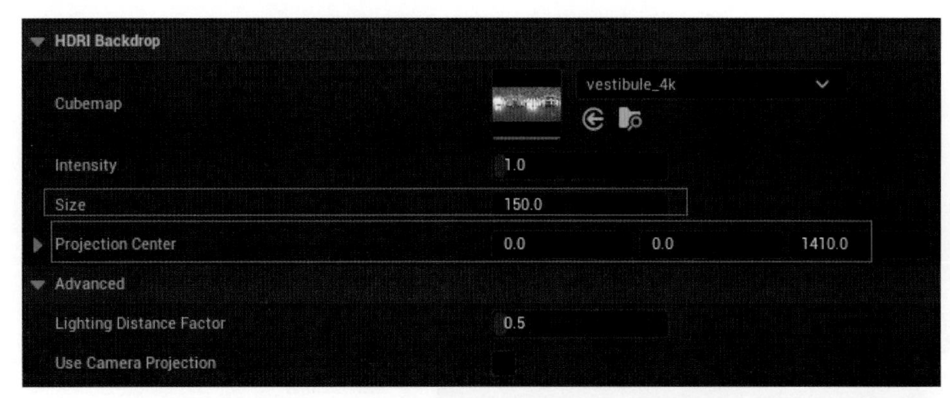

图 6-42　修改 Size 和 Projection Center 属性值

而对 Projection Center 的坐标值的修改，建议是通过在视口中直接拖动 Projection Center 对象来改变它的位置，边拖动改变它的位置边观察立方图的整体效果变化，如图 6-43 所示。

图 6-43　在场景中拖动 Projection Center 对象来改变它的位置

3. 使用 Quixel Bridge 中的资源

在场景中还可以放入其他的三维模型，如笔者从 Quixel Bridge 中选中一个柱子模型下载后单击 Add 按钮添加到 UE5 中，如图 6-44 所示。

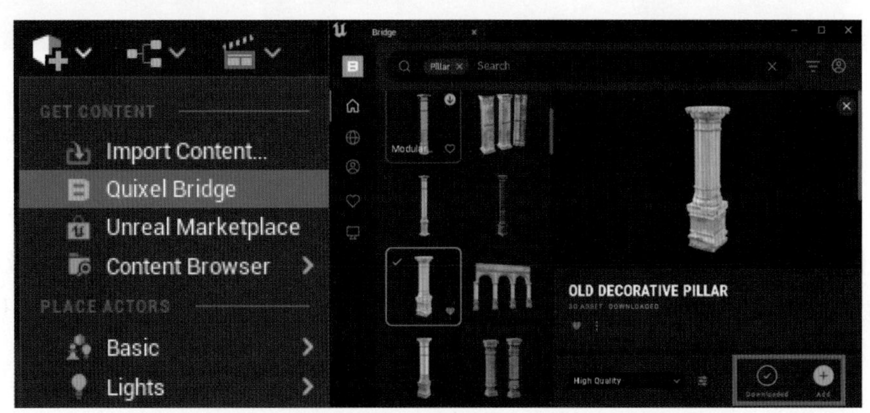

图 6-44　打开 Quixel Bridge 将合适的模型资源添加到 UE5

此时，UE5 的 Content 文件夹里会多出一个 Megascans 文件夹，里面就会有这个模型文件。选中这个对象，将它拖入场景中，如图 6-45 所示。

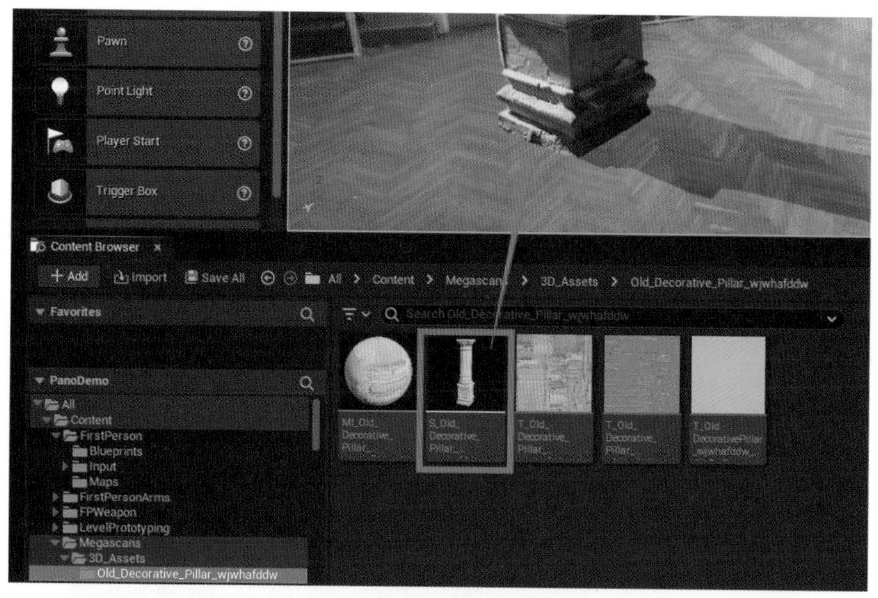

图 6-45　将模型对象拖入场景中

如果在场景中添加一个 Directional Light 光源，那么柱子也会有阴影效果呈现出现，如图 6-46 所示。

图 6-46　场景中的三维模型出现阴影效果

如果要改变阴影效果的强弱，则可以通过修改 HDRIBackdrop 对象细节面板里的 Lighting Distance Factor 属性值来进行调节，如图 6-47 所示。

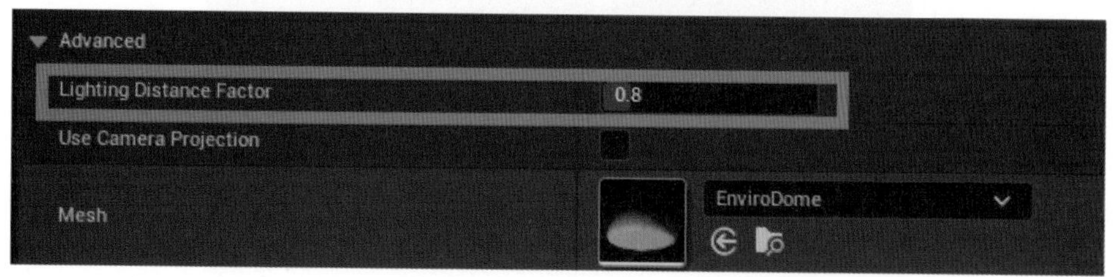

图 6-47　调节 Lighting Distance Factor 属性值改变影效果的强弱

就这样，仅靠一张全景图就搭建好了一个逼真的环境空间，用它来展示某个商品模型还是很不错的哦！

4. 使用 EXR 文件资源

在 UE5 里 HDR 文件可以用作 HDRI 背景图，EXR 文件也可以。下面给大家演示一下使用 EXR 文件作全景背景的做法。

首先，将 6.1 节里输出的文件 Frame_00000_FinalColor.exr 拖入 UE5 中，如图 6-48 所示。

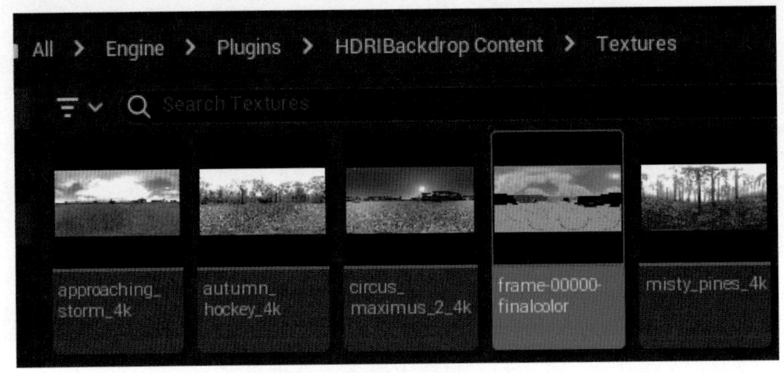

图 6-48　将 EXR 文件拖入到 UE5 的 Content 中

然后将场景里的 HDRIBackdrop 对象的 Cubemap 属性指向这个 frame-00000-finalcolor，如图 6-49 所示。

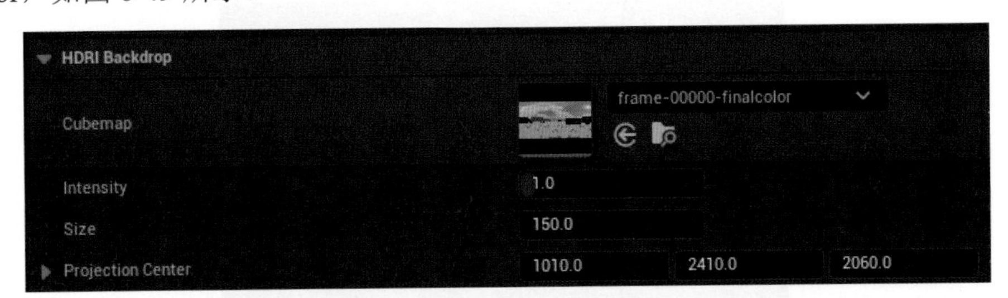

图 6-49　修改 HDRIBackdrop 对象的 Cubemap 属性

这样，场景中的全景背景效果就变为这个 EXR 文件的内容了，也就是在 6.1 节里使用 Panoramic Capture 插件捕获的全景图。整体效果如图 6-50 所示。

图 6-50　采用 EXR 文件作为 HDRI 背景图

顺带介绍一下，PNG 图片也是可以转换为 HDR 文件的。网络上有不少免费的在线转换工具站点可以实现这个转换，如图 6-51 所示。

图 6-51　将 PNG 图片转换为 HDR 文件

转换完毕后可以直接单击下载得到对应的 HDR 文件。所以，通过全景相机拍摄得到的全景图片经过转换后都可以很方便地在 UE5 中加以使用。

6.2.2　实例：HDRIBackdrop构建逼真的全景展台

本节实例演示里，将通过引入三维模型并搭建一个 UE5 全景展台来展示一辆小推车。在展示的过程中会让摄像机通过轨道环绕着小推车移动，同时让全景背景定时自动切换。

1. 在 UE5 场景中放置小推车

首先，在 UE5 项目 PanoDemo 中将 FirstPersonMap 复制一份，改名为 Level2，删掉地图中的一些围墙和其他墙体，得到如图 6-52 所示的新关卡。

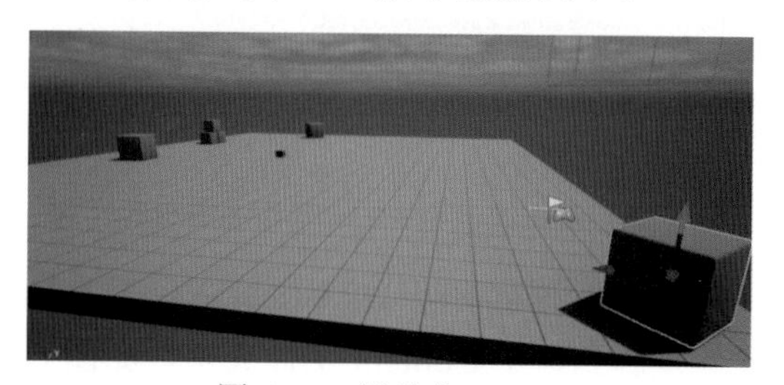

图 6-52　新关卡 Level2

利用 cgtrader 网站可以找到很多免费的、适用于 UE5 的模型文件。在网页上设置好搜索条件，就可以找到虚幻引擎 UE5 可以直接使用的模型文件资源，如图 6-53 所示。

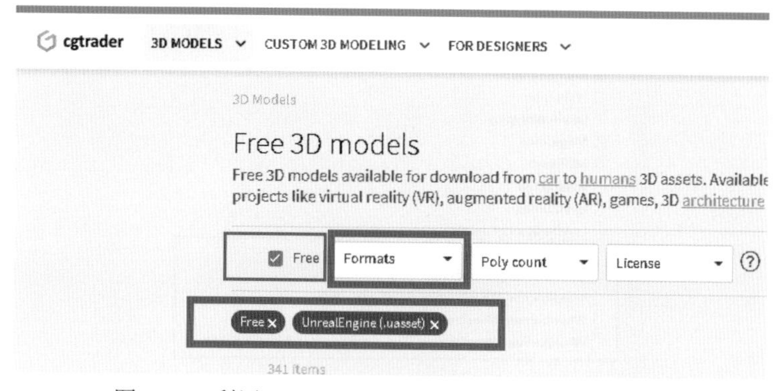

图 6-53　利用 cgtrader 网站搜索 UE 可用的模型资源

例如，笔者搜索找到一个工地手推车的 3D 模型，下载 UASSET.zip 文件包可以直接用于 UE5，如图 6-54 所示。

cgtrader
3D MODELS
CUSTOM 3D MODELING
FOR DESIGNERS
Rusty Wheelbarrow 3D Model Files
FBX.zip (117 KB) Download
SUBSTANCEPAINTER.zip (394 MB) Download
MAYA.zip (9.32 MB) Download
OBJ.zip (100 KB) Download
UNITYPREFAB.zip (46.6 MB) Download
UASSET.zip (30.2 MB) Download

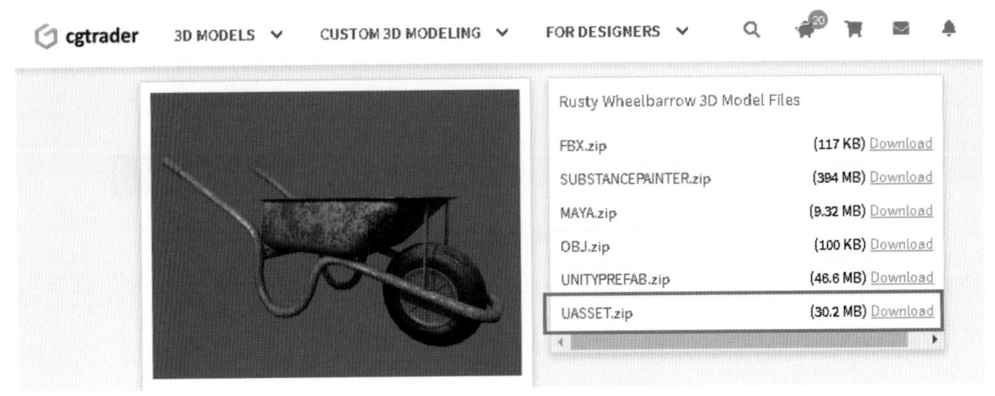

图 6-54　下载 UASSET 格式文件可直接用于 UE5

下载并解压缩后可以得到多个拓展名为 .uasset 的文件，其中包含 3D 模型和多个材质文件，如图 6-55 所示。

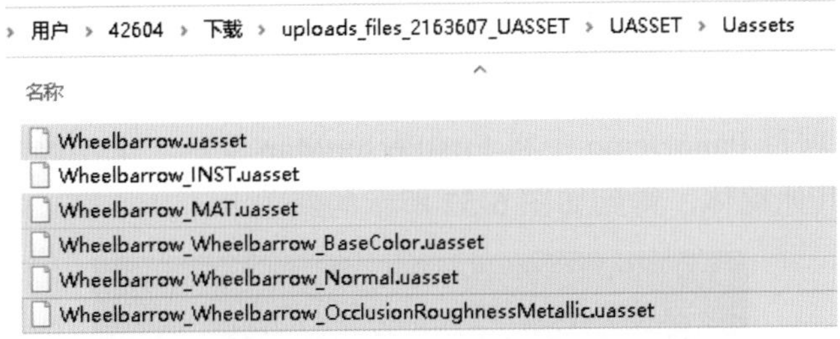

用户 › 42604 › 下载 › uploads_files_2163607_UASSET › UASSET › Uassets
名称
Wheelbarrow.uasset
Wheelbarrow_INST.uasset
Wheelbarrow_MAT.uasset
Wheelbarrow_Wheelbarrow_BaseColor.uasset
Wheelbarrow_Wheelbarrow_Normal.uasset
Wheelbarrow_Wheelbarrow_OcclusionRoughnessMetallic.uasset

图 6-55　解压缩得到 3D 模型和多个材质文件

接下来通过 Windows 的资源管理器打开 UE5 项目路径下的 Content 文件夹，把解压缩得到的后缀为 .uasset 的文件复制到这个 Content 文件夹中，如图 6-56 所示。

DATA2 (E:) › UE5_Tutorials › Cai_NewBook › PanoDemo › Content
名称
ExternalActors
ExternalObjects
Collections
Developers
FirstPerson
FirstPersonArms
FPWeapon
LevelPrototyping
Megascans
MSPresets
level1.umap
level2.umap
LevelSequence1.uasset
Wheelbarrow.uasset
Wheelbarrow_MAT.uasset
Wheelbarrow_Wheelbarrow_BaseColor.uasset
Wheelbarrow_Wheelbarrow_Normal.uasset
Wheelbarrow_Wheelbarrow_OcclusionRoughnessMetallic.uasset

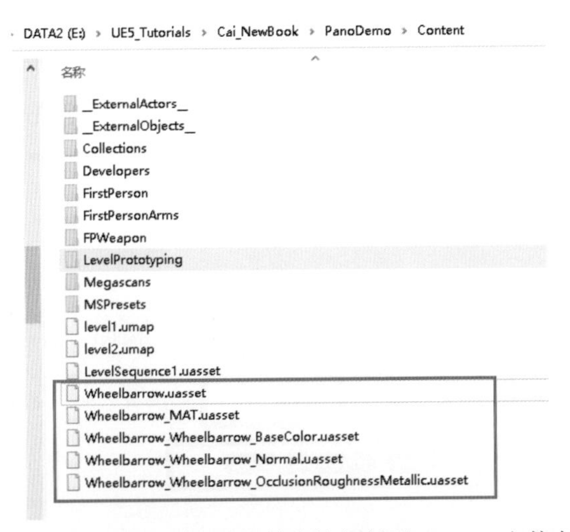

图 6-56　把后缀为 .uasset 文件直接复制到 Content 文件夹里

然后回到 UE5 文件的 Content Browser，就可以看到 Content 文件夹里多了几个文件，如图 6-57 所示。

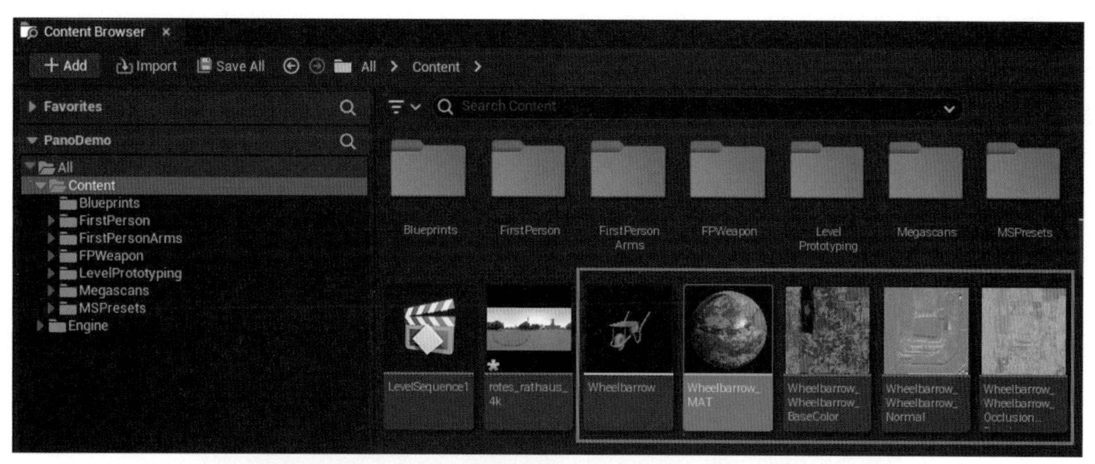

图 6-57　UE5 的 Content Browser 里可以看到这几个文件了

先双击打开其中的 Wheelbarrow_MAT 这个材质文件（Material），就会启动相应的材质编辑器。在材质编辑器里的具体操作步骤如图 6-58 所示。

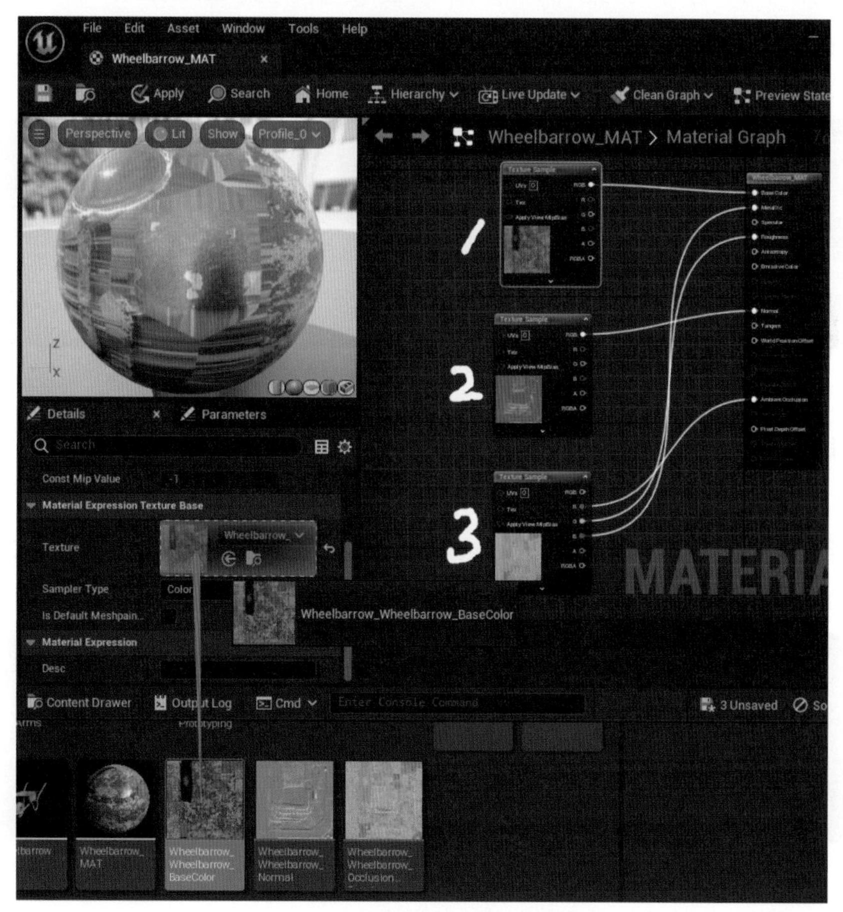

图 6-58　材质编辑器里的操作步骤

在材质编辑器里可以看到有图 6-58 里编号 1、2、3 所示的三个 Texture Sample 节点，依次选中这三个节点，将 Content 里的三个贴图文件（Texture）——Wheelbarrow_BaseColor、Wheelbarrow_Normal 和 Wheelbarrow_Occlusion——分别拖入三个 Texture Sample 节点的 Texture 属性栏里。然后单击保存按钮。此时，Wheelbarrow_MAT 就是一个完好可用的材质了。最后把 Content 里的 Wheelbarrow 拖入场景中，如图 6-59 所示。

图 6-59　把 Content 里的 Wheelbarrow 拖入场景中

选中场景中的这个小推车，从细节面板里找到 Element0，把 Content 里的 Wheelbarrow_MAT 拖入 Element0 的材质框里，如图 6-60 所示。这样，小车在场景中就拥有了材质，看起来比较真实了。

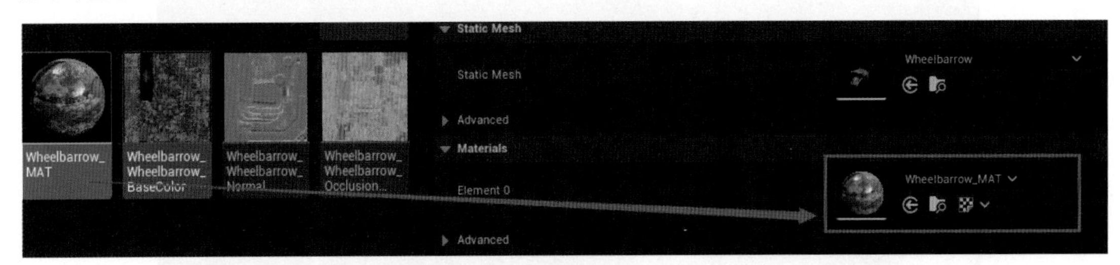

图 6-60　将材质赋予小车模型

2. 使用 HDRIBackdrop

接下来在场景中加入 HDRIBackdrop，在其 Cubemap 属性里使用从 Poly Haven 网站下载的一个新的全景图，并调整了 HDRIBackdrop 对象的 Size 值以及 Projection Center 属性的坐标，让全景图看起来比较自然，如图 6-61 所示。

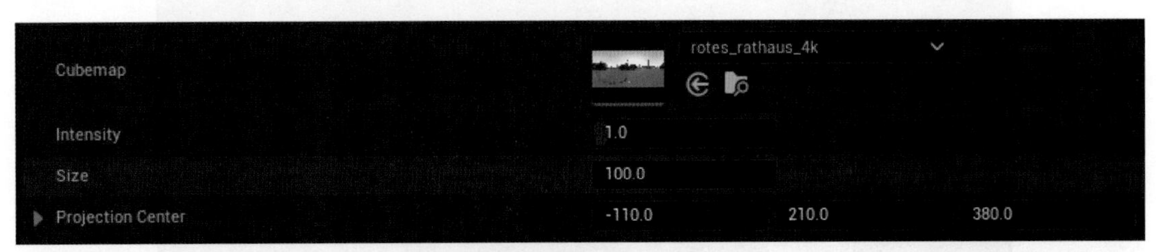

图 6-61　为场景加入全景图

最后可以看到场景的整体效果，如图 6-62 所示。

图 6-62　展示小推车场景的整体效果

实际上 HDRIBackdrop 使用的是一个半球体模型，如果在场景中把视角拉得比较远，就可以看到这个半球体的大致轮廓，如图 6-63 所示。

图 6-63　HDRIBackdrop 所使用的半球体模型

从 HDRIBackdrop 的细节面板里也可以看到这个 Mesh 的属性是 EnviroDome，如图 6-64 所示。

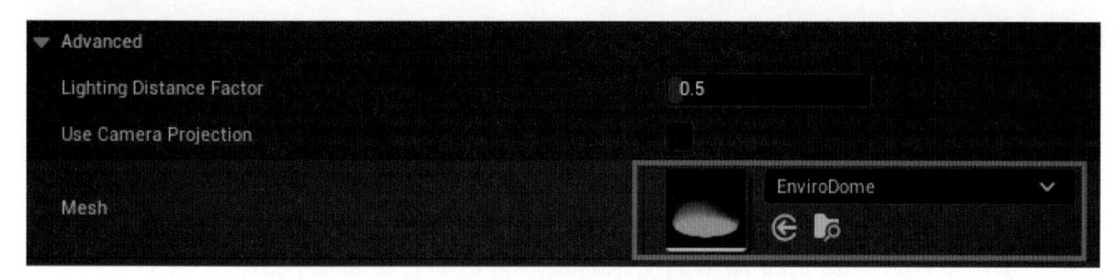

图 6-64　HDRIBackdrop 的 Mesh 的属性是 EnviroDome

HDRIBackdrop 常用的 Mesh 还可以从下拉菜单里选择 EnviroBox 和 EnviroBoxSharp。它们其实都存在于插件内容文件夹的 Meshes 文件夹中，如图 6-65 所示。

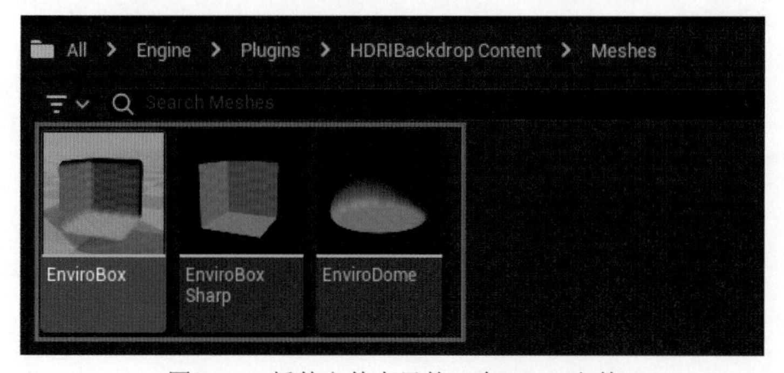

图 6-65　插件文件夹里的三个 Mesh 文件

可以继续在场景中添加另外一个 HDRIBackdrop，取名为 HDRIBackdrop_field，而将之前的 HDRIBackdrop 对象取名为 HDRIBackdrop_city，如图 6-66 所示。

图 6-66　从大纲面板可以看到有两个 HDRIBackdrop 对象

3. 通过蓝图设置全景背景的自动切换

接下来要实现的就是让这两个全景背景图能够自动切换，每隔 2 秒切换一个背景。需要在关卡蓝图中写入如图 6-67 所示的内容。

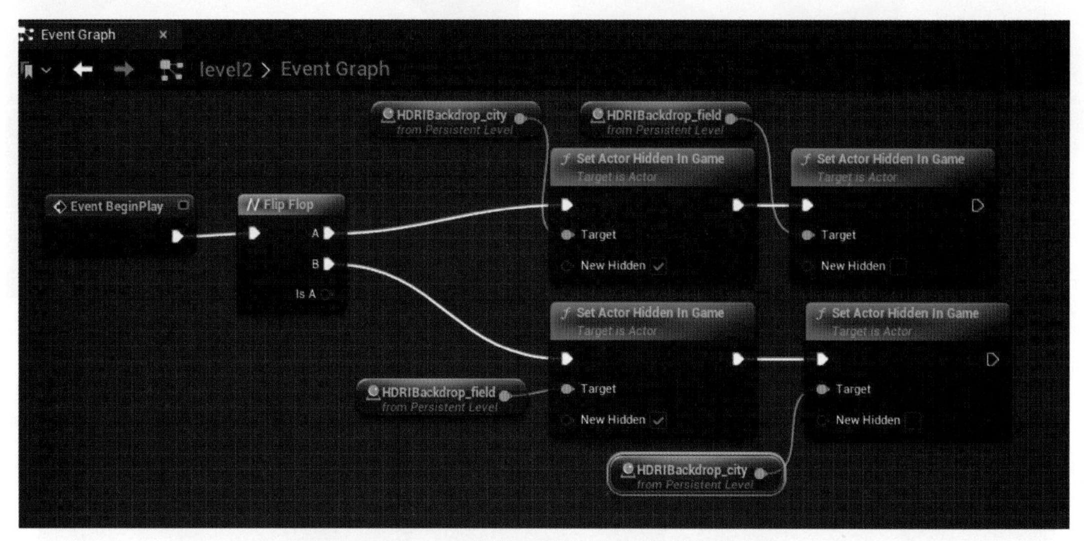

图 6-67　level2 的关卡蓝图实现背景图的切换

其中 Flip Flop 节点等同于一个复合开关，每次进入这个节点会在 A、B 两条路线中轮换执行。例如，第一次进入 Flip Flop 节点会执行 A 路线里的指令，而再次进入 Flip Flop 节点会执行 B 路线里的指令，如果再次进入又会执行 A 路线里的指令，依此规律轮换。

接下来用鼠标框选图 6-68 所示的各个蓝图节点后，右击选择 Collapse to Macro，将这些节点折叠起来变成一个可以复用的 Macro 节点。这样代码就看起来比较简洁，双击这个 Macro 节点可进一步展开，看到全部细节内容。

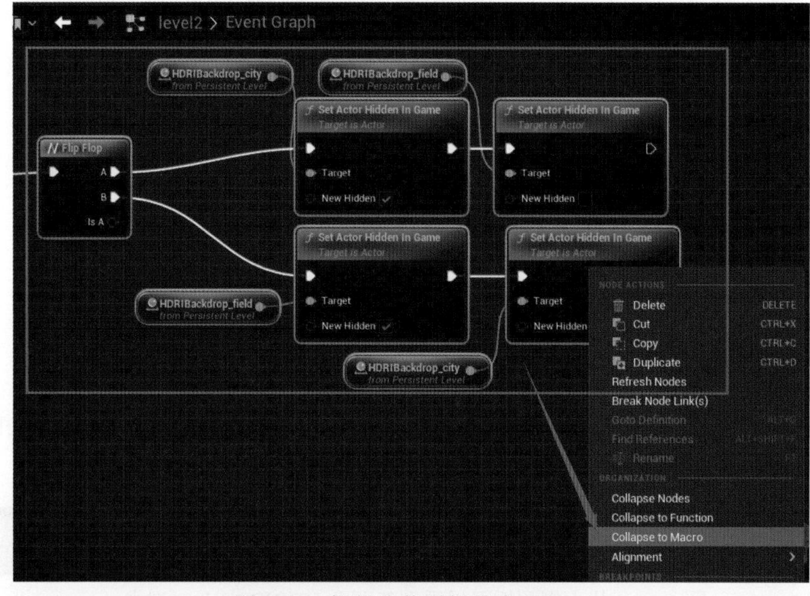

图 6-68　把部分蓝图折叠为 Macro

可以给这个 Macro 节点取名为 ChangeHDRIs。图 6-69 显示了折叠后的样子，看起来很整洁。

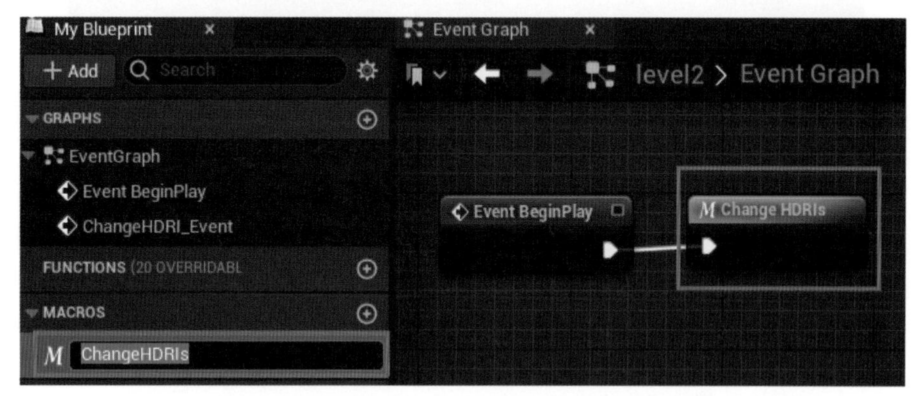

图 6-69　折叠为 Macro 后改名为 ChangeHDRIs

然后修改蓝图内容，如图 6-70 所示。使用 Set Timer 节点实现每隔 2 秒执行一次 ChangeHDRIs，这样就实现了每隔 2 秒轮换一次背景图。

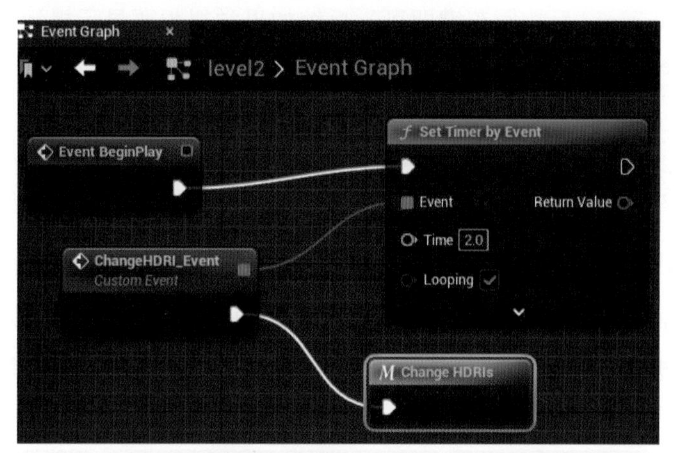

图 6-70　蓝图实现每隔 2 秒轮换一次背景图

此时运行UE5，已经可以看到全景背景图能够定时自动轮换，轮换的间隔为2秒，如图6-71所示。

图 6-71　场景实现了每隔 2 秒自动切换背景图

为了方便在运行 UE5 时能自由移动视角，不受原来第三人称游戏模板的既定逻辑影响，可以为当前关卡建立一个新的 GameMode。操作方法是单击 World Settings 标签下 GameMode Override 属性右侧的加号图标，即可新建一个 GameMode，取名为

MyGameMode1，如图 6-72 所示。

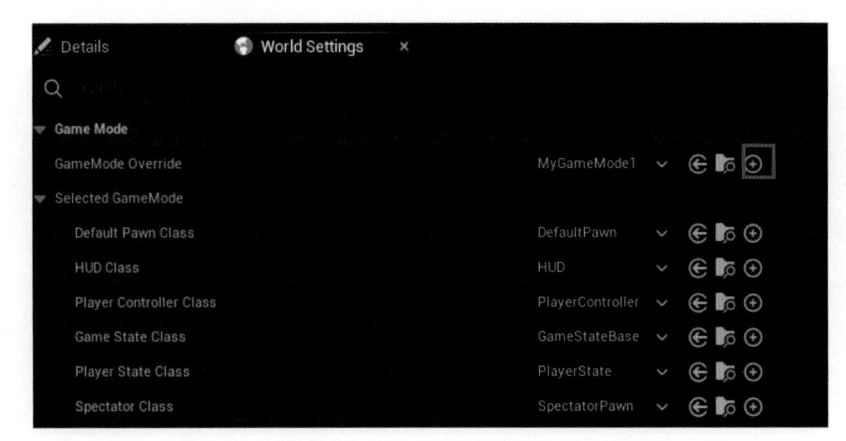

图 6-72　新建 GameMode 取名为 MyGameMode1

如果没有看到 World Settings 标签，可以从 UE5 顶部菜单 Window 中单击 World Settings。

如果想要隐藏 UE5 视口上出现的一些提示字符，如图 6-73 所示输入命令 DisableAllScreenMessages 后按回车键即可。后续如果觉得想要显示提示文本，可以再输入 EnableAllScreenMessages 命令来恢复。

图 6-73　输入 DisableAllScreenMessages 命令来屏蔽视口中的提示文本

4. 让摄像机沿着轨道环绕小推车移动

接下来要在场景中添加一个摄像机轨道，让摄像机能依托轨道绕着小推车进行拍摄。从 Place Actors 面板里拖动一个 Camera Rig Rail 放入场景里，调节它的弧度节点让它围绕着小推车形成一个小圈，如图 6-74 所示。

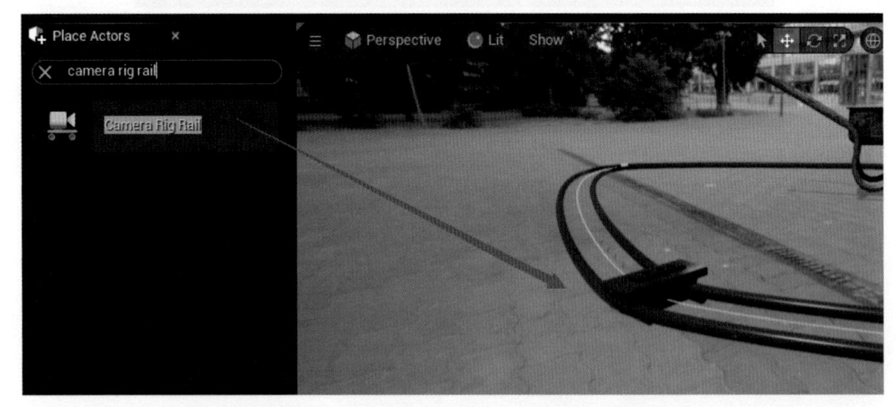

图 6-74　在场景中添加 Camera Rig Rail

然后再添加一个 CineCameraActor 到场景中。在大纲面板里把 CineCameraActor 拖到 CameraRig_Rail上再松开鼠标，这样CineCameraActor就成为了CameraRig_Rail的子级对象，可以沿着 CameraRig_Rail 轨道运动了，如图 6-75 所示。

图 6-75　将 CineCameraActor 变为 CameraRig_Rail 的子级对象

从 CineCameraActor 的细节面板里，可以勾选 Enable Look at Tracking，让这个摄像机可以将镜头一直对着某个对象跟踪拍摄。小推车在场景中的名称为 Wheelbarrow，将摄像机的 Actor to Track 属性指定为 Wheelbarrow，表示摄像机的镜头将持续对着小推车进行跟踪拍摄，如图 6-76 所示。

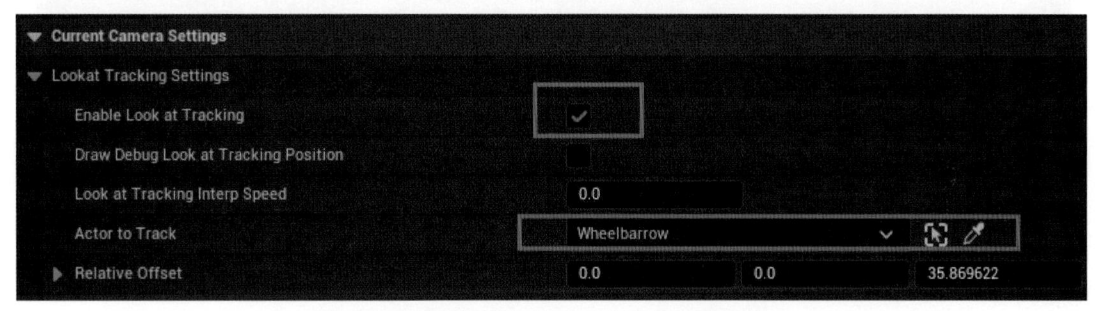

图 6-76　设置摄像机持续对着小推车跟踪拍摄

此时如果选中场景中的 CameraRig_Rail，从细节面板里可以看到它的 Current Position on Rail 属性值（这个值的变动范围是 0~1），如图 6-77 所示。

图 6-77　CameraRig_Rail 的 Current Position on Rail 属性

修改这个属性值就会看到摄像机沿着轨道运动起来了，0~1 正好对应着整个轨道路线的起点和终点，如图 6-78 所示。

图 6-78　摄像机沿着轨道运动

理解了这些知识后，就可以采用蓝图实现让摄像机自动沿着轨道跟踪拍摄小车了。首先，在关卡蓝图的空白处右击，通过弹出的快捷菜单添加一个 Timeline，取名为 Camera_Timeline。操作步骤如图 6-79 所示。

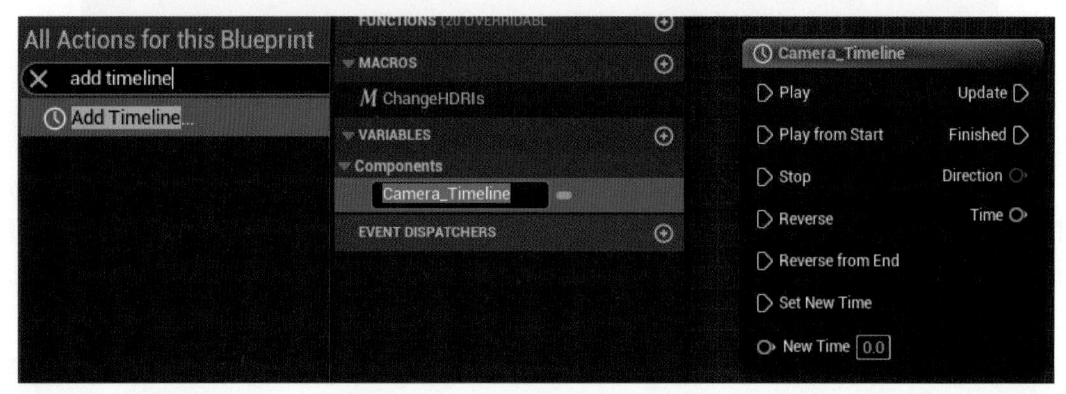

图 6-79　在关卡蓝图里添加 Timeline

双击打开 Camera_Timeline，可以开始编辑这个 Timeline 对象。在出现的窗口里单击 +Track 按钮添加一个浮点类型的 Track，取名为 time1。设置 Timeline 的长度（length）为 5，表示动画总时长为 5 秒。再右击添加两个关键帧，一个是在 (0,0) 点，一个是在 (5,1) 点，如图 6-80 所示。所谓 (5,1) 点就是指 Time 值为 5 而 Value 值为 1 的位置点。

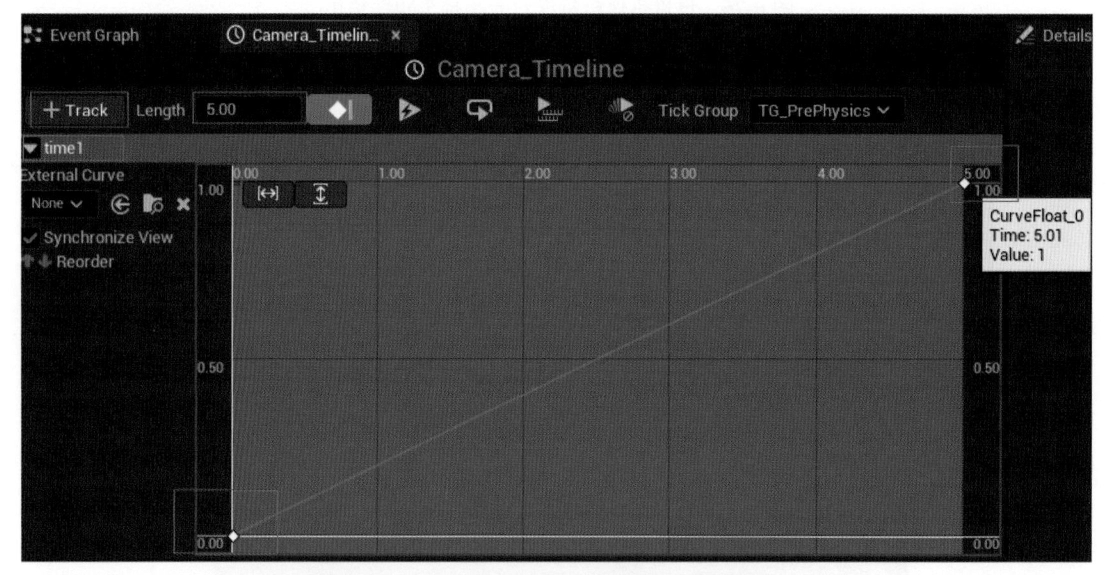

图 6-80　在 Timeline 里添加 Track 和关键点

也就是说当这个 Timeline 运行的时候，time1 的值会随着时间不断变化，在最开始时值为 0，当到了第 5 秒的时候，time1 的值就会增长为 1。所以，接下来修改蓝图内容，如图 6-81 所示，这样就可以让摄像机不断沿着轨道运动起来了。

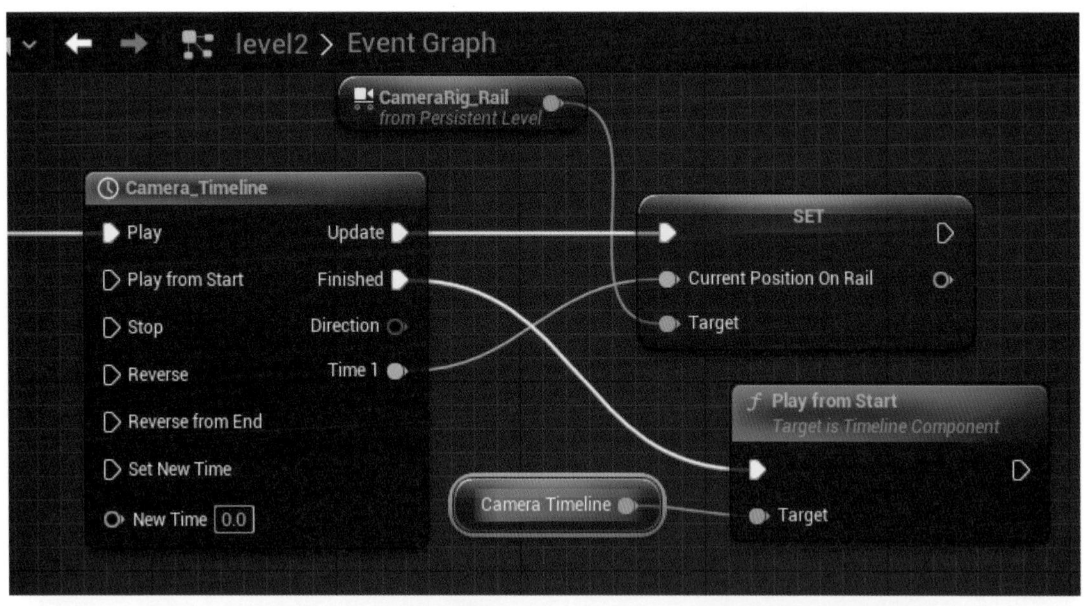

图 6-81　设置 CameraRig_Rail 的 Current Position on Rail 属性按 Timeline 更新

另外，图 6-82 所示蓝图部分则可以让关卡在运行时以摄像机 CineCameraActor 所拍摄的画面为观众视角。

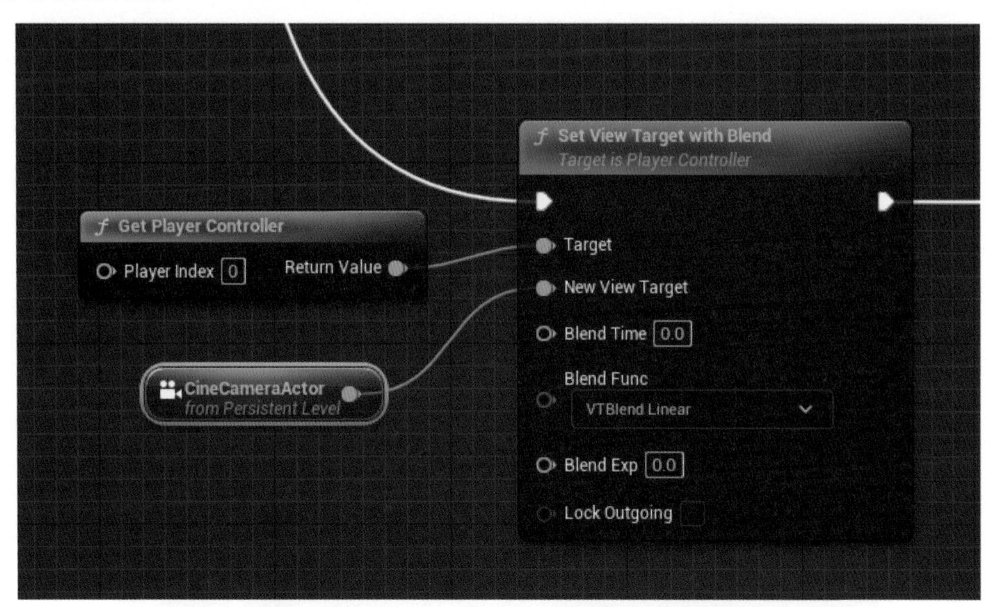

图 6-82　以摄像机 CineCameraActor 的镜头画面作为观众能看到的画面

最后，level2 关卡的整体蓝图内容如图 6-83 所示。

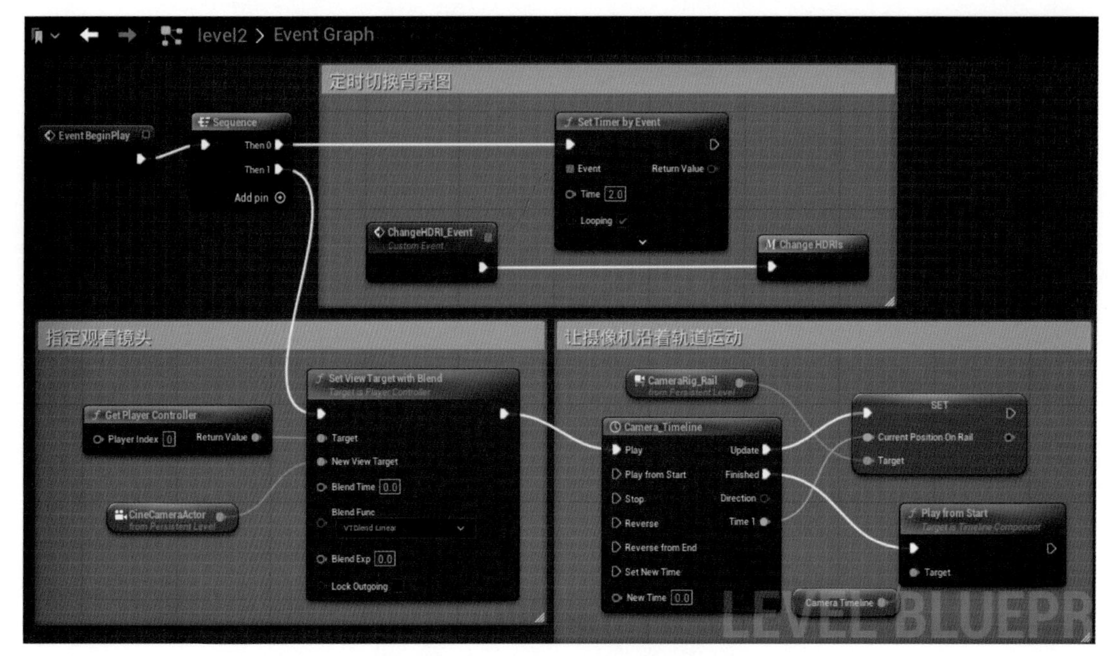

图 6-83　level2 关卡的整体蓝图内容

运行关卡，用户就可以沿着预先设置好的轨道环绕小推车观看车展了。而且周围的全景背景还会每隔 2 秒变换一次。这个场景用于展示某个产品非常具有实际意义！车展的大致效果可以参看图 6-84 所示，源代码可以在 PanoDemo 项目文件中找到。

图 6-84　沿着预先设置好的轨道环绕小推车观看车展

第 7 章　UE5 的音效控制技术 MetaSound

学习互动开发不仅是要掌握各类数据的互通以及对画面内容的控制，同时也需要学会对音频的各类控制方法。因为在互动项目中，音效的重要性是显而易见的。要打造一场视听盛宴，如果没有听觉上的东西，那就等于垮了半边天。没有声音的互动作品，会让整体的互动体验效果大打折扣。

MetaSound 被称为次世代声源系统，是 UE5 中引入的一种全新的、高性能的音频系统。它实际上是一个能够让音频设计师全面控制数字信号处理（DSP）的图表编辑器，与蓝图编辑器颇为相似。MetaSound 是在新的 MetaSound 编辑器（MetaSound Editor）中创建的，即使没有编程经验的音频设计师，也可以使用基于节点的界面来创建流程化声音。编辑器支持实时预览所有音频输入参数，并且包含众多随时可用的控制节点，能够为整个音频渲染流水线提供详细的控制选项。学习好 MetaSound 可以让互动创意变得更加丰富饱满，“有声有色”的互动才是好的互动！

在本章里，笔者由浅入深地为读者介绍 UE5 的 MetaSound 系统，包括它的各类参数、触发器以及接口和 API。掌握了这些知识，读者就可以在互动项目中轻松地增加音频互动环节了。

本章重点

- 认识 MetaSound 编辑器
- 在 MetaSound Editor 中使用接口和各类音频控制节点
- 使用蓝图控制 MetaSound 对象，从而实现音频互动

7.1　UE5 的 MetaSound 介绍

7.1.1　使用MetaSound的参数与触发器

本节将为读者介绍使用 MetaSound 插件的方法，包括使用 Metasound 编辑器的方法以及如何使用蓝图调用、控制 MetaSound 对象。在 UE5 中已经内置了 MetaSound 插件，启动它就可以轻松使用 MetaSound 系统的各项功能。

首先，新建一个 UE5 项目，取名为 MetaSoundDemo，勾选 MetaSound 插件，启用它，如图 7-1 所示。

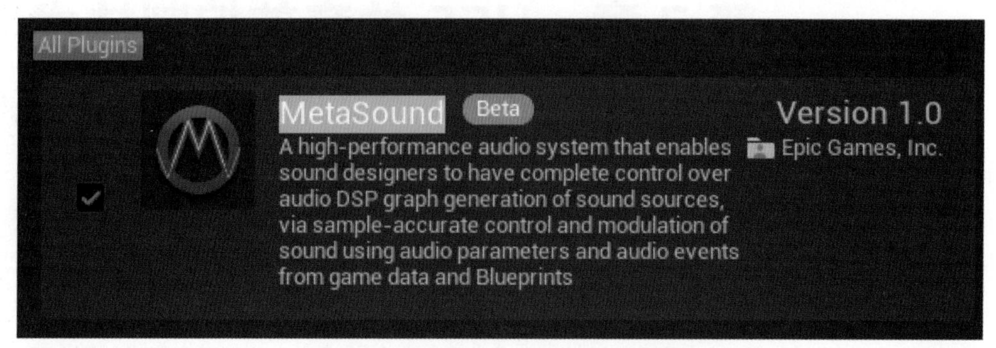

图 7-1　启用 UE5 的 MetaSound 插件

笔者从网上收集了几个 WAV 格式的音频文件，拖入 UE5 的 Content 文件夹里。它们分别是 do、re、mi、fa、sol 等八个基础音符。把这几个 WAV 文件导入 Content 文件夹里，如图 7-2 所示。

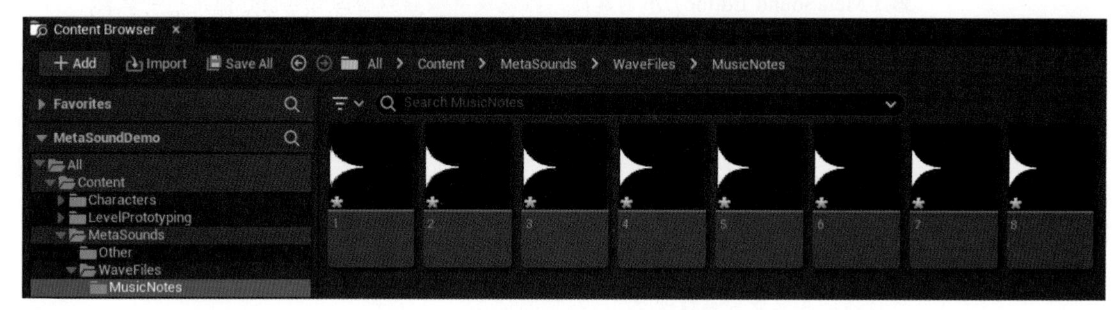

图 7-2　导入多个 WAV 文件到 UE5

在 Content 里的空白处右击，从 Sounds 下选择创建 MetaSound Source，取名为 MS_Basic，如图 7-3 所示。

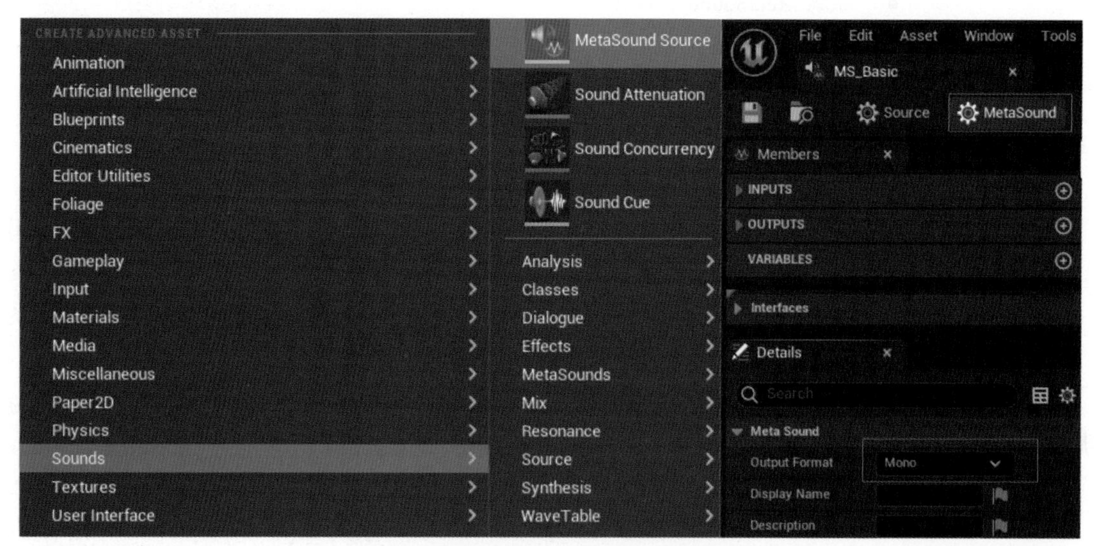

图 7-3　右击创建 MetaSound Source

系统默认新建的 MetaSound Source 是单声道（Mono）的。双击打开 MS_Basic 这个 MetaSound Source 对象，将里面的节点编辑部分作如图 7-4 所示的安排。

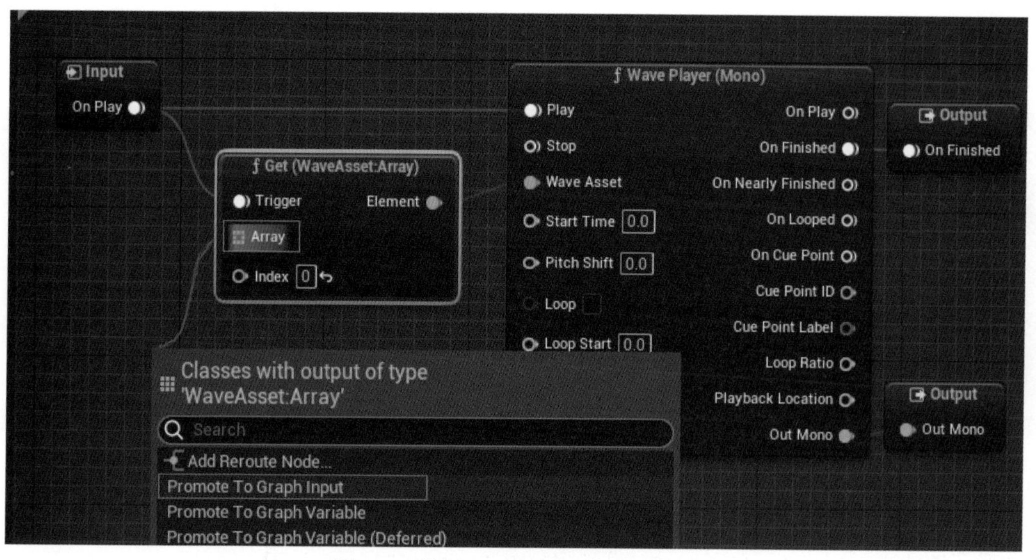

图 7-4 使用 Metasound 编辑器编辑

其中 Wave Player 节点用于播放 WAV 文件资产，值得一提的是它能够提供准确到采样级别的串联。这意味着，当完成声波的播放时（On Finished），可以通过连接另外一个 Wave Player 来无缝播放下一个排队的声波，且两次之间不会出现声音卡顿或中断。

MS_Basic 内最后的编辑内容如图 7-5 所示。

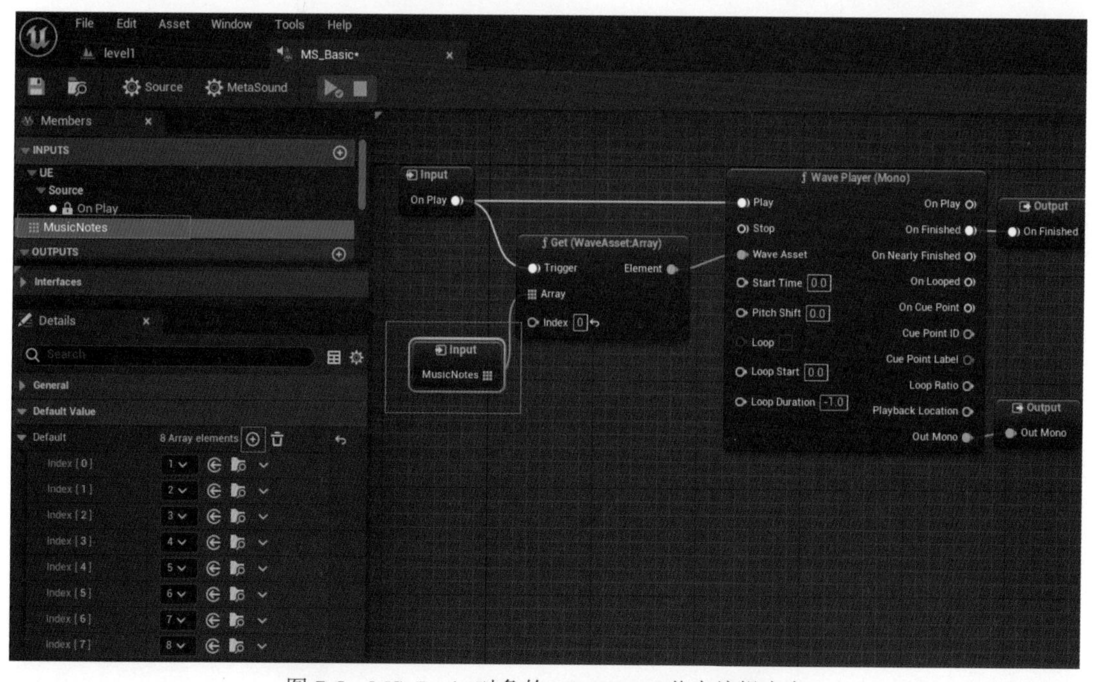

图 7-5 MS_Basic 对象的 MetaSound 节点编辑内容

图 7-5 中用红框标识的这个 Input 节点被命名为 MusicNotes，从它的细节面板上可以看到已经添加进去了 8 个音符 WAV 文件（Sound Wave）。此时单击顶部工具栏上的播放按钮可以听到 do 的音符声了。

那么如何在一个场景中来调用这个 MetaSound Source 对象呢？笔者新建一个基础的关卡，取名 level0，在对应的关卡蓝图里写入了图 7-6 所示的内容。

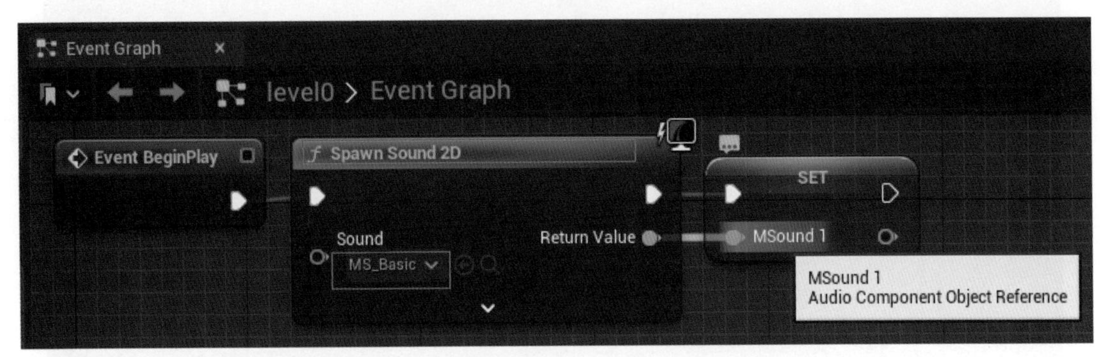

图 7-6　调用 MS_Basic 这个 MetaSound

另一种方法是使用 Add Audio Component 节点并设置节点的 Sound 属性为 MS_Basic，如图 7-7 所示。

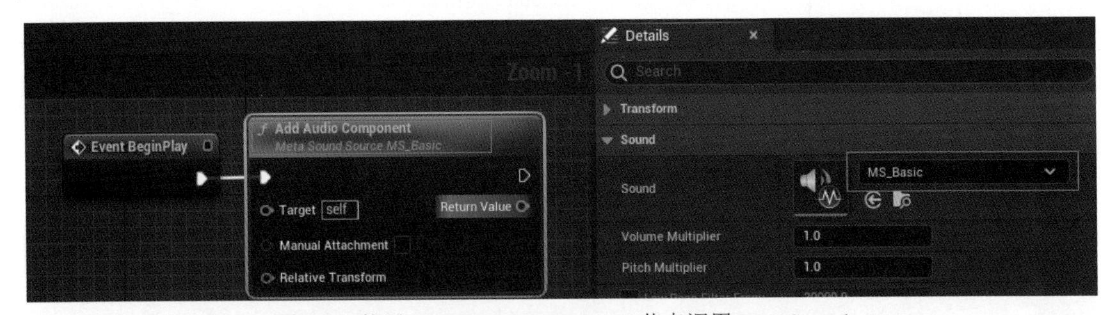

图 7-7　使用 Add Audio Component 节点调用 MetaSound

上述两种方法都可以让关卡在运行时能听到声音。

如果希望每次运行关卡都听到 8 个音符里随机的某一个，可以按照图 7-8 所示来修改 MetaSound 编辑器中的内容。

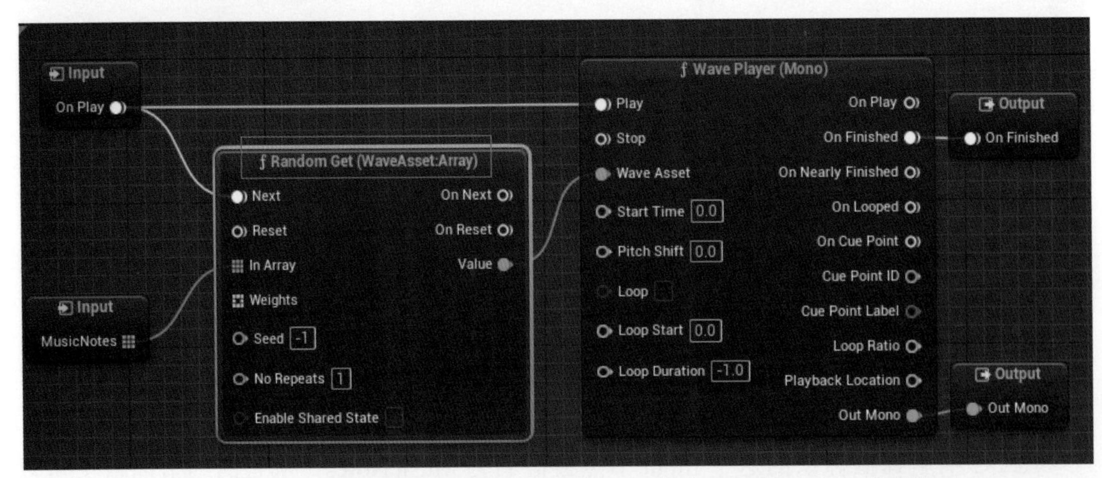

图 7-8　在 MetaSound 编辑器中使用 Random Get 节点随机获取 Wave 音频资产

接下来演示一下如何通过单击场景中的某个物体来触发对应的音频播放。

首先，在场景中添加一个立方体，取名为Cube1，然后在关卡蓝图里写入图7-9所示的内容。

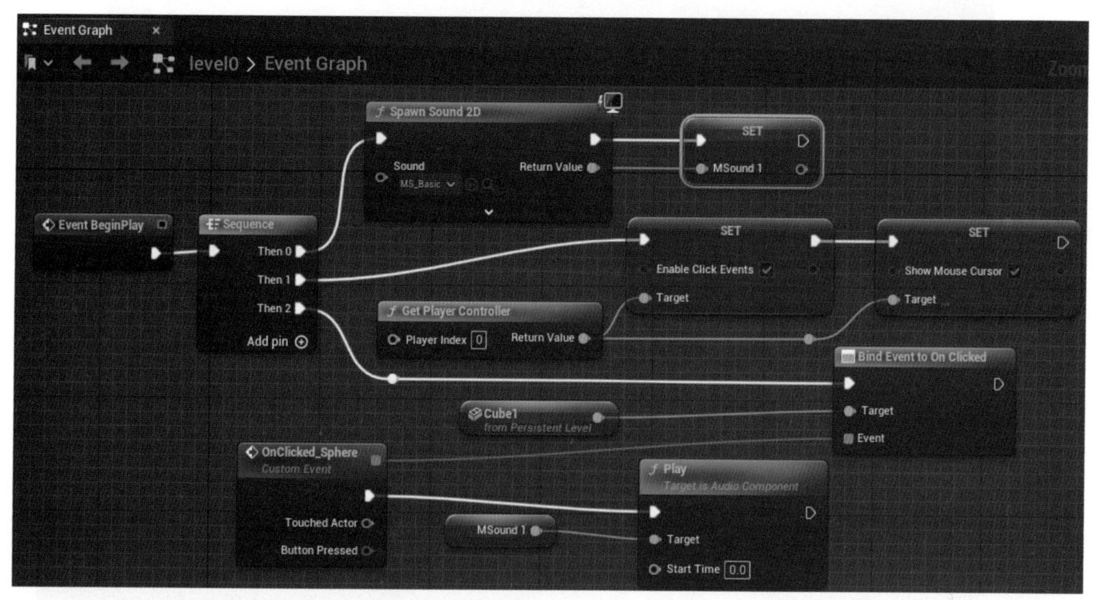

图7-9　单击物体触发音频的播放

如果不希望运行关卡就听到声音，则可以修改MS_Basic，把原先的On Play节点换为一个自定义的输入节点MyPlay。单击顶部的播放按钮，然后再单击MyPlay输入节点的右上角的向下箭头图标即可测试声音效果，如图7-10所示。

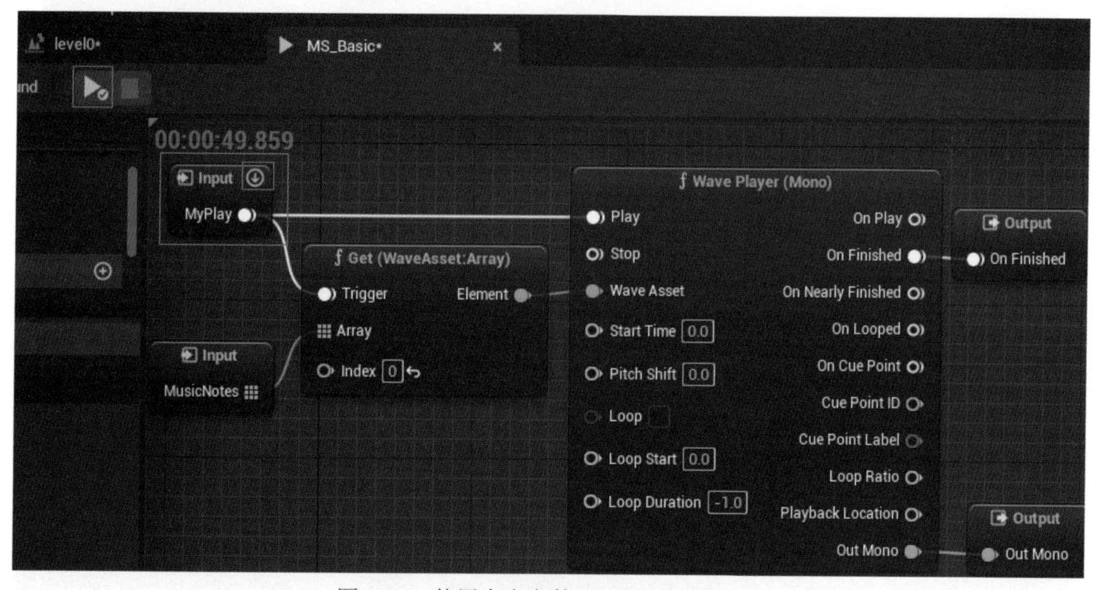

图7-10　使用自定义的Input节点MyPlay

如果能听到预期的声音，就表示节点都正确布置好了。保存后，进入到关卡蓝图，作如图7-11所示的修改。

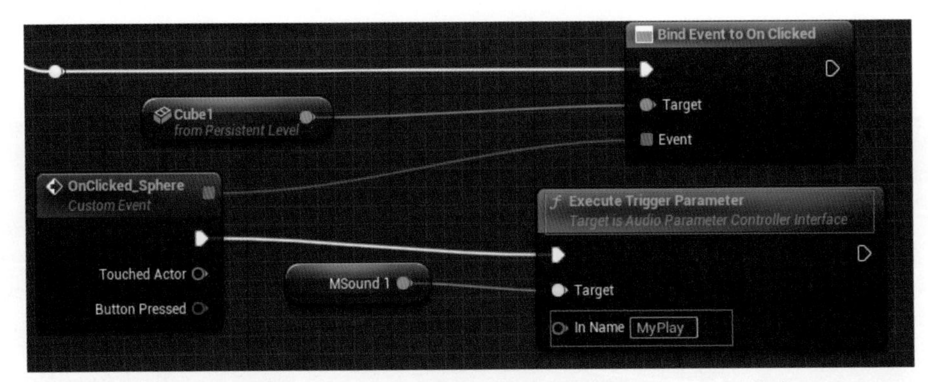

图 7-11　使用 MetaSound 系统的 Execute Trigger Parameter 节点

这部分蓝图的含义就是：如果单击立方体 Cube1，就会执行 MetaSound 对象里的 MyPlay 这个触发器参数。MSound1 这个变量就是名为 MS_Basic 的 MetaSound 对象。

接下来在场景中放入更多的立方体，要让每个立方体被单击后能播放不同的音乐，如图 7-12 所示。

图 7-12　在场景中添加了多个立方体

当然，MetaSound 对象里也需要作相应调整。把 Get 节点的 Index 引脚变为了一个输入参数，取名为 MusicIndex，类型是 Int32 整数类型，如图 7-13 所示。

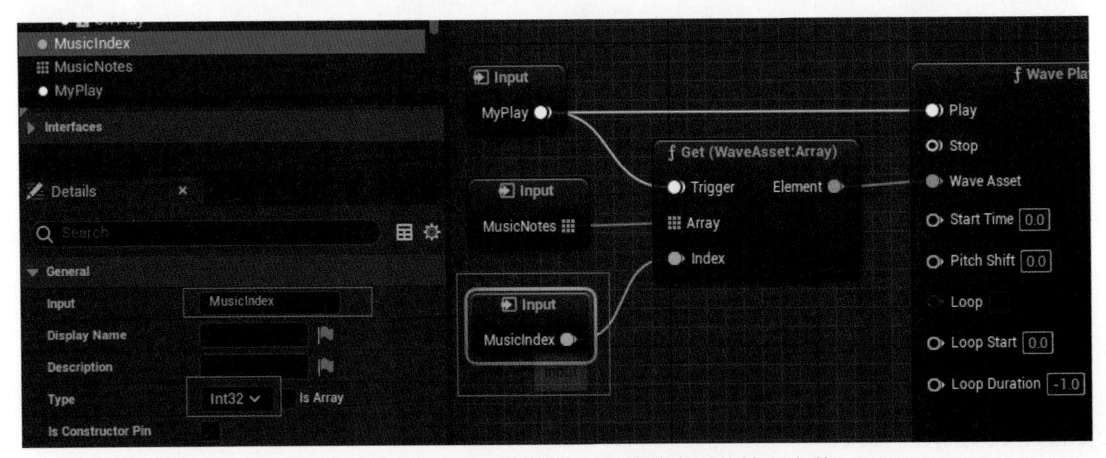

图 7-13　把 Get 节点的 Index 引脚设置为一个整数类型的输入参数 MusicIndex

然后还需要修改关卡蓝图，内容如图 7-14 所示。

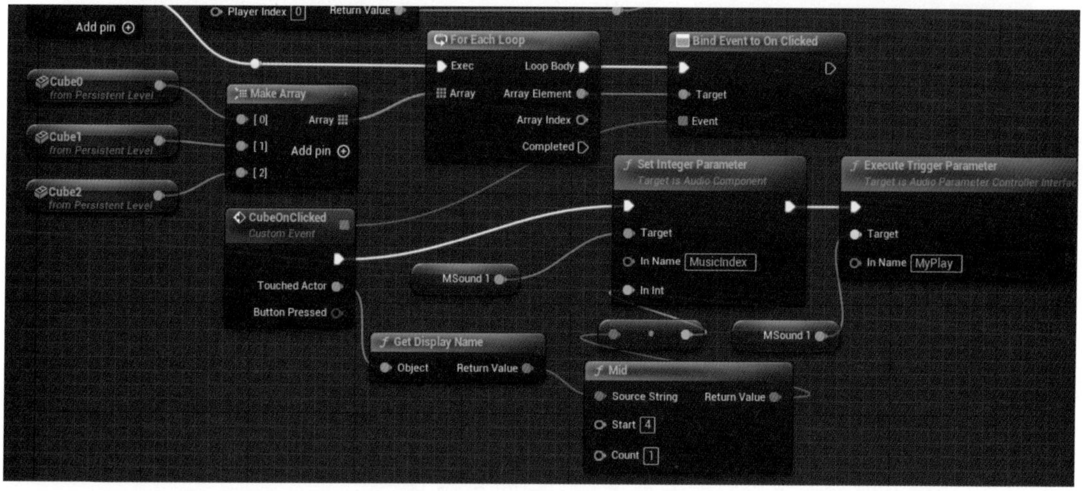

图 7-14 单击不同的立方体会将参数 MusicIndex 设置为不同的值并播放音频

蓝图的含义是，先把 Cube0、Cube1、Cube2 构建为一个数组（Array），然后利用 For Each Loop 节点遍历数组中的每个对象，为每个对象绑定单击事件，单击事件发生时会依靠对象名称里的最后一个字符来决定 MetaSound 对象的 MusicIndex 参数值。例如，单击 Cube0 就会设置 MusicIndex 参数为 0。

从 studio.moises.ai 这个网站可以下载或解析出一些音乐歌曲的不同音轨文件。例如，从同一首歌曲中分离出歌手嗓音、鼓点声、贝斯伴奏等多个音轨，如图 7-15 所示。

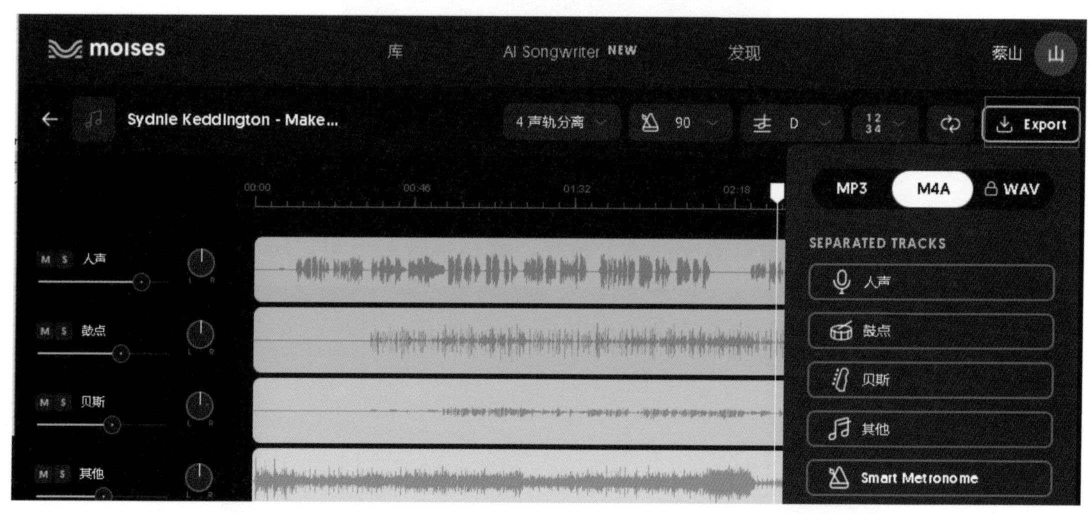

图 7-15 从一首歌曲里分离出多个音轨文件

利用 UE5 的 MetaSound 系统，可以动态混合不同的音轨文件，从而实现控制音频的播放。为了演示这一流程，笔者将收集到的 5 个不同音轨的 WAV 文件拖入 UE5 的 Content 中，如图 7-16 所示。

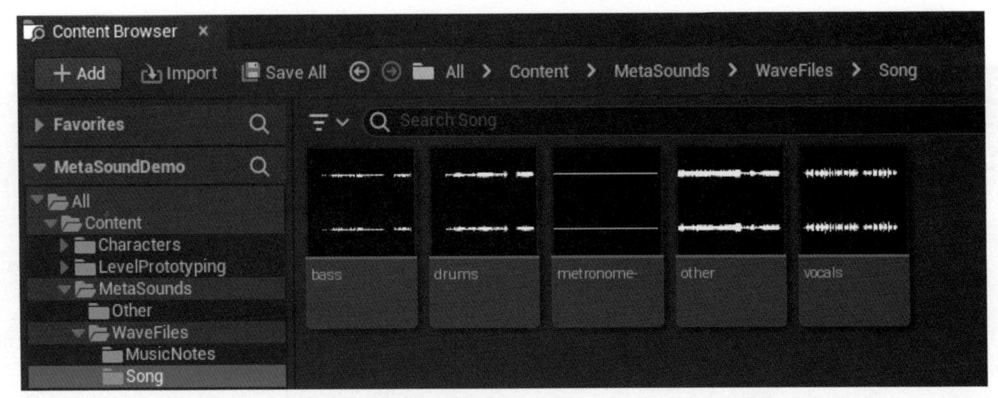

图 7-16　将 5 个不同音轨的 WAV 文件拖入 UE5 的 Content 里

其中 vocals 是歌手的人声，other 是乐曲主旋律，drums 是鼓点声，bass 是贝斯伴奏声。

接下来，新建一个 MetaSound Source 对象，取名为 MS_Song，并将其设置为立体声（Stereo，也就是既有左声道又有右声道），如图 7-17 所示。

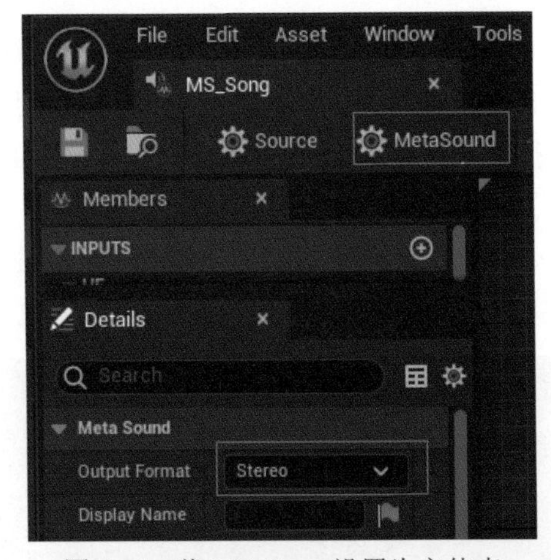

图 7-17　将 MS_Song 设置为立体声

如图 7-18 所示，设置编辑器中的各个节点，测试播放时就可以听到乐曲主旋律了。

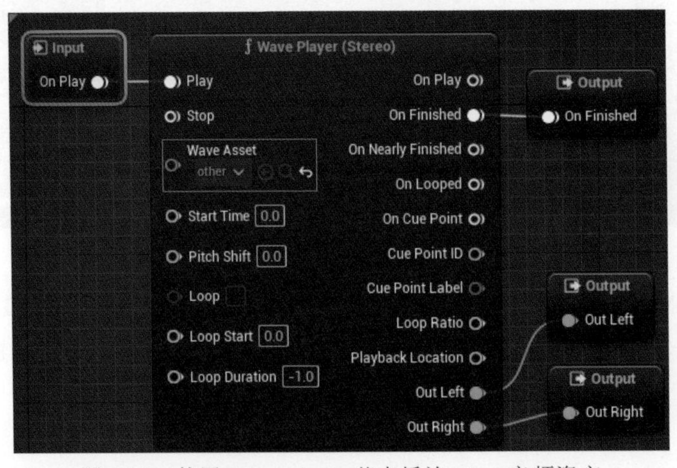

图 7-18　使用 Wave Player 节点播放 other 音频资产

如果想把背景主旋律和歌手声音结合起来，可以按如图7-19所示来设置编辑器中的节点。

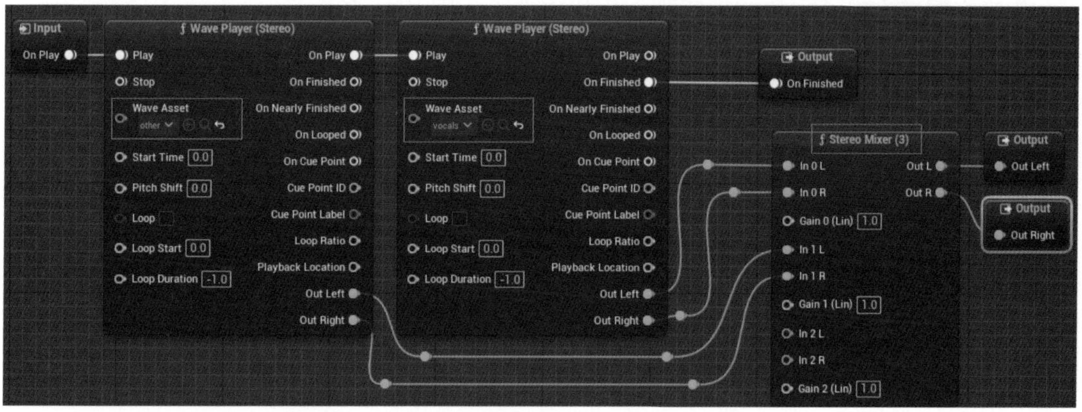

图7-19　使用Stereo Mixer节点混合两个音频资产

Stereo Mixer节点可以将多个音轨合并起来。Stereo Mixer节点里Gain的值就相当于Gain上方的两个声道的音量。如果想把更多的音轨合起来，并且可以动态决定何时开始演奏其中的某个音轨，则可以按图7-20进行设置。

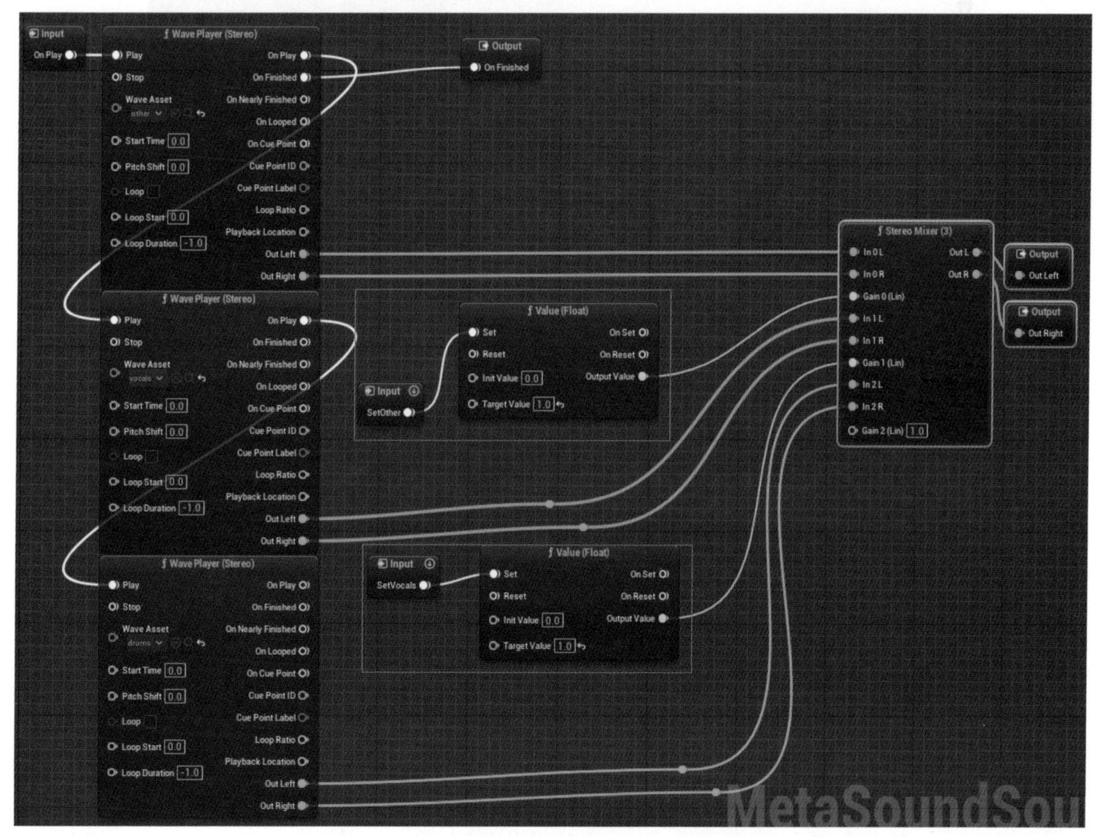

图7-20　用参数来控制不同的音轨的音量

这里笔者添加了两个触发参数，分别取名为SetOther和SetVocals，单击SetOther后会将other音轨的Gain值从0变为1，而单击SetVocals后会将vocals音轨的Gain值从0变为1。

所以在测试播放时，刚开始听不到主旋律和人声，只有在单击参数按钮（Input 节点里的向下白色箭头图标）时才能相应地听到它们的声音，如图 7-21 所示。

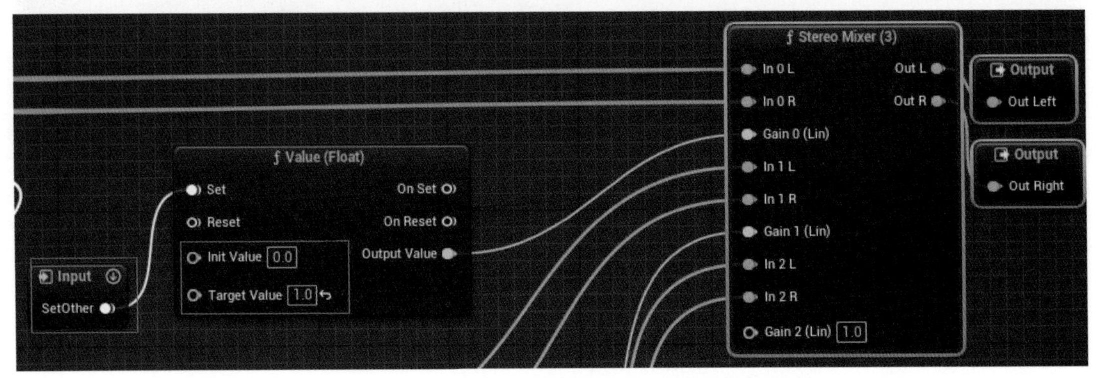

图 7-21　详细查看 SetOther 参数的连接细节

然后，在关卡场景里添加两个球体，分别取名为 Sphere0 和 Sphere1，如图 7-22 所示。

图 7-22　在场景里添加了两个球体

同时，在关卡蓝图里的 Event BeginPlay 事件节点下，增加图 7-23 所示的蓝图内容。

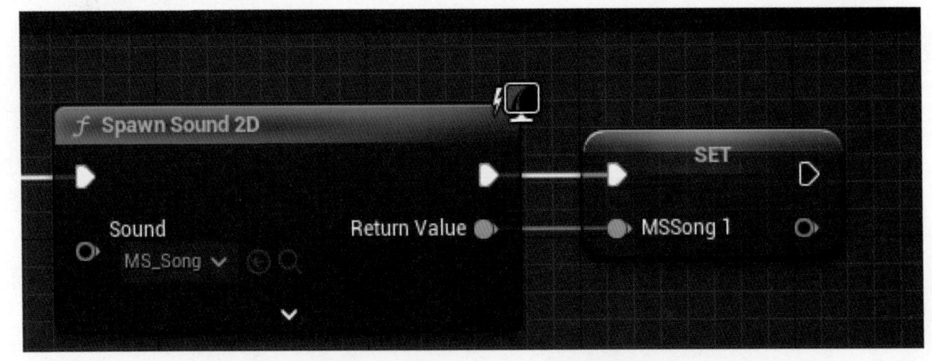

图 7-23　使用 Spawn Sound 2D 节点播放 MS_Song

这样运行 UE5 关卡时，就会自动播放 MS_Song 这个 MetaSound 对象，并将它存入变量 MSSong1 中以方便后续在其他蓝图部分调用 MS_Song。接着，在关卡蓝图里分别为 Sphere0 和 Sphere1 绑定单击事件，这样单击 Sphere0 和 Sphere1 时分别会调用 MSSong1 里的触发器参数 SetOther 和 SetVocals，如图 7-24 所示。

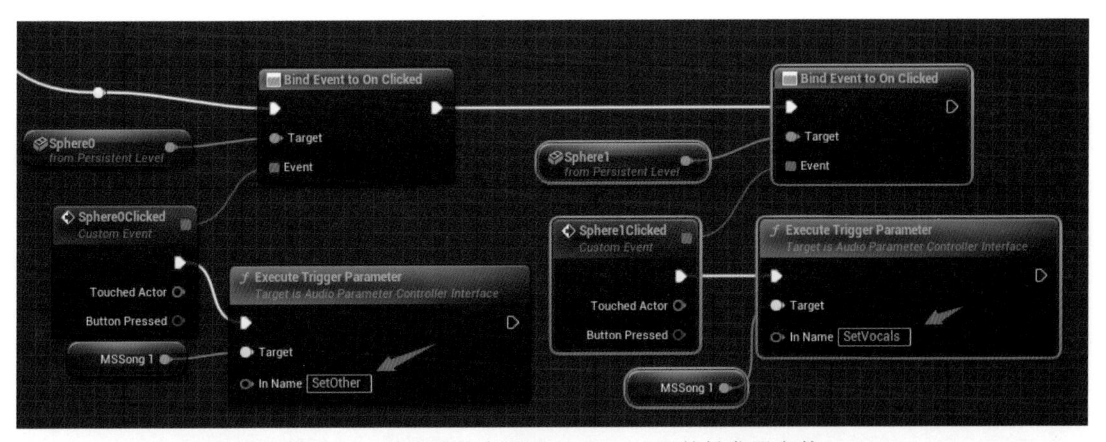

图 7-24　单击球体会调用 MSSong1 里的触发器参数

编译保存后运行 UE5，就可以在单击场景中的球体 Sphere0 时听到音乐主旋律，在单击球体 Sphere1 时则可以听到歌手的唱腔。

7.1.2　使用MetaSound的Interfaces

MetaSound 编辑器里提供 Interfaces 接口，可以让用户在 MetaSound 编辑器里很方便地获取 UE5 场景中的物理数据信息，从而让 MetaSound 系统能够与 UE5 场景协同构建更为真实的互动。

笔者通过导入另一段背景音乐 BGM_Wav 建立一个新的 MetaSound Source 对象，取名为MS_BGM，并在它的Interfaces下拉菜单里选择UE.Attenuation，如图7-25所示。选好以后，上面的输入参数区域（INPUTS 区域）就多了一个 Distance 参数，表示玩家位置与声音所在位置的距离。

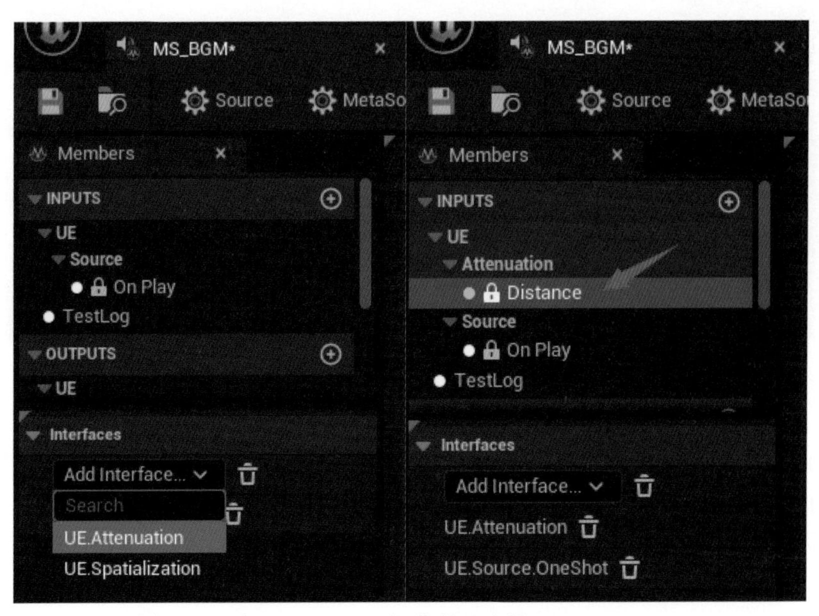

图 7-25　在 Interfaces 下拉菜单里选择 UE.Attenuation

接下来，可以将这个 Distance 参数拖入右侧的节点编辑区域，作如图 7-26 所示的节点布置。

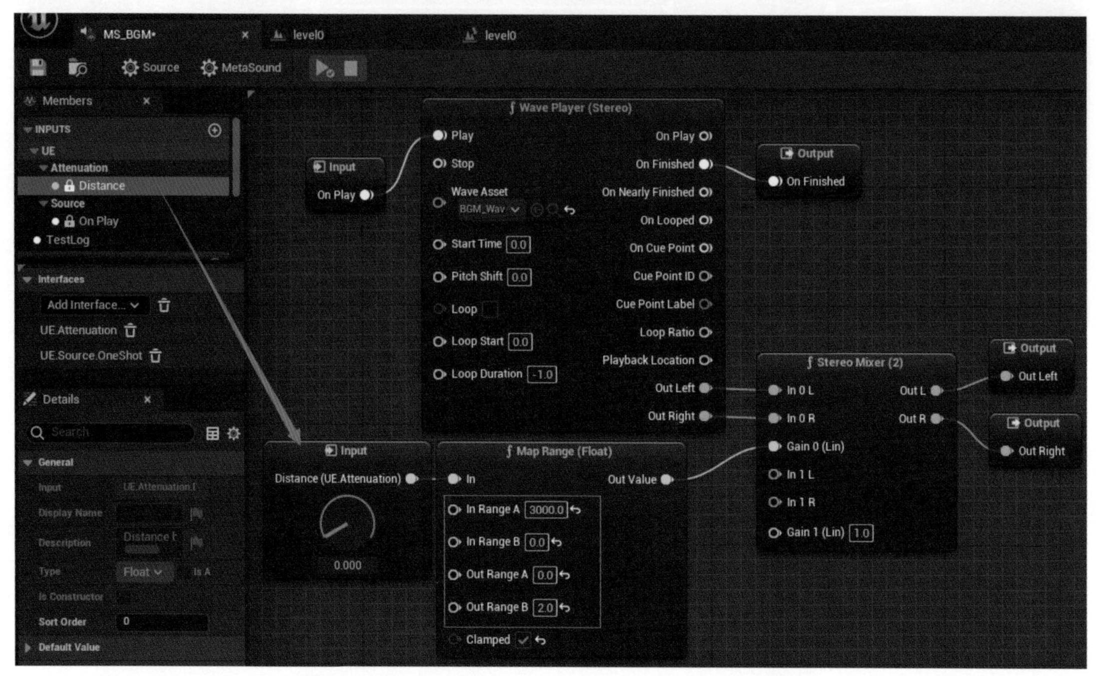

图 7-26　通过对 Distance 的判断来控制音频音量

这样做的用意就是判断玩家与声音的距离，如果距离值大于 3000，那么 Gain 值就为 0；如果距离接近 0，那么 Gain 值就会接近 2。实际上 Gain 值等同于音频的音量，如图 7-27 所示。

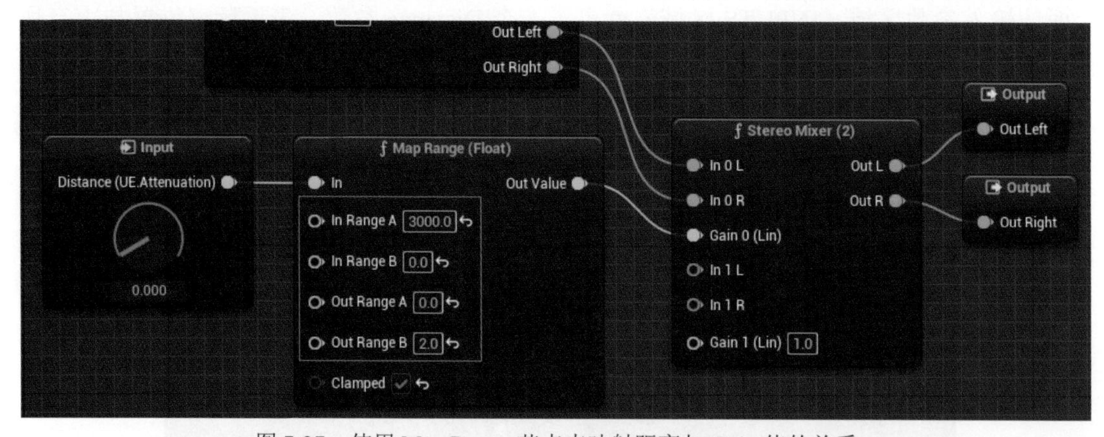

图 7-27　使用 Map Range 节点来映射距离与 Gain 值的关系

图 7-26 中使用 Map Range 节点对 Distance 值进行区间映射，实际也就是把 Distance 值从一个 0~3000 的输入值 A 转换为一个 0~2 的输出值 B，再给到 Stereo Mixer 节点的 Gain 引脚作为最后的音量值（详见图 7-27）。

接着将 Content Browser 里的 MetaSound Source 对象 MS_BGM 拖入到场景中，如图 7-28 所示。

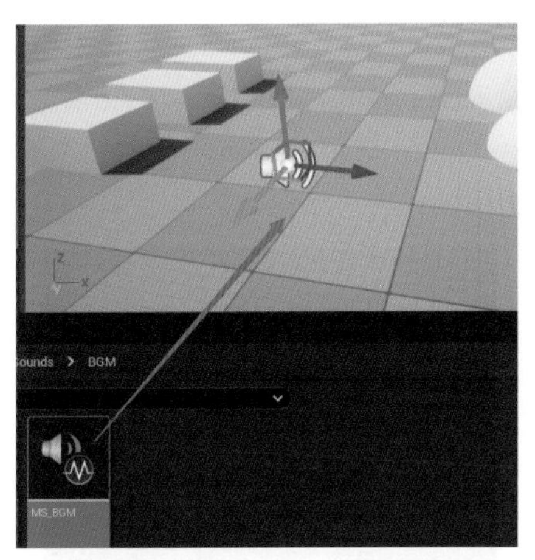

图 7-28　将 MS_BGM 拖入场景中

然后修改关卡蓝图，在 Event Tick 事件节点下写入图 7-29 所示的内容。

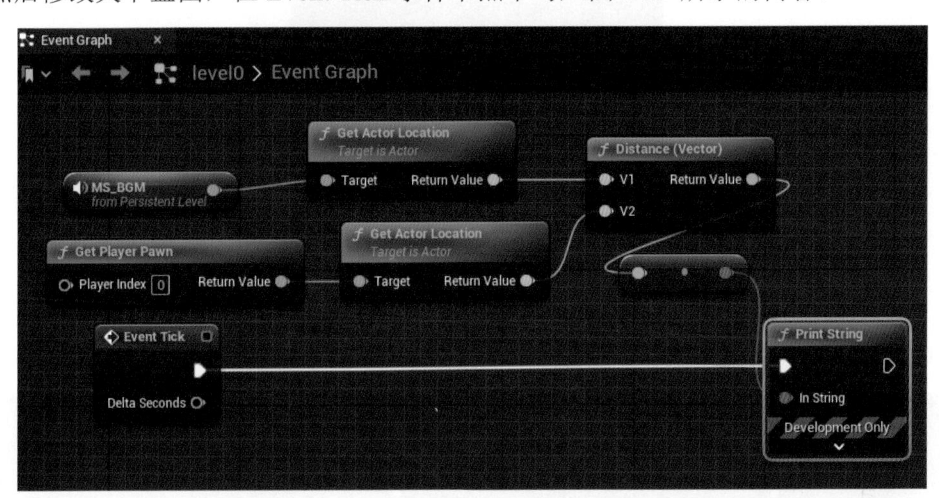

图 7-29　Event Tick 节点下判断 MS_BGM 与玩家的距离并打印输出

编译保存蓝图后运行 UE5，就可以在视口中不断打印输出玩家与 MS_BGM 之间的距离了。而且可以发现：当玩家距离音乐 3000 单位以外时听不到音乐声，随着玩家向 MS_BGM 靠近，听到的音乐声会越来越大，如图 7-30 所示。

图 7-30　打印输出距离值并感受距离与音量的关系

如果尝试在 MS_BGM 里添加另外一个 Interface 选项 UE.Spatialization，则输入参数区域里又会多出两个参数：一个是 Azimuth，表示玩家的正前方向（Forward Vector）与声音源位置向量的水平夹角度数；另一个是 Elevation，表示玩家的正前方向与声音源位置向量的垂直夹角度数，如图 7-31 所示。

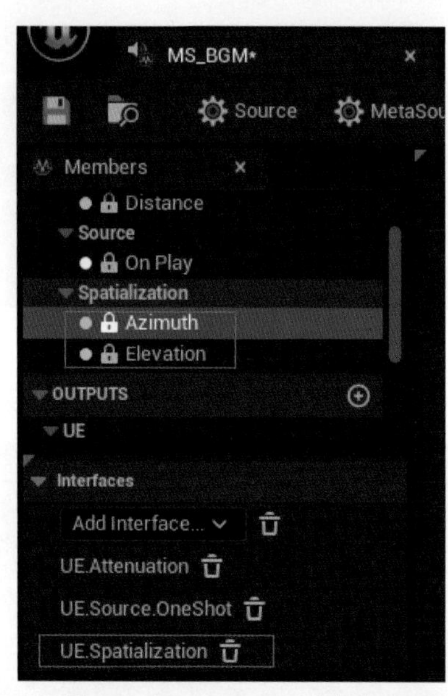

图 7-31 Interfaces 里 UE.Spatialization 对应的 Azimuth 和 Elevation

如果将 MS_BGM 里的节点按如图 7-32 所示进行编辑，就可以感受到玩家朝着不同方向行走时背景音乐的音量变化了。

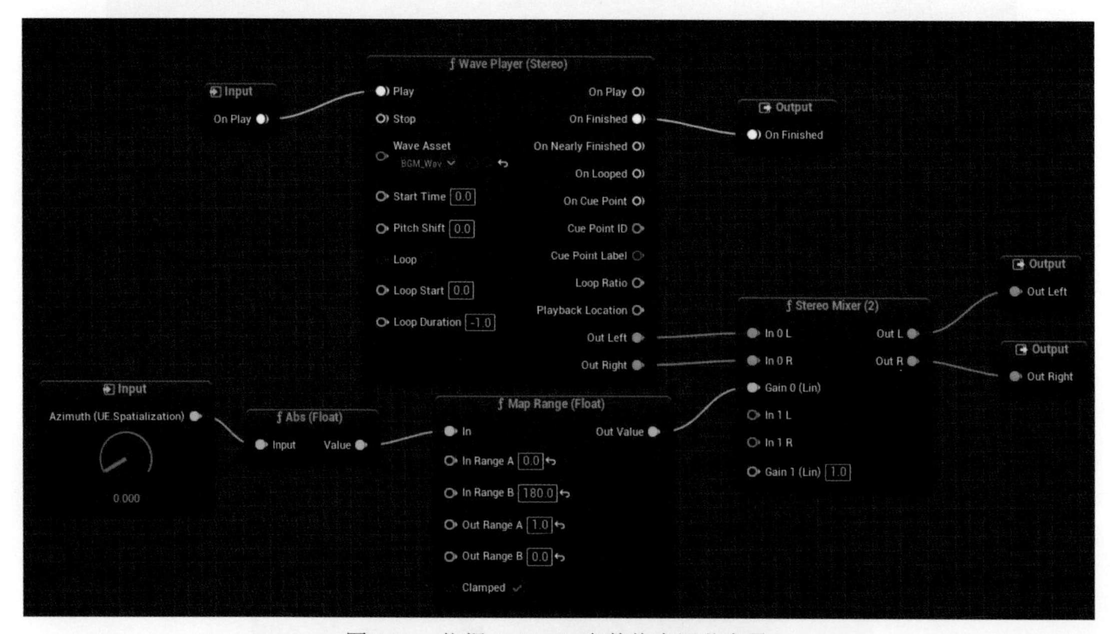

图 7-32 依据 Azimuth 参数值来调节音量

保存后运行 UE5，当玩家背对着音乐 MS_BGM 所在的位置时，听到的音量就会变小，如

图 7-33 所示。

图 7-33　玩家面对 MS_BGM 和背对 MS_BGM 时听到的音量不同

可以通过控制玩家的走位来对比感受如图 7-33 所示的场景，玩家的站位朝向不同时，听到背景音乐的音量就会发生变化。

如果要试试参数 Elevation 的用法，可以按如图 7-34 所示布置节点，这样就可以让玩家在向上看或向下看时感受到不同的背景音乐音量了。

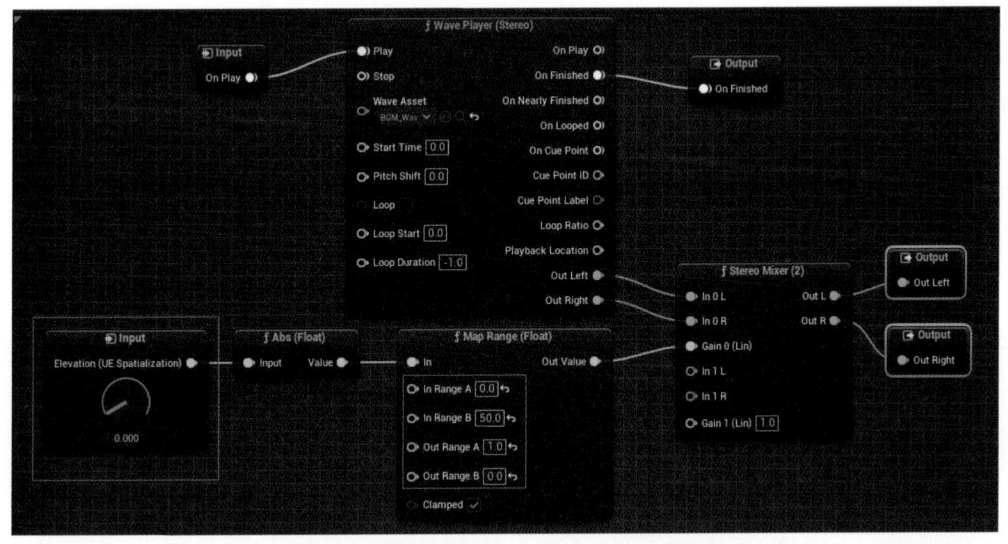

图 7-34　依据 Elevation 参数值来调节音量

保存后运行 UE5，操作玩家在场景中向上看天或向下看地，会发现背景乐的音量也会相应变化，如图 7-35 所示。

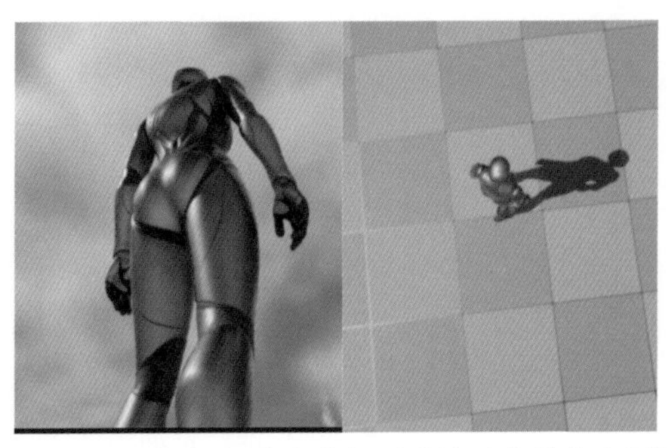

图 7-35　玩家向上看天或向下看地时音量也会不同

基于这些参数值，可以让用户依据玩家在场景中的位置、朝向来改变音乐的音量或是直接切换不同的歌曲，还可以实现更多的音频互动创意。MetaSound 系统中的 Interfaces 为此提供了相当大的便利！

7.2 MetaSound 与场景互动

MetaSound 为用户提供了丰富的 API 函数库，让用户可以如同专业的音乐编辑人士一样在 UE5 中操控音乐。MetaSound 可以让音频实现程序化，从而可以更好地在作品中让声音参与互动。MetaSound 为音频播放提供了灵活的自定义空间，丰富的合成器接口，让开发人员可以利用交互机制构建新的音乐以及声音创作方式。利用 MetaSound，音频设计师可以在 UE5 运行时同步生成音频，并将按流程生成的声音与其他音频源进行混合和匹配。

MetaSound 让开发者能够轻松地把游戏数据与玩家交互进行集成，从而创造出根据各类基于 UE5 事件触发的沉浸式体验。

7.2.1 了解MetaSound更多的API

MetaSound 中有一些用于控制流程的 API，使用这些 API 可以控制播放音频的顺序，可以控制多个音频轮流播放的逻辑，可以记录播放次数，可以判断数值的变化，依据数值的不同安排不同的逻辑流程。下面，笔者择选其中一些容易上手、容易理解的常用 API 介绍给读者，API 也可以称为节点。

1. Trigger Counter 节点

在项目中新建一个 MetaSound Source 对象，取名为 MS_123，通过节点编辑器可以安排让 1.wav 在播放完以后继续自动播放 2.wav。做法是把前一个 Wave Player 的 On Finished 引脚连接到后面的 Wave Player 的 Play 引脚上，如图 7-36 所示。

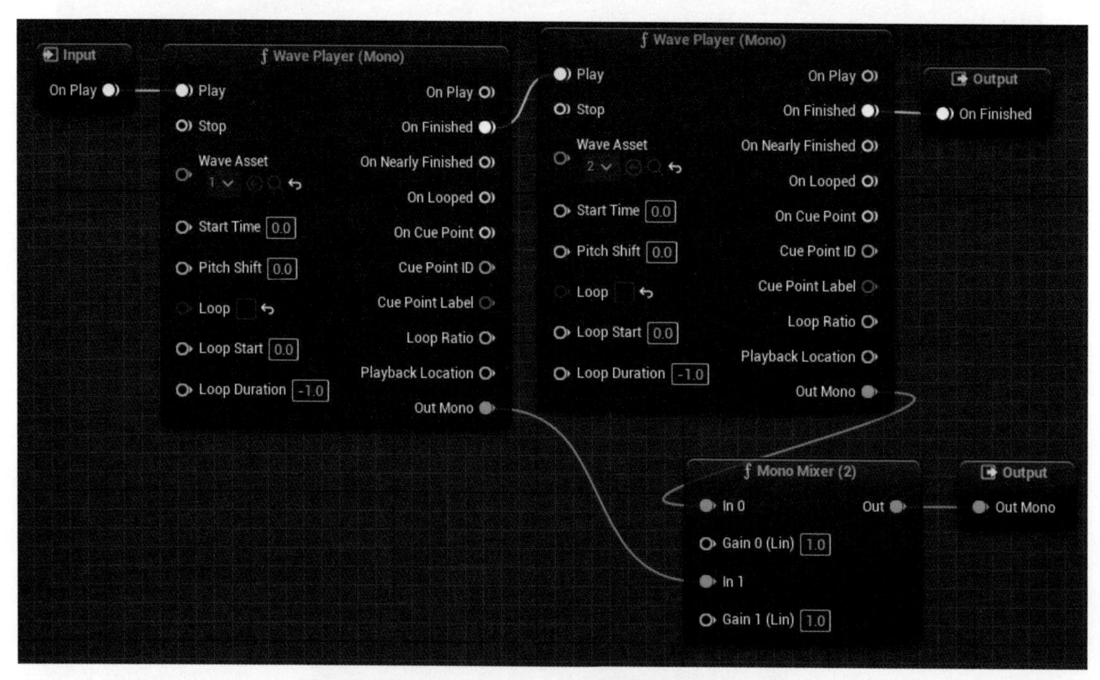

图 7-36　让 1.wav 播放完以后继续自动播放 2.wav

如果要一直这样重复地播放 1.wav 和 2.wav，就可以利用 BPM To Seconds 这个节点。BPM 是 Beat Per Minute 的意思，即每分钟里的节拍数。Trigger Repeat 节点可以基于节拍时间周期的快慢来重复触发某个指令。Trigger Delay 是用于延时触发的节点。节点编辑器的内容如图 7-37 所示。

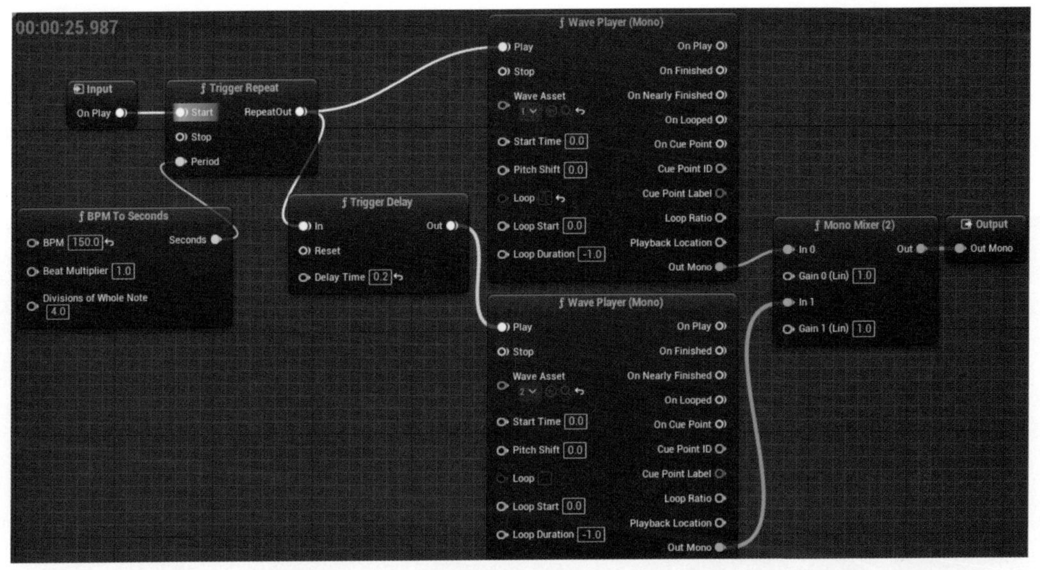

图 7-37 按照节拍重复循环播放 1.wav 和 2.wav

这样每个节拍点上 1.wav 和 2.wav 都会播放，只是 2.wav 会比 1.wav 稍慢 0.2 秒播放。如果希望在一个节拍点上播放 1.wav 而在下一个节拍点上播放 2.wav，依次循环，则可以通过图 7-38 所示的方法来实现。

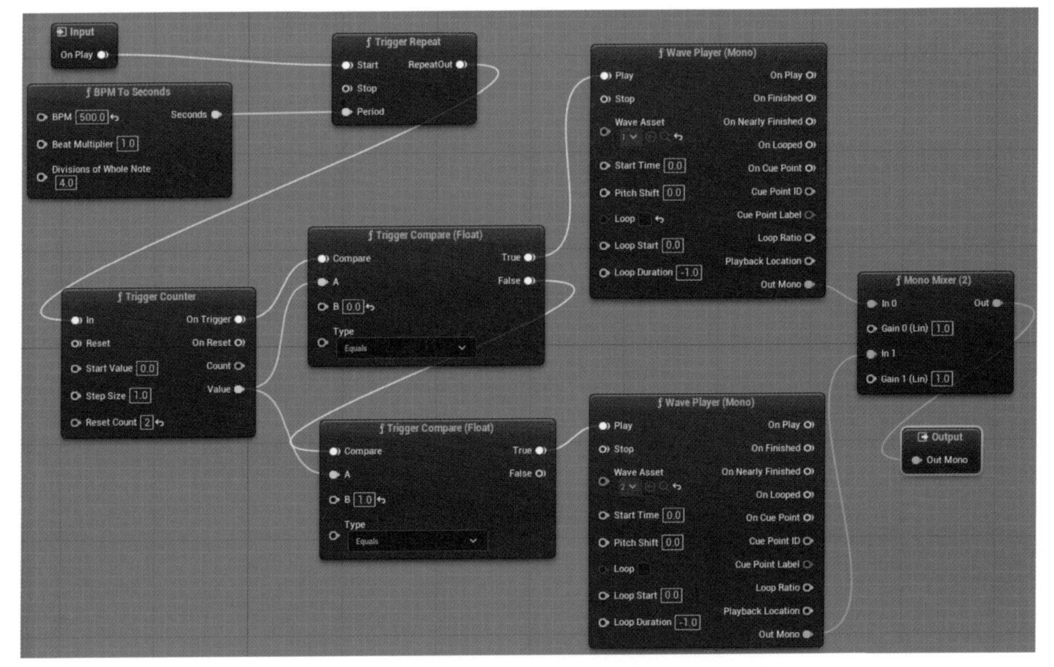

图 7-38 使用 Trigger Counter 和 Trigger Compare 节点

这里用到了 Trigger Counter 节点来进行计数，把 Trigger Counter 节点的 Reset Count 引脚值设为 2，表示每计数两次就会让 Start Value 归零。Trigger Compare 节点用于判断 Trigger Counter 的 Value，如果 Value 为 0 就播放 1.wav，如果 Value 为 1 就播放 2.wav。

2. Pitch Shift

Wave Player 自带一个引脚 Pitch Shift（变调），它可以用于提高或降低声音的原始音调。接下来可以使用 Trigger Route 节点设置 3 个输入参数，分别让音频出现三种不同的音调，在节点编辑器里的具体设置如图 7-39 所示。

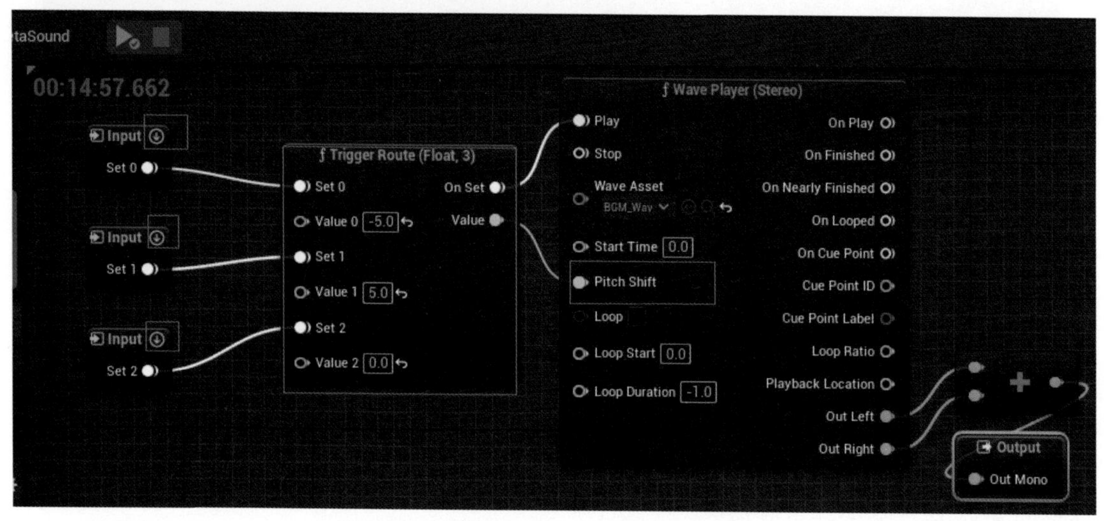

图 7-39　改变 Wave Player 的 Pitch Shift 值

单击播放按钮后就可以通过单击 Set 0、Set 1、Set 2 这三个输入参数右上角的白色向下箭头来控制 Pitch Shift 值了。它们分别可以将音调设置为 −5、5 和 0。0 就是正常的音频原声。

除了流程控制的 API，还有一些音频编辑的 API 可以对声音进行混声或修改。

3. Wave Shaper

接下来介绍一下 Wave Shaper 这个变形器，使用它可以让音频效果发生偏斜失真。把它的几个引脚拖出来变为输入参数时，可以采用不同的 Widget（控件形态），如 Slider（滑动条）或是 Knob（滚轮）。选中参数后在其 Details 面板里修改 Editor Option 项下的 Widget 属性即可。关于 Wave Shaper 节点的用法，如图 7-40 所示。

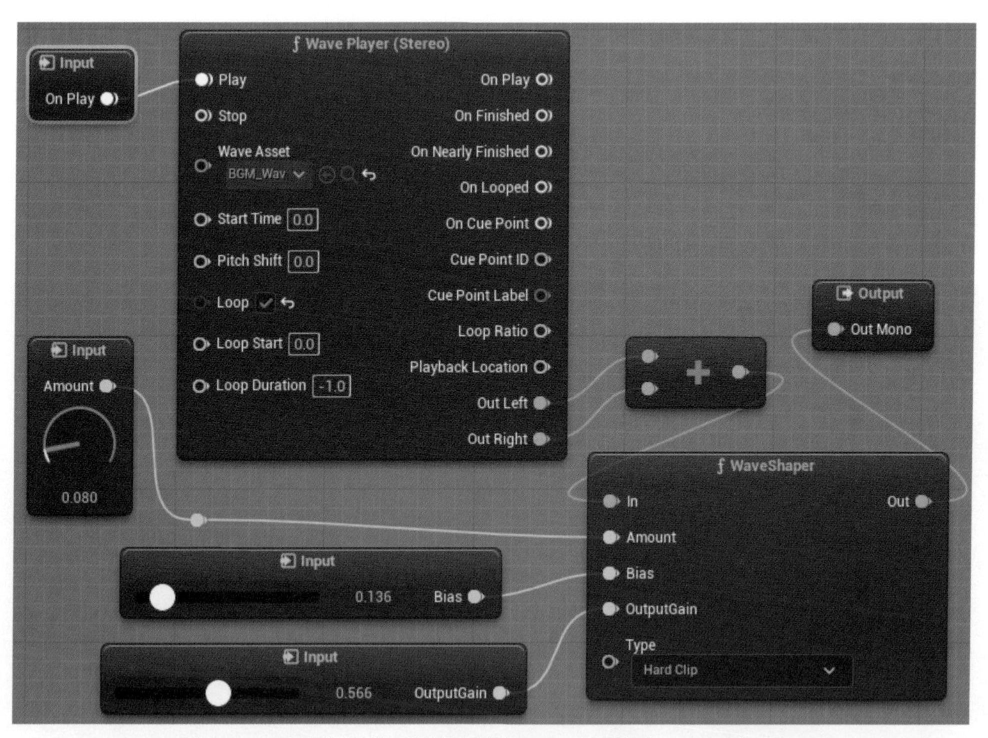

图 7-40 可以从细节面板里设置 Widget 属性为 Slider 或 Knob

如果想在 10 秒内将音量从 1 变为 0，则可以将 MetaSound 编辑器的内容设置为如图 7-41 所示。

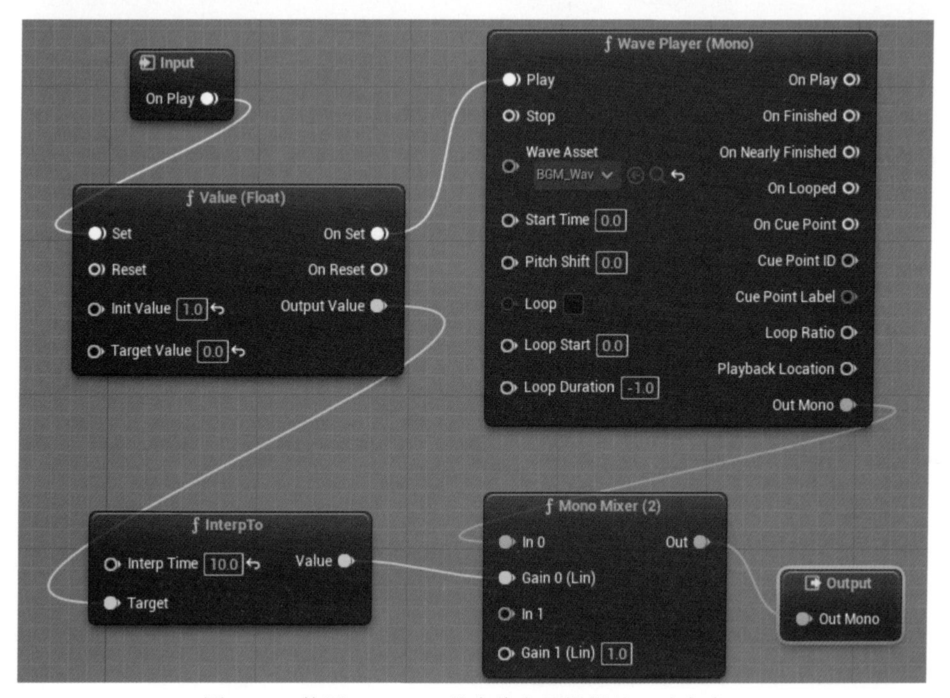

图 7-41 使用 Interp To 节点将音量慢慢从 1 改变为 0

Interp To 节点就是采用一个线性的变化让左侧的 Value 从 Init Value 变为 Target Value，所用的时间长短取决于 Interp Time 里的值。

4. Stereo Panner

Pan 是“声场定位”的意思，可以调节左音箱和右音箱的声音比例。使用 Stereo Panner 节点可以控制音频在左右声道的分配量，如图 7-42 所示。

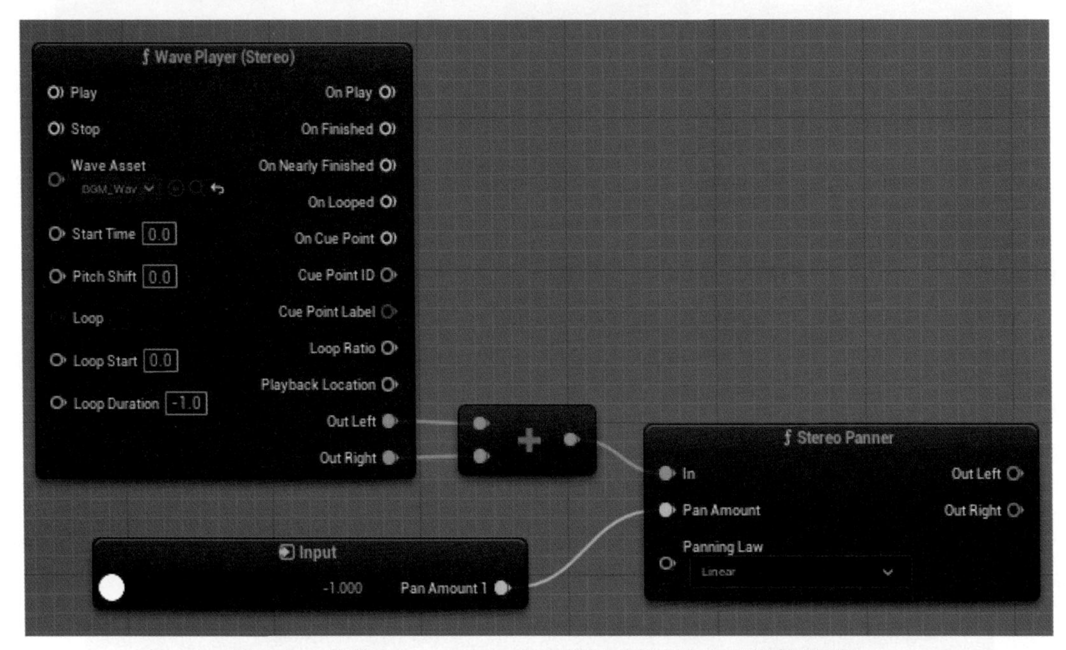

图 7-42　使用 Stereo Panner 节点控制音频在左右声道的分配

Pan Amount 的变化在 -1~1，拖动图 7-42 中的 Pan Amount 参数值，戴上立体声耳机，感受左右两侧耳机里音量的变化吧！

5. Envelope

接下来介绍一下 Envelope（包络器），它可以用于控制音频合成中音量在时间上的变化。Envelope 有四个参数，它们分别是 Attack（A，起音）、Decay（D，衰减）、Sustain（S，保持）和 Release（R，释音）。体验过电子琴的人都知道，一个完整的琴键发声流程就是当你按下琴键后音量会在设定的时间内从最小值逐渐变至音量最大值。这个最大值一般取决于你按下琴键的力度大小。一旦音量达到最大值，接下来就会按照设定的衰减时间进行衰减，到达设定的维持音量并持续根据这个音量一直播放，当你松开琴键时，音量便会根据设定的恢复时间，从持续音量降至 0。图 7-43 可以清晰地表明这四个阶段（key on 表示按下琴键，key off 表示松开琴键）。

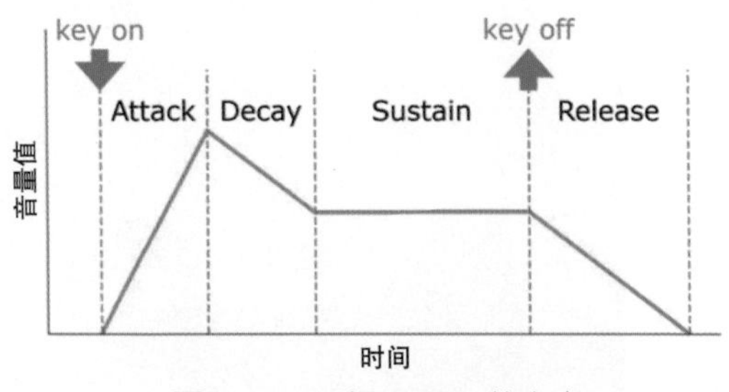

图 7-43　理解 ADSR 的定义

在 MetaSound 系统中有两种 Envelope：一种是 AD Envelope；另一种则是 ADSR Envelope。其实 AD Envelope 就是 ADSR Envelope 的简化版，但它只有 A、D 两个阶段（Attack+Decay），如图 7-44 所示。

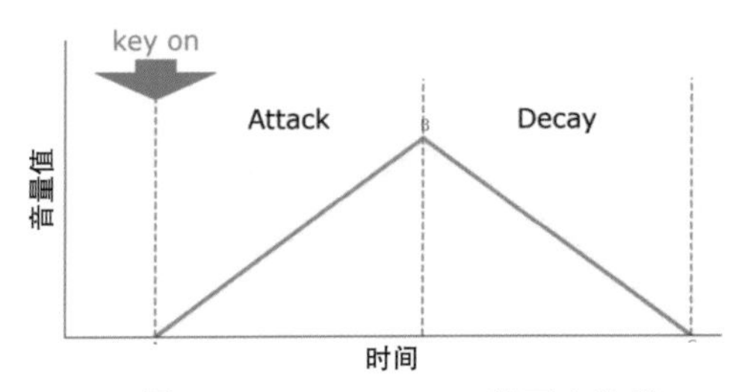

图 7-44 AD Envelope 的两个阶段

图 7-44 中从 A 点到 B 点的过程就是音量提升的过程（Attack 过程），从 B 点到 C 点的过程就是音量衰减（Decay）的过程。

有了这些知识后，可以在 MetaSound 编辑器里作如图 7-45 所示的设置。

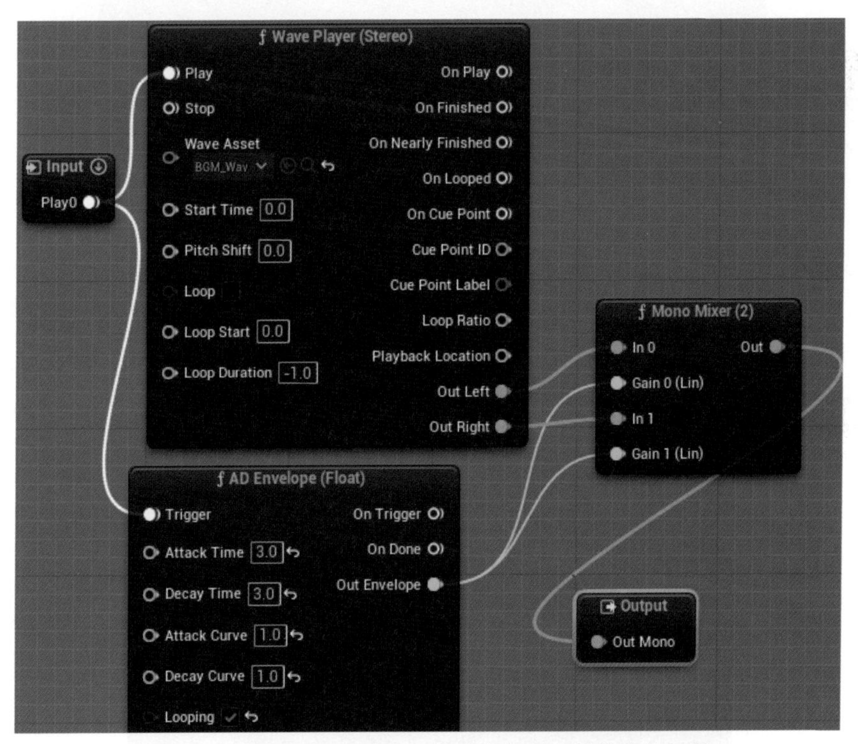

图 7-45 使用 AD Envelope 节点来控制音量的变化过程

通过测试可以发现，经过 5 秒后，Gain（音量）逐渐达到 1，再过 3 秒，音量就变为 0。AD Envelope 和 ADSR Envelope 这两个包络器的输出值范围都是 0~1。如果把 Envelope 的 Looping 引脚打勾，那么再听听效果会发现音乐将一直忽高忽低地播放下去。

6. Crossfade 节点

接下来再介绍一下 Crossfade 节点的用法。这个节点可以把多个音频按不同比例进行混合。这里用到了两个 WAV 文件素材（Fire_Wav 和 Cricket_Wav）：一个是火燃烧的声音，一个是蛐蛐叫的声音。编辑器的具体内容如图 7-46 所示。

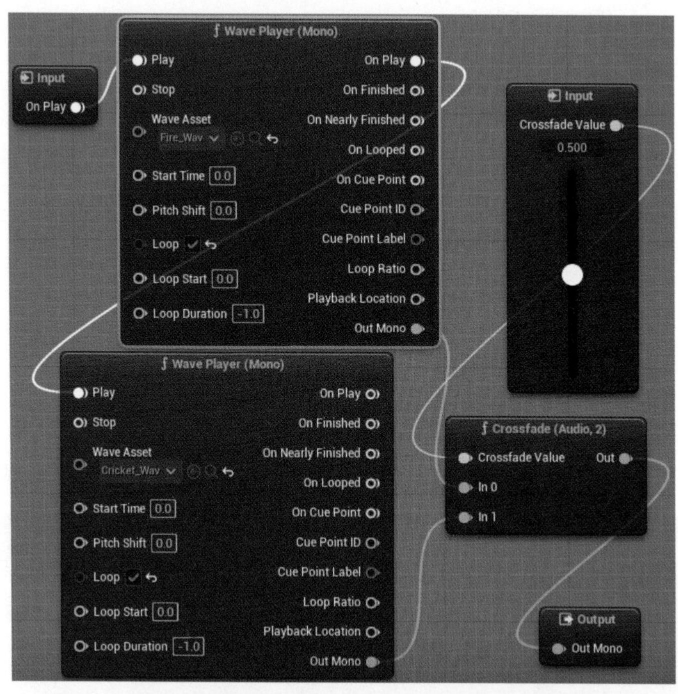

图 7-46　使用 Crossfade 节点来混合两个音频

把 Crossfade 节点的 Crossfade Value 引脚以 Slider 滑动条的形态拖出来变为一个输入参数。如果把参数值滑动到 0，就只会听到 Crossfade 节点 In0 引脚所对应的音频声音。如果把 Crossfade Value 参数值滑动到 1，那么就只能听到 Crossfade 节点 In1 引脚所对应的音频声音。如果参数值是 0.5，则两个音频以同样的音量一起混合播放，如图 7-47 所示。

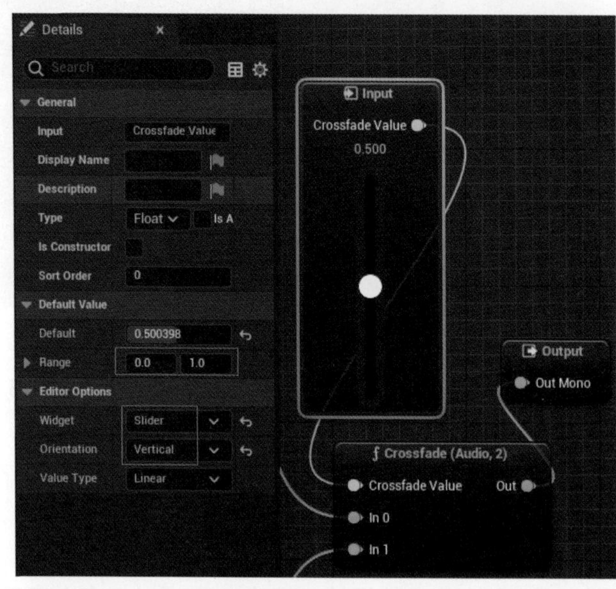

图 7-47　当 Crossfade Value 参数值为 0.5 时，两个音频以同样的音量一起播放

借助Crossfade节点的功能，有时候也可以用它来实现声音的淡入淡出。如图7-48所示，可以让音频在10秒内变得没有声音。因为在10秒时间里，Crossfade Value会逐步变为1，这会导致Crossfade节点将逐步把系统播放的音频从In0引脚所对应的音频过渡到In1引脚所对应的音频，而In1引脚没有指定音频，也就是静音了。所以整体效果就是，系统刚开始会播放BGM_Wav，然后在10秒的时间内音频声音渐渐消失，如图7-48所示。

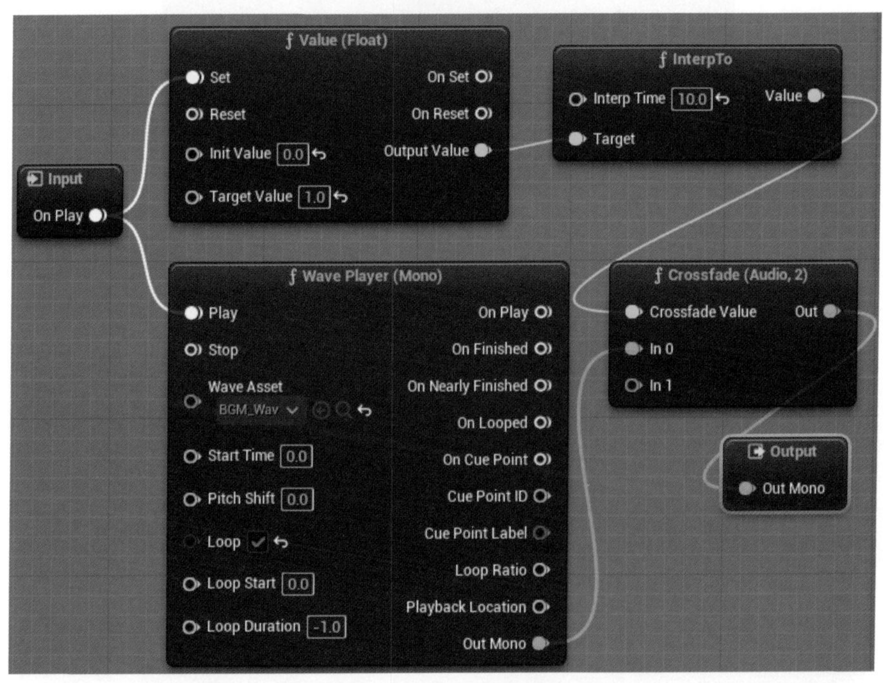

图7-48　音频声音在10秒的时间内渐渐消失

7.2.2　获取声音的振幅数据

音频在播放的过程中，音调起伏就是所说的声音的振幅。在UE5中，可以通过蓝图来获取音频的振幅数据，从而实现一些有趣的互动创意。本节笔者就为大家演示一个通过音频的振幅来影响灯光闪烁强度的做法。

1. 使用Source Effect Preset

首先，在MS_BGM这个MetaSound Source对象里找到它的Source标签下的Source Effect Chain属性。为该属性新建一个Source Effect Preset Chain对象，取名为SEPC_BGM，如图7-49所示。

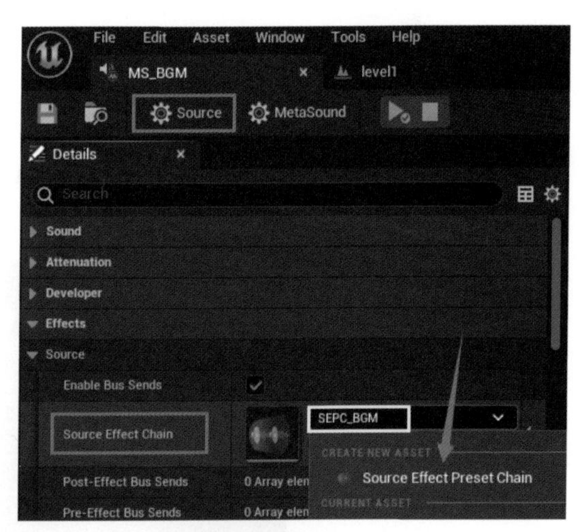

图7-49　为MS_BGM新建一个Source Effect Preset Chain对象

双击打开新建的SEPC_BGM，在它的

Preset 属性里新建一个 Source Effect Preset，取名为 SEEF_BGM，如图 7-50 所示。

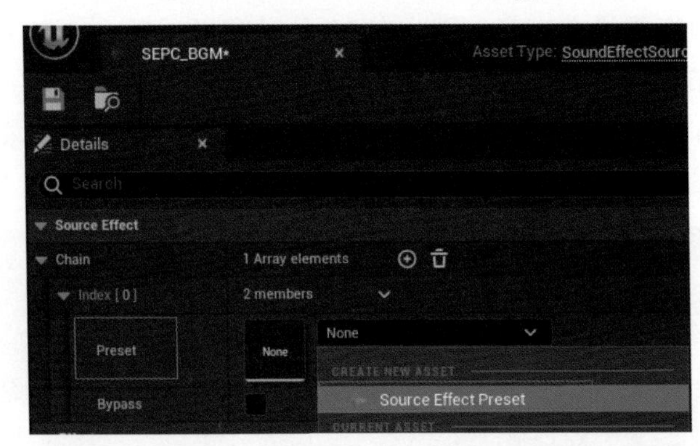

图 7-50　为 SEPC_BGM 新建一个 Source Effect Preset

单击保存 SEEF_BGM 时会弹出 Pick Source Effect Class 选择框，从中选择 SourceEffectEnvelopeFollowerPreset 类，如图 7-51 所示。

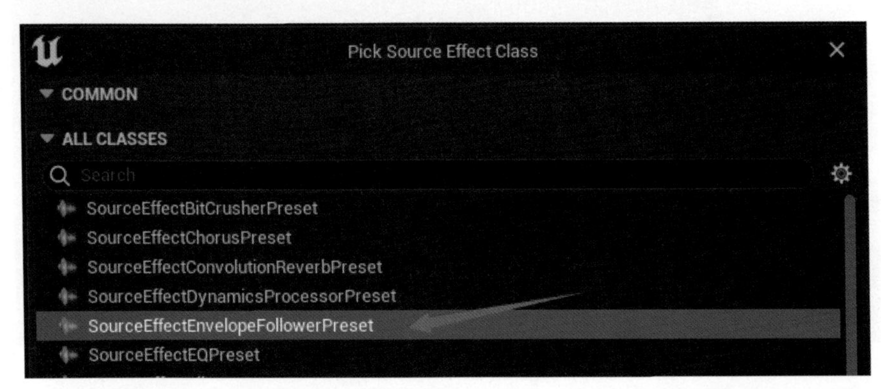

图 7-51　Source Effect 类选择 SourceEffectEnvelopeFollowerPreset

2. 添加组件和变量

保存后，新建一个 Actor 蓝图对象，取名为 Amplitude_BP。双击打开它，确保 Content 中的 MS_BGM 处于被选中状态，在 Amplitude_BP 里可以将 MS_BGM 作为 Audio 组件添加进来，如图 7-52 所示。

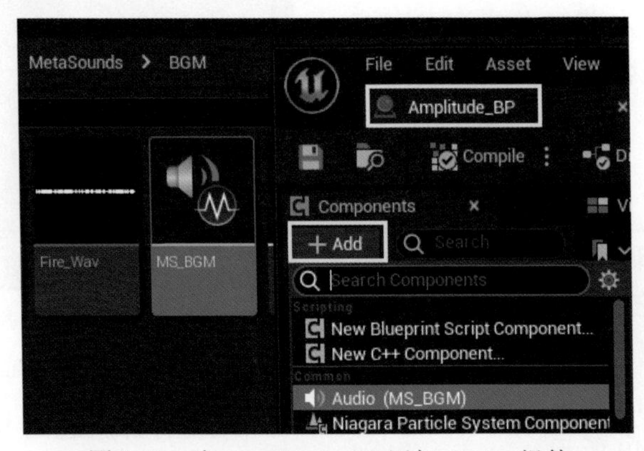

图 7-52　为 Amplitude_BP 添加 Audio 组件

编译保存后，如果把这个 Amplitude_BP 对象拖入场景中，运行 UE5 后就可以听到 MS_BGM 的声音了，这也是在蓝图内添加音效的一种方法。

接下来在 Amplitude_BP 里添加两个点光源（Point Light）和一个 Envelope-FollowListener 组件，如图 7-53 所示。

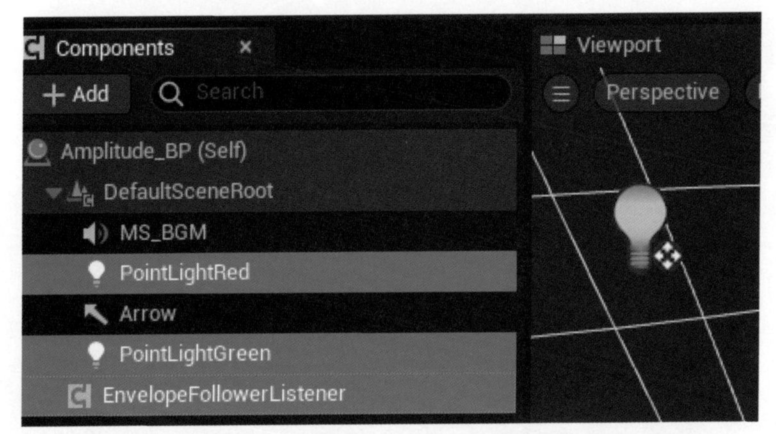

图 7-53　添加两个点光源和一个 EnvelopeFollowListener 组件

将两个点光源一个设为红色、一个设为绿色，名字分别为 PointLightRed 和 PointLightGreen。

然后在 Amplitude_BP 的变量里新增两个变量：一个是 Source Effect Envelope Follower Preset 类型的变量，名为 BGM_FollowPreset；另一个是浮点值类型（Float）的变量，名为 EnvelopValue。两个变量的名称与类型如图 7-54 所示。

图 7-54　在 Amplitude_BP 里添加两个变量

编译保存后，选中变量 BGM_FollowPreset，从它的细节面板里将其默认值设置为前面新建的 SEEF_BGM，如图 7-55 所示。

图 7-55　设置变量 BGM_FollowPreset 的默认值为 SEEF_BGM 对象

3. 通过蓝图获取音频振幅

随后，在蓝图里的 Event BeginPlay 事件节点下，写入如图 7-56 所示的蓝图内容，为变量 BGM_FollowPreset 注册一个监听器。

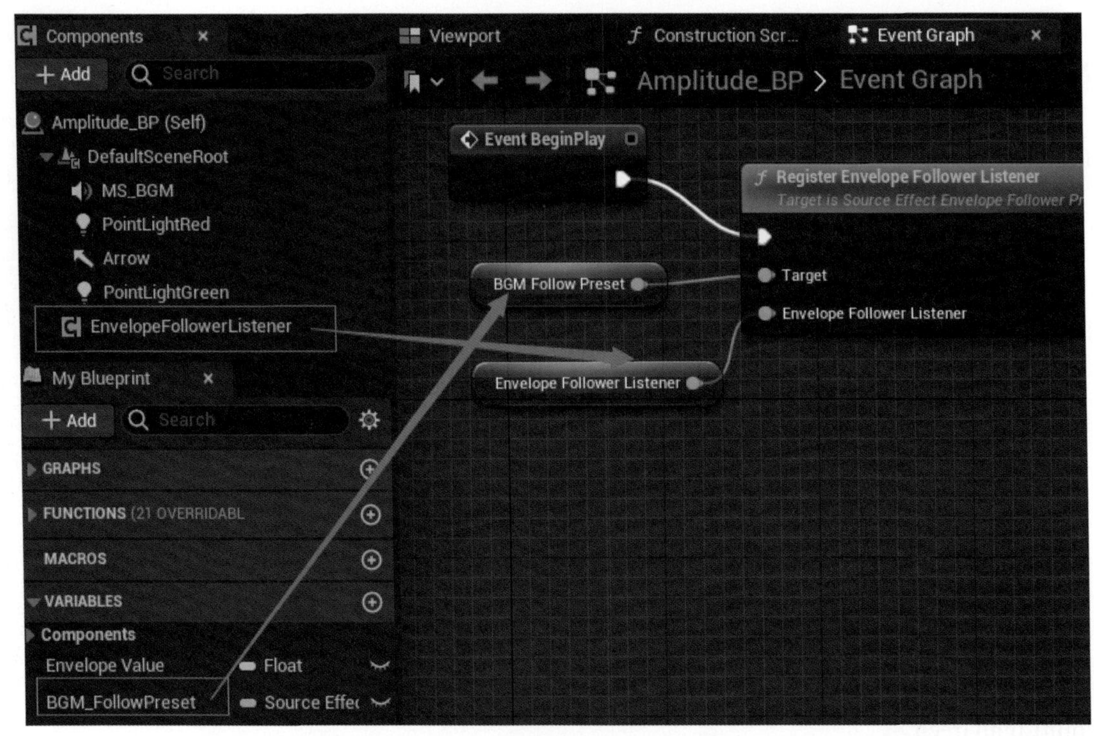

图 7-56　为 BGM_FollowPreset 注册 Envelope Follower Listener 监听器

接下来，选中蓝图中的 EnvelopeFollowerListener，再从它的 Details（细节）面板里单击 Events 下 On Envelope Follower Update 右侧的加号按钮，如图 7-57 所示。

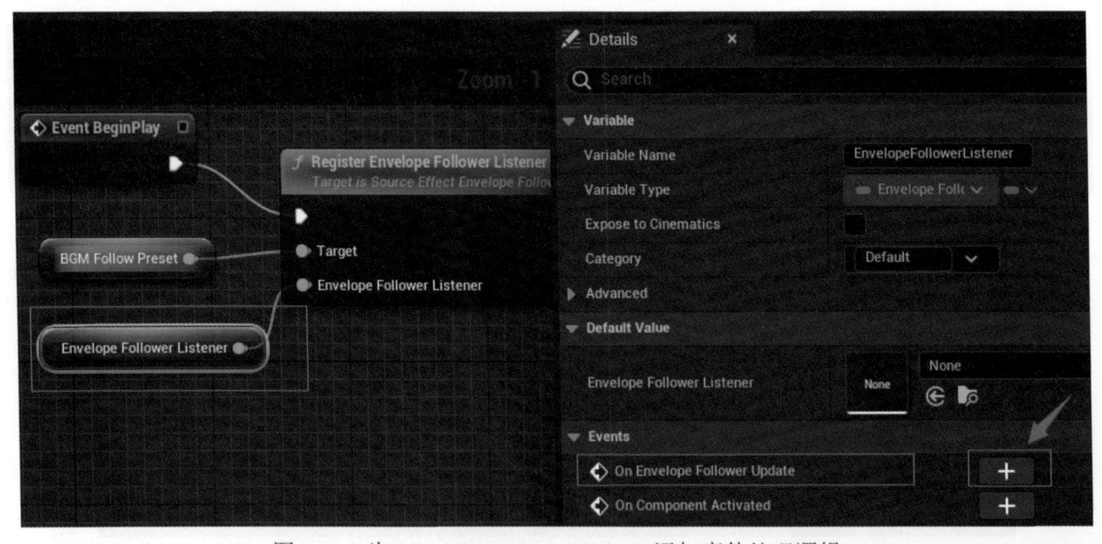

图 7-57　为 EnvelopeFollowerListener 添加事件处理逻辑

这样就可以为 Envelope Follower 的更新事件写入指令了。这个 On Envelope Follower Update 事件在音频播放时会不断执行，每次执行都能得到 EnvelopeFollowerListener 的 Envelope Value，这个值就反映了音频的振幅。可以将这个值打印出来看看，如图 7-58 所示。

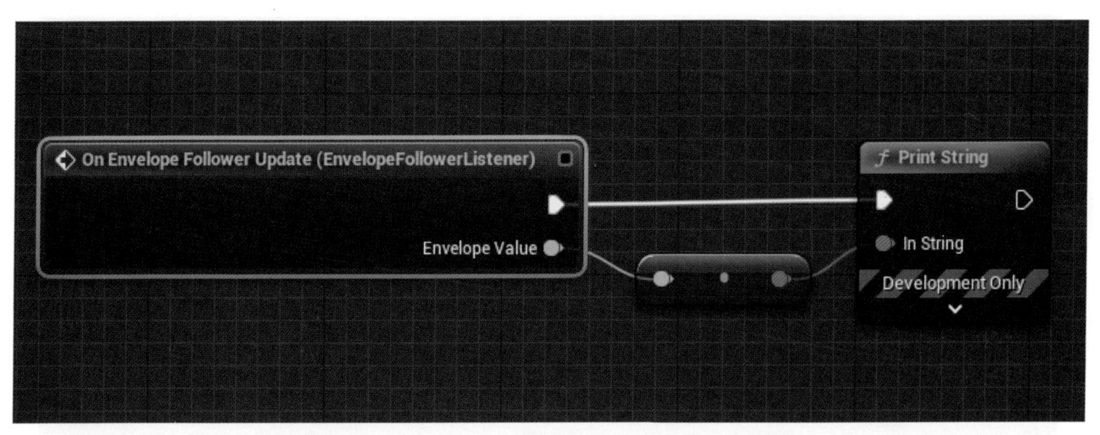

图 7-58 通过 Update 事件打印输出 Envelope Value

接着，新建一个基础的关卡，取名为 Level1。在场景里放置一个立方体并调整大小，作为一堵背景墙。然后把 Amplitude_BP 拖入场景中，运行 UE5 就会从视口左上角看到有 Envelope Value 值打印输出，同时也能听到音频 MS_BGM 的声音。并且随着音频声音的高低起落，打印输出的 Envelope Value 值也在不断变化，如图 7-59 所示。

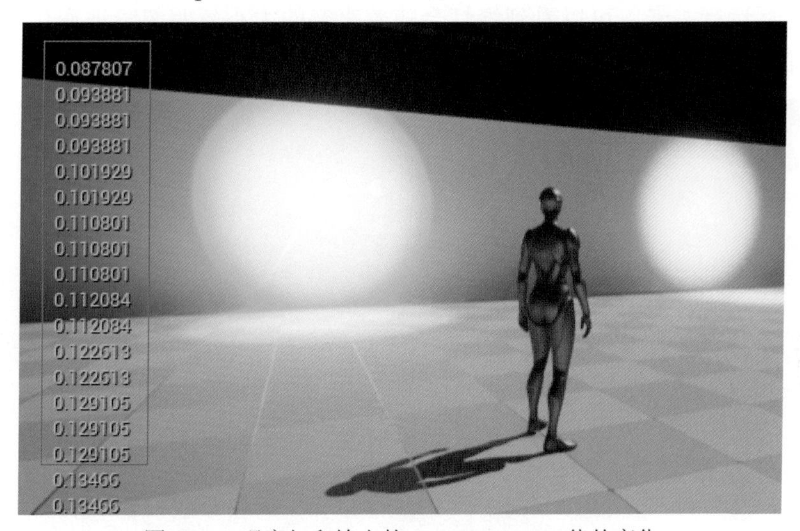

图 7-59 观察打印输出的 Envelope Value 值的变化

通过观察，左侧打印值在 0.06 以下时都是声音较小的时候，而大于 0.1 时都是鼓点比较响亮的时候。整体来看 Envelope Value 都在 0~0.2 变化。

4. 利用音频振幅值改变灯的亮度

可以通过蓝图，将 Update 事件获得的 Envelope 值设置（SET）为变量 Envelope Value。随后依据变量 Envelope Value 的值的大小来设置绿灯 Point Light Green 的亮度（Intensity）。整体蓝图内容如图 7-60 所示。

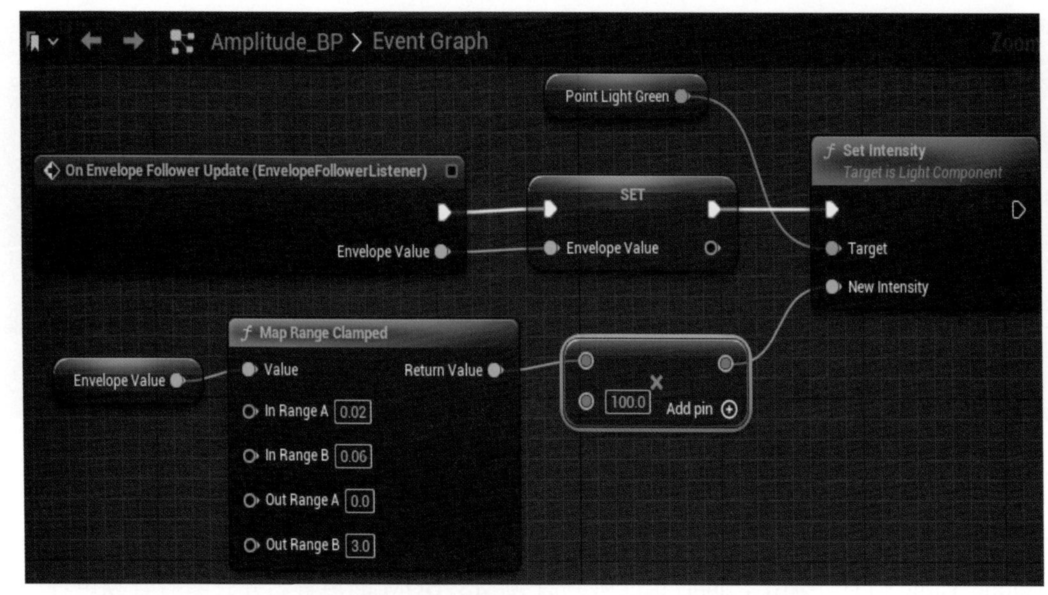

图 7-60　依据 EnvelopeValue 的大小来控制绿灯的亮度

编译保存后运行关卡，可以看到绿灯会随着声音的大小忽明忽暗地变化。接下来可以进一步设置红灯亮度的变化逻辑，与前面绿灯的蓝图内容相似，如图 7-61 所示。

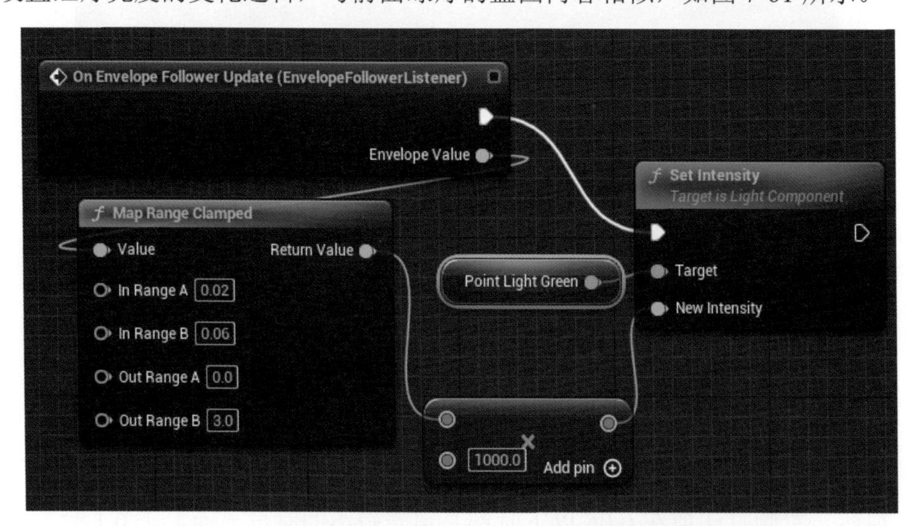

图 7-61　根据 Envelope Value 的大小来控制红灯的亮度

这样，在音频声音较大时，红灯也会闪动起来。最终效果如图 7-62 所示。

图 7-62　运行 UE5 观察红灯和绿灯的亮度随着音频音量的变化而变化

5. 使用 Curve 曲线对象

如果希望绿灯只是在声音小时亮而声音大时不亮，红灯只是在声音大时亮而声音小时不亮，如何才能实现呢？面对这个需求，可以采用 Curve 曲线对象来协助解决问题。

首先，在 Content Browser 里右击新建 Curve，如图 7-63 所示。

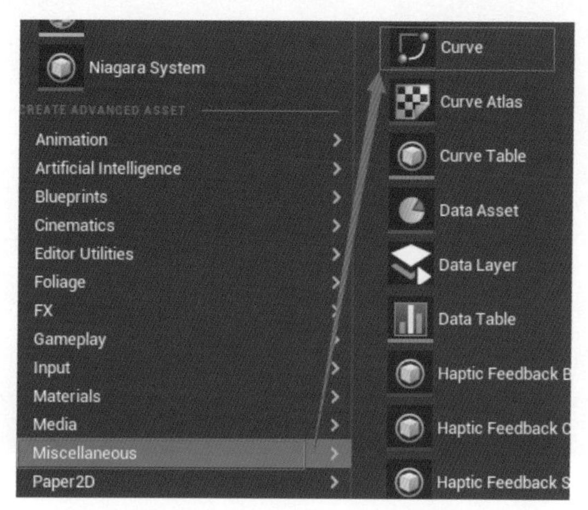

图 7-63　新建 Curve 对象

然后在弹出的 Pick Curve Class 对话框里选择 CurveFloat 类，如图 7-64 所示。

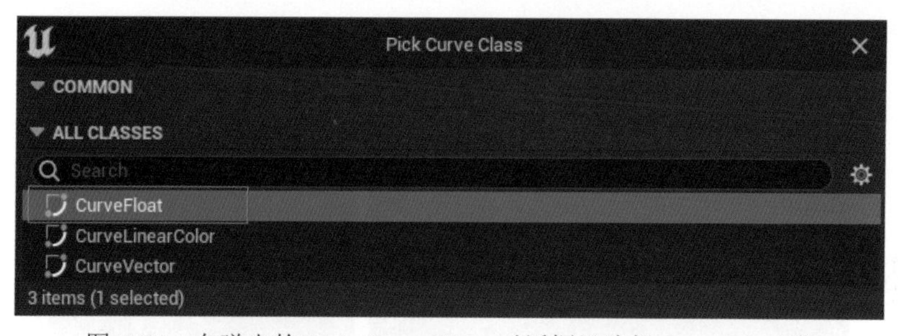

图 7-64　在弹出的 Pick Curve Class 对话框里选择 CurveFloat 类

按照这个操作步骤，可以建立两个浮点类型的曲线对象，分别取名为 CurveHight 和 CurveLow。在 CurveLow 里可以建立 3 个关键帧，如图 7-65 所示。

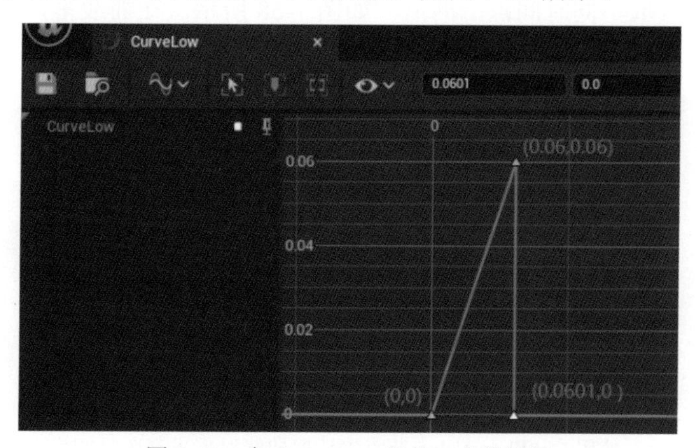

图 7-65　在 CurveLow 里的 3 个关键帧

在 CurveHight 里则建立 4 个关键帧，如图 7-66 所示。

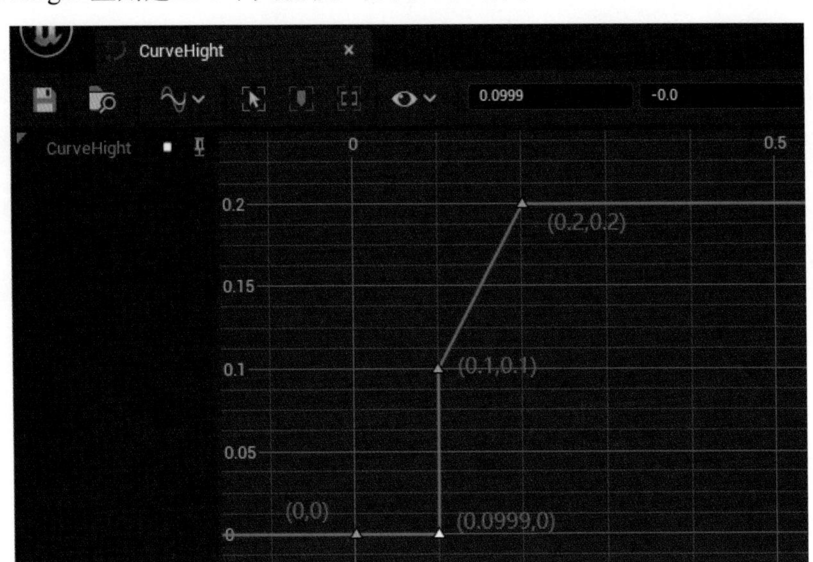

图 7-66　在 CurveHight 里的 4 个关键帧

保存后，在 Amplitude_BP 的蓝图里新增两个 Curve Float 类型的变量，即 HighCurve 和 LowCurve。在它们各自的细节面板里将它们的默认值分别指定为对应的曲线对象 CurveHight 和 CurveLow，如图 7-67 所示。

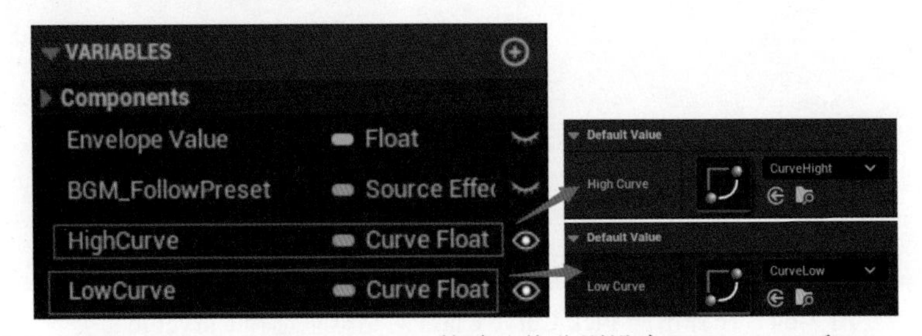

图 7-67　变量 HighCurve 和 LowCurve 的默认值分别设为 CurveHight 和 CurveLow

曲线对象（Curve）里的线条表示不同时间点上的值的变化。曲线对象可以通过 Get Float Value 节点来读取不同时间点上的值，如图 7-68 所示。在曲线里，横坐标是时间点，纵坐标是曲线值。

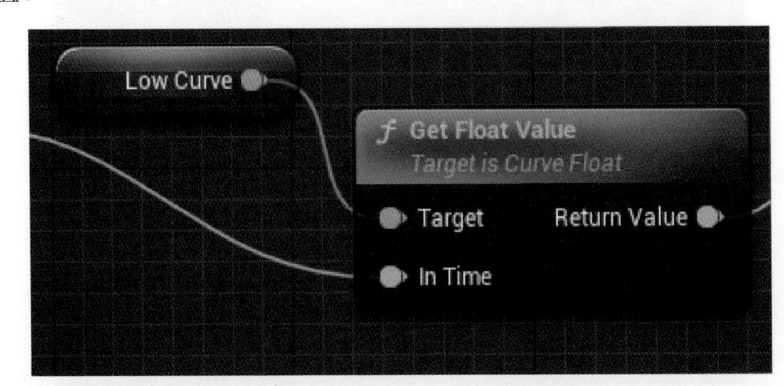

图 7-68　使用 Get Float Value 节点来读取曲线对象里某个时间点上的值

如图 7-69 所示，如果 Get Float Value 节点的引脚 In Time 的值是 0.07，则得到的结果就会是 0。因为在 LowCurve 所对应的曲线里，当时间点为 0.07 时对应的 Value 值为 0.0，读者可参看图 7-69 中红框里标示的内容。

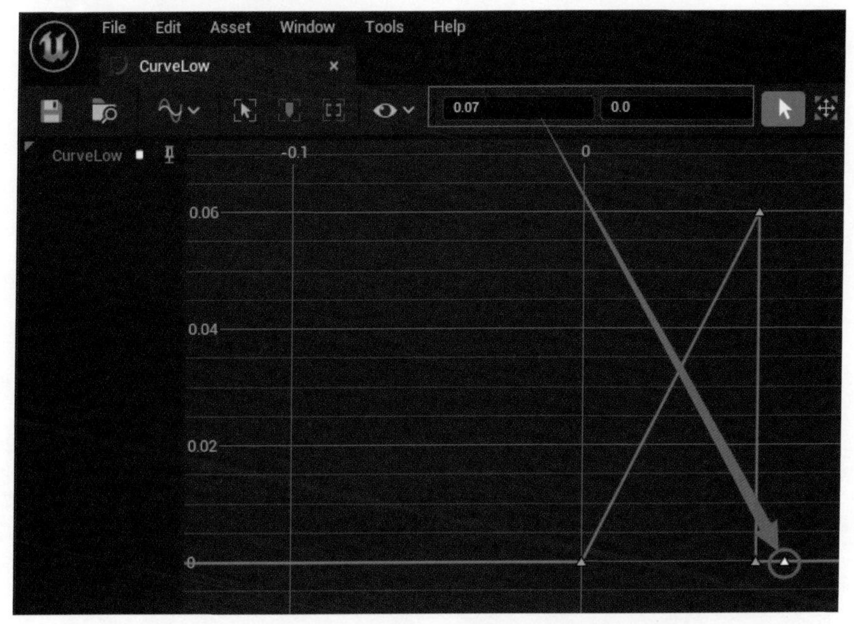

图 7-69　LowCurve 曲线里的最后一个关键点所对应的时间和 Value 值

如图 7-70 所示，对蓝图内容进行修改，这样当 Envelope 值处于 0~0.06 时，绿灯的亮度都会等于 0。蓝图内容如图 7-70 所示，详细源码可以从 MetaSoundDemo 项目里找到 Amplitude_BP 对象打开后详细查看。

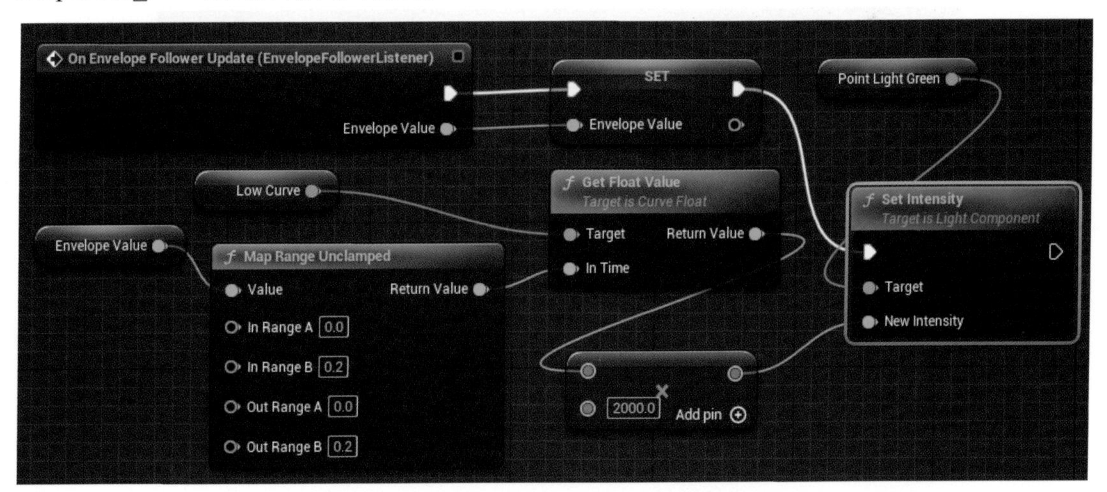

图 7-70　使用 Get Float Value 节点结合 LowCurve 曲线来控制 Envelope 值

而对红灯的相关蓝图逻辑修改如图 7-71 所示，这样就可以实现在 Envelope 值小于 0.1 时将红灯的亮度设置为 0。

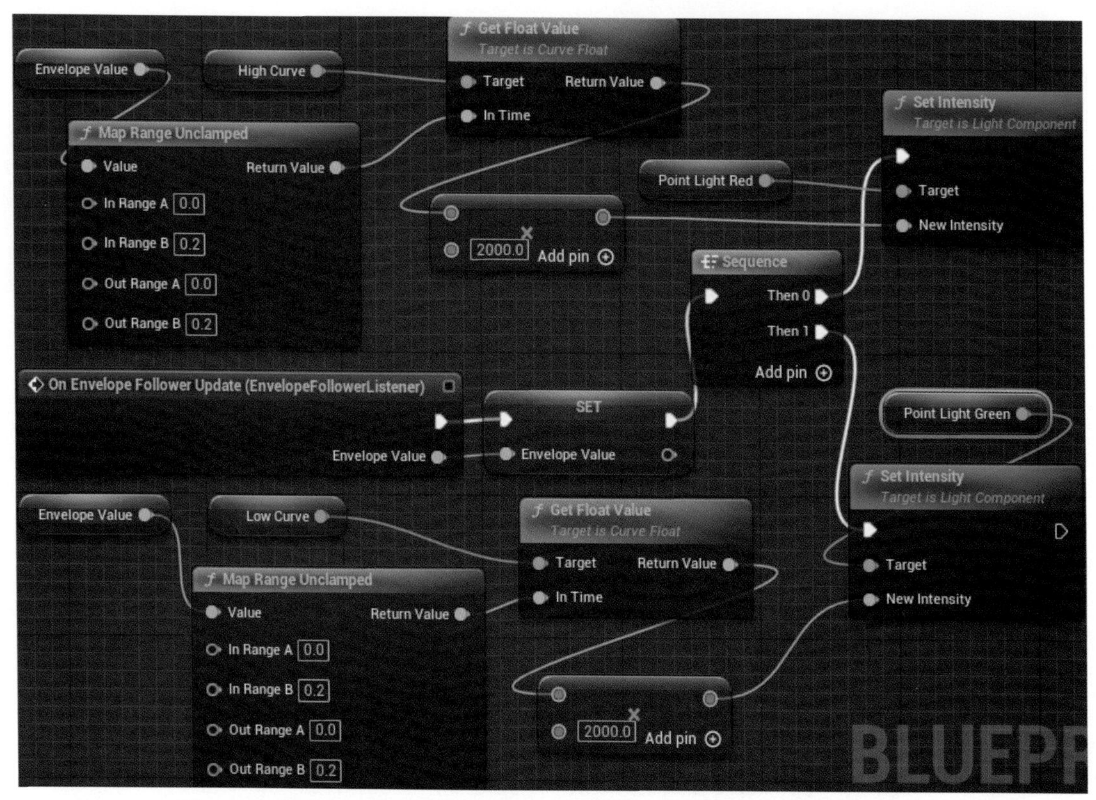

图 7-71　使用 Get Float Value 节点结合 HighCurve 曲线来控制红灯的亮度

编译保存蓝图后，运行 UE5 的关卡 Level1，可以看到随着背景音乐自身音量的变化，绿灯和红灯会按蓝图所设定的逻辑闪灭，如图 7-72 所示。

图 7-72　背景音乐的振幅变化会影响红灯和绿灯的启灭

7.2.3　实例：UE5遥控一场交响乐合奏

通过 UE5 来控制交响乐合奏的想法听起来是不是有点疯狂？但这不是不可能的。在本节实例教学部分，笔者就带大家一起完成一个基于 UE5 的 MetaSound 系统并能通过外部 MIDI 控制器来控制音乐播放的互动项目。

1. 使用 Waveform Editor 编辑音频

作为前期的准备工作，需要先使用 UE5 自带的插件 Waveform Editor 来编辑现有的音乐素材，得到一些新的音乐素材文件，如图 7-73 所示。

图 7-73 在 UE5 项目中启动 Waveform Editor 插件

启动这个 Waveform Editor 插件后，在 UE5 里就可以直接编辑 WAV 音频文件了。

例如，把 drums.wav 这个音频文件拖入 Content 中以后，便可以直接选中它然后右击选择 Edit Waveform，如图 7-74 所示。

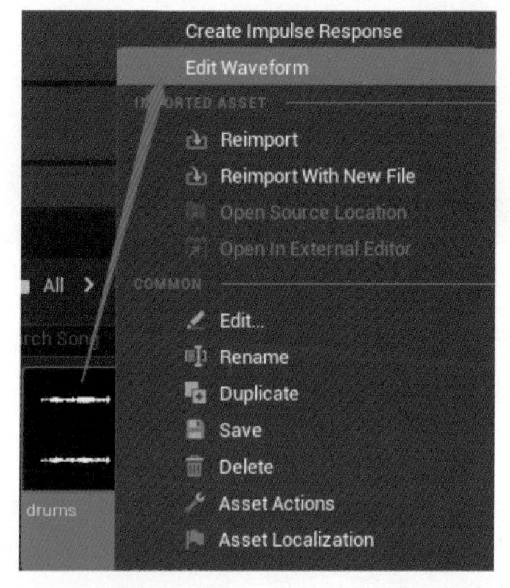

图 7-74 右击选择 Edit Waveform 开始编辑音频文件

进入相应的编辑界面，将鼠标移动到图 7-75 中用红框标示的区域内，通过滚动鼠标中键可以缩放音频纹理，便于用户观察和进一步编辑音频文件。

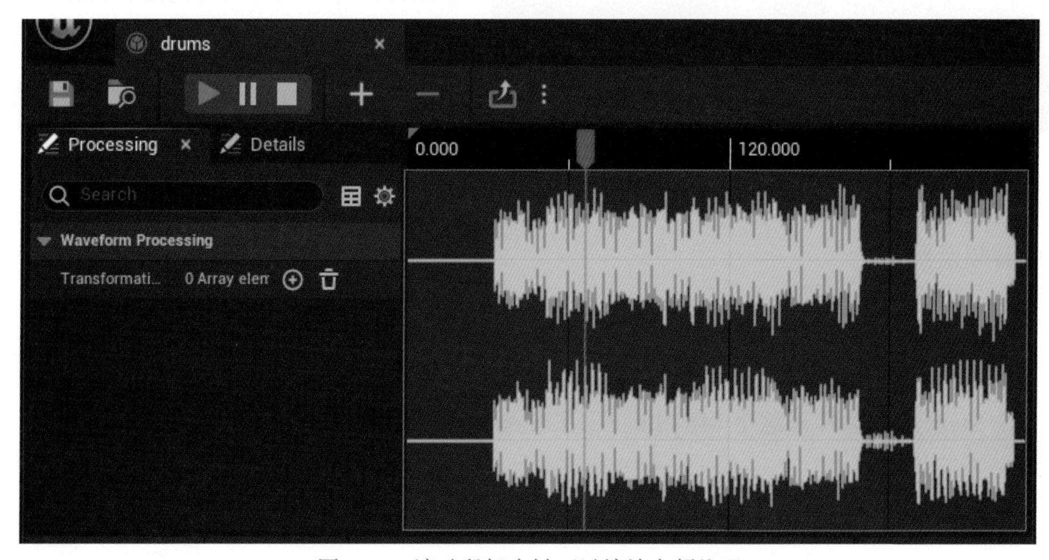

图 7-75 滚动鼠标中键可以缩放音频纹理

通过在 Processing 标签里添加一个 Waveform Transformation Trim Fade（变形器），可以将原音频按时间区间截取（Trim）一部分，而且还可以设置这部分音频的淡入（Fade-In）和淡出（Fade-Out）的时间段，如图 7-76 所示。

图 7-76　可以截取音频的某部分并设置淡入和淡出的时间段

可以随时单击播放按钮来试听，对效果觉得满意时可以单击导出按钮，如图 7-77 所示。系统就会以 drums_Edited 的名称将编辑所得的新音频素材保存到与 drums 音频所在的同一个文件夹里。

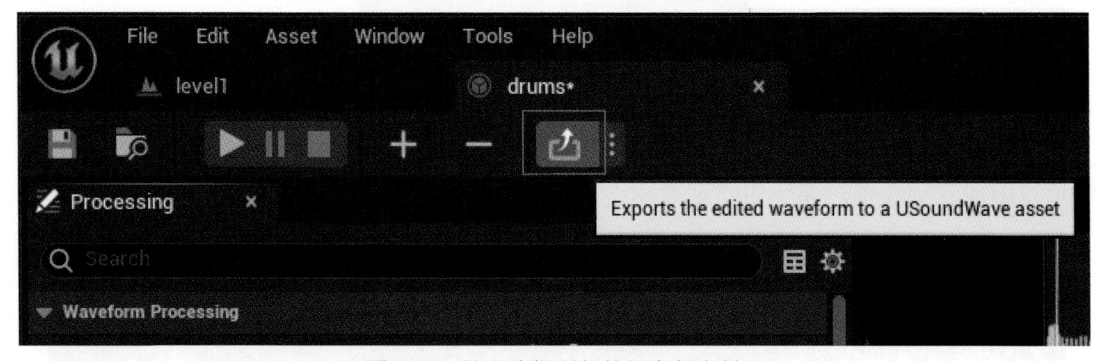

图 7-77　导出编辑所得的新音频素材

通过这样的方法，可以在 UE5 中基于已有的音频素材进行编辑，从而得到更多自己想要的音频素材。

2. 使用 MetaSound 播放多个音频

接着在 Content\MetaSound\Song 文件夹里建立一个新的 MetaSound Source 对象，取名为 MS_Stage。双击打开这个 MS_Stage，在 MetaSound 编辑器里，设置节点内容如图 7-78 所示。

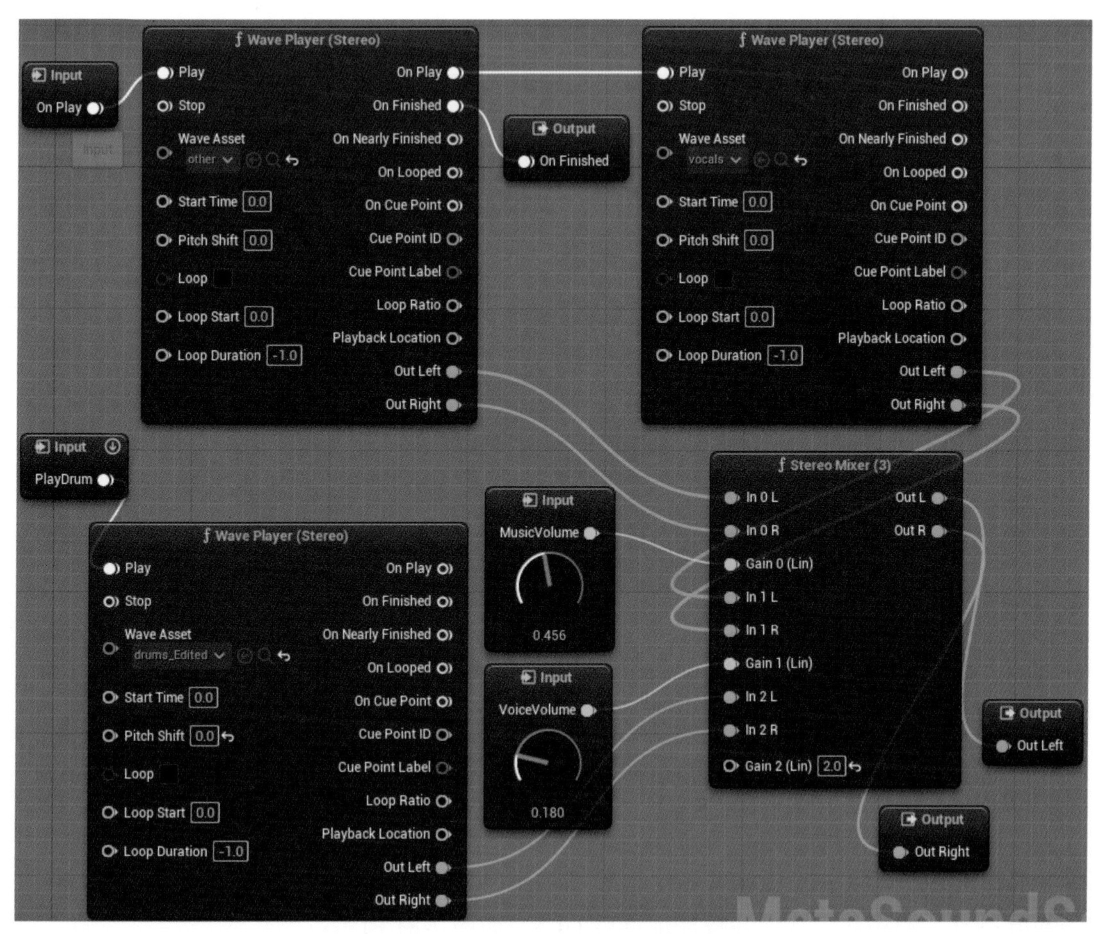

图 7-78 MS_Stage 里的详细节点内容

从中可以看到有 3 个 Wave Player 节点分别调用了 other.wav、vocals.wav 和 drum_Edited 这三个音频。其中 drum_Edited 音频的播放由触发型参数 PlayDrum 来控制，other.wav 音频的音量由输入型参数 MusicVolume 来控制，vocals.wav 的音量由输入型参数 VoiceVolume 控制。

随后，新建了一个 Actor 类型的蓝图对象，取名为 Stage_BP，如图 7-79 所示。

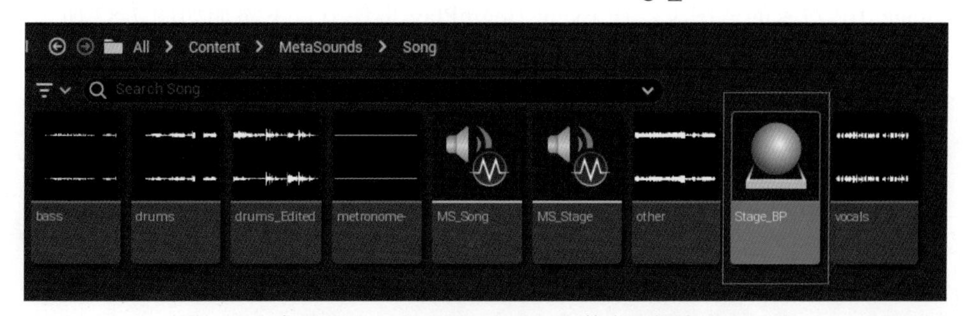

图 7-79 在 Content\MetaSound\Song 文件夹里新建 Stage_BP

双击打开这个 Stage_BP，然后确保如图 7-80 中所示的 MS_Stage 对象处于被选中状态，接着回到 Stage_BP 的蓝图组件面板里，添加一个 Audio 组件，引用 MS_Stage 作为声音源。

操作步骤如图 7-80 所示。

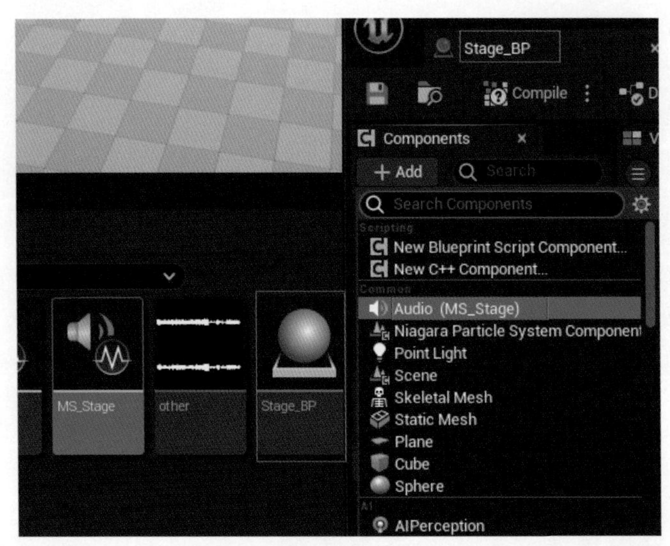

图 7-80　在 Stage_BP 的组件面板里将 MS_Stage 作为 Audio 组件添加进来

编译保存后，把 Stage_BP 从 Content Browser 里拖入 Level2 场景中，然后运行 UE5 就可以听到音乐了。

3. 用蓝图为 MIDI 控制器绑定事件

前期的准备到这里已经基本完成，接下来就要开始着手互动的部分了。因为笔者打算使用 nanoKONTROL2 作为外部控制设备，所以这个 UE5 项目需要开启 MIDI Device Support 插件。启用这个插件并按提示重启 UE5，如图 7-81 所示。

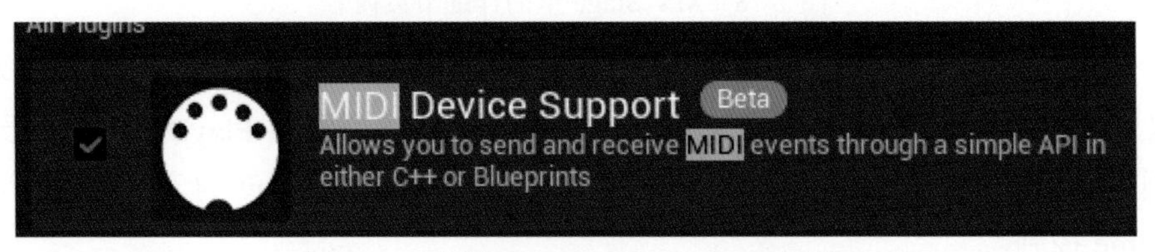

图 7-81　启用 MIDI Device Support 插件

在 Stage_BP 对象的蓝图里，在 Event BeginPlay 事件节点下添加如图 7-82 所示的蓝图内容来测试 UE5 与外部 MIDI 控制器的连接情况。

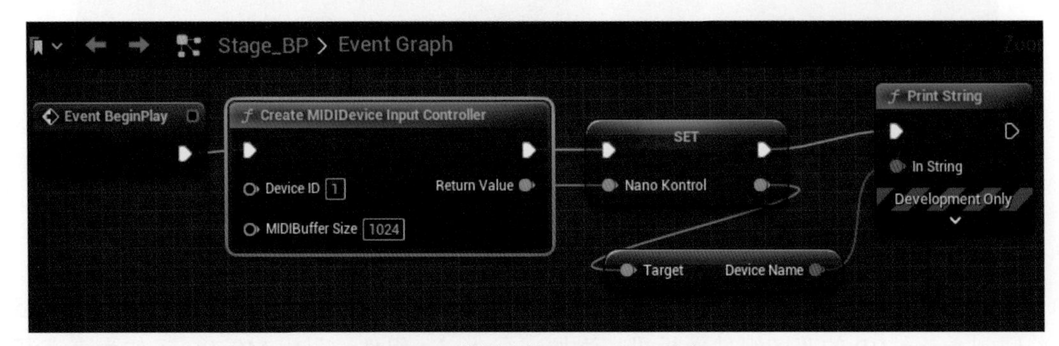

图 7-82　蓝图连接 MIDI 输入设备

运行 UE5，如果看到 UE5 视口左上角打印输出 nanoKONTROL2 字样，则表示连接成功了。这里有一点值得提醒的是，请先将 nanoKONTROL2 设备连接好计算机后，再启动 UE5 项目。接下来，进一步修改蓝图内容，利用 Sequence 节点添加一个逻辑分支，添加图 7-83 所示的蓝图内容为 MIDI 控制器绑定各类事件。

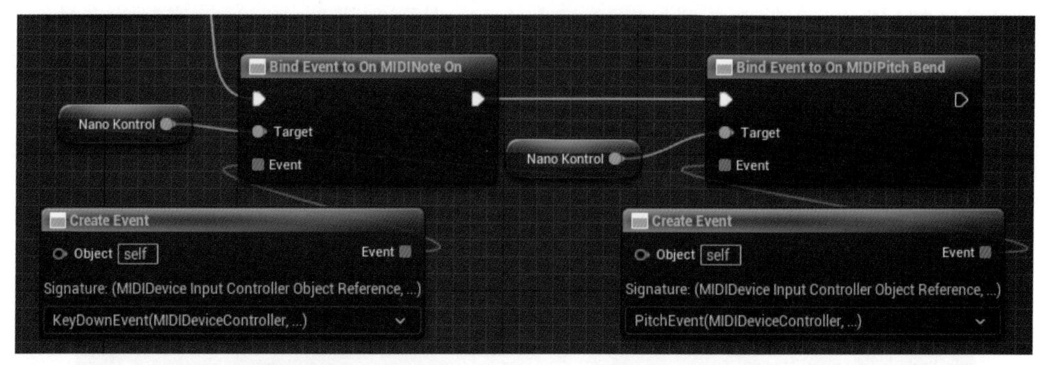

图 7-83　为 nanoKONTROL 添加按键和推拉键事件

Create Event 节点的便利之处是能够让自定义事件相关的蓝图内容可以独立放置在任意的地方，而不必连接在 Bind Event to 节点的 Event 引脚上。操作步骤详见图 7-84 所示。

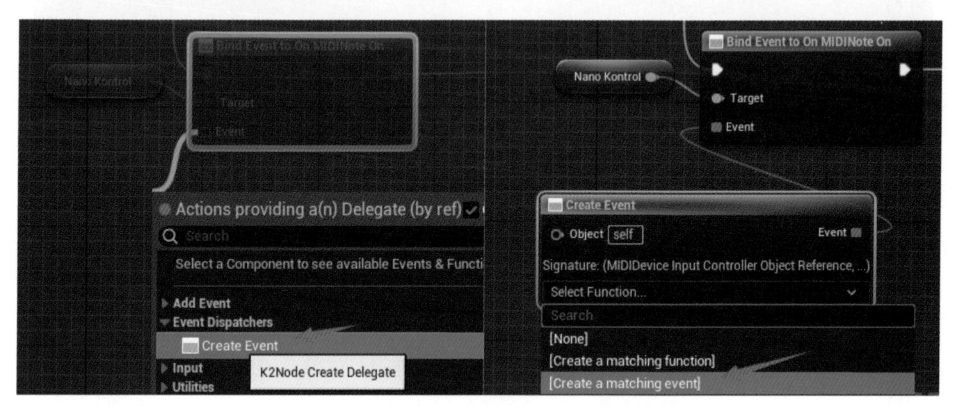

图 7-84　使用 Create Event 节点的步骤

从 Event 引脚拖出连接线后，选择 Create Event 可以得到 Create Event 节点，再单击其中的 Create Matching Event 就会得到一个自定义的事件节点，可以为自定义事件取名为 KeyDownEvent，如图 7-85 所示。

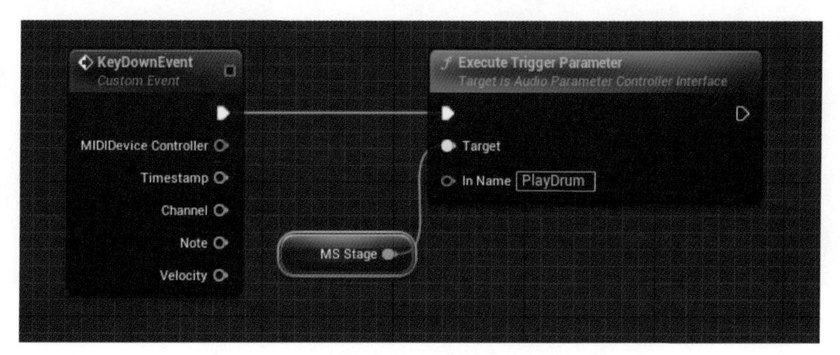

图 7-85　创建的自定义事件 KeyDownEvent

在这个自定义事件节点上连接 Execute Trigger Parameter 节点，如图 7-85 所示。这样，在自定义事件被调用时，MS_Stage 对象就会执行它内部的触发型参数 PlayDrum。

编译保存蓝图后，运行 UE5，此时如果用户按下 nanoKONTROL2 上的任意按键，都会开始播放 drums_Edited 音效。接着在推拉键的事件里写入图 7-86 所示的蓝图内容，让推拉键可以控制 MS_Stage 的输入型参数 MusicVolume，从而实现对 other.wav 音频的音量控制。

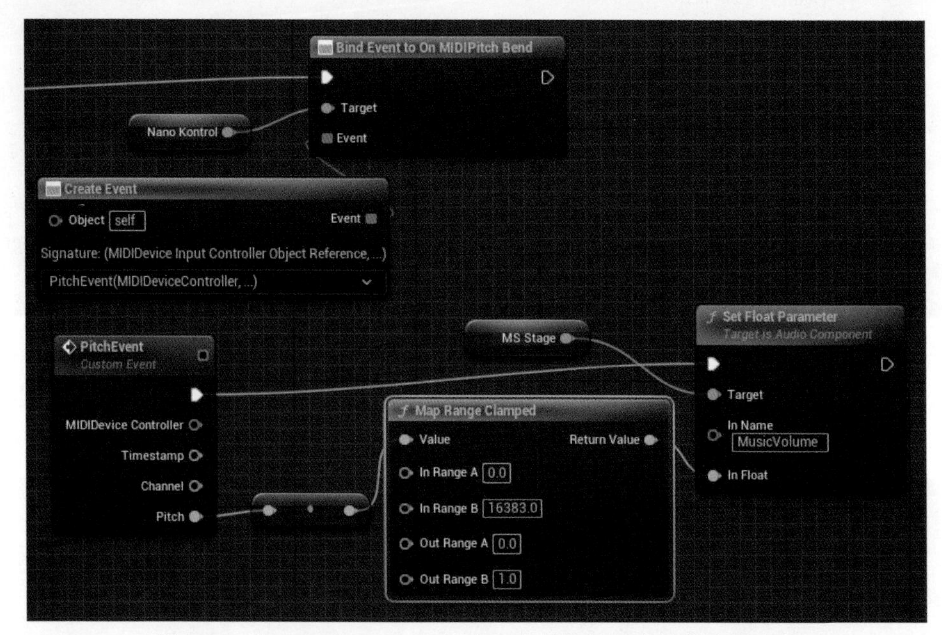

图 7-86　为 nanoKONTROL 设备绑定的推拉键事件的蓝图内容

编译保存后，测试一下，会发现无论推动哪个推拉键都会影响到主旋律音频的音量。

4. 细化 MIDI 控制器对音频的控制

如果要指派特定的推拉键分别控制主旋律和歌手的音量，可以进一步修改这个事件的蓝图，如图 7-87 所示。

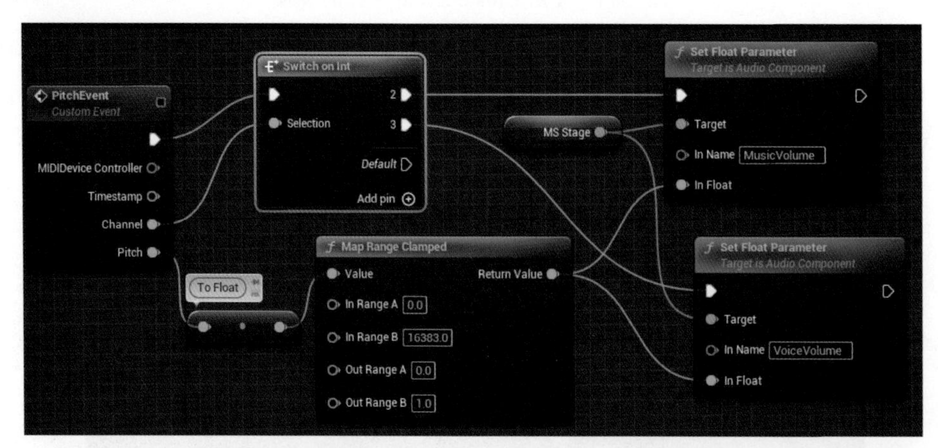

图 7-87　通过判断 Channel 引脚的值让不同的推拉键分别控制主旋律和歌手的音量

在这部分蓝图内容里，通过对推拉键事件里Channel值的判断，就可以让第2个推拉键来控制MusicVolume参数，让第3个推拉键控制VoiceVolume参数。如果希望能通过不同的按键执行不同的任务，也可以使用Switch on Int节点来调整按键事件的蓝图内容，如图7-88所示。

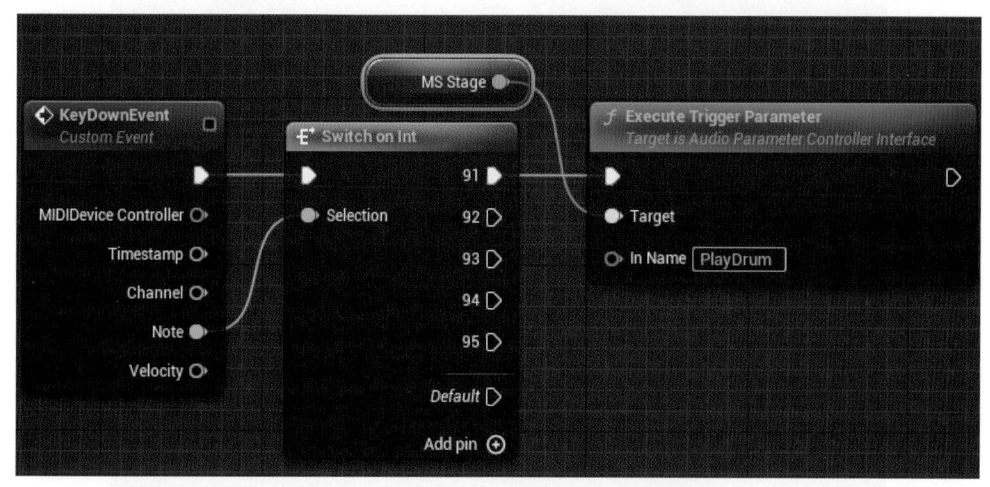

图7-88　通过不同的按键来执行不同的任务

这样就可以明确指定要用Note值为91的按键来发出击鼓的声音，也就是nanoKONTROL设备上CYCLE键下面的后退键。到这里，一个可以让用户自行击鼓并能分别控制背景旋律与歌手音量的舞台控制逻辑就建立起来了。

5. 让MIDI控制器也能控制视觉部分

到这里，似乎感觉还差点什么，那就是UE5的视觉画面还没有参与到这个互动创意中来。接着在Stage_BP里添加了两个静态网格体组件（Static Mesh），分别取名为Mesh_Music和Mesh_Voice，实际上等于增加了两个圆柱体（Cylinder），如图7-89所示。

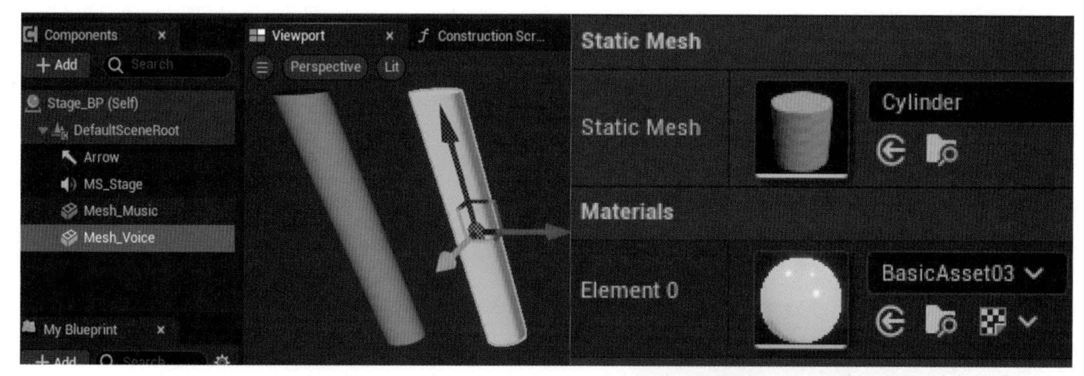

图7-89　在Stage_BP里添加了两个静态网格体组件

然后在蓝图里把推拉键的事件继续改进一下，让推拉键在改变音频音量的同时也能够调节这两个圆柱体的高度，具体蓝图内容如图7-90所示。

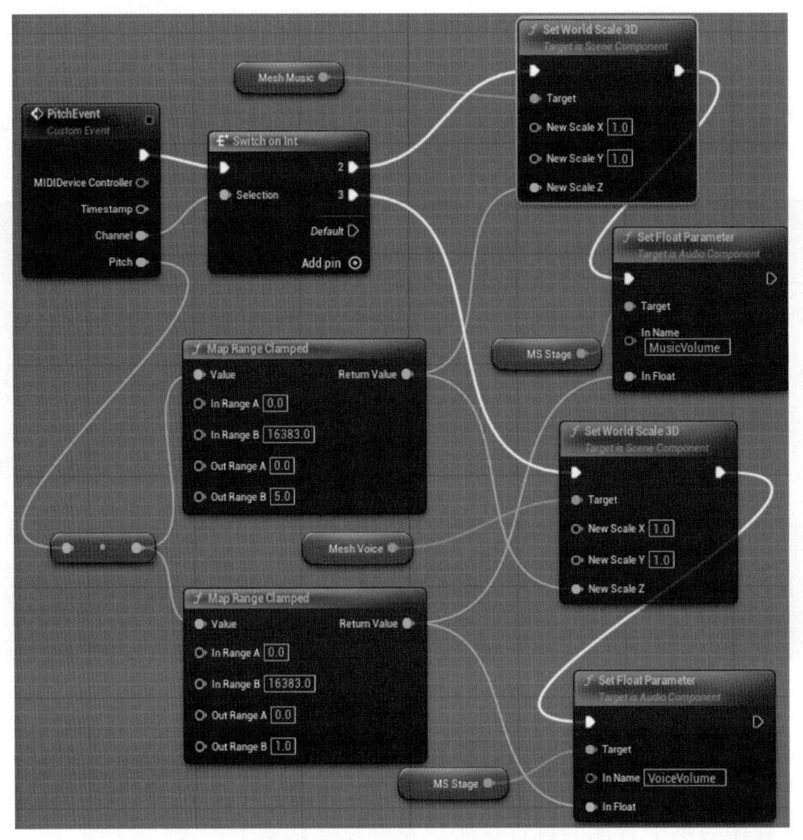

图 7-90　推拉键在改变音频音量的同时也能够调节圆柱体的 Scale Z 属性

调节圆柱体的高度实际是通过设定网格体的 Scale Z 属性来实现的，让 Z 轴上的缩放倍数在 0 和 5 之间变动，所以把推拉键事件里的 pitch 值通过 Map Range Clamped 节点映射为 0~5 的值后再使用会较为合理，因为 Pitch 值原本的变化范围是 0~16383，如图 7-91 所示。

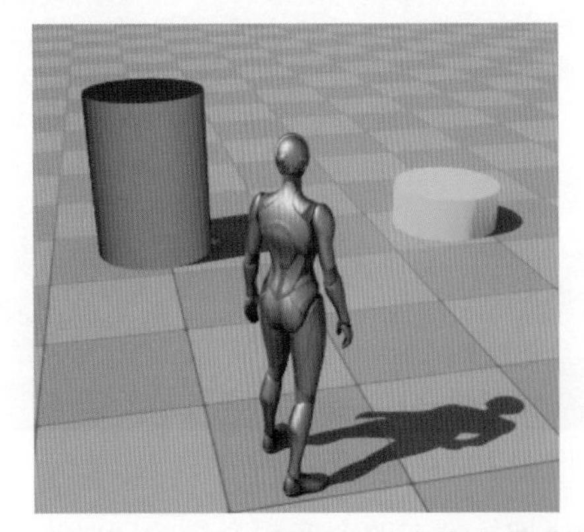

图 7-91　用 nanoKONTROL 设备控制音量时也能改变 UE5 场景中的柱子高度

编译保存蓝图后运行 UE5，视听效果是不是都有了呢？这样就做到了真正的有色有声！在创意互动作品中合理地使用 UE5 的 MetaSound 系统，可以让互动作品变得更为生动、更具趣味！

本实例详细的操作步骤可以通过扫描下方二维码来观看。